普通高等学校"十四五"规划建筑专业精品教材

建筑构造(上册)

(第三版)

Architectural Construction Ⅰ

本书主审　陈伯超
本书主编　裴　刚　安艳华
本书副主编　沈　粤　杜文丽
本书编写委员会
裴　刚　安艳华　沈　粤　杜文丽
张永益　王　钢

华中科技大学出版社
中国·武汉

内 容 提 要

本书紧密结合建筑设计的原则和现行规范，同时也总结吸收了国内外建筑工程的许多经验和做法以及教学实践编写而成。与建筑构造课程以往的教材相比，本书增加了工业建筑构造部分（可根据具体情况选讲），使内容更加完整。此外，在注重了基本理论和基本做法的同时，对建筑领域的新材料、新工艺、新技术、新趋向等亦有较多反映。全书内容包括民用建筑构造技术、工业建筑构造技术等内容。

本书适合作为高等院校的建筑学、城市规划、环境设计、园林设计等专业的本科教材，精选后可作为专科教材使用，还可供从事建筑设计、施工、监理的工程技术人员参考。

图书在版编目(CIP)数据

建筑构造．上册/裴刚，安艳华主编．—3版．—武汉：华中科技大学出版社，2021.6(2023.1 重印)
ISBN 978-7-5680-7160-4

Ⅰ.①建… Ⅱ.①裴… ②安… Ⅲ.①建筑构造 Ⅳ.①TU22

中国版本图书馆 CIP 数据核字(2021)第 112392 号

建筑构造(上册)(第三版) 裴刚 安艳华 主编

出版发行：华中科技大学出版社(中国·武汉) 电话：(027)81321913
地 址：武汉市东湖新技术开发区华工科技园 邮编：430223
出 版 人：阮海洪

策划编辑：金 紫 责任监印：朱 玢
责任编辑：陈 骏 封面设计：原色设计

录 排：武汉楚海文化传播有限公司
印 刷：武汉科源印刷设计有限公司
开 本：850mm×1060mm 1/16
印 张：17.5
字 数：504 千字
版 次：2023 年 1 月第 3 版第 2 次印刷
定 价：58.80 元

投稿热线：(010)64155588－8010 jianzhuwenhua@163.com
本书若有印装质量问题，请向出版社营销中心调换
全国免费服务热线：400－6679－118 竭诚为您服务

总　　序

《管子》一书中《权修》篇中有这样一段话：“一年之计，莫如树谷；十年之计，莫如树木；百年之计，莫如树人。一树一获者，谷也；一树十获者，木也；一树百获者，人也。”是管仲为富国强兵而重视培养人才的名言。

“十年树木，百年树人”即源于此。它的意思是说培养人才是国家的百年大计，既十分重要，又不是短期内可以奏效的事。“百年树人”并不是非得100年才能培养出人才，而是比喻培养人才的远大意义，要重视这方面的工作，并且要预先规划，长期、不间断地进行。

当前，我国建筑业发展形势迅猛，急缺大量的建筑建工类应用型人才。全国各地建筑类学校以及设有建筑规划专业的学校众多，但能够做到既符合当前改革形势又适用于目前教学形式的优秀教材却很少。针对这种现状，急需推出一系列切合当前教育改革需要的高质量优秀专业教材，以推动应用型本科教育办学体制和运作机制的改革，提高教育的整体水平，并且有助于加快改进应用型本科办学模式、课程体系和教学方法，形成具有多元化特色的教育体系。

这套系列教材整体导向正确，科学精练，编排合理，指导性、学术性、实用性和可读性强，符合学校、学科的课程设置要求。教材以建筑学科专业指导委员会的专业培养目标为依据，注重教材的科学性、实用性、普适性，尽量满足同类专业院校的需求。教材在内容上大力补充新知识、新技能、新工艺、新成果；注意理论教学与实践教学的搭配比例，结合目前教学课时减少的趋势适当调整了篇幅；根据教学大纲、学时、教学内容的要求，突出重点、难点，体现了建设“立体化”精品教材的宗旨。

该套教材以发展社会主义教育事业，振兴建筑类高等院校教育教学改革，促进建筑类高校教育教学质量的提高为己任，对发展我国高等建筑教育的理论与思想、办学方针与体制，教育教学内容改革等进行了广泛深入的探讨，以提出新的理论、观点和主张。希望这套教材能够真实体现我们的初衷，真正能够成为精品教材，得到大家的认可。

中国工程院院士：何镜堂

前　　言

《建筑构造(上册)》根据高等学校建筑学专业教学要求编写而成。本书内容包括民用建筑构造技术、工业建筑构造技术等内容。为便于教学,在每章开始安排有学习要点,在每章结束附有思考与练习题。

本书的内容全面新颖,具有系统性、知识性、实用性的特点,通过对建筑构造课程的学习,能帮助读者了解建筑构造设计的构思过程、技术方法、实际操作程序和未来发展趋势。本书可作为高等院校的建筑学、城市规划、环境设计、园林设计等专业的本科教材,精选后也可作为专科教材使用,还可供从事建筑设计、施工、监理的工程技术人员参考。

本书紧密结合建筑设计的原则和现行规范,同时总结吸收了国内外建筑工程与构造的许多经验和做法以及教学实践编写而成。与建筑构造课程以往的教材相比,本书增加了工业建筑构造部分(可根据具体情况选讲),使内容更加完整。此外,在注重讲述基本理论和基本做法的同时,对建筑领域的新材料、新工艺、新技术、新趋向等亦有较多反映。本书第二版已出版八年,受到使用者的广泛欢迎,为适应新的发展要求,由广州大学裴刚老师依据新的工程规范和教学要求,对本书进行了修订。

参加本书编写的人员有:

第0、4、6章　　裴　刚(广州大学)

第1章　　杜文丽(武汉理工大学)

第2章　　安艳华(沈阳建筑大学)　王　钢(兰州理工大学)

第3、7章　　安艳华(沈阳建筑大学)

第5章　　张永益(大庆石油学院)

第8、9、10章　　沈　粤(广州大学)

本书由裴刚负责统稿,沈阳建筑大学陈伯超教授审阅了全书,并对书稿提出许多宝贵意见与建议,在此表示诚挚的感谢!

在本书编写过程中,得到华中科技大学出版社、沈阳建筑大学、广州大学、武汉理工大学、兰州理工大学、大庆石油学院等有关部门的大力支持和帮助,在此也表示衷心的感谢!此外,在编写过程中,编者参阅和引用了许多学者和建筑师的著作和建筑成果,主要资料来源已列举在参考文献中,特此表示诚挚的感谢!

广州大学的林建康、冼燕婷、刘德华、邱婕茵协助进行了大量文字和图片的处理工作,在此一并表示衷心感谢!

由于编者的水平和经验有限,书中不足之处,敬请读者批评指正。

编　者

2021年4月

目　　录

0 建筑构造概论

【本章要点】

0-1 了解建筑构造所研究的内容及目的；

0-2 了解常用建筑材料的特性；

0-3 熟悉建筑物的构造组成；

0-4 熟悉建筑构造设计的内容和意义；

0-5 熟悉建筑构造的设计原则及影响因素；

0-6 掌握建筑物的分级及模数的概念；

0-7 掌握建筑施工图的表达方式。

0.1 建筑构造研究的对象与目的

建筑构造是建筑设计不可分割的一部分，是建筑设计在技术方面的深化。建筑构造的研究对象为建筑物各组成部分的构造原理和构造方法。建筑构造具有很强的实践性和综合性。其内容涉及建筑材料、建筑物理、建筑力学、建筑结构、建筑施工以及建筑经济等有关方面的知识。研究建筑构造的主要目的是根据建筑物的功能要求，提供符合适用、安全、经济、美观的构造方案，以此作为建筑设计中综合解决技术问题、进行施工图设计、绘制建筑详图等的依据。建筑构造能从支承关系、结构形态、连接方法等方面对建筑的总体构成形成基本概念，从而掌握建筑构造设计与相关学科的配合问题，更好地为建筑设计做先行准备工作。

建筑构造原理是综合多方面的技术知识，根据各种客观条件，以选材、造型、工艺、安装等为依据，研究构配件及其细部构造的合理性和经济性，从而更有效地满足建筑功能的理论。

构造方法是指运用各种材料，有机地制造、组合各种构配件，并提出各构配件之间互相组合的具体技术措施。

0.2 建筑物的构造组成及各组成部分的作用

分析一座建筑物，不难发现它是由许多部分构成的，这些构成部分在建筑工程上被称为构件或配件。

一座建筑物，一般由基础、墙或柱、楼板层及地坪、楼梯、屋顶、门窗等六大部分组成（图 0-1）。这些构件处在建筑物的不同部位，具有各自的功能及作用。

（1）基础：基础是位于建筑物最下部的承重构件，它承受着建筑物的全部荷载，并将这些荷载传给地基。因此，基础必须具有足够的强度和刚度，并能抵御地下各种有害因素的侵蚀。

（2）墙：墙是建筑物的承重构件和围护构件。作为承重构件，它承受着建筑物由屋顶、楼板层等传来的荷载，并将这些荷载再传给基础；作为围护构件，外墙的作用是抵御自然界各种有害因素对室内的侵袭;内墙主要起分隔空间、组成房间、隔声以及保证舒适环境的作用。因此,要求墙体具有足够的强度、稳定性、保温、隔热、隔声、防火等功能,并应符合经济性和耐久性的要求。

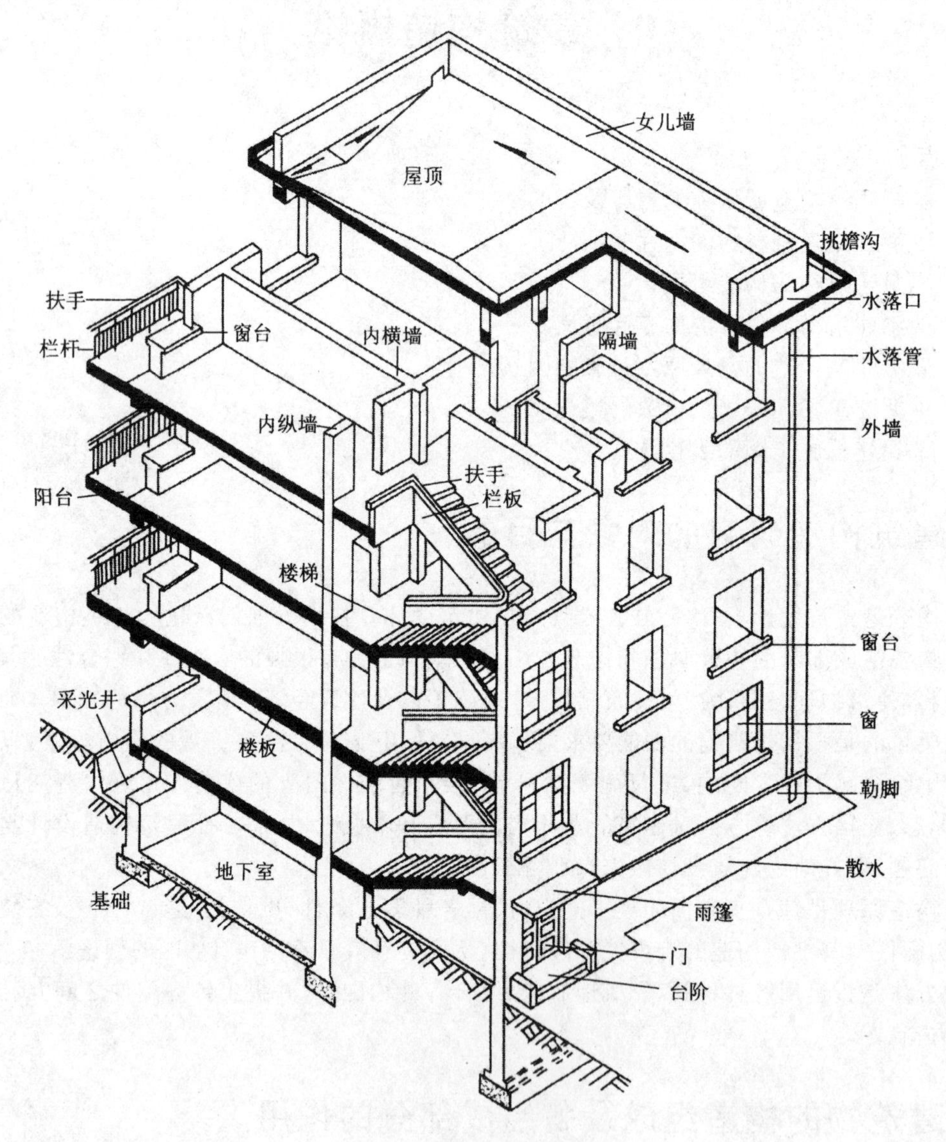

图 0-1 房屋的构造组成

(3) 柱:柱是框架或排架结构的主要承重构件,和承重墙一样,承受着屋顶、楼板层等传来的荷载。柱所占空间小,受力比较集中,因此它必须具有足够的强度和刚度。

(4) 楼板层:楼板层是楼房建筑中水平方向的承重构件,将整幢建筑物沿水平方向分为若干部分。楼板层承受着家具、设备和人体的荷载以及本身的自重,并将这些荷载传给墙或柱。同时,它还对墙身起着水平支撑的作用。因此,要求楼板层具有足够的强度,具备刚度和隔声的功能;对有水侵蚀的房间,还要求楼板层具有防潮、防水的性能。

(5) 地坪:地坪是底层房间与土层相接触的构件,它承受底层房间的荷载。要求地坪具有耐磨、抗压、防潮、防水和保温的性能。

（6）楼梯：楼梯是建筑的垂直交通设施，供人们上下楼层和紧急疏散使用。故要求楼梯具有足够的通行能力，并应采取防火、防滑等技术措施。

（7）屋顶：屋顶是建筑物顶部的围护构件和承重构件，由屋面层和结构层所组成。屋面层抵御自然界风、雨、雪、太阳热辐射以及寒冷空气对顶层房间的侵袭；结构层承受房屋顶部荷载，并将这些荷载传给墙或柱。因此，屋顶必须具有足够的强度、刚度及应满足防水、保温、隔热等要求。

（8）门窗：门窗属非承重构件，门主要供人们内外交通和分隔房间之用；窗则主要起采光、通风以及分隔、围护的作用。对某些有特殊要求的房间，则要求门窗具有保温、隔热、隔声、防辐射等功能。

一座建筑物除上述基本组成构件外，对不同使用功能的建筑，还有其他构件和配件，应按建筑设计的具体要求来设置。

0.3 建筑模数及建筑分级

0.3.1 建筑模数

建筑模数和模数制是建筑师必须掌握的一个基本概念。为了使建筑设计、构配件生产实现定型化、工厂化，以及在施工等方面房屋构配件的尺寸相互协调，从而提高建筑工业化的水平，降低造价并提高房屋建筑设计和建造的速度，建筑设计应采用国家规定的建筑统一模数制。建筑模数是选定的标准尺度单位，作为建筑物、建筑构配件、建筑制品以及有关设备尺寸相互间协调的基础。目前，世界各国均采用 100 mm 为基本模数值，根据国家制订的《建筑模数协调标准》（GB/T 50002—2013），基本模数的数值规定为 100 mm，其符号为 M，即 1 M＝100 mm。整个建筑物和建筑物的各部分以及建筑组合件的模数化尺寸，应是基本模数的倍数。

1）建筑模数、尺寸的相关名词解释

（1）尺度协调　房屋构配件及其组合的房屋在尺度协调中与尺度有关的原则，供设计、制作和安装时采用，其目的是使构配件在现场组装时，不需割去或补充一部分，并使不同的构配件间有互换性。

（2）模数协调　在基本模数或扩大模数基础上的尺度协调，其目的是减少构配件的尺度变化，使房屋设计者在排列构配件时有更大的灵活性。

（3）模数　选定的标准尺寸单位，作为尺度协调中的增值单位。

（4）基本模数　模数协调中选用的基本尺寸单位，其数值为 100 mm，符号为 M，即 1 M＝100 mm。

（5）扩大模数　基本模数的整数倍数。

（6）分模数　基本模数的分数值，一般为整数分数。

（7）构配件　构配件是构件与配件的统称，构件如柱、梁、楼板、墙板、屋面板、屋架等，配件如门、窗、壁柜、窗帘盒等。由建筑材料制成的独立部件，在长、宽、高三个方向有规定的尺寸。

（8）模数化构配件　以模数尺寸的同类构配件和它们之间的设计缝隙组合，而符合模数组合尺寸的一种构配件。

① 柱：柱长为模数尺寸，截面为技术尺寸时，为模数化构件。

② 梁:梁长为模数尺寸,截面为技术尺寸时,为模数化构件。

③ 板:板长为模数尺寸,宽为1 M的倍数,板厚为技术尺寸时,为模数化构件。

(9) 标志尺寸　应符合模数数列的规定,用以标注建筑物定位轴面、定位面或定位轴线、定位线之间的垂直距离(如开间或柱距、进深或跨度、层高等),以及建筑构配件、建筑组合件、建筑制品以及有关设备界限之间的尺寸。

(10) 构造尺寸　建筑构配件、建筑组合件、建筑制品等的设计尺寸。一般情况下,标志尺寸减去缝隙尺寸为构造尺寸。

(11) 实际尺寸　建筑构配件、建筑组合件、建筑制品等生产制作后的实有尺寸,实际尺寸与构造尺寸之间的差数应符合建筑公差的规定。

(12) 技术尺寸　是建筑功能、工艺技术和结构条件在经济上处于最优状态下所允许采用的最小尺寸数值(通常是指建筑构配件的截面尺寸或厚度)。

2) 导出模数

由于建筑设计中对建筑部位、构件尺寸、构造节点以及断面、缝隙等的尺寸有不同要求,应分别采用以下两种导出模数。

(1) 扩大模数　扩大模数分水平扩大模数和竖向扩大模数。水平扩大模数的基数为3M、6M、12M、15M、30M、60M,其相应尺寸分别为300 mm、600 mm、1200 mm、1500 mm、3000 mm、6000 mm,适用于建筑物的跨度(进深)、柱距(开间)及建筑制品的尺寸等。竖向扩大模数的基数为3M与6M,其相应尺寸为300 mm与600 mm。竖向扩大模数主要用于建筑物的高度、层高和门窗洞口的尺寸等。其中12M、30M、60M的扩大模数特别适用于大型建筑物及工业厂房的跨度(进深)、柱距(开间)、层高及构配件的尺寸等。

(2) 分模数　分模数也叫“缩小模数”,一般为1/2M、1/5M、1/10M,相应的尺寸为50 mm、20 mm、10 mm。分模数数列主要用于成品材料的厚度、直径,构件之间的缝隙,构造节点的细小尺寸,构配件截面及建筑制品的公差和偏差等。

0.3.2 建筑分级

由于建筑自身对质量的标准要求不同,因此通常按建筑物的耐久年限和耐火等级进行分级。

1) 按建筑物的耐久年限分级

建筑物的耐久年限主要依据《民用建筑设计统一标准》(GB 50352-2019)中关于建筑物的重要性和规模大小来划分,作为基本建设投资、建筑设计和材料选择的重要依据,建筑物设计使用年限分类表见表0-1。

表0-1　建筑物设计使用年限分类表

类　别	设计使用年限/年	示　例
1	5	临时性建筑
2	25	易于替换结构构件的建筑
3	50	普通建筑和构筑物
4	100	纪念性建筑和特别重要的建筑

2）按建筑物的耐火等级分级

建筑物的耐火等级是依据《建筑设计防火规范（2018 年版）》（GB 50016—2014）中关于建筑物构件的燃烧性能和耐火极限两个方面来决定的，共分为四级。建筑物构件的燃烧性能和耐火极限表见表 0-2。

表 0-2 建筑物构件的燃烧性能和耐火极限表

构件名称		耐火等级/h			
		一级	二级	三级	四级
墙	防火墙	不燃性 3.00	不燃性 3.00	不燃性 3.00	不燃性 3.00
	承重墙	不燃性 3.00	不燃性 2.50	不燃性 2.00	难燃性 0.50
	非承重外墙	不燃性 0.75	不燃性 0.50	不燃性 0.50	可燃性
	梯井的墙、电梯井的墙、住宅建筑单元之间的墙和分户墙	不燃性 2.00	不燃性 2.00	不燃性 1.50	难燃性 0.50
	疏散走道两侧的隔墙	不燃性 1.00	不燃性 1.00	不燃性 0.50	难燃性 0.25
	房间隔墙	不燃性 0.75	不燃性 0.50	难燃性 0.50	难燃性 0.25
柱		不燃性 3.00	不燃性 2.50	不燃性 2.00	难燃性 0.50
梁		不燃性 2.00	不燃性 1.50	不燃性 1.00	难燃性 0.50
楼　板		不燃性 1.50	不燃性 1.00	不燃性 0.50	可燃性
屋顶承重构件		不燃性 1.50	不燃性 1.00	可燃性 0.50	可燃性
疏散楼梯		不燃性 1.50	不燃性 1.00	不燃性 0.50	可燃性
吊顶（包括吊顶搁栅）		不燃性 0.25	难燃性 0.25	难燃性 0.15	可燃性

有关名词解释如下。

（1）构件的耐火极限。

对任一建筑构件按时间-温度标准曲线进行耐火试验,从受到火的作用时起,到失去支持能力或完整性被破坏或失去隔火作用时为止的这段时间,称为耐火极限,用小时(h)表示。

(2) 构件的燃烧性能。

按建筑构件在空气中遇火时的不同反应将燃烧性能分为三类。

① 不燃性　用不燃烧材料制成的构件所具有的不会被引燃的特性。此类材料在空气中受到火烧或高温作用时,不起火、不碳化、不微燃,如砖石材料、钢筋混凝土、金属等。

② 难燃性　用难燃烧材料做成的构件,或用燃烧材料做成而用非燃烧材料做保护层的构件所具有的难以进行有焰燃烧的特性。此类材料在空气中受到火烧或高温作用时难燃烧、难碳化,离开火源后燃烧或微燃立即停止,如石膏板、水泥石棉板、板条抹灰、沥青砂浆等。

③ 可燃性　用燃烧材料做成的构件所具有的能够被引燃且能持续燃烧的特性。此类材料在空气中受到火烧或高温作用时立即起火或燃烧,离开火源继续燃烧或微燃,如木材、苇箔、纤维板、胶合板等。

0.4　建筑构造设计的主要内容

构造设计是建筑设计过程的一个重要阶段,因为建筑设计的过程,是将构思加以物化和细化,并用图纸表达出来,使其可以由他人进行施工的过程。一般的平、立、剖面图反映的是整体的概念或者较多地倾向于建筑空间的构成和组合,而关于建筑物实体的构成以及细部的处理和实施的可能性等,都要通过构造设计来解决并用建筑详图来表达。

“构造”这两个字,本身包含了“构成”和“营造”两重意义。“构成”讨论各部件或构件的组成及相互之间的联系;“营造”则兼顾到经营(设计)和建造(施工)两个方面。

构造设计的过程贯穿整个建筑设计的过程。虽然一般说来,往往要到施工图设计阶段才需要大量绘制并递交建筑详图,但对建筑构造的做法却常常在方案阶段就要开始研究。因为许多细部的构成,包括其尺度、实施可能性等,会对整体的设计起着制约的作用,所以必须事先做到“心中有数”。其次,一个建设项目的设计是要由建筑、结构、设备等各方面的人员通力合作完成的,有些技术问题不能仅靠建筑设计人员单方面解决。建筑设计人员对设计对象的创意及设想,必须及时提供给其合作者,得到他们的同意或修改意见,才能使设计程序正常顺利地进行下去。因此,在实际工程中,往往在设计前期就要绘制大量细部的草图或正规图纸,作为进一步深化设计的依据。

实例分析

如图 0-2 所示某建筑设计详图,包括两处有着连屋顶斜墙面的阳台大样及局部阳台栏杆的细部做法。因为该建筑屋顶形式较为复杂,左、右两肢的阳台支承形式也不同,左侧为悬挑阳台,而右侧为凹阳台。建筑设计人员在工作前期就用这张详图分析了坡角度、交接的部位、详细的尺寸以及屋面檐沟的位置和排水的可能性等,以作为建筑平面和立面设计的依据,并提供给结构、给水排水专业的设计人员作为参考。在设计的后期,设计人员又继续完成了阳台扶手栏杆以及坡屋面和斜墙面的细部构造,使该处的施工得以完整实施。

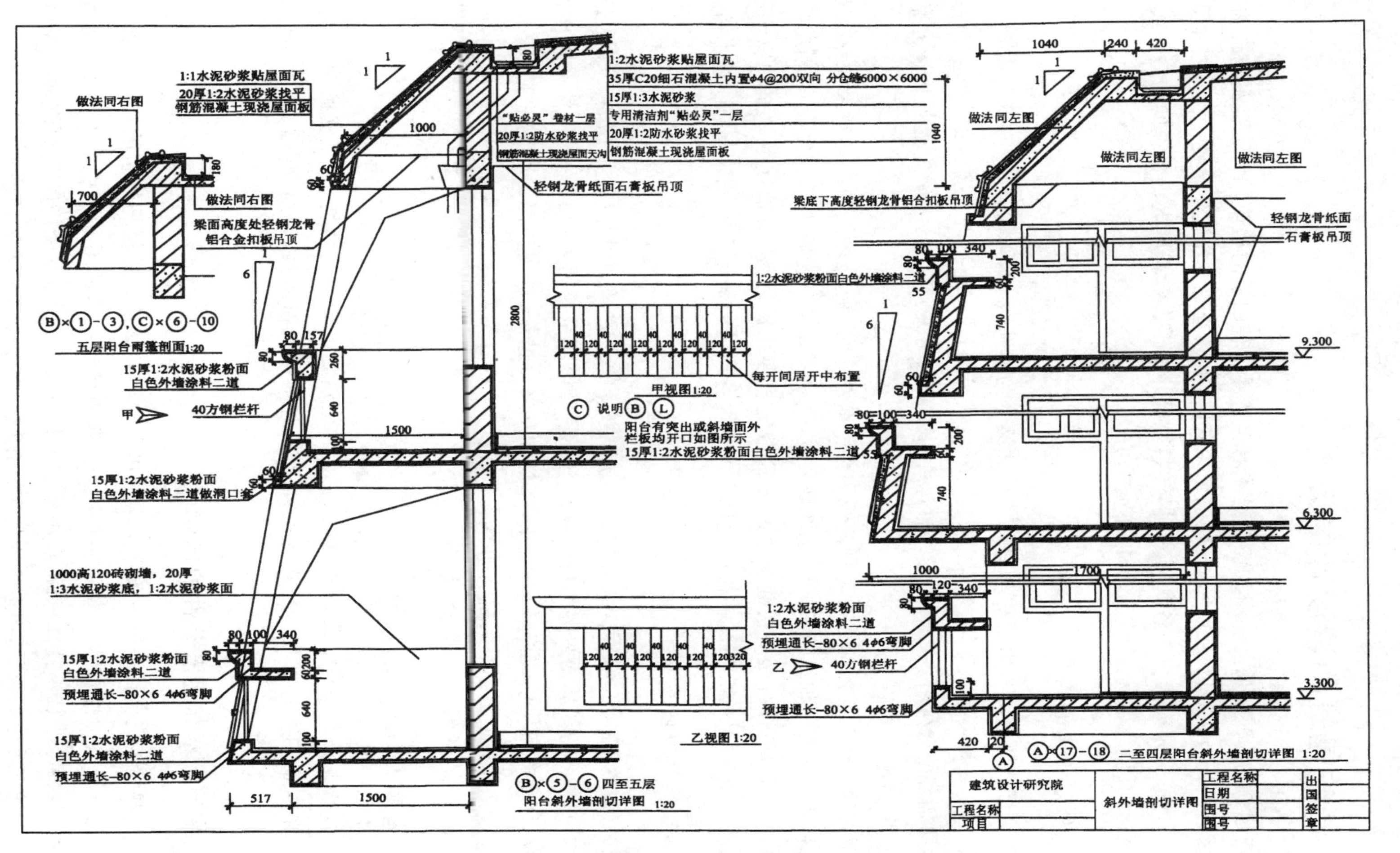
1:1水泥砂浆贴屋面瓦
20厚1:2水泥砂浆找平
钢筋混凝土现浇屋面板
做法同右图
做法同右图
梁面高度处轻钢龙骨
铝合金扣板吊顶
五层阳台雨篷剖面1:20
15厚1:2水泥砂浆粉面
白色外墙涂料二道
40方钢栏杆
15厚1:2水泥砂浆粉面
白色外墙涂料二道做洞口套
1000高120砖砌墙，20厚
1:3水泥砂浆底，1:2水泥砂浆面
15厚1:2水泥砂浆粉面
白色外墙涂料二道
预埋通长-80×6 4φ6弯脚
15厚1:2水泥砂浆粉面
白色外墙涂料二道
预埋通长-80×6 4φ6弯脚
"贴必灵"卷材一层
20厚1:2防水砂浆找平
钢筋混凝土现浇屋面天沟
1:2水泥砂浆贴屋面瓦
35厚C20细石混凝土内置φ4@200双向 分仓缝6000×6000
15厚1:3水泥砂浆
专用清洁剂"贴必灵"一层
20厚1:2防水砂浆找平
钢筋混凝土现浇屋面板
轻钢龙骨纸面石膏板吊顶
1:2水泥砂浆粉面白色外墙涂料二道
每开间居开中布置
甲视图1:20
说明
阳台有突出或斜墙面外
栏板均开口如图所示
15厚1:2水泥砂浆粉面白色外墙涂料二道
乙视图1:20
四至五层
阳台斜外墙剖切详图 1:20
1:2水泥砂浆粉面
白色外墙涂料二道
预埋通长-80×6 4φ6弯脚
40方钢栏杆
预埋通长-80×6 4φ6弯脚
做法同左图
做法同左图
做法同左图
梁底下高度轻钢龙骨铝合扣板吊顶
轻钢龙骨纸面
石膏板吊顶
二至四层阳台斜外墙剖切详图 1:20
建筑设计研究院
工程名称
项目
斜外墙剖切详图
工程名称
日期
图号
图号
出图签章

图 0-2 某建筑设计详图

0.5 影响建筑构造设计的因素

一座建筑物的使用质量和耐久性能经受着自然界各种因素的检验。为了提高建筑物对外界各种影响因素的抵御能力以及延长建筑物的使用年限,更好地满足各类建筑物的使用功能,在进行建筑构造设计时,必须充分考虑各种因素对它的影响,并根据影响程度提供合理的构造方案。影响建筑构造设计的因素很多,大致可分为以下几个方面。

0.5.1 外力作用的影响

作用到建筑物上的外力统称为荷载。荷载又分为静荷载(如结构自重)和活荷载(如人、家具、设备、风、雪以及地震荷载等)。荷载的大小是结构设计和结构选型的主要依据,决定着构件的尺寸和用料,而构件的选材、尺寸、形状等又与建筑构造密切相关。因此,在确定建筑构造方案时,必须考虑外力的影响。

作用在建筑物上的活荷载有垂直荷载和水平荷载之分,所有建筑物都必须考虑垂直荷载的影响,对于某些地区或某种结构形式的建筑物来说,其水平荷载的影响也不容忽视。例如风荷载和地震荷载,其中风荷载往往是高层建筑物水平荷载的主要来源,对沿海地区的建筑物影响更大。此外,我国是多地震的国家之一,在构造设计中应根据各地区的地震烈度采取不同的技术措施。

0.5.2 自然气候的影响

自然气候的影响差异较大,从炎热的南方到寒冷的北方,气候特点各不相同。气温变化、太阳的热辐射、自然界的风霜雨雪等是构造设计中必须考虑的重要因素。有些构配件会因材料热胀冷缩而开裂,出现渗漏现象,还有些构配件会因室内过冷、过热、过潮湿而影响正常使用等。因此,在构造设计时须针对建筑物所受影响的性质和程度,对各有关部位采取相应的防范措施,如防潮、防水、保温、隔热、设变形缝和隔蒸汽层等。

0.5.3 各种人为因素的影响

人们所从事的生产和生活活动,也往往会对建筑物造成不利影响,如机械振动、化学腐蚀、爆炸、火灾、噪声等。因此,在进行建筑构造设计时,还必须采取防振、防腐、防爆、防火、防虫、隔声等相应的构造措施。

0.5.4 物质技术和经济条件的影响

建筑材料和建筑结构等物质条件是构成建筑的基本要素。材料是建筑的物质基础,结构则是构成建筑的骨架,它们都与建筑构造密切相关。随着建筑技术的不断发展和人们生活水平的不断提高,各种新材料、新技术、新设备都在不断改进和更新,同时随着经济条件的改善,人们对建筑的使用要求也随之改变。因此,构造方式的多样化以及多变性已成为一种趋势。

0.6 建筑构造设计原则

0.6.1 必须满足建筑使用功能要求

根据建筑物使用性质和所处环境的不同，对建筑构造设计也有着不同的要求。如北方地区对建筑有保温要求，南方地区则强调建筑通风、隔热；不同类型的建筑往往有使用功能方面的特殊要求，如观演建筑要考虑吸声、隔声等构造措施。总之，为了满足使用功能需要，在构造设计时，必须综合有关技术知识，进行合理的设计，选择最佳的构造设计方案。

0.6.2 必须有利于结构安全

建筑物除应根据荷载大小、结构的要求确定构件的尺度外，对一些附加构件的设计，如阳台、栏杆以及顶棚、墙面等都应在构造上采取措施，确保建筑物在使用时的安全。

0.6.3 适应建筑工业化需要

在建筑构造设计中，应继承和改进传统的建筑方法，广泛采用标准设计、标准构配件及其制品，使构配件生产工厂化、节点构造定型化，以适应建筑工业化发展的需要。与此同时，在开发新材料、新结构、新设备的基础上，应注重促进对传统材料、结构、设备和施工方式的更新与改造。

0.6.4 正确处理经济效益与工程质量的关系

构造设计既要注意控制建筑造价、降低材料的能源消耗，又要有利于降低运行、维修和管理的费用。另外，在保证工程质量前提下，既要避免单纯追求效益而偷工减料、粗制滥造，也要防止出现不必要的浪费现象。

0.6.5 注意美观

一座建筑物的美观除了取决于建筑设计中的体型组合和立面处理外，一些细部构造对整体美观也有很大影响，例如栏杆的形式，室内外的细部装修，各种转角、收头、交接的做法等都应合理处置，使之相互协调。总之，在构造设计中，应全面考虑坚固适用、技术先进、经济合理、美观大方等最基本的原则。

0.7 常用建筑材料及其连接方式

0.7.1 常用建筑材料的基本性能

对各种常用建筑材料的基本性能，从建筑构造的角度出发应作以下了解：

① 材料的力学性能——有助于判断其使用及受力情况是否合理；

② 材料的防火、防水或导热、透光等性能——有助于判断是否符合使用场所的相关要求或确定应采取何种相应的补救措施;

③ 材料的机械强度以及是否易于加工(即易于切割、锯刨、钉入等特性)——有助于研究用何种构造方法实现材料或构件间的连接。

1) 砖石、混凝土、建筑砂浆

(1) 砖石。

① 砖　砖是块状的砌体材料,分为烧结砖和非烧结砖两种。前者是以黏土、页岩、煤矸石、粉煤灰等为主要原料,经熔烧制成的块体;后者是以石灰和粉煤灰、煤矸石、炉渣等为主要原料,加水拌和后压制成型,经蒸汽养护制成的块体。

砖是刚性材料,强度等级按抗压强度取值,烧结普通砖的强度等级分为五个等级:MU30、MU25、MU20、MU15、MU10(单位为 N/mm^2)。

砖具有一定的耐久性和耐火性,可用于低层和多层房屋承重墙体及大部分房屋的围护、分隔墙的砌筑。其中,非烧结砖因为吸湿性较大、易受冻融作用,以及因表面较光滑,与砂浆较难结合,所以墙体易开裂,使用受到一定的限制。

砖虽然是一种使用历史非常悠久的建筑材料,但普通黏土砖大量消耗土地资源,因此研究用新型优质墙体材料来取代黏土已成为当前的一个重要课题。

② 石　石材是一种天然材料,经人工开采琢磨,可用作砌体材料或建筑饰面装修材料。碎石料经与水泥、砂搅拌制成混凝土,在建筑上有广泛的用途。

石材的强度等级分 MU100、MU80、MU60、MU50、MU40、MU30、MU20 七个等级。

天然石材的品种非常多,最常用的有花岗石、大理石、玄武岩、砂岩、石类岩、片麻岩等。

(2) 混凝土。

混凝土是用胶凝材料(水泥)和骨料(石子)加水浇筑结硬后制成的人工石,以往建筑行业中将其写作"砼"。骨料包括细骨料(如细砂)和粗骨料(如碎石)。

混凝土也是一种刚性材料,其抗压性能良好而抗拉、抗弯的强度较低。但在混凝土中配入钢筋后可大大改变其受力性能。不配筋的混凝土叫素混凝土,常用于道路、垫层或建筑底层实铺地面的结构层。钢筋混凝土则大量用于建筑物的支承系统,用作结构构件。混凝土的强度等级分为 C15、C20、C25、C30、C35、C40、C50、C55、C60 等。

混凝土的耐火性和耐久性都很好,而且通过改变骨料的成分以及添加外加剂,可以进一步改变混凝土的其他性能。例如,将混凝土中的石子换成其他轻骨料(如蛭石、膨胀珍珠岩等),可制成轻骨料混凝土,改善其保温性能。又如,在普通混凝土中适量掺入氯化铁、硫酸铝等,可增加其密实性,提高防水的性能。

(3) 建筑砂浆。

建筑砂浆是由胶凝材料(水泥和石灰膏)、细骨料加水拌和结硬后制成的。它也是刚性材料,而且由于只有细骨料,因此在施工和使用过程中都有可能开裂。其强度等级分为 M2.5、M5、M7.5、M10、M15 五个等级。建筑砂浆主要用于砌体的砌筑和建筑物表面的装修。

与混凝土一样,改变砂浆内胶凝材料的成分或添加外加剂,可以改变砂浆的性能或装饰效果。

例如，在普通的水泥砂浆里加入一定量的石灰膏，可制成混合砂浆，改善其和易性（即保持合适的流动性、黏聚性和保水性），以达到易于施工操作、成型密实、质量均匀的性质。又如，在水泥砂浆中掺入氯化物、金属盐类、硅酸钠类和金属皂类等化合物，可制成防水砂浆，提高其防水性能。

2）钢材与其他金属

（1）钢材。

钢材在建筑中主要用作结构构件和连接件，某些钢材如薄腹型钢、不锈钢管、不锈钢板等也可用于建筑装修。

钢材强度较高，有良好的抗拉伸性能和韧性，因此常用于受拉或受弯的构件。但钢材若暴露在大气中，很容易受到空气中各种介质的腐蚀而生锈。同时，钢材的防火性能也较差，一般当温度达到 600 ℃左右时，钢材的强度几乎会降为零。因此，钢构件往往需要进行表面的防锈和防火处理，或将其封闭在某些不燃的材料（如混凝土）中。因为钢材和混凝土有良好的黏结力，温度线膨胀系数又相近，所以可以共同作用并发挥各自良好的力学性能，成为常用的建筑材料之一。

常用的钢材按断面形式可分为圆钢、角钢、工字钢、槽钢、钢管、钢板和异型薄腹钢型材。部分型钢断面如图 0-3 所示。

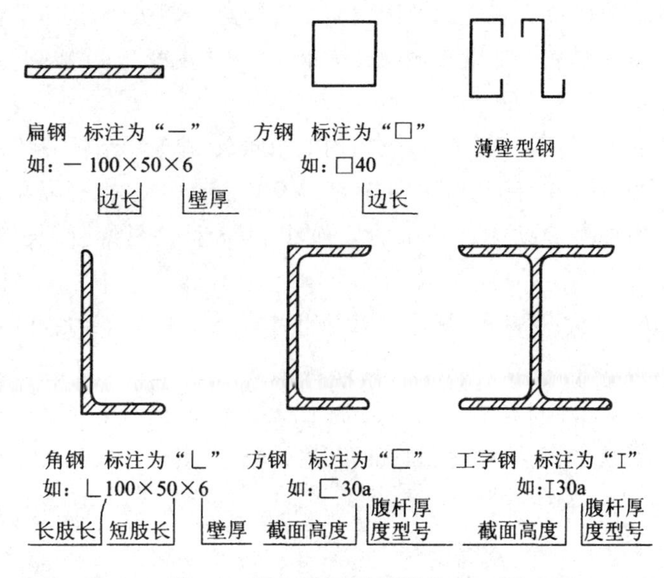

图 0-3 部分型钢断面（单位：mm）

（2）铝合金。

铝合金是铝和其他元素制成的合金，其重量轻，强度较低，但塑性好，易被加工，且在大气中抗腐蚀性、耐疲劳性能也较好。铝合金在建筑中主要用来制作门窗、吊顶龙骨及饰面板材。另外，铝粉还可用来配制各种饰面涂料。

（3）铸铁。

铸铁是在工厂翻砂铸造而成，其材质较脆，但耐气候性较好，而且可以被浇铸成不同花饰，主要用于做装饰构件，如花饰栏杆等。

（4）铜和铅。

铜材质较软,但色质华丽,化学性质相对稳定,除用作水暖零件和建筑五金外,还可用作装饰构件。黄铜粉可用于调制装饰涂料,起仿“贴金”的作用。

铅熔点低,延展加工性能较好,可用作屋面有突出物或管道处的防水披水板,因其具有强屏蔽性能还可用于医院、实验室类的建筑中。

3) 木材

木材是一种天然材料。由于树干在生长期间沿其轴向和径向的细胞形态、组织状况都有很大差别,因此具有多向异性的特征。

树木开采加工成木材后,其顺纹方向,即沿原树干的轴向,具有很大的受拉强度,且受压和抗弯的强度也比较好。但顺纹的细长管状纤维间联系比较薄弱,因此顺纹方向易被劈裂,在近木材的端部垂直木纹方向钉入硬物,容易使该端部的木材爆裂。

木材的横纹强度很低。以受压为例,重物很容易在木材上面留下压痕,这是因为横纹承压时,细胞壁被压破,致使木材被压扁,严重时甚至会造成破坏。因此,在使用天然木材做建筑材料时,应注意木材的纹理和受力性能之间的关系。

木材作为天然材料,本身具有一定的含水率,加工成型时除自然干燥外,还可进行浸泡、蒸煮、烘干等处理,使其含水率被控制在一定的范围内。尽管如此,木材的制品还是会随空气中湿度的变化而产生胀缩或翘曲,如木地板在非常干燥的天气里会发生“拔缝”。一般来说,木材顺纹方向的胀缩比横纹方向要小得多。

由于树种不同,不同木材的硬度、色泽、纹理均不相同,在建筑中所能发挥的作用也不同。在现代建筑中,木材多用来制作门窗、屋面板、扶手栏杆以及其他一些支撑、分隔和装饰构件。

木材在设计使用时应注意防火和防水的处理,因为木材是易燃物,长期在潮湿环境中又易霉烂。

常用的木材分为方木和板材两种,标注时只需用引出线标明其断面尺寸即可。

4) 人造块材和板材

人造块材和板材是对天然材料进行各种再加工及技术处理,或者由人工合成新材料制成的。它们可以节约天然材料,克服天然材料所固有的某些缺陷,并更适合现代的建筑技术。常用的人造板材有如下几种。

(1) 水泥系列制品。

水泥系列制品以水泥为胶凝剂,经添加发泡剂、各种纤维或高分子合成材料,制成块材或板材,在轻质、高强、耐火、防水、易加工等方面有突出的优点。其中大部分还兼有较好的热工及声学性能。

① 加气混凝土制品　在水泥、石灰、炉渣等含氧化钙的材料和砂、粉煤灰、煤矸石等含硅的材料中加发气剂制成的加气混凝土制品,分砌块和板材两大系列,必要时可以配筋。加气混凝土制品广泛用于各种砌筑或填充的内、外墙以及用作某种复合楼板的底衬,还可单独用作保温材料。

② 加纤维水泥制品　以水泥为胶凝剂加入玻璃纤维制成的玻璃纤维增强水泥板(GRC 板)、低碱水泥板(TK 板)以及加入天然材料的纤维如木材、棉秆、麻秆等制成的水泥刨花板等材料,可用于不承重的内外墙、管井壁等处。

③ 水泥高聚物制品　在水泥中加入某些高聚物的颗粒，如聚苯乙烯泡沫塑料颗粒，经发泡后制成板材，其特点是重量轻、保温性能良好，具有较好的耐水及抗冻性，可用作墙体或屋面的内外保温层。

(2) 石膏系列制品。

石膏的隔热、吸声和防火性能好，容易浇筑成形，但耐水性较差。常见的石膏系列制品有纸面石膏板，加玻璃纤维或纸筋、矿棉等纤维制成的纤维石膏板，矿渣石膏板以及多种石膏的装饰构件，如线脚、柱饰、板饰等。

石膏系列制品主要用作建筑外墙的内衬板和一些隔墙的面板，还可用于建筑吊顶和一些需要装饰的部位。

(3) 天然材料纤维制品。

① 天然材料纤维胶结物　把天然材料的边角打碎后将其纤维用胶黏剂黏结，或是将天然材料切割成薄片后错纹叠合黏结，用这类方法制成的木质的高、中密度纤维板、木屑板、胶合板、细木工板以及稻草板、麻茎板等，既保留了天然材料易加工的优点和一些天然的纹理，又克服了天然材料多向异性、易受气候影响变形的缺点，还能提高材料的强度并有效地利用自然资源，如图 0-4 所示为部分天然材料纤维胶结构的示意图。

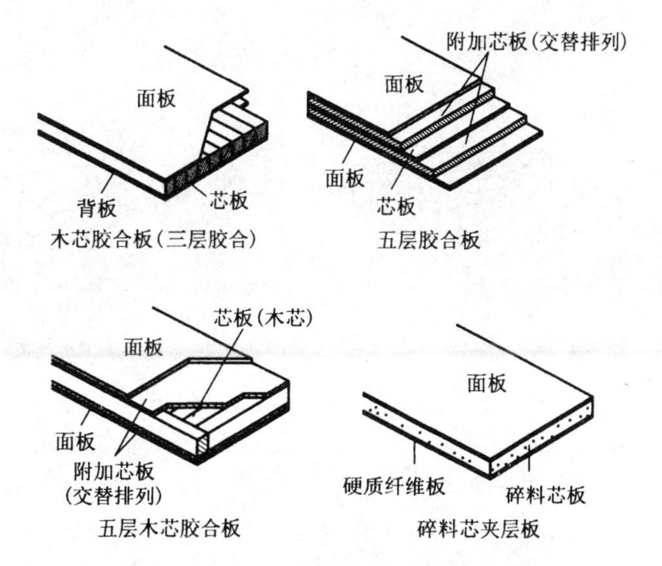

图 0-4　部分天然材料纤维胶结物示意图

在工程中，这类制品多用于建筑隔墙、地板或饰面。因其黏结材料中多含甲醛，应控制用量以保障使用者的健康。合适的添加剂可改善其防火、防水的性能。

② 其他纤维制品　用岩棉、矿渣棉、玻璃棉等天然石材和矿石为原料加工成的纤维状物，可制成各种保温板材，还可以掺入纸纤维、膨胀珍珠岩、陶土、淀粉等制成吸声板，广泛用于吊顶中。这些吸声板质量轻，耐高温和耐火性能好，易加工。

(4) 有机高分子合成材料制品。

以聚氨酯、聚苯乙烯、聚氯乙烯等有机高分子合成材料经发泡处理制成的各种泡沫塑料制品，主要用于建筑保温方面。有些泡沫塑料板材表面是在熔融状态下切割生成的，因此有很好的防水性能。但此类材料属可燃材料，因此在防火要求高的场所不得使用。

硬质的有机高分子合成材料制品如 PVC 塑料，其防水性能好、导热系数小、绝缘性佳，还可制成多种色泽的产品，免除表面装修，因此广泛运用于建筑吊顶、隔断和门窗、楼梯扶手。其型材还大量用于上、下水的管道。

(5) 复合工艺制品。

复合工艺制品指用现代制作工艺，用多种材料制成的复合型产品，以利于综合发挥其各部分的功能，克服某些单一材料的缺陷，并有利于施工现场的作业。例如，在岩棉或聚苯乙烯发泡板材中置入三向的钢丝网。可制成 GY 板和泰柏板(产品名)。这种复合板有较好的刚度，利用钢丝网通过专用连接件可以方便地固定，而且还能像普通砖石砌体一样与表面的粉刷层很好地结合，因此成为很好的隔墙材料。

又如蜂窝夹芯板，取两层由玻璃布、胶合板、纤维板或铝板等薄而强的材料作面板，中间夹一层用纸、玻璃布或铝合金材料制成的蜂窝状的芯板，如图 0-5 所示。这种蜂窝夹芯板轻质高强，隔声、隔热效果好，可用作隔墙、隔声门，还可用作幕墙。

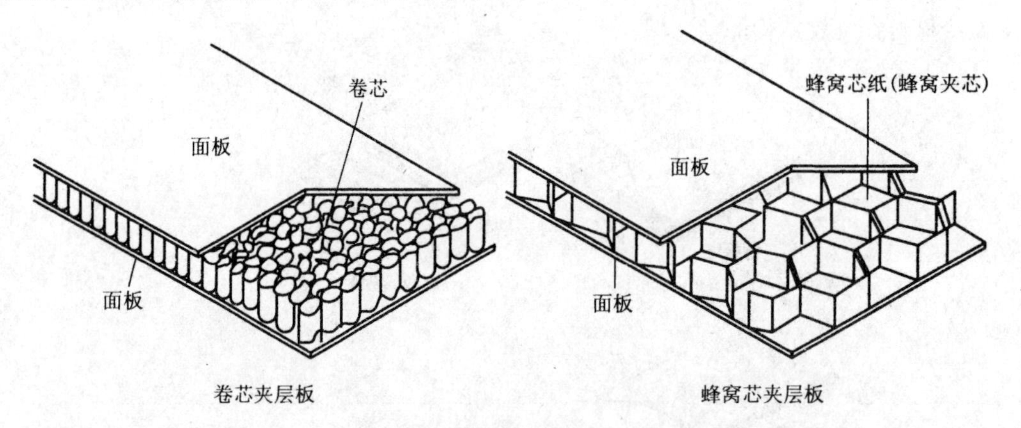

图 0-5　蜂窝夹芯板

使用复合工艺可以说是一种趋势，各种复合工艺制品层出不穷，它们除了高效节能外，还可大大提高建筑业的工业化程度。如在两层涂层钢板内夹发泡材料制成的复合型彩钢板，已被开发为一种独立的建筑体系，通过良好的连接技术和防水等构造处理方法，可自成体系地建造房屋。

5) 玻璃和有机透光材料

(1) 玻璃。

玻璃是用天然材料经高温烧制而成的产品，根据原料不同分为普通玻璃和浮法玻璃。后者品质优于前者。

玻璃具有优良的光学性质，透光率高，化学性能稳定，但脆而易碎，受力不均或遇冷热不匀时都易破裂。在建筑中主要用于门窗、采光顶棚、玻璃幕墙、玻璃隔断和装饰。

玻璃的形态可分为平板、曲面、异形几种。除了全透明的玻璃外，还可通过轧花、表面磨毛或蚀花等方法制成半透明的玻璃。

为了提高玻璃使用时的安全性，可将玻璃加热到软化温度后迅速冷却制成钢化玻璃，这种玻璃强度高，耐高温及温度骤变的能力好，即便破碎，碎片也很小，且无尖角，不易伤人。此外，还可在玻璃中夹入钢丝做成夹丝玻璃或在玻璃片间夹入透明薄膜后热压黏结成夹层玻璃，这类玻璃破坏时裂而不碎，不会到处散落碎片。

由于玻璃在建筑外围护结构上占据了相当的比例，为改善其热工和声学性能而研制的玻璃有镀膜的热反射玻璃、带有干燥气体间层的中空玻璃等。此外，为装饰目的研制的玻璃产品中有用实心或空心的轧花玻璃做的玻璃砖，以及用全息激光处理，使玻璃表面带有异常反射特点并在光照下出现艳丽色彩的镭射玻璃等。

(2) 有机合成高分子透光材料。

有机合成高分子透光材料具有质量轻、韧性好、抗冲动力强、易加工成型等优点，但硬度不如玻璃，表面易划伤，且易老化。

这类产品有丙烯酸酯有机玻璃、聚碳酸酯有机玻璃、玻璃纤维增强聚酯材料等。成品可制成单层板材，也可制成管束状的双层或多层板材。采光顶棚常用的穹隆式的采光罩或其他异型透明壳体，常采用高分子材料来制作。

6) 其他常用建筑材料

(1) 卷材。

建筑用卷材分为防水卷材和饰面卷材两大类。

① 防水卷材　防水卷材铺设方便，一般用胶粘材料附着在基层上，可以单层或多层设置，相互间可以搭接。但需要有一定的延伸率来适应变形和较好的耐气候性以防止老化。

防水卷材按防水材料的类别可分为沥青、沥青和高分子聚合物的共混物以及高分子材料三类。对应的成品分别称为沥青油毡、改性沥青油毡和高分子卷材。按防水卷材的制作工艺，又可分为有胎的和无胎的两种。有胎的是以纸、聚酯无纺布、玻璃纤维毡、铝箔等为胎体，覆以防水材料制成的。无胎的则是直接将防水材料制成片材，如三元乙丙、聚氯乙烯、氯化聚乙烯防水卷材等。

② 饰面卷材　饰面卷材主要用于室内外的建筑面层处理或作为铺设物。常见的此类材料有各种天然织物或化纤制作的地毯、塑料地毡、壁纸、人工草皮、金属网等。

(2) 涂料和油漆。

① 涂料　建筑用涂料也分为防水涂料和饰面涂料两大类。

(a)防水涂料：与防水卷材相对应，防水涂料也分为沥青基防水涂料、高聚物改性沥青防水涂料和合成高分子防水涂料三类。防水涂料易于施工，特别是在有转折处如某些管道出屋面处，与基层易于结合，而且不存在明显的接缝，整体性好。但由于涂料每层的厚度都有限，且直接涂覆在基层上易受其变形影响而开裂，因此拉伸率是防水涂料很重要的指标。

(b)饰面涂料：饰面涂料具有丰富的色泽且表面质感较好，另有易清洁、耐霉变等优点。因此，建筑饰面涂料一般是以各种有机或无机的颜料加上填料(如轻质碳酸钙、滑石粉等)以及防冻、防霉变等的助剂，投入合成的乳胶液中制成的。涂料通过不同的施工方法如平涂、弹涂、刮涂等，可形成不同的表面效果。

② 油漆　油漆主要涂覆在木材和钢材的表面，有时也涂覆在批嵌过的水泥类基底上，可防止

污物附着在木材表面而难以清除,也可防止钢材直接暴露在空气中而生锈,还可改变被涂覆物的色泽。

油漆分为清水漆和混水漆两种,前者主要用于木材表面;用脂胶清漆、酚醛清漆、醇酸清漆、虫胶清漆(泡立水)、硝基清漆(蜡克)等透明漆刷涂,使木材的纹理清晰地表现出来。后者以不透明的调合漆涂覆材料表面,起保护和着色的效果。

(3) 胶结和密封材料。

① 胶结材料 胶结材料多为化工产品,由于被结合物与胶结材料间应有相容性及良好的结合力,因此不同的胶结材料有不同的用途。

胶结材料应有合适的黏结强度,易于使用,并稳定、耐久。

常用的建筑胶结材料有如下几种。

108 胶(聚乙烯醇缩甲醛胶)——用作水泥砂浆的添加剂,用来铺贴面砖、粘贴壁纸,或作为内墙涂料的胶料。

4115 建筑胶粘剂——可用于水泥混凝土、钙塑板、塑料地板、门窗、顶棚等的黏结。

环氧树脂胶粘剂——可用于金属、陶瓷、玻璃、砖石等的黏结。

聚酯酸乙烯乳胶液(白胶)——可用于木料、陶瓷等的黏结。

氯丁橡胶胶粘剂——用作结构黏结。

聚氨酯类胶粘剂——用作木材、玻璃、金属、混凝土、塑料等加工黏结,且适用于地下及水中施工。

② 密封材料 密封材料有两种,一种是橡胶、泡沫塑料类的制品,可做成不同的断面形式,它通过嵌入缝隙后体积回弹挤压或由断面形状造成多道屏障,达到封闭目的。成品有各种止水带、密封条。另一种以胶粘剂的方式,填入缝隙后成膜,可与两边材料黏结,且自身具有良好的延伸率,能适应变形。此类产品有沥青防水油膏、聚氯乙烯嵌缝油膏、聚氨酯建筑密封膏、硅酮密封膏(俗称硅胶)、聚硫密封膏等。

0.7.2 常用建筑材料间的连接应遵循的基本原则

建筑材料之间的相互连接,是建筑构造设计中所要涉及的重要内容,应遵循如下基本原则。

(1) 受力合理 符合力的传递规律,从整体到局部满足结构的传力要求,做到安全可靠。

(2) 充分发挥材料的性能 相互连接的材料之间在化学性质上要能相容,应符合所在场所要求的材料性能,并应能充分发挥而不遭破坏。

(3) 具有施工的可能性 符合施工顺序,留有必要的作业空间,尽量使现场施工简单快捷。

(4) 美观适用 凡暴露的连接节点应当美观,凡是人能接触到的部分都应满足其感观上的要求,并有合适的尺度。

0.7.3 常用建筑材料连接方法

常用建筑材料间最基本的连接方法,如图 0-6～图 0-11 所示。根据材料的性质不同,它们之间除了胶接、榫接、焊接等连接方式外,往往还要通过插入件,例如钉、梢等,或其他连接件来实现连接。有时会采用多种方法同时应用，需根据实际情况作具体分析。

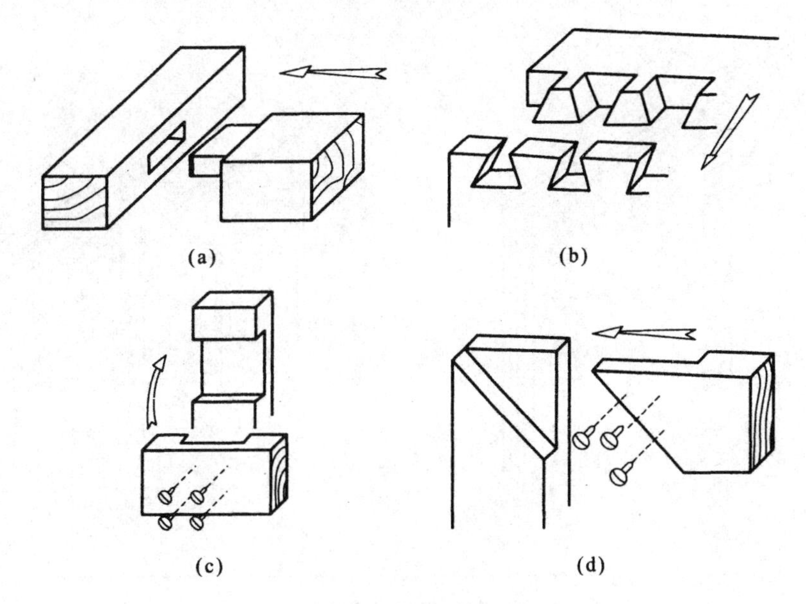

图 0-6 木构件连接

(a) 榫接(直榫)；(b) 榫接(牙马榫)；(c) 、(d) 胶接(加钉固定)

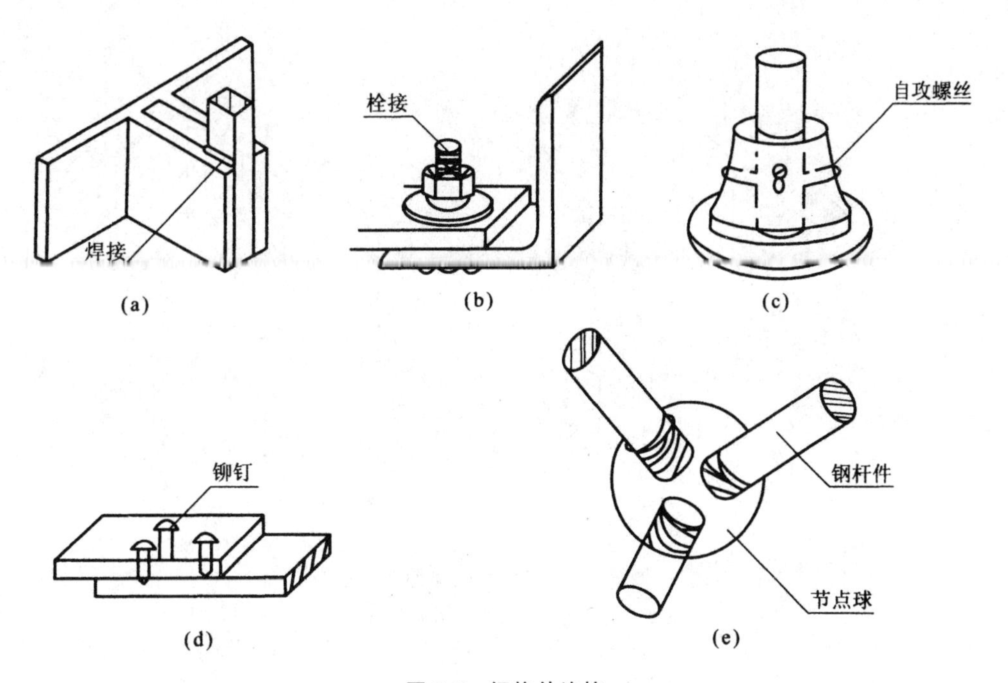

图 0-7 钢构件连接

(a) 焊接；(b) 栓接；(c) 套接；(d) 铆接；(e) 节点球连接

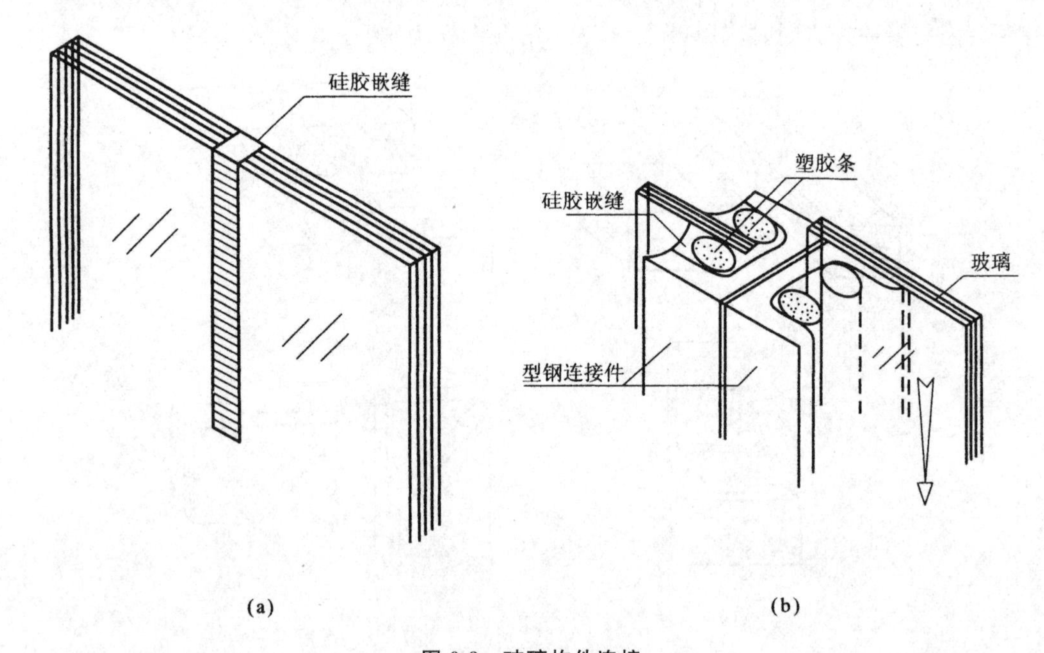

图 0-8 玻璃构件连接

(a) 胶接;(b) 通过其他构件连接

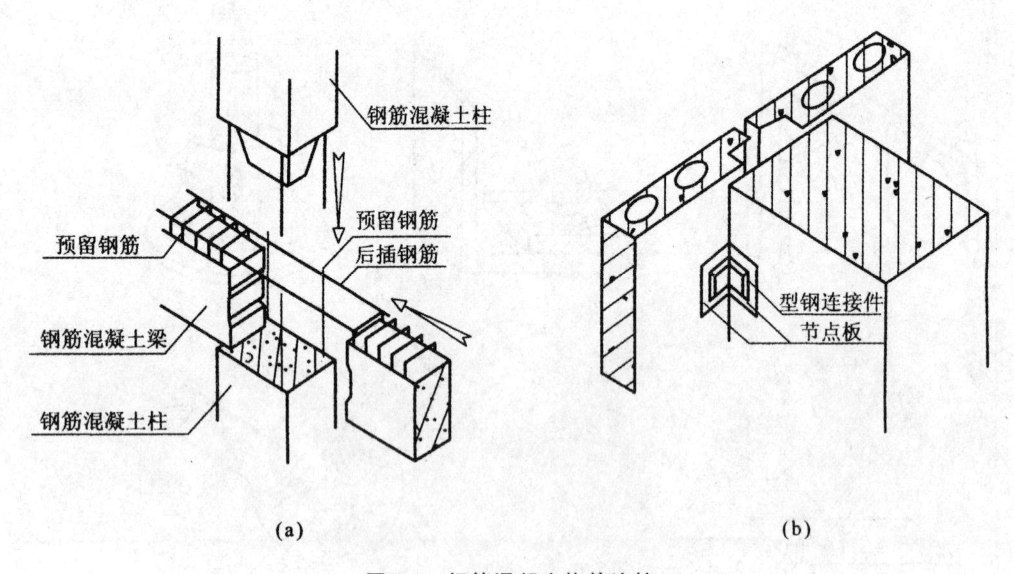

图 0-9 钢筋混凝土构件连接

(a) 现浇节点连接(混接);(b) 节点板连接(干接)

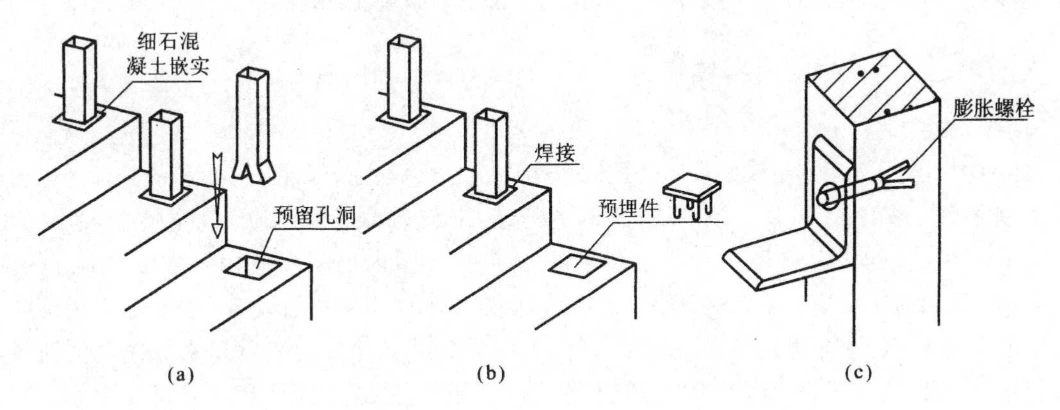

图 0-10 钢构件与钢筋混凝土构件连接

(a) 地脚锚固;(b) 与预埋件焊接;(c) 膨胀螺栓连接

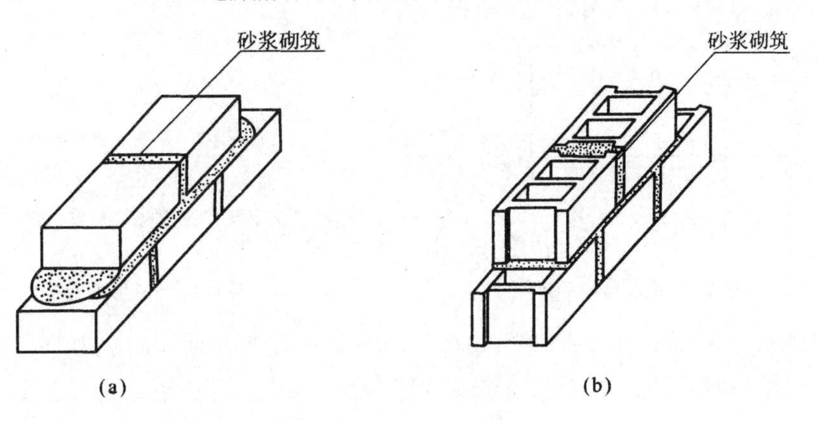

图 0-11 块材砌体连接

(a) 砖砌体;(b) 水泥砌块砌体

0.8 建筑施工图概述

0.8.1 建筑工程施工图的分类

建筑工程施工图按专业分工不同可分为以下三类。

(1) 建筑施工图(简称建施):包括设计说明、总平面图、平面图、立面图、剖面图和大样详图及材料做法等。

(2) 结构施工图(简称结施):包括结构设计说明、结构平面布置图和结构构件详图等。

(3) 设备施工图:包括给水、排水施工图,采暖通风施工图和电气施工图。

建筑物一次装修施工图包含在建筑施工图内,二次装修施工图需根据房屋的使用特点和业主的要求由装饰公司在建筑施工图的基础上进行装饰设计,并编制相应的装饰施工图。

施工图一般以子项为编排单位。顺序如下:建筑施工图,结构施工图,给水排水施工图,采暖和通风、空调施工图,电气设备施工图等。本节我们只讲述建筑施工图。

0.8.2 施工图中常用的表达符号

1) 定位轴线

在施工图中,通常用定位轴线表示房屋承重构件(如梁、板、柱、基础、屋架等)的位置。根据《房屋建筑制图统一标准》(GB/T 50001—2017)规定:定位轴线应用细点画线绘制,伸入墙内10～15 mm,并进行编号,编号注写在定位轴线端部的圆圈内。圆圈应用细实线绘制,直径为8～10 mm,圆圈内注明编号。在建筑平面图中,横向定位轴线用阿拉伯数字从左向右连续编写,纵向定位轴线用大写拉丁字母从下向上连续编写,其中I、O、Z三个字母不得用来标注定位轴线,以免与数字1、0、2混淆,定位轴线的编写方法如图0-12所示。在施工图中,两道承重墙中如有隔墙,隔墙的定位轴线应为附加轴线,附加轴线的编号方法采用分数的形式,如图0-13所示。分母表示前一根定位轴线的编号,分子表示附加轴线的编号。

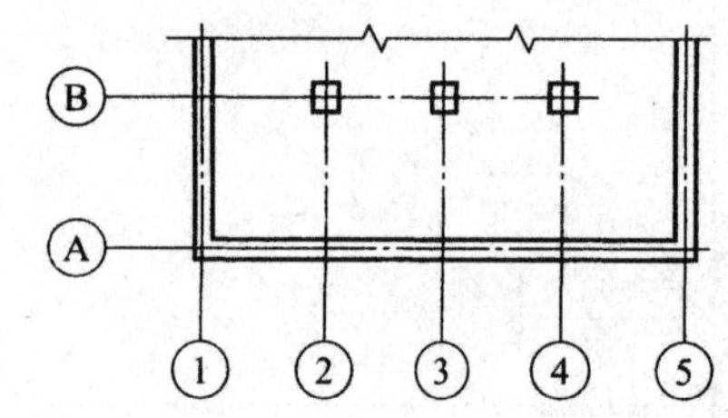

图0-12 定位轴线的编号与顺序

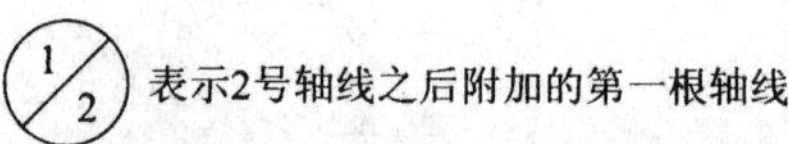

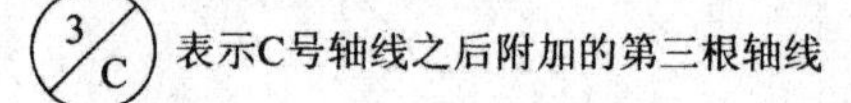

图0-13 附加轴线的标注

如在1轴线或A轴线前有附加轴线,则在分母中应在1或A前加注0,如图0-14所示。一个详图适用于几根轴线时,应同时注明各有关轴线的编号,如图0-15所示。

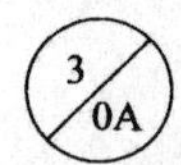

图0-14 起始轴线前附加轴线的标注

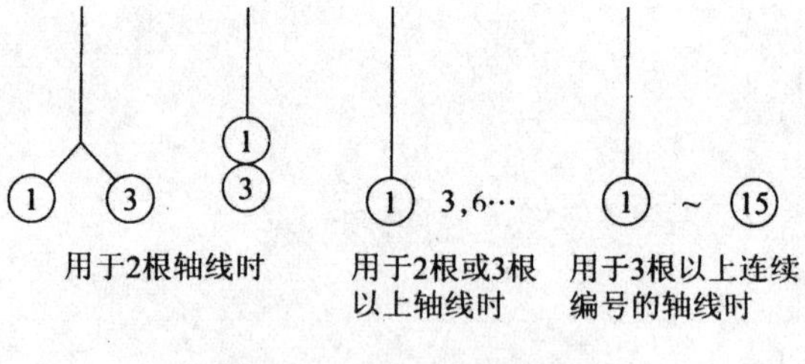

图0-15 详图的轴线标号

2) 标高

标高是标注建筑物或地势高度的符号。

(1) 标高的分类。

绝对标高:以我国青岛附近黄海的平均海平面为基准的标高。在施工图中一般标注在总平面图中。

相对标高:在建筑工程图中,规定以建筑物首层室内主要地面为基准的标高。

(2) 标高的表示法。

标高符号是高度为3 mm的等腰直角三角形,如图0-16所示。施工图中,标高以“m”为单位,小数点后保留三位小数(总平面图中保留两位小数)。标注时,基准点的标高注写±0.000,比基准点高的标高前不写"＋"号，比基准点低的标高前应加"－"号，如－0.450，表示该处比基准点低了0.450 m。

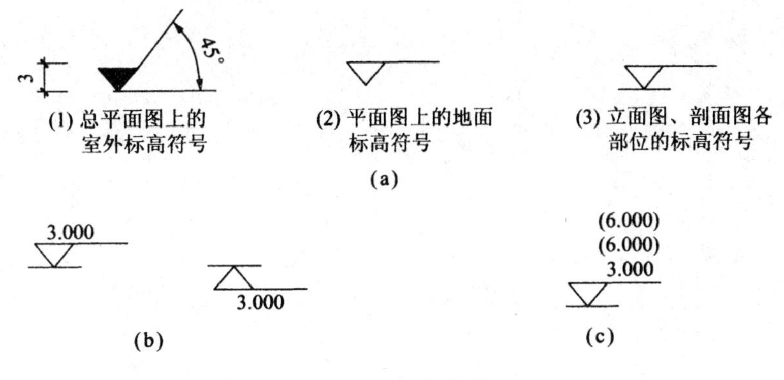

图 0-16 标高符号

(a) 标高符号形式；(b) 标高的指向；(c) 同一位置注写多个标高

3）尺寸线

施工图中均应注明详细的尺寸，尺寸注法由尺寸界线、尺寸线、尺寸起止符号和尺寸数字所组成，如图 0-17 所示。根据《房屋建筑制图统一标准》(GB/T 50001—2017)规定，除标高及总平面图上的尺寸以"m"为单位外，其余一律以"mm"为单位。为使图面清晰，尺寸数字后一般不注写单位。

在图形外面的尺寸界线是用细实线画出的，一般应与被注长度垂直，在图形里面的尺寸界线以图形的轮廓线中线来代替。尺寸线必须以细实线画出，而不能用其他线代替，应与被注长度平行。尺寸起止符号一般用中粗斜短线表示，其倾斜方向应与尺寸界线成顺时针 45°角，长度宜为 2～3 mm。尺寸数字应标注在水平尺寸线上方(垂直尺寸线数字在左方)中部。

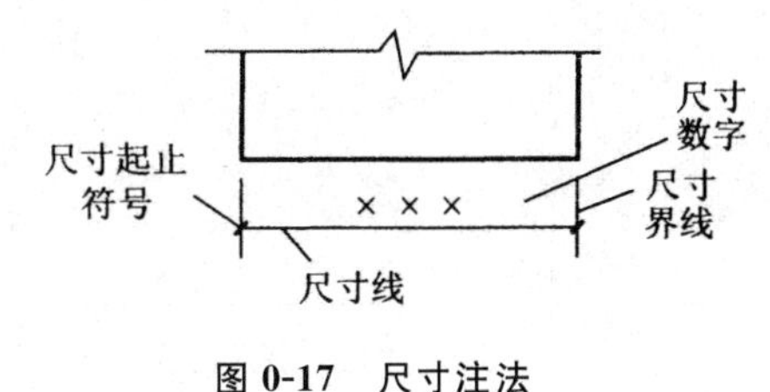

图 0-17 尺寸注法

4）索引符号与详图符号

(1) 索引符号。

在图样中，如某一局部另绘有详图，应以索引符号索引，索引符号是用直径 10 mm 的细实线绘制的圆圈，如图 0-18 所示。符号中，分母表示详图所在图纸的编号，分子表示详图编号。

图 0-18(a)表示 5 号详图在本页图纸上，图 0-18(b)表示 5 号详图在第 2 页施工图纸上，图 0-18(c)表示该部位的详图在代号为 J 103 的标准图集第 2 页的第 5 个详图上。

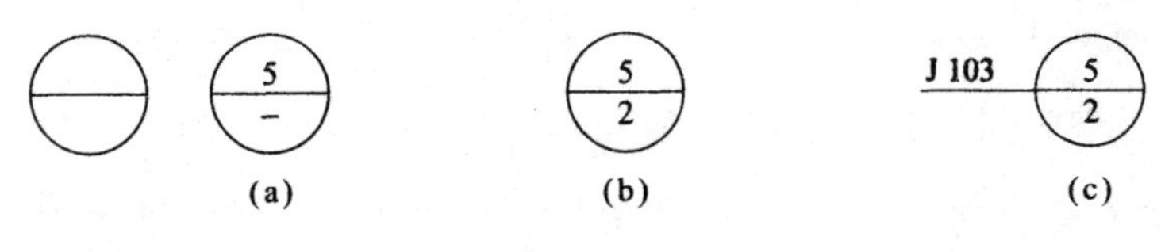

图 0-18 索引符号

(a) 5 号详图在本页图纸上；(b) 5 号详图在第 2 页施工图纸上

(c) 该部位的详图在代号为 J 103 的标准图集第 2 页的第 5 个详图上

索引符号如用于索引剖视详图，应在被剖切的部位绘制剖切位置线，并用引出线引出索引符号，引出线所在的一侧应为投射方向，如图 0-19 所示。

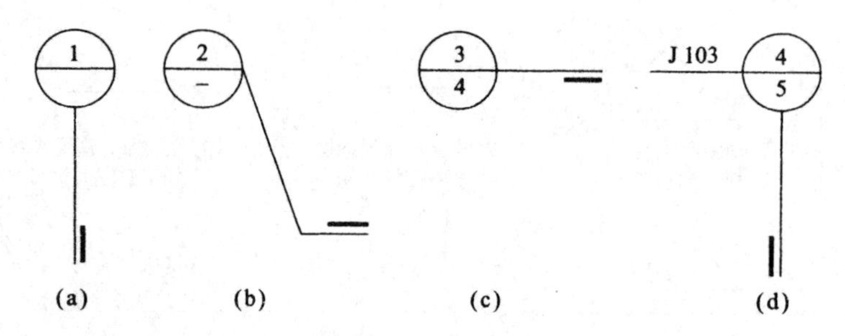

图 0-19　用于索引剖面详图的索引符号

(2) 详图符号。

详图的位置和编号应以详图符号表示，详图符号用直径为 14 mm 的粗实线圆圈表示，如图 0-20所示。

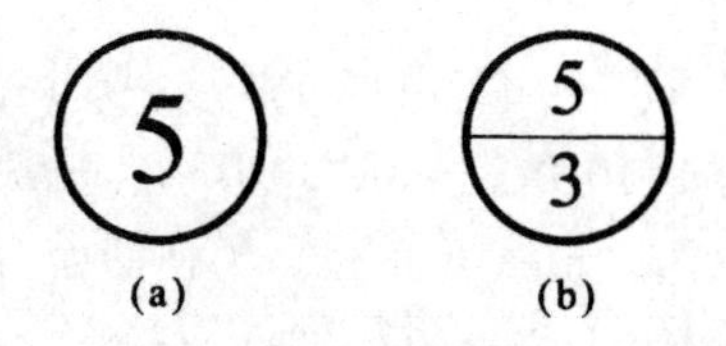

图 0-20　详图符号

(a) 与被索引图样在同一页图纸内的详图符号；

(b) 与被索引图样不在同一页图纸内的详图符号

5) 引出线

引出线应以细实线绘制，采用水平方向的直线，或与水平方向成 30°、45°、60°、90°的直线，或经上述角度再折为水平线。文字说明应注写在水平线的上方，也可注写在水平线的端部，索引详图的引出线应与水平直径线相连接，如图 0-21 所示。

同时引出几个相同部分的引出线，宜互相平行，也可画成集中于一点的放射线，如图 0-22 所示。

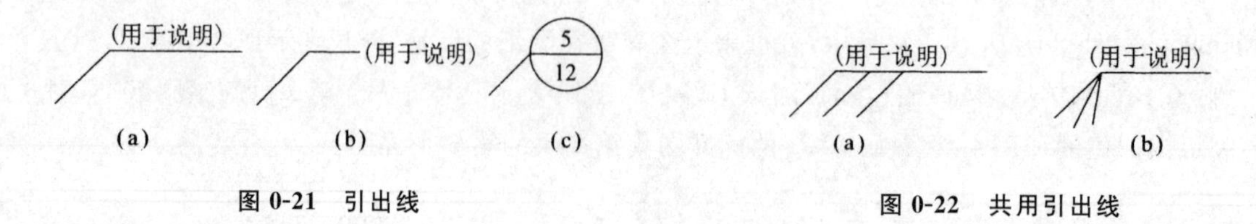

图 0-21　引出线　　**图 0-22　共用引出线**

多层构造或多层管道共用引出线应通过被引出的各层。文字说明应注写在引出线的上方，或注写在水平线的端部，说明的顺序由上至下，并应与被说明的层次对应一致，如层次为横向排序，则由上至下的说明顺序应与从左至右的层次对应一致，如图 0-23 所示。

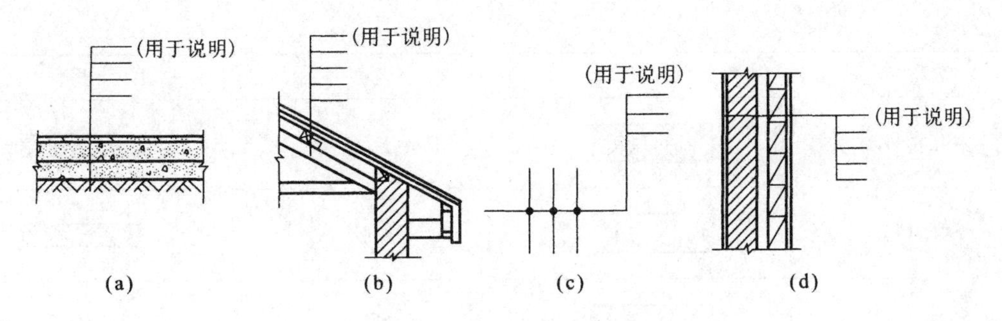

图 0-23　多层构造引出线

(a) 由上至下排序;(b) 由上至下排序;(c) 由左至右排序;(d) 由左至右排序

6）指北针

如图 0-24 所示，指北针用细实线绘制，圆的直径为 24 mm，指针尾部宽度宜为圆的直径的 1/8，指针头部应注写“北”或“N”。当图样较大时，指北针可放大。

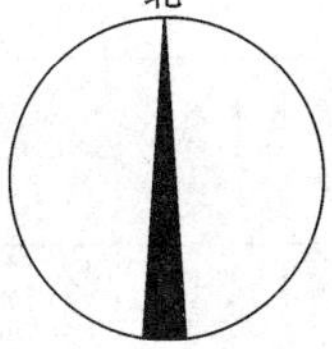

北

图 0-24　指北针

7）常用图例

建筑施工图中经常会用到各种图例符号来表达设计意图，现将常用图例符号汇总如下(见表 0-3、表 0-4)。

表 0-3　常用建筑材料图例

名称	图例	名称	图例
自然土壤		石材	
夯实土壤		毛石	
砂、灰土	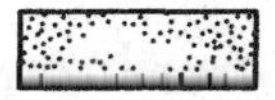	普通砖	
砂砾石、碎砖三合土	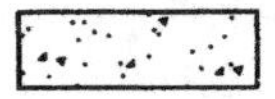	耐火砖	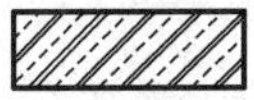
空心砖		胶合板	
饰面砖	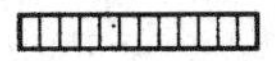	石膏板	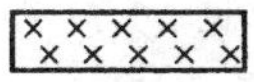
焦渣、矿渣	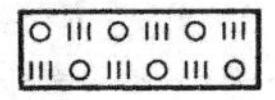	金属	
混凝土	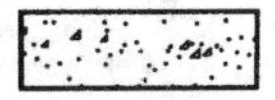		
钢筋混凝土	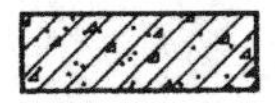	网状材料	

续表

名称	图例	名称	图例
多孔材料		玻璃	
纤维材料		橡胶	
泡沫塑料材料		塑料	
木材		防水材料	
		粉刷	

表 0-4　常用建筑配件图例

名称	图例	名称	图例
空门洞		单层外开平开窗	
单扇门			
双扇门		双层外开平开窗	
对开折叠门			
单扇弹簧门		水平推拉窗	
双扇弹簧门			
百叶窗		墙上预留槽	宽×高×深 底(顶式中心) 标高××，×××
单层外开上悬窗		高窗	
		孔洞	

续表

名称	图例	名称	图例
单层内开上悬窗	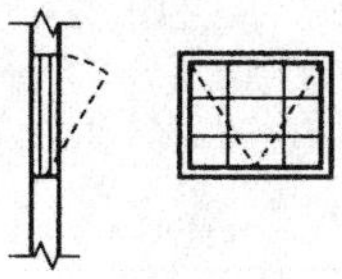	坑槽	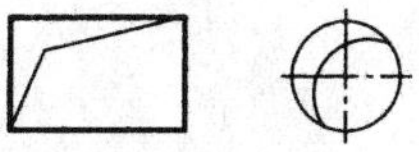
		检查孔	
单层外中悬窗	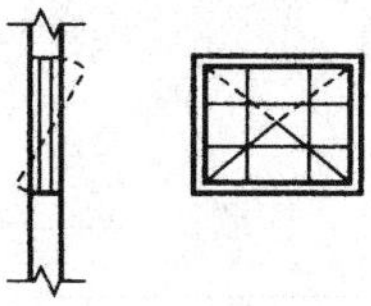	烟道	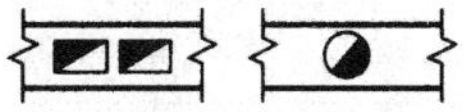
		通风道	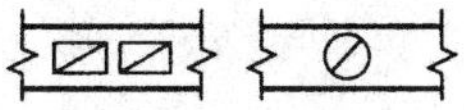
墙上顶留窗	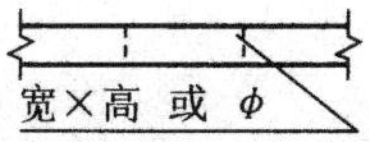 宽×高 或 φ 底(顶式中心)标高××.×××	厕所小间、淋浴小间	

【思考与练习】

0-1 学习建筑构造的目的是什么？建筑构造主要包含哪些内容？

0-2 建筑物的基本构造组成有哪些？它们各自的主要作用是什么？

0-3 简述影响建筑构造的主要因素。

0-4 简述建筑构造设计应遵循的原则。

0-5 建筑模数的含义是什么？共有几种模数？怎样表达？

0-6 简述建筑物按耐久年限和耐火等级的分类方法。

0-7 简述耐火极限的意义。

0-8 什么是构件的燃烧性能？

0-9 简述本章所讲常用建筑材料的特点及应用。

0-10 认识并能运用建筑施工图的表达符号及图例等知识表达设计意图。

1 墙体构造

【本章要点】

1-1 了解墙体的设计要求；

1-2 了解外墙保温、隔热的措施及构造；

1-3 熟悉墙体砌筑方法和构造要点；

1-4 掌握各种隔墙的设计及构造要点；

1-5 掌握实砌墙体的细部构造。

1.1 墙体概述

1.1.1 墙体的类型

1）按所在位置及方向分类

墙体按所处位置可以分为外墙和内墙。外墙位于房屋的四周，又称为外围护墙，起遮挡风雨、保温、隔热的维护作用。内墙位于房屋内部，主要起分隔内部空间的作用。墙体按布置方向又可以分为纵墙和横墙。沿建筑物长轴方向布置的墙称为纵墙，沿建筑物短轴方向布置的墙称为横墙，端部的横墙俗称山墙。另外，根据墙体与门窗的位置关系，窗洞口之间的墙体可以称为窗间墙，窗洞下部的墙体可以称为窗下墙，墙体分类如图 1-1 所示。

2）按受力情况分类

墙体按结构竖向的受力情况分为承重墙和非承重墙两种。承重墙直接承受楼板及屋顶传下来的荷载。非承重墙不承受外来荷载，仅起围护与分隔作用。在砖混结构中，非承重墙可以分为自承重墙和隔墙。自承重墙仅承受自身重量，并把自重传给基础。隔墙则把自重传给楼板层或附加的小梁。在框架结构中，非承重墙可以分为填充墙和幕墙。填充墙是位于框架梁柱之间的墙体。当墙体悬挂于框架梁柱的外侧起围护作用时，称为幕墙，幕墙的自重由其连接固定部位的梁柱承担(幕墙构造详见《建筑构造》(下册))。

3）按材料及构造方式分类

墙体按所用材料不同，分为砖墙、石墙、土墙、钢筋混凝土墙、砌块墙及多种材料结合的组合墙等。墙体按构造方式可以分为实体墙、空体墙和组合墙三种(见图 1-2)。实体墙由单一材料组成，如普通砖墙、实心砌块墙、混凝土墙、钢筋混凝土墙等。空体墙也是由单一材料组成，既可以是由单一材料砌成内部空心的墙体，例如空斗砖墙(见图 1-3)，也可以是用具有孔洞的材料建造的墙，如空心砌块墙(见图 1-4)、空心板材墙等。组合墙由两种以上材料组合而成，例如钢筋混凝土外贴保温板的组合墙体，其中钢筋混凝土起承重作用，保温板起保温隔热作用。

4）按施工方法分类

墙体按施工方法可分为砌体墙、板筑墙及板材墙三种。砌体墙是用砂浆等胶结材料将砖石块材等组砌而成，例如砖墙、石墙及各种砌块墙等。板筑墙是在现场立模板，现浇而成墙体，例如现浇混凝土墙等。板材墙是预先制成墙板，施工时安装而成的墙，例如预制混凝土大板墙、各种轻质条板内隔墙等。

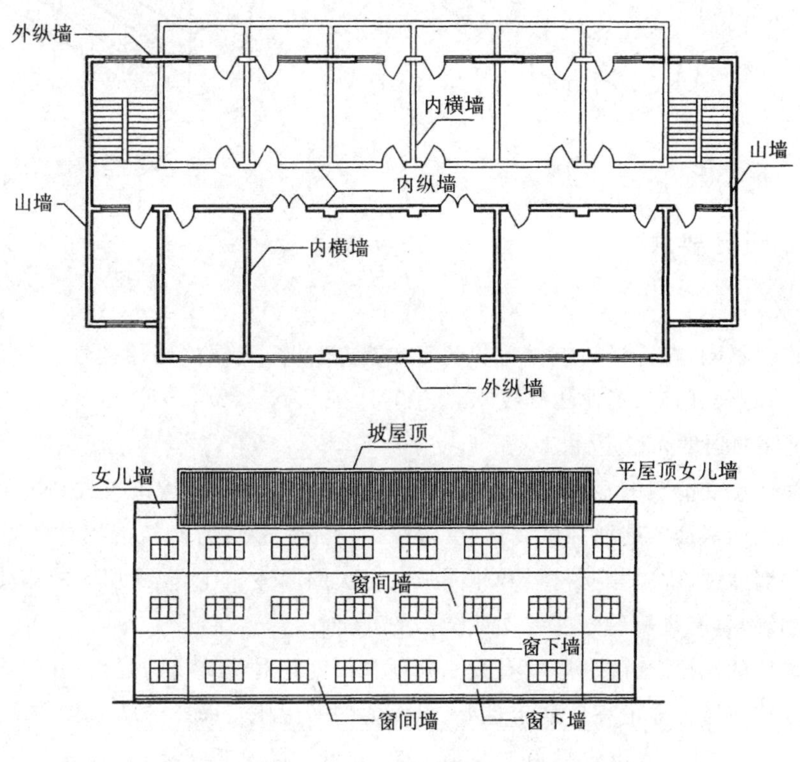

图 1-1 不同位置的墙体名称

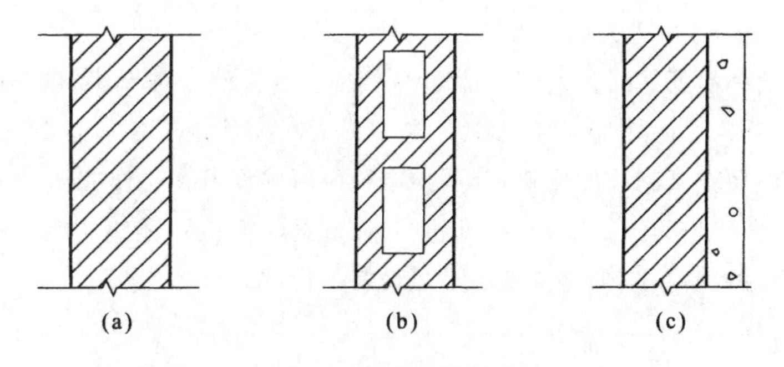

图 1-2 墙体构造形式

(a) 实体墙；(b) 空体墙；(c) 组合墙

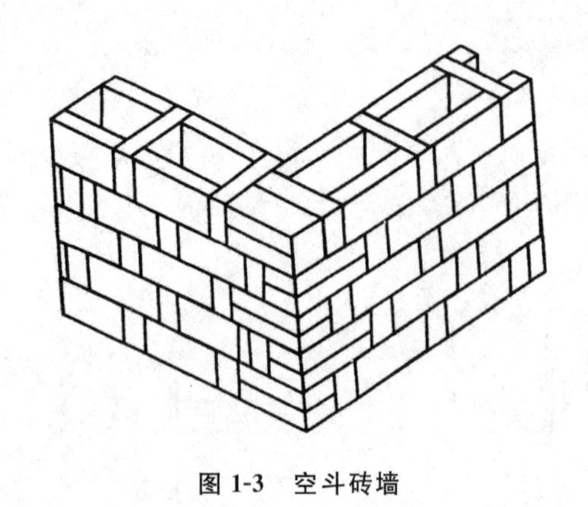

图 1-3 空斗砖墙

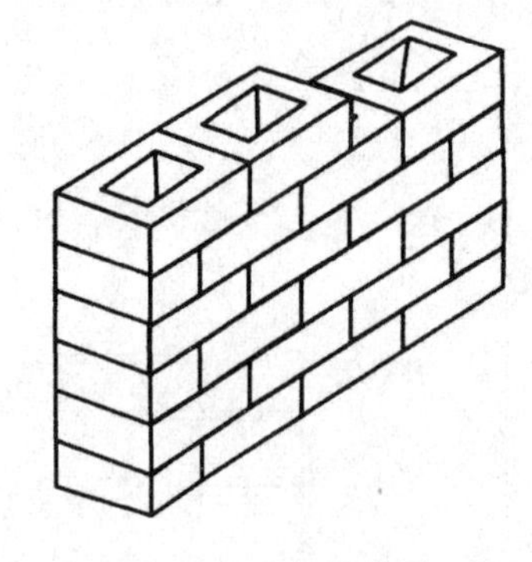

图 1-4 空心砌块墙

1.1.2 墙体的设计要求

1) 设计要求

因墙体的作用不同,在选择墙体材料和确定构造方案时,应根据墙体的性质和位置,分别满足结构、热工、隔声、防火、防潮、工业化等要求。

(1) 具有足够的强度和稳定性。

强度是指墙体承受荷载的能力。它与墙体所用材料、墙体尺寸、构造方式和施工方法有关。如钢筋混凝土墙体比同截面的砖墙强度高;强度等级高的砖和砂浆所砌筑的墙体比强度等级低的砖和砂浆所砌筑的墙体强度高;相同材料和相同强度等级的墙体相比,截面积大的墙体强度要高。作为承重的墙体,必须具有足够的强度以保证结构的安全。

稳定性与墙体的高度、长度和厚度有关。高度和长度是对建筑物的层高、开间或进深尺寸而言的。高而薄的墙体比矮而厚的墙体稳定性差;长而薄的墙体比短而厚的墙体稳定性差;两端有固定的墙体比两端无固定的墙体稳定性好。实际工程中墙体的高厚比必须控制在允许的高厚限值以内。

(2) 满足保温、隔热等热工方面的要求。

适宜的室内温度和温度状况是人们生活和生产的基本要求。对于建筑的外围护结构来说,由于在大多数情况下,建筑室内外都会存在温差,特别是处于寒冷地区冬季需要采暖的建筑和因夏季炎热而需要在室内使用空调制冷的建筑,其围护结构两侧的温差在这样的情况下相差较大,从舒适和节能的角度出发,要求作为围护结构的外墙具有良好的热稳定性,使室内温度在外界环境温度变化的情况下保持相对的稳定,减少对空调和采暖设备的依赖。

(3) 满足隔声要求。

不同类型的建筑具有相应的噪声控制标准。例如:住宅中卧室为 40 dB,学校的教室为 50 dB,医院的门诊室为 55 dB 等。噪声通常是指由各种不同强度、不同频率的声音混杂在一起的嘈杂声。噪声传递有两种形式,一种是声响发生后,通过空气、透过墙体再传递到人耳,称为空气声,如说话声、汽车喇叭声等;另一种是直接撞击墙体或楼板,发出的声音再传递到人耳,称为固体声或撞击声,如关门时产生的撞击声、在楼板上行走的脚步声等。

墙体主要隔离空气声。空气声在墙体中的传播途径有两种：一是通过墙体的缝隙和微孔传播；二是在声波作用下墙体受到振动，声音透过墙体而传播。

为控制噪声，对墙体一般采取以下措施：

① 加强墙体的密缝处理，特别是对墙体与门窗等缝隙进行处理；

② 增加墙体密实性及厚度，避免噪声穿透墙体及墙体振动，砖墙隔声能力较好，例如，24 砖墙隔声量为 48～53 dB，12 砖墙的隔声量为 43～47 dB，但应避免单纯依靠增加墙体厚度来提高隔声能力；

③ 采用有空气间层或多孔性材料的夹层墙，提高墙体的减振和吸声能力；

④ 充分利用垂直绿化带降低噪声。

(4) 其他方面的要求。

① 防火要求。防火规范中对不同耐火等级建筑的各部位墙体的耐火性能作了规定，在选择墙体材料时应符合防火规范规定的燃烧性能和耐火极限。在较大的建筑中还应设置防火墙，把建筑分成若干区段(防火区)，以防止火灾蔓延。

② 防水防潮要求。在卫生间、厨房、实验室等有水的房间及地下室的墙应采取防水防潮措施。选择良好的防水材料以及恰当的构造做法，保证墙体的坚固耐久性，使室内有良好的卫生环境。

③ 建筑工业化要求。在大量民用建筑中，墙体工程量占很大的比重。因此，建筑工业化的关键是墙体的改革，改变手工生产及操作，提高机械化施工程度，提高工效，降低劳动强度，推广应用轻质高强的墙体材料，以减轻自重、降低成本。

2) 墙体的结构布置

墙体是多层砖混房屋的围护构件，也是主要的承重构件。墙体布置必须同时考虑建筑和结构两方面的要求，选择合理的墙体承重结构布置方案，使之安全承担作用在房屋上的各种荷载，并且坚固耐久、经济合理。结构布置指梁、板、柱等结构构件在房屋中的总体布局。砖混结构建筑的结构布置方案，通常有横墙承重、纵墙承重、纵横墙双向承重、局部框架承重几种方式(见图 1-5)。

① 横墙承重　是指将楼板及屋面板等水平承重构件均搁置在横墙上，纵墙只起纵向稳定和拉结以及承受自重的作用，如图 1-5(a)所示。其特点是：横墙间距小，建筑的整体性好，横向刚度大，利于抵抗水平荷载和地震作用；但房间的开间尺寸不灵活，墙的结构面积较大。因此，横墙承重方案适用于房间开间尺寸不大的宿舍、旅馆、住宅、办公室等建筑中。

② 纵墙承重　是指将楼板及屋面板等水平承重构件均搁置在纵墙上，横墙只起分隔空间和连接纵墙的作用，如图 1-5(b)所示。其特点是：横墙只起分隔作用，房屋开间划分灵活，可满足较大空间的要求；但其整体刚度差，抗震性能差。因此，纵墙承重方案适用于非地震区、房间开间较大的建筑物，如餐厅、商店、教学楼等。

③ 纵横墙双向承重　是指房间的纵向和横向的墙共同承受楼板和屋面板等水平承重构件传来的荷载，如图 1-5(c)所示。其特点是：房屋的纵墙和横墙均可起承重作用，建筑平面布局较灵活，建筑物的整体刚度、抗震性能较好。因此，该方案目前采用较多，多用于房间开间、进深尺寸较大且房间类型较多的建筑中，如教学楼、住宅、综合商店等。

④ 局部框架承重　是指房屋的外墙和内柱共同承受楼板、屋面板等水平承重构件传来的荷

载,此时内柱和梁组成内部框架结构,梁的另一端搁置在外墙上,如图 1-5(d)所示。该方案具有内部空间大的特点,常用于内柱不影响使用的大房间,如商场、展室、车库等。

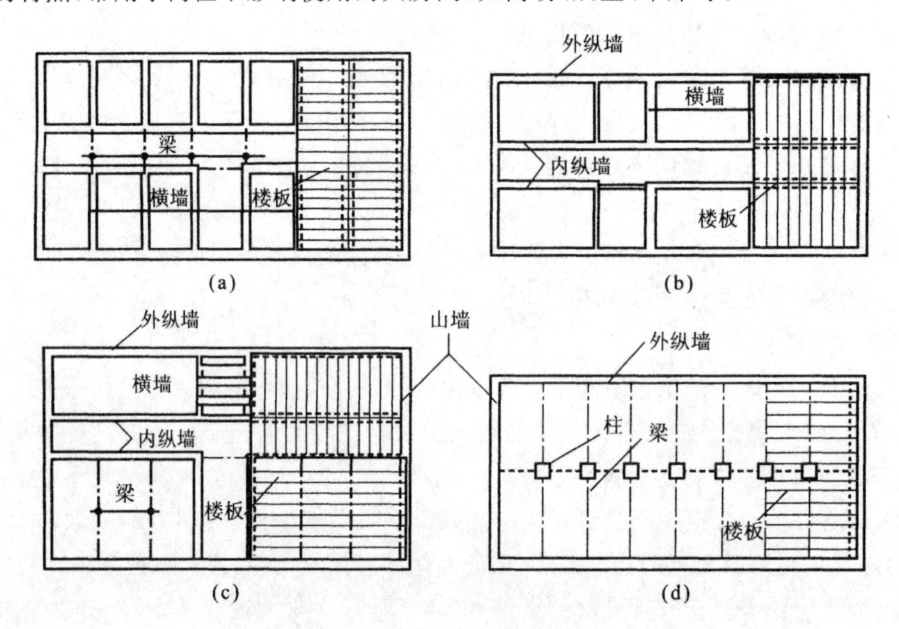

图 1-5 墙体承重结构布置方案

(a) 横墙承重;(b) 纵墙承重;(c) 纵横墙双向承重;(d) 局部框架承重

墙体进行结构平面布置时,应使结构承重墙体在横向和纵向均尽量连续并对齐,以便更有效地传递风荷载和地震作用等水平荷载。此外,结构承重墙体在平面中应尽可能布置得均匀对称,以使整个建筑的结构刚度均匀对称,这一点对建筑物的抗震十分重要。结构承重墙体在剖面布置时,应使承重墙体在各楼层之间上下连续并对齐,以保证墙体更有效地承受和传递竖向荷载。

1.2 砌体墙构造

1.2.1 砖墙构造

砖墙由砖和砂浆按一定的砌筑方式组砌而成,具有保温、隔热、隔声和承载能力,它的生产制造及施工操作简单,曾在民用建筑中广泛使用,近年来为节约耕地减少挖土烧砖,其使用受到限制。

1) 砖墙材料

砖墙主要由砖和砂浆两种材料组成。

(1) 砖 砖的种类很多,从材料上分为黏土砖、灰砂砖、页岩砖、煤矸石砖、水泥砖,以及各种工业废料砖,如炉渣砖等。从形状上分为实心砖、空心砖和多孔砖。从其制作工艺看,有烧结和蒸压养护成型等方式。目前,常用的有烧结普通砖,烧结空心砖和烧结多孔砖,蒸压粉煤灰砖,蒸压灰砂砖等。砖的强度等级按其抗压强度取值,例如某种砖的标号为 MU30,即其抗压强度平均值大于或等于 30.0 N/mm^2。

① 烧结普通砖 指各种烧结的实心砖,以黏土、粉煤灰、煤矸石和岩石等为主要原材料。黏土

砖具有较高的强度和热工、防火、抗冻性能,但由于黏土材料毁坏农田,我国已逐步禁止使用实心黏土砖。取而代之的有多孔砖、空心砖、工业小砖(灰砂砖、高压粉煤灰砖、煤矸石砖等)、承重及非承重混凝土砌块、加气混凝土制品及各种轻质板材。例如北京市在取代实心黏土砖后的代用材料主要为两大类,分别是多孔砖和承重混凝土空心砌块。

常用的实心砖规格(长×宽×厚)为 240 mm×115 mm×53 mm,加上砌筑时所需的灰缝尺寸(10 mm),正好形成 4∶2∶1 的比例关系,便于砌筑时相互搭接和组合。标准砖的尺寸关系如图1-6所示。

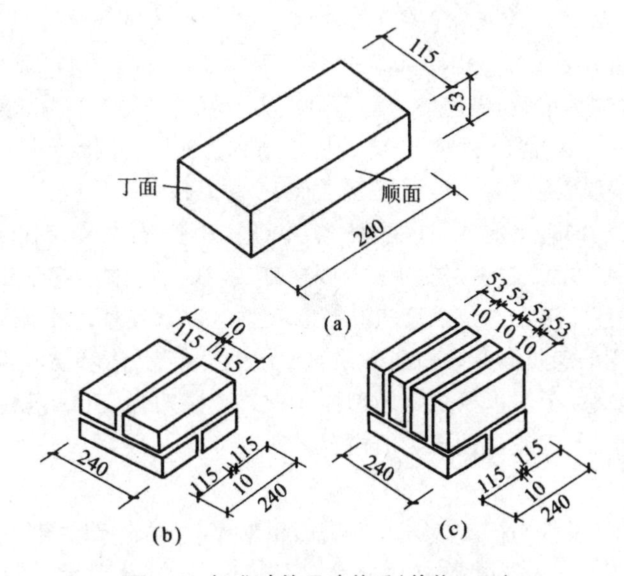

图 1-6　标准砖的尺寸关系(单位:mm)

② 烧结空心砖和烧结多孔砖　以黏土、页岩、煤矸石等为主要原料经焙烧而成。这两种砖都主要适用于非承重墙体,但不应用于地面以下或防潮层以下的砌体。

烧结多孔砖分为模数多孔砖(DM 型又称为 M 型)和普通多孔砖(KP1 型又称为 P 型)两种。DM 型多孔砖采用 1M 模数制进行组合拼装,其主要形状与规格尺寸如图 1-7 所示。KP1 型多孔砖与实心砖非常相似,其形状与规格尺寸如图 1-8 所示。

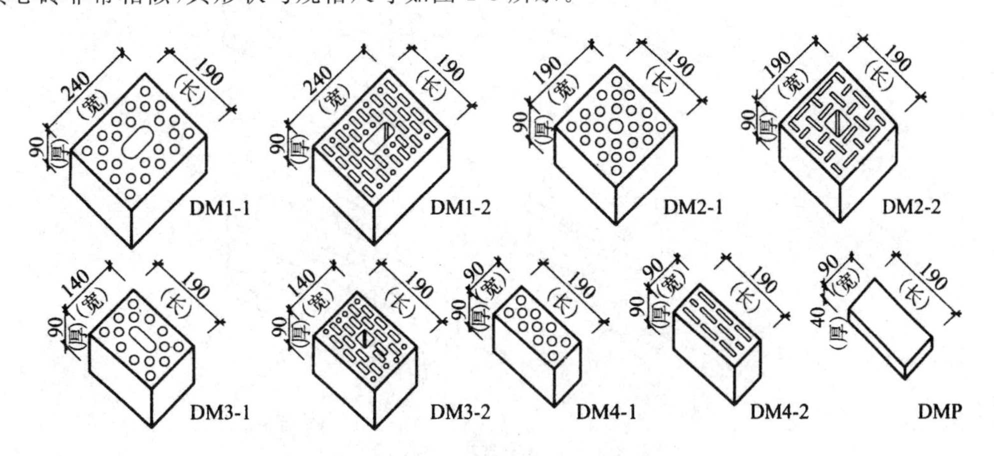

图 1-7　DM 型烧结多孔砖(单位:mm)

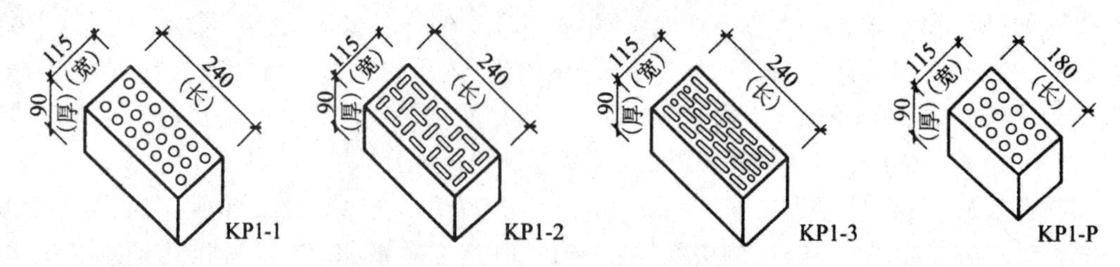

图 1-8 KP1 烧结多孔砖(单位:mm)

③ 蒸压粉煤灰砖 是以粉煤灰、石灰、石膏和细集料为原料,压制成型后经高压蒸汽养护制成的实心砖。其强度高,性能稳定。蒸压灰砂砖以石灰和砂子为主要原料,成型后经蒸压养护而成,是一种比烧结砖质量大的承重砖,隔声能力和蓄热能力较好,包括空心砖和实心砖两种类型。

(2) 砂浆 砂浆是砌体的黏结材料,它将砖块胶结成为整体,并将砖块之间的空隙填平、密实,便于使上层砖块所受的荷载逐层均匀地传至下层砖块,保证砌体的强度。

砌筑墙体的砂浆常用的有水泥砂浆、混合砂浆和石灰砂浆三种。水泥砂浆属水硬性材料,强度高,防潮性能好,通常在需要防潮的位置用水泥砂浆砌筑,如工程中常规定±0.000 以下或防潮层以下用水泥砂浆砌筑墙体。混合砂浆强度较高,和易性好,保水性优于水泥砂浆,常用于砌筑地面以上的砌体,是大量使用的砌筑砂浆。石灰砂浆属气硬性材料,强度和防潮性较差,和易性好,用于砌筑次要民用建筑中地面以上强度要求低的墙体。砌筑砂浆的强度也用强度等级表示,其等级可详见 0.7.1 节常用建筑材料的基本性能中的内容。

2) 墙体的组砌方式

墙体的组砌方式是指多种不同块材在砌体中的排列方式,墙体的组砌方式直接影响到墙体结构的强度、稳定性和整体性。各种块材的墙体组砌时均应满足"灰缝横平竖直、错缝搭接,灰浆饱满、厚薄均匀"的要求。砌筑工程中将砖的侧边叫"顺",将其顶端称为"丁",以标准砖为例,实体墙常用的组砌方式如图 1-9 所示,常见墙体厚度见表 1-1。承重墙至少应为 18 墙。当采用复合材料或带有空腔的保温隔热墙体时,墙体厚度尺寸根据构造层次计算即可。

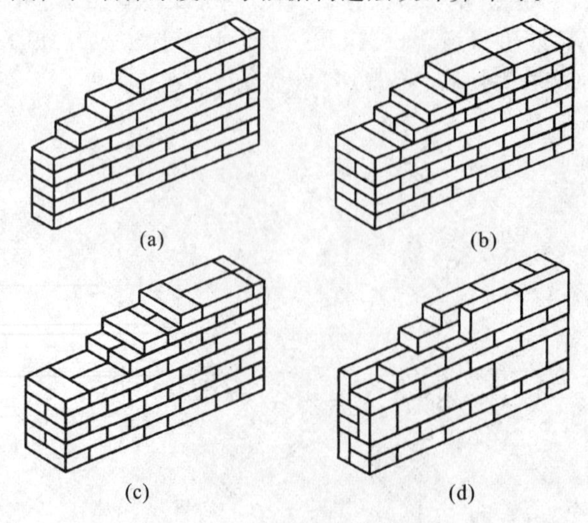

图 1-9 实体墙常用的组砌方式

(a) 全顺式;(b) 一顺一丁;(c) 梅花丁(丁顺夹砌);(d) 两平一侧

表 1-1 常见墙体厚度

墙 厚	断面图	名 称	尺寸/mm	墙 厚	断面图	名 称	尺寸/mm
1/2	115	12 墙	115	3/2	240 10 115 365	37 墙	365
3/4	53 10 115 178	18 墙	178	2	115 10 240 10 115 490	49 墙	490
1	115 10 115 240	24 墙	240				

在工程中,较短的墙段(门垛,壁柱等)应尽量满足砖砌筑的模数,如 370 mm、490 mm、620 mm、740 mm、870 mm 等,以避免剁砖及保证错缝搭接砌筑。

此外,为保证建筑的安全,《建筑抗震设计规范》对砖墙的细部尺寸也作了相应的规定,见表 1-2。

表 1-2 房屋的细部尺寸限制 (单位:m)

部 位	抗震烈度			
	6 度	7 度	8 度	9 度
承重窗间墙最小宽度	1.0	1.0	1.2	1.5
承重外墙尽端至门窗洞边的最小距离	1.0	1.0	1.2	1.5
非承重外墙尽端至门窗洞边的最小距离	1.0	1.0	1.0	1.0
内墙阳角至门窗洞边的最小距离	1.0	1.0	1.5	2.0
无锚固女儿墙(非出入口处)的最大高度	0.5	0.5	0.5	0.0

3) 墙体的细部构造

为保证墙体的耐久性,满足其使用功能要求和墙体与其他构件的连接,应在相应的位置进行细部构造处理,墙体细部构造包括墙脚构造、门窗过梁及窗台构造、墙体加固措施、变形缝(将在变形缝一章中详细介绍)等构造。

(1) 墙脚构造 墙脚是指室内地面以下、基础以上的这段墙体。内外墙都有墙脚,墙脚直接接触土壤,容易遭受地下水、雨水、外力碰撞等影响。因此,必须做好墙脚防潮措施,增强勒脚的强度及耐久性,排除房屋四周地面的水。

① 墙体防潮层 墙体防潮包括水平防潮和垂直防潮两种处理措施。

墙体水平防潮层是在对建筑物的内外墙的墙脚范围内一定高度设置的水平方向的防潮层。在墙体中设置防潮层的目的是防止土壤中的水分沿基础墙上升以及防止勒脚部位的地面水影响墙身,从而提高墙体的耐久性,保持室内干燥卫生。

水平防潮层设在建筑物内外墙体沿地层结构部分的高度。如果建筑物底层室内采用实铺地面的做法,水平防潮层一般设在地面素混凝土垫层(不透水材料)的厚度范围之内,工程中常将其设于

－0.060 m处，见图 1-10(a)。如果底层地面设地梁，则地梁可以兼作水平防潮层用。若地面垫层采用碎砖、三合土等透水材料，则水平防潮层设在地面垫层的厚度范围之上，工程中常将其设于0.060 m处，见图 1-10(b)。

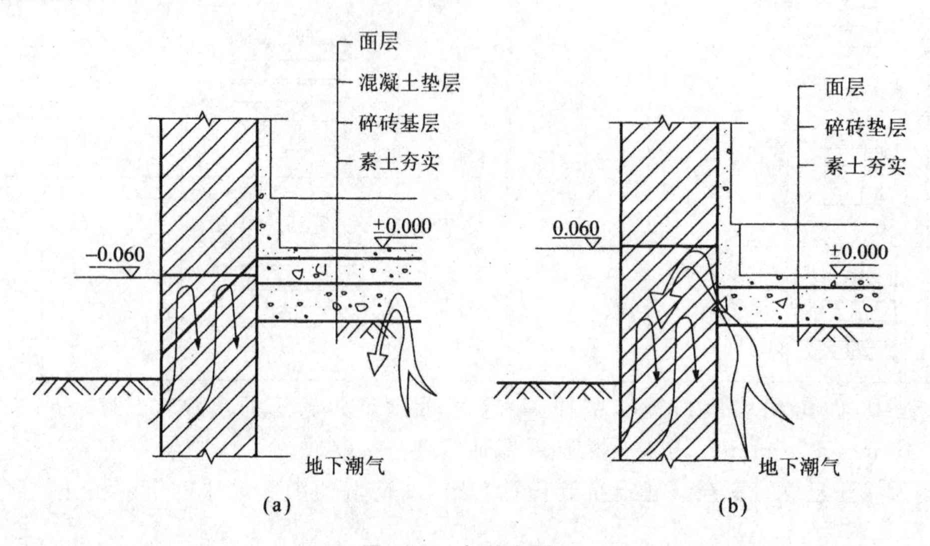

图 1-10　水平防潮层

(a) 垫层不透水；(b) 垫层透水

水平防潮层的构造常用的有以下三种方式。

(a) 卷材防潮层　在防潮层部位先抹 20 mm 厚水泥砂浆找平层，上面铺防水卷材一层，卷材的宽度应每侧宽于墙厚 20 mm。此种做法防潮效果好，但卷材使基础墙与上部墙身隔离开，减弱了砖墙的抗震能力，见图 1-11(a)。

(b) 防水砂浆防潮层　具体做法是抹 20～25 mm 的水泥砂浆加 3%～5%的防水剂拌和而成的防水砂浆，或用防水砂浆砌筑 4～6 砖，见图 1-11(b)，由于砂浆易开裂，故不适用于地基会产生变形的建筑。

(c) 细石混凝土防潮层　由于混凝土本身具有一定的防水性能，常把防水要求和结构做法合并考虑，采用 60 mm 厚细石混凝土，内配 $3\phi6$ 钢筋、$\phi8$@250 mm 钢筋网片，其防潮性能较好且稳定，见图 1-11(c)。

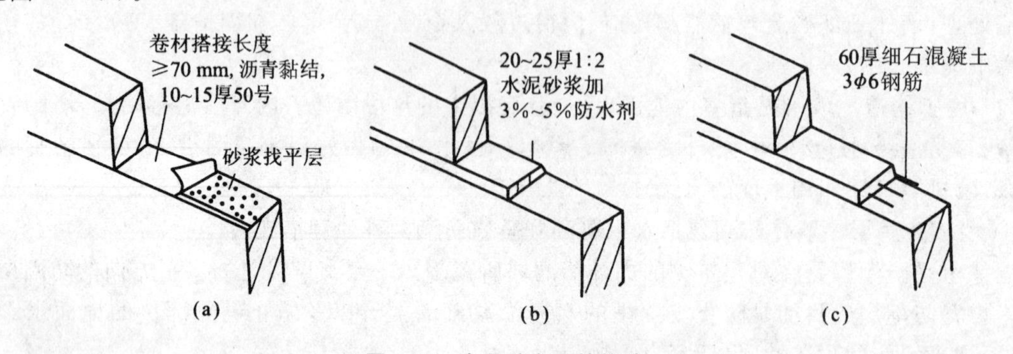

图 1-11　水平防潮层的构造

(a) 卷材防潮层；(b) 防水砂浆防潮层；(c) 细石混凝土防潮层

上述三种做法,在抗震设防区应选取细石混凝土防潮层。如果墙脚采用不透水材料(如条石或混凝土等)或设有钢筋混凝土地圈梁时,可以不设防潮层。

有时建筑物室内地坪会出现高差或室内地坪低于室外地面的标高,此时不仅要求按地坪高差的不同在墙身与之相适应的部位设两道水平防潮层,而且还应该对有高差部分的垂直墙面采取垂直防潮措施,以避免有高差部位填土中的潮气侵入低地坪部分的墙身(见图 1-12)。垂直防潮层的做法是在墙体迎向潮气的一面做 20～25 厚 1：2 的防水砂浆,或者用 15 厚 1：3 的水泥砂浆找平后,再涂防水涂膜 2～3 道或贴高分子防水卷材一道。

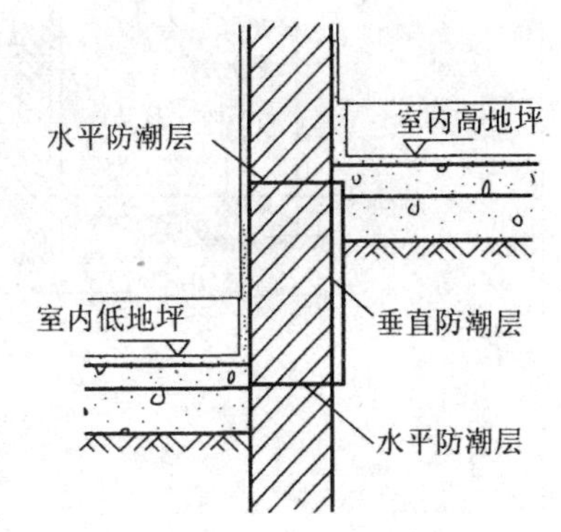

图 1-12 水平防潮层和垂直防潮层

② 勒脚 外墙的墙脚(即建筑物四周与室外地面接近的那部分墙体)称为勒脚,一般是指室内首层地坪与室外地坪之间的这一段墙体。为了防御多方面水的作用以及可能的人为机械碰撞,勒脚部位应进行防水处理和加固处理。同时,勒脚还有美化建筑外观的作用,其做法、高度、色彩等应结合建筑造型,选用耐久性好的材料或防水性好的外墙饰面。

勒脚一般可采用以下几种构造做法,如图 1-13 所示。

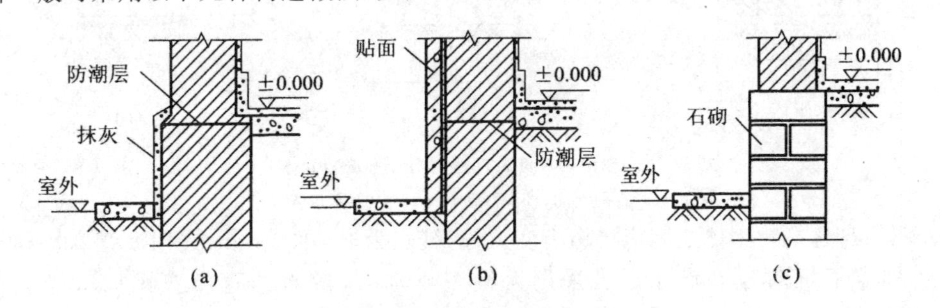

图 1-13 勒脚的构造做法

(a) 抹灰;(b) 贴面;(c) 石砌

(a) 勒脚表面抹灰 可用 8～15 mm 厚 1：3 水泥砂浆打底,12mm 厚 1：2 水泥白石子浆水刷石或斩假石抹面。此法多用于一般建筑。

(b) 勒脚贴面 可用天然石材或人工石材贴面,如花岗石、水磨石板等。贴面勒脚耐久性强、装饰效果好,用于标准较高的建筑。

(c) 勒脚采用坚固耐久材料 如采用条石、混凝土等材料砌筑。勒脚的高度一般为室内外地坪高差,也可以根据需要提高勒脚高度,直到首层窗台下。

③ 散水与明沟 为保护墙基不受雨水的侵蚀,常在外墙四周将地面做成向外倾斜的坡面,以便将屋面雨水排至远处,这一坡面称散水。还可以在外墙四周做明沟,将通过水落管流下的屋面雨水等有组织地导向地下集水井(又称集水口),然后流入排水系统。雨水较多的地区多做明沟,大多数地区采用散水。散水和明沟都是在外墙面的装修完成后施工的。散水所用材料与明沟相同,做法一般是在夯实素土上铺砖、块石、碎石、三合土、混凝土等材料,厚度为 60～80 mm。散水坡度为 3%～5%,宽度为 600～1000 mm,散水的构造做法如图 1-14 所示。明沟宽为 200 mm 左右,沟底应有 0.5%左右的纵坡,可用砖砌、石砌和混凝土现浇,明沟的构造做法如图 1-15 所示。

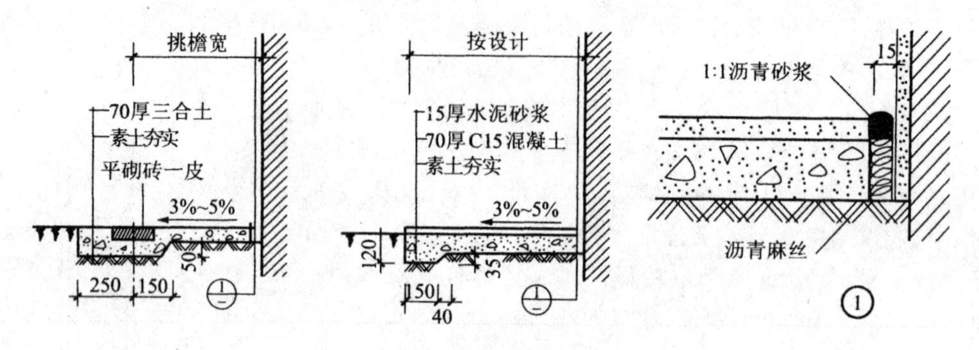

图 1-14　散水的构造做法(单位:mm)

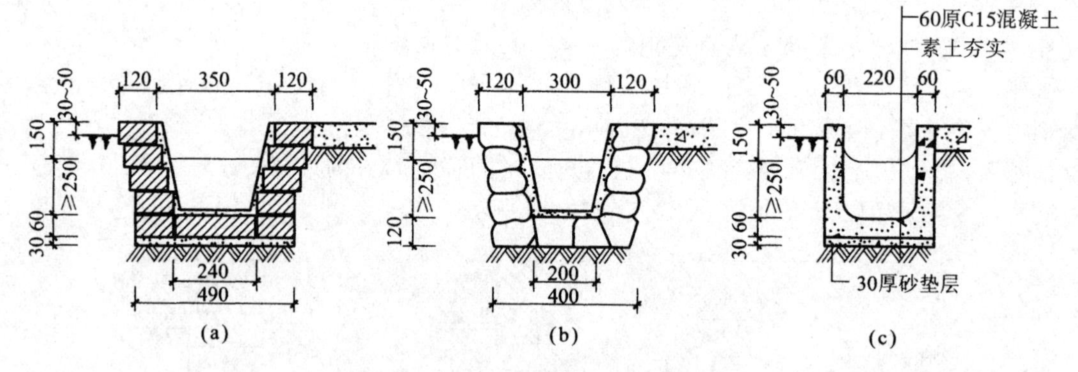

图 1-15　明沟的构造做法(单位:mm)

(a) 砖砌明沟;(b) 石砌明沟;(c) 混凝土明沟

散水、明沟与建筑物主体之间应当留有变形缝,缝宽为 20～30 mm,并用沥青麻丝和沥青砂浆填缝,防止外墙下沉时拉裂散水。当采用无组织排水时,散水的宽度应比檐口线宽出 200～300 mm;当采用混凝土散水时,宜按 10～12 m 间距沿纵向及转角处设置伸缩缝。

(2) 门窗过梁　当墙体上开设门窗洞口时,为承受门窗洞口上部的荷载,并将荷载传到门窗两侧的墙上,避免压坏门窗框,所以在其上部要加设过梁。过梁上的荷载一般成三角形分布,为计算方便,可以把三角形荷载折算成 1/3 洞口宽度,过梁只承受其上部 1/3 洞口宽度的荷载。因此,过梁的断面不大,梁内配筋也较小。过梁一般可分为钢筋混凝土过梁、砖砌拱过梁、钢筋砖过梁等几种。过梁一般与圈梁、悬挑雨篷、窗楣板或遮阳板等结合起来设计。

① 钢筋混凝土过梁　钢筋混凝土过梁承载能力强,可用于较宽的门窗洞口,对房屋不均匀下沉或振动有一定的适应性。

矩形截面过梁主要用于内墙洞口和混水墙(见图 1-16(a))。过梁宽度一般同墙厚,高度按结构计算确定,为施工方便,梁高应与砖皮数相适应,过梁两端伸进墙内的支承长度不小于 240 mm。过梁的形式还应配合不同形式的窗来处理。如有窗套的窗,过梁截面则为 L 形,挑出 60 mm(见图 1-16(b))。有窗楣板或遮阳板时,可按设计要求挑出,一般可挑出 300～500 mm(见图 1-16(c))。

钢筋混凝土的导热系数大于块材的导热系数,在寒冷地区为了避免在过梁内表面产生凝结水,常采用 L 形过梁或组合过梁。使外露部分的面积减少或外做保温层(见图 1-17)。

预制装配式过梁施工速度快,是较常用的一种做法。图 1-18 所示为预制钢筋混凝土过梁及其断面形式。

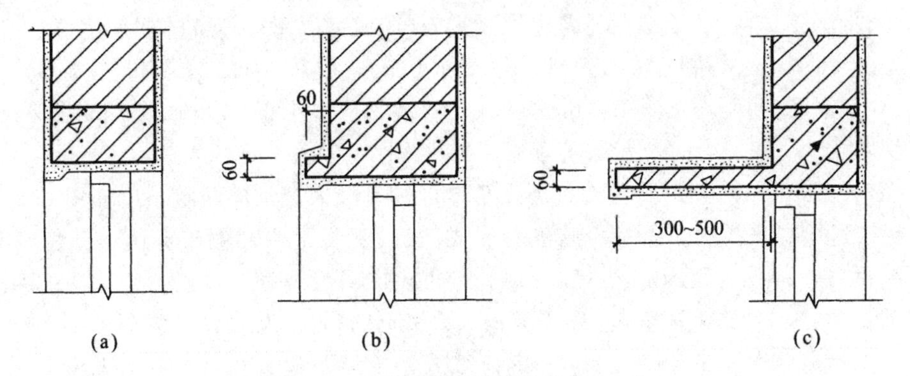

图 1-16 钢筋混凝土过梁(单位:mm)

(a) 平墙过梁;(b) 带窗套过梁;(c) 带窗楣过梁

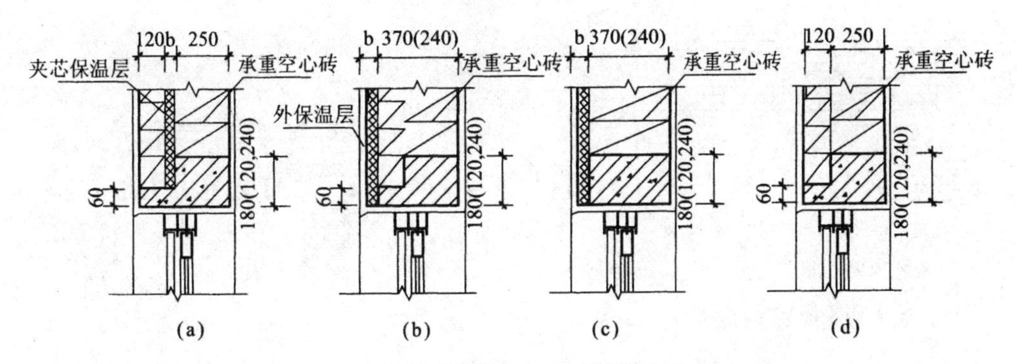

图 1-17 寒冷地区钢筋混凝土过梁类型(单位:mm)

(a) 夹芯保温墙体过梁;(b) 外保温墙体 L 形过梁;(c) 外保温墙体矩形过梁;(d) 普通墙体 L 形过梁

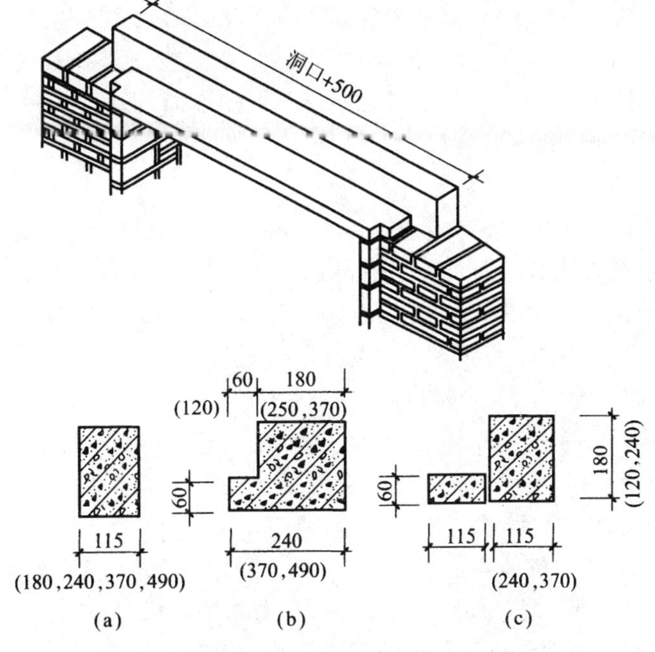

图 1-18 预制钢筋混凝土过梁及其断面形式(单位:mm)

(a) 矩形预制过梁;(b) L 形预制过梁;(c) 组合预制过梁

② 钢筋砖过梁　这种过梁是在砖缝中配置钢筋，形成可以承受荷载的加筋砌体。过梁的用砖强度应不低于 MU10，砂浆强度不低于 M5，砌筑高度 5～7 皮砖。洞口上部应先支木模，上放直径不小于 5 mm 的钢筋，间距不大于 120 mm，伸入两边墙内应不小于 240 mm。钢筋上下应抹不小于 30 mm 的砂浆层。这种过梁的最大跨度为 1.5 m(见图 1-19)。

由于钢筋砖过梁整体性较差，对于抗震设防地区和有较大振动的建筑不应使用。

③ 平拱砖过梁　平拱砖过梁是由砖侧砌而成，灰缝上宽下窄使侧砖向两边倾斜，相互挤压形成拱的作用，两端下部伸入墙内 20～30 mm，中部的起拱高度约为跨度的 1/50。平拱砖过梁的优点是水泥用量少，缺点是施工速度慢，只用于非承重墙上的门窗，洞口宽度应小于 1.2 m，砖强度不应低于 MU10，砂浆强度不低于 M5。有集中荷载或半砖墙不宜使用。平拱砖过梁可以满足清水砖墙的统一外观效果(见图 1-20)。除平拱外，还可以砌筑成弧拱和半圆拱。

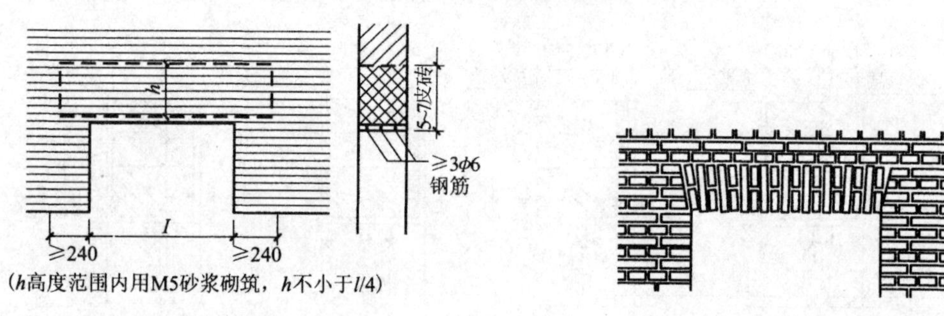

图 1-19　钢筋砖过梁(单位:mm)

图 1-20　平拱砖过梁

(3) 窗台　窗洞口的下部应设置窗台。窗台根据窗子的安装位置可分为内窗台和外窗台。外窗台是为了防止在窗洞底部积水，并流向室内。内窗台则为了排除窗上的凝结水，以保护室内墙面，以及存放东西、摆放花盆等。窗台高通常为 900～1000 mm，幼儿园建筑常取 600 mm。窗台高度低于 800 mm(住宅窗台低于 900 mm)时，应采取防护措施。窗台有悬挑窗台和不悬挑窗台两种，由于悬挑窗台容易积灰，在风雨作用下易污染窗台下的墙面，影响建筑的美观，因此，现在采用不悬挑窗台的较多，利用雨水冲刷洗去灰尘。

内窗台的做法有以下两种。

① 水泥砂浆抹窗台：一般是在窗台上表面抹 20 mm 厚的水泥砂浆，并宜突出墙面 5 mm。

② 窗台板：对于装修要求较高而且窗台下设置散热器的空间一般均采用窗台板，窗台板可以用预制水泥板、水磨石板，装修要求较高的房间还可以用木窗台板、天然石材板等。

按材料不同，外窗台的做法有以下两种。

① 砖窗台：砖窗台应用较广，有平砌挑砖和立砌挑砖两种做法，表面可抹 1∶3 水泥砂浆，并应有 10%左右的坡度，挑出尺寸大多为 60 mm，其构造如图 1-21(a)、(b)所示。

② 钢筋混凝土窗台：这种窗台一般是现场浇筑而成，也可采用预制混凝土窗台，钢筋混凝土窗台的形式如图 1-21(c)所示。

(4) 墙体加固措施　由于砌体墙属刚性材料砌筑，整体性不强，当受到集中荷载、墙上开洞及地震等因素，会致使墙体承载力和稳定性降低，因此需要对墙体采取加固措施。

① 门垛和壁柱　在墙体上开设门洞一般应设门垛，特别是在墙体转折处或丁字墙处，用以保证墙身稳定和门框安装。门垛宽度同墙厚，长度与块材尺寸规格相对应，如砖墙的门垛长度一般为

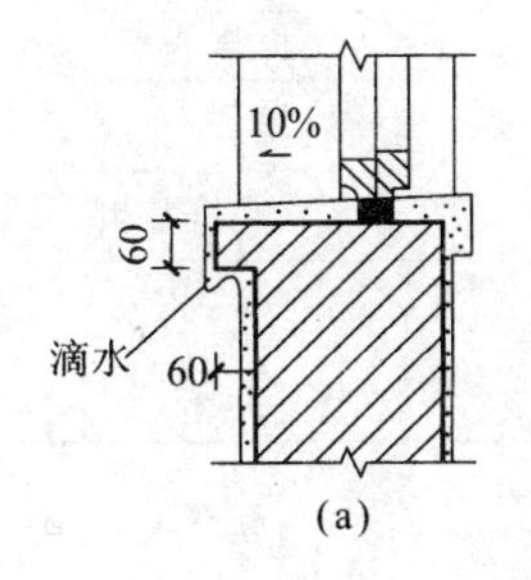

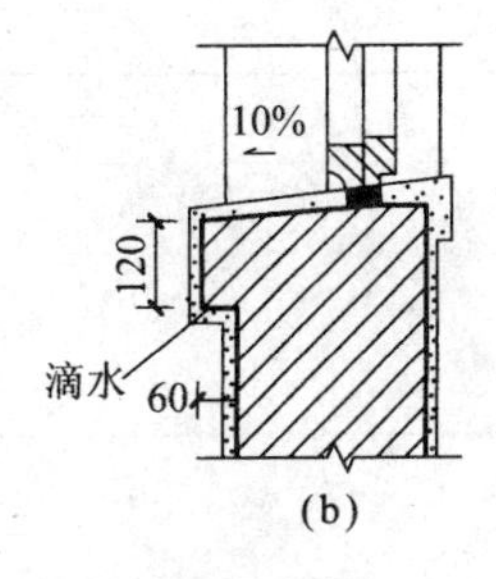

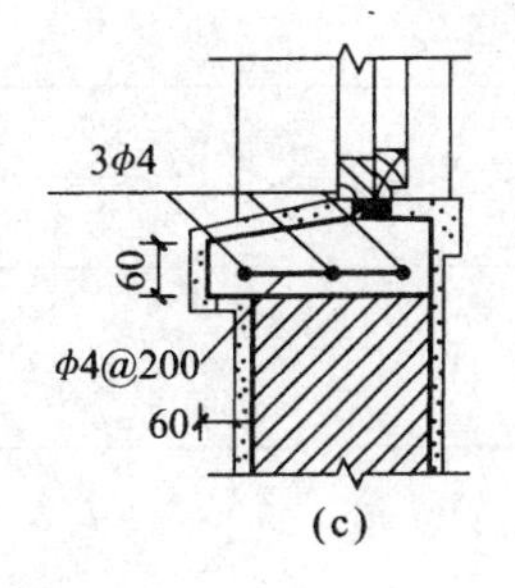

图 1-21 外窗台构造做法(单位:mm)

(a) 60 mm 厚砖窗台;(b) 120 mm 厚砖窗台;(c) 混凝土窗台

120 mm 或 240 mm,门垛不宜过长,以免影响室内使用(见图 1-22(a))。

当墙体受到集中荷载而墙厚不够承受其荷载或墙体长度和高度超过一定限度影响墙体的稳定时,应增设壁柱,使之和墙体共同承担荷载并稳定墙身。壁柱的尺寸应符合块材规格,如砖墙壁柱通常突出墙面 120 mm 或 240 mm,壁柱宽 370 mm 或 490 mm(见图 1-22(b))。

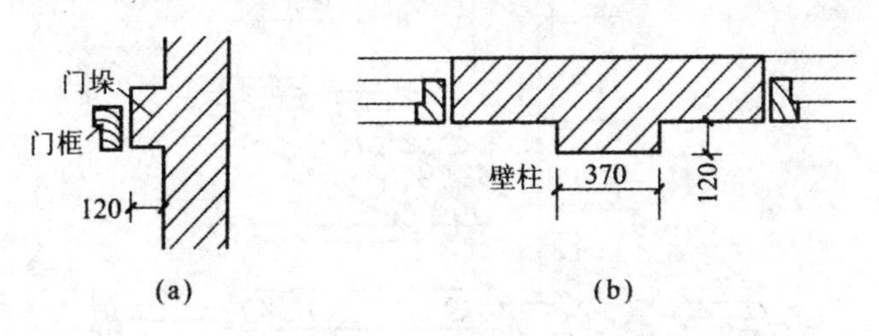

图 1-22 门垛和壁柱(单位:mm)

(a) 门垛;(b) 壁柱

② 圈梁和构造柱 由于砌体墙是用砖或者各类空心承重砌块等小规格的刚性材料砌筑构成,在地震力作用下如无措施来保证其整体刚度是很容易遭到破坏的,主要的抗震措施是在墙体中设置钢的圈梁和构造柱。

圈梁是沿着建筑物的全部外墙和部分内墙设置的连续封闭的梁(见图 1-23)。作用是增加房屋的整体刚度和稳定性,减少由于地基不均匀沉降而引起的墙体开裂,提高墙体的抗震能力。设置部位在建筑物的屋盖及楼盖处,外墙圈梁一般与楼板相平,内墙圈梁一般在板下。表 1-3 为按照不同的抗震设防等级给出的钢筋混凝土圈梁的设置原则。

表 1-3 钢筋混凝土圈梁的设置原则

圈梁设置及配筋		设计烈度		
		6～7 度	8 度	9 度
圈梁设置	沿外墙及内纵墙	屋盖处及每层楼盖处设置	屋盖处及每层楼盖处设置	尾盖处及每层楼盖处设置
	沿内横墙	同上,屋盖处间距不大于 7 m;楼盖处间距不大于 15 m;构造柱对应部位	同上,屋盖处沿所有横墙且间距不大于 7 m;楼盖处间距不大于 7 m;构造柱对应部位	同上,各层所有横墙

续表

圈梁设置及配筋	设计烈度		
	6～7 度	8 度	9 度
配　筋	4ϕ10 ϕ6@250	4ϕ12 ϕ6@200	4ϕ14 ϕ6@150

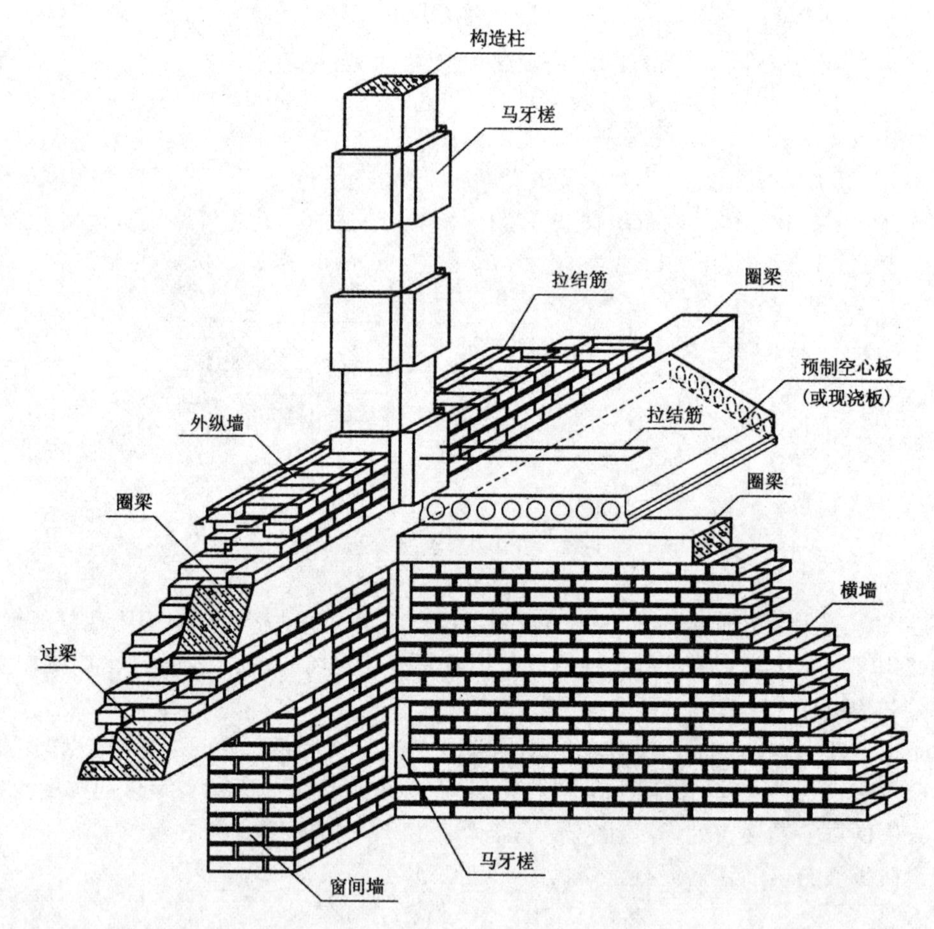

图 1-23　圈梁

圈梁有钢筋混凝土圈梁和钢筋砖圈梁两种，目前应用广泛的是钢筋混凝土圈梁。

钢筋混凝土圈梁必须全部现浇且全部闭合，并最好能够在同一高度上闭合。在抗震设防地区，以在同一高度完全闭合为好，当遇到门、窗洞口致使圈梁不能在同一高度闭合时，应设置附加圈梁，附加圈梁与圈梁的搭接长度不应小于其中心线到圈梁中心线垂直间距的 2 倍，且不得小于 1 m(见图 1-24(a))。另一种方法是将圈梁与附加圈梁沿洞口周边整体浇筑在一起形成闭合式，也可以通过构造柱向上或向下连接使各段圈梁连通(见图 1-24(b))。

圈梁的高度一般不小于 120 mm，圈梁的截面宽度宜与墙同厚，当墙厚为 240 mm 以上时，其宽度可为墙厚的 2/3，且不小于 240 mm。基础中圈梁的最小高度为 180 mm。

钢筋砖圈梁用 M5 的砂浆砌筑，高度不小于 5 皮砖，配置 4ϕ6 的通长钢筋，分上下两层布置，做

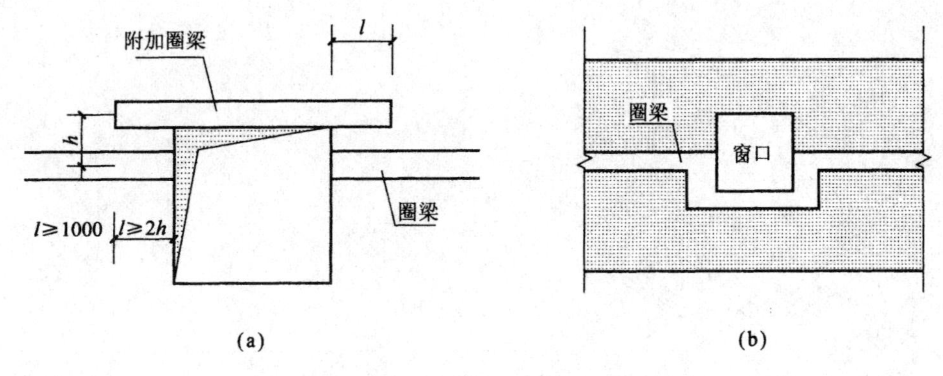

图 1-24 附加圈梁(单位:mm)

(a) 搭接法;(b) 闭合法

法同钢筋砖过梁,用于非抗震设防区。

构造柱一般设在建筑易于发生变形的部位,如房屋的四角、内外墙交接处、楼梯间、电梯间、有错层的部位,以及某些较长的墙体中部。构造柱必须与圈梁紧密结合。表 1-4 为钢筋混凝土构造柱的设置原则。

表 1-4 钢筋混凝土构造柱的设置原则

<table>
<tr><th rowspan="2"></th><th colspan="4">设计烈度</th><th colspan="2" rowspan="2">设置部位</th></tr>
<tr><th>6 度</th><th>7 度</th><th>8 度</th><th>9 度</th></tr>
<tr><td rowspan="3">房屋层数</td><td>4、5</td><td>3、4</td><td>2、3</td><td>—</td><td rowspan="3">外墙四角,较大洞口两侧,大房间内外墙交接处;
错层部位横墙与外纵墙交接处</td><td>7～8 度时,楼、电梯间的四角,墙体每隔 15 m 处或单元的横墙与外墙交接处</td></tr>
<tr><td>6、7</td><td>5</td><td>4</td><td>2</td><td>隔开间横墙(轴线)与外墙交接处,山墙与内纵墙交接处,7～9 度时,楼、电梯间四角</td></tr>
<tr><td>8</td><td>6、7</td><td>5、6</td><td>3、4</td><td>内墙(轴线)与外墙交接处,内墙局部较小墙垛处,7～9度时,楼、电梯间四角,9 度时,内纵墙与横墙(轴线)交接处</td></tr>
</table>

构造柱不单独承重,因此不需设独立基础,其下端应锚固于钢筋混凝土基础或基础梁内。在施工时必须先砌墙,墙体砌成马牙槎的形式,从下部开始先退后进,用相邻的墙体作为一部分模板。柱截面应不小于 180 mm×240 mm,箍筋采用 $\phi4 \sim \phi6$,间距不大于 250 mm。在离圈梁上下不小于 1/6 层高或 450 mm 范围内,箍筋需加密至间距为 100 mm。在构造柱与墙之间应沿墙高每 500 mm设 2ϕ6 钢筋连接,每边伸入墙内不少于 1000 mm,如图 1-25 所示。构造柱和圈梁都是墙体的一部分,是与墙体同步施工的,而不是像框架结构中的梁与柱作为独立的承重构件。它们的配筋也不需经结构计算,而是构造配筋。构造柱和圈梁的作用是在墙体中形成一个内骨架,以加强建筑物的整体刚度,达到抗震的目的。

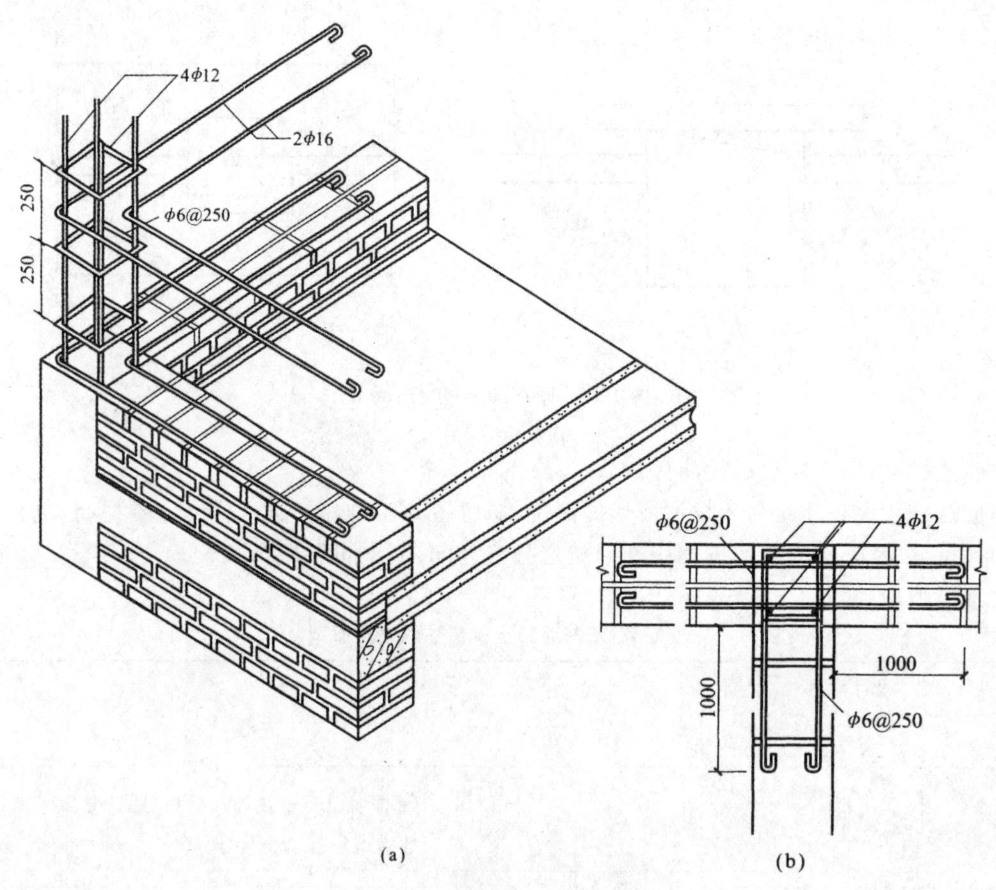

图 1-25　砖砌体中的构造柱(单位:mm)

(a) 外墙转角处;(b) 内外墙交接处

1.2.2　砌块墙

砌块建筑是由预制好的砌块作为墙体主要材料建造的建筑。砌块多是利用工业废料和地方资源制作而成,它既能减少对耕地的破坏,施工又方便,还能改善墙体功能。其适应性强,便于就地取材,造价低廉,我国目前许多地区都在提倡采用。一般六层以下的民用建筑及单层厂房,均可使用砌块替代黏土砖。砌块墙是使用预制块材所砌筑的墙体,块材在工厂预制,施工时现场组砌。

1) 砌块的材料与规格

砌块的材料有混凝土、加气混凝土及多种工业废料(粉煤灰、煤矸石、矿渣等),由于产地的不同,规格类型较多,目前尚未统一。由于砌筑的灵活性及不需动用起重设备,目前国内工程中各地生产的砌块以中、小型砌块和空心砌块较多,小型砌块的使用较为普遍。

确定砌块的规格,首先必须符合《建筑模数协调标准》(GB/T 50002—2013)的规定,砌块的长、宽、高应能组合出最常用的房间的开间、进深、层高及门窗洞口的尺寸;其次是砌块的尺度要考虑生产工艺条件、施工和起重吊装的能力以及砌筑时错缝、搭接的可能性,还要考虑砌体的强度和稳定性及墙体的热工性能。另外,砌块的型号越少越好。《砌体结构设计规范》(GB 50003—2011)中规定:砌块的强度等级分为 MU25、MU20、MU15、MU10、MU7.5 和 MU5。空心砌块有单排方孔、单排圆孔和多排扁孔三种形式，多排扁孔对保温有利。

小型砌块有实心砌块和空心砌块之分，一般砌块高度规格大于 115 mm 且小于 380 mm。其外形尺寸多为 190 mm×190 mm×390 mm，辅助块尺寸为 90 mm×190 mm×190 mm 和 190 mm×190 mm×190 mm。

中型砌块也有实心砌块和空心砌块之分。砌块的形式应首先满足建筑热工使用要求，并具有良好的受力性能。砌块的形状力求简单，细部尺寸合理。空心砌块有单排方孔、单排圆孔和多排扁孔三种形式，多排扁孔对保温有利。常见中型空心砌块尺寸为 180 mm×630 mm×845 mm、180 mm×1280 mm×845 mm、180 mm×2130 mm×845 mm(厚×长×高)。实心砌块的尺寸为 240 mm×280 mm×380 mm、240 mm×430 mm×380 mm、240 mm×580 mm×380 mm、240 mm×880 mm×380 mm(厚×长×高)，蒸压加气混凝土砌块的长度则多为 600 mm，厚度为 150 mm、200 mm、250 mm 和 300 mm 等。

2）砌块墙的组砌与构造

(1）砌块墙的组砌。

用砌块砌筑墙体时，由于砌块的尺寸比砖大很多，必须采取加固措施。同时，由于砌块为配合组砌有多种规格，按砌块在组砌中的位置及作用不同可分为主砌块及辅助砌块两种。因此，为了适应砌筑的需要，使砌块墙组砌合理并搭接牢固，建筑施工图设计时必须根据建筑初步设计和现场需要做砌块的试排工作，即按建筑物的平面图尺寸、层高，对墙体进行合理的分块和搭接，并画出专门的砌块排列图，以便正确选定砌块的规格、尺寸。砌块排列应做到如下几点：

① 砌块排列整齐，有规律性，上、下皮砌块应错缝搭接，避免通缝；

② 内、外墙的交接处应咬砌，使其结合紧密，排列有致；

③ 多使用主要砌块，并使其占砌块总数的 70%以上；

④ 使用混凝土空心砌块时，上、下皮砌块应尽量孔对孔、肋对肋，以便于穿钢筋、灌注构造柱。

中型砌块的排列应考虑施工方式和施工机具的起重能力，当起重能力在 0.5 t 以下时，可用多皮划分，如图 1-26(a)所示。即由许多皮“墙砌块”和一皮“过梁块”组成；当起重能力在 1.5 t 左右时，可采用四皮划分，如图 1-26(b)所示，即由两皮“窗间墙块”、一皮“过梁块”和“窗台块”组成。

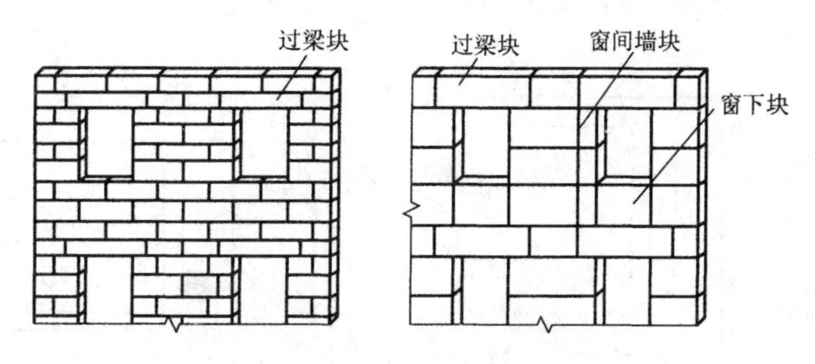

图 1-26 中型砌块墙面的划分

(a) 多皮划分；(b) 四皮划分

(2）砌块墙的构造。

① 砌块墙的搭接　砌块的尺寸比砖块大，所以墙体接缝必须要处理好。在中型砌块的两端一般设有封闭的灌浆槽，在砌筑安装时，必须使竖缝填灌密实、水平缝砌筑饱满，使上、下、左、右砌块能更好地连接；一般砌块需采用 M5 级砂浆砌筑，水平灰缝、垂直灰缝一般为 15～20 mm。当垂直

灰缝大于 30 mm 时，须用 C20 细石混凝土灌注密实。中型砌块上、下皮的搭缝长度不得小于 150 mm。当搭缝长度不足时，应在水平灰缝内增设钢筋网片，如图 1-27 所示。砌块墙体的墙脚构造同砖墙。用混凝土空心砌块砌筑的房屋，在建筑防潮层以下一般用实心砖砌筑，如用空心砖砌筑，则孔洞应用不低于 C15 的混凝土灌实。

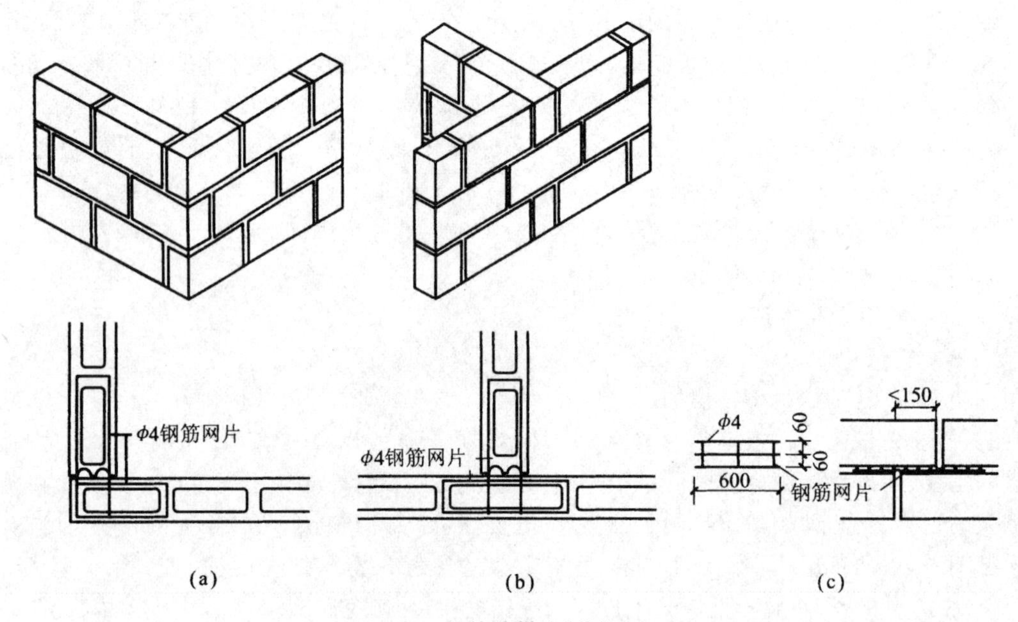

图 1-27　砌块墙搭砌(单位:mm)

(a) 转角搭砌；(b) 内、外墙搭砌；(c) 上、下皮垂直缝<150 mm 时的处理

② 设置过梁与圈梁　当砌块墙中遇到门窗洞口时，应设置过梁。过梁承受门窗孔洞上部荷载并起联系梁的作用，另外可以利用过梁高度调节砌块的尺寸，增加砌块的通用性。

多层砌块建筑应设置圈梁以加强砌块建筑的整体性，当圈梁与过梁位置接近时，二者才可合二为一。圈梁有现浇、预制两种形式。现浇圈梁整体性强，有利于加固墙身，但施工比较复杂。实际工程中可采用 U 形预制砌块来代替模板，然后在凹槽内配置钢筋，并浇筑混凝土，多层砌块建筑圈梁设置如图 1-28 所示。

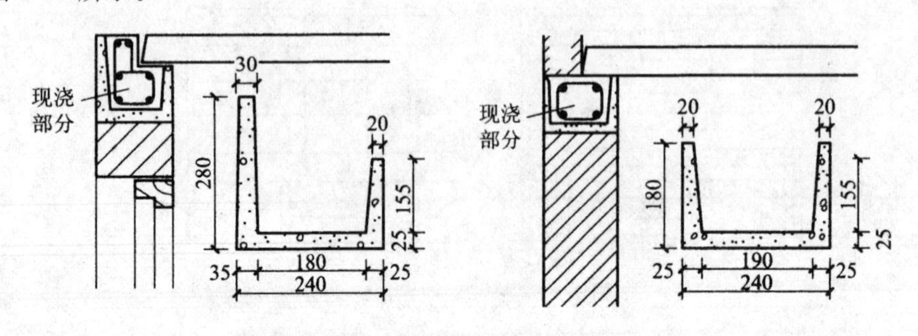

图 1-28　多层砌块建筑圈梁设置(单位:mm)

③ 设置构造柱　为了保证砌块墙的整体刚度和稳定性，应于必要的内外墙交接处和外墙转角处设置构造柱，如图 1-29 所示。构造柱多利用空心砌块的孔洞做成。排列时应将孔洞上下对齐，孔中穿入 $\phi10 \sim \phi12$ mm 的钢筋，然后用 C20 细石混凝土分层浇筑，浇筑时应分段进行。为加强抗

震,构造柱应与圈梁有完好的连接,构造柱应伸入室外地面以下 500 mm 或锚于基础圈梁内。

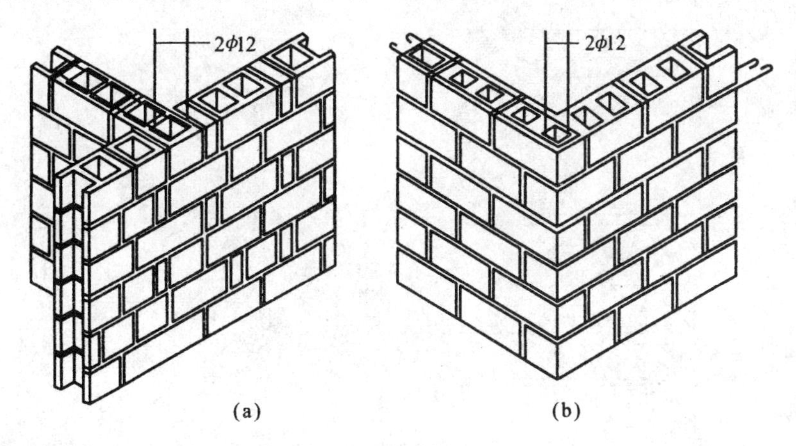

1-29 砌块墙构造柱

(a) 内外墙交接处构造柱;(b) 外墙转角处构造柱

1.3 隔墙构造

隔墙是分隔室内空间的非承重墙,隔墙本身不承受外来荷载,其自身的重量由梁、板等构件承受。根据所处位置不同,隔墙应满足自重轻、隔声、防火、防水、防潮、便于拆卸等要求。

隔墙按其构成可分为砌筑隔墙、骨架隔墙和条板隔墙等。

1.3.1 砌筑隔墙

砌筑隔墙是用普通砖、多孔空心砖、空心砌块以及各种轻质砌块等砌筑的墙体。

1) 砖隔墙

半砖隔墙(120 mm)用普通砖顺砌,在构造上应与主体结构墙体或柱拉接,一般沿高度每隔 0.5 m预埋 $\phi 6$ 拉结钢筋两根,砌筑砂浆强度宜大于 M2.5。为保证其稳定性,当墙体高度大于 3 m、长度超过 5 m 时,还应采取加固措施,可在墙身每隔 1.2～1.5 m 设一道 30～50 mm 厚的水泥砂浆层,内置两根 $\phi 6$ 钢筋并与墙体或柱拉接;当墙体高度小于等于 3 m,长度超过 5 m 时,则应加设扶墙柱。隔墙顶部与楼板相接处用立砖斜砌,使墙与楼板挤紧,以避免因楼板结构产生的挠度将隔墙压坏。隔墙上有门时,要预埋铁件或将带有木楔的混凝土预制块砌入隔墙中以固定门窗,半砖隔墙的构造如图 1-30 所示。半砖隔墙坚固耐久,一般可满足隔声、防水、防火的要求。

多孔砖或空心砖隔墙多采用立砌,常用规格为 190 mm×190 mm×90 mm,隔墙厚度为 90 mm。其加固措施可参照半砖隔墙的构造,在靠近外墙的地方和窗洞口两侧,常采用普通黏土砖砌筑。为了防潮防水,往往先在楼地面上砌 3～5 皮砖。

2) 砌块隔墙

为了减少隔墙的重量,可采用质轻块大的各种砌块砌筑隔墙,目前最常用的是加气混凝土砌块、粉煤灰硅酸盐砌块等。隔墙厚度由砌块尺寸而定,一般为 90～120 mm。砌块大多具有质轻、孔隙率大、隔热性能好等优点,但吸水性也强。因此,当有防水、防潮要求时应在墙下先砌 3～5 皮吸水率小的砖。

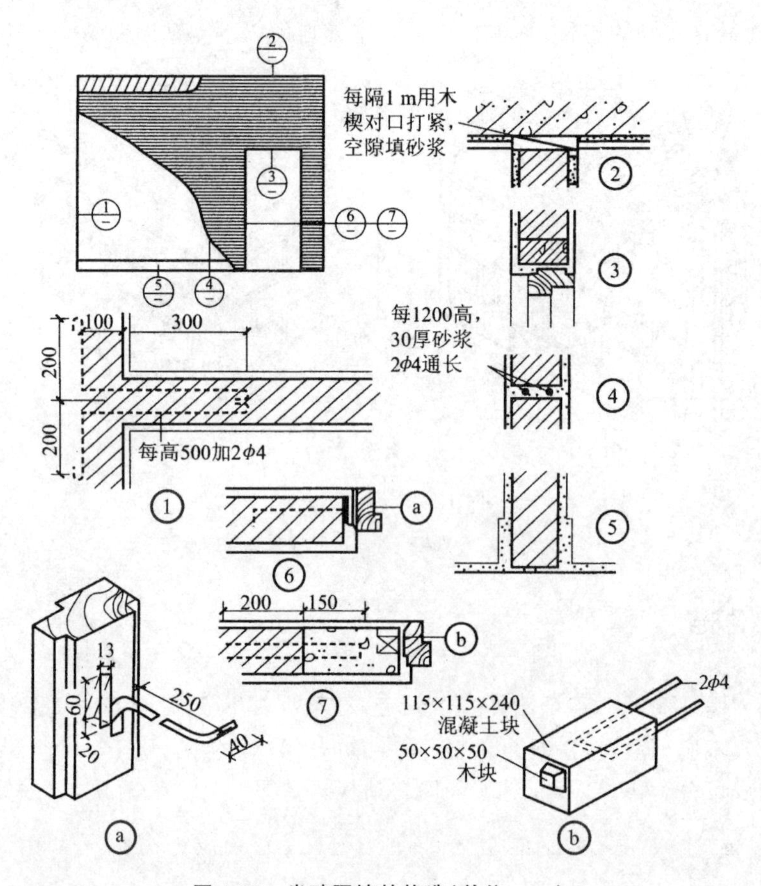

图 1-30 半砖隔墙的构造(单位:mm)

砌块隔墙厚度较薄,也需采取加强稳定性措施。通常是沿墙身预先在其连接的墙上留出拉结筋,并伸入隔墙中。钢筋设置应符合抗震设计规范的要求,具体做法与半砖隔墙类似,如图 1-31 所示。

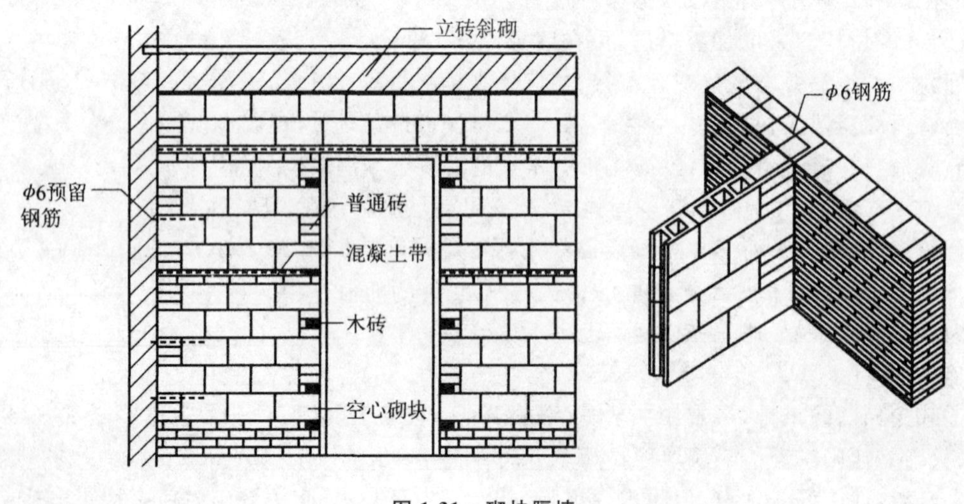

图 1-31 砌块隔墙

3）填充墙

框架结构中，以砌筑方式做成的内、外墙体均为填充墙。填充墙支承在梁上或楼板等结构构件上，起外围护墙和分隔室内空间的作用。这些墙体的结构性能与隔墙相同，都是非承重墙，并且自身重量由其他构件承受。为了减轻自重，通常采用空心砖或轻质砌块，墙体的厚度根据保温、隔热、隔声以及块材尺寸而定。用于外围护墙时不宜过薄，一般在 200 mm 左右。为保证填充墙的稳定性，在框架结构中，柱子上面每 500 mm 左右就会留出拉结钢筋来，以便在砌筑填充墙时将拉结钢筋砌入墙体的水平灰缝内，拉结筋不少于 2ϕ6，深入墙内距离一、二级框架沿全长设置；三、四级框架不小于 1/5 墙长，并不小于 700 mm，高大的填充墙还可以采取局部添加钢筋混凝土小梁或构造柱的方法，增加其稳定性。

1.3.2 骨架隔墙

骨架隔墙又称为立筋隔墙，主要有木骨架隔墙和金属骨架隔墙两种。

1）木骨架隔墙

木骨架隔墙具有质量轻、厚度小、施工方便等优点，但其防火、防潮、隔声性能较差，应用受到一定的限制。

木骨架由上槛、下槛、立柱、斜撑或横撑等构件组成。上、下槛和边立柱组成边框，中间每隔 400～600 mm 设一截面尺寸为 50 mm×70 mm 或 50 mm×100 mm 的立柱。在高度方向每隔 1500 mm 左右设一斜撑或横撑以减小骨架的变形。木骨架的固定主要依靠上、下槛及边立柱与周围梁、板、墙的连接。为了防潮，往往先在楼地面上砌 2～3 皮砖，再立下槛。木骨架隔墙可采用木板条抹灰的灰板条隔墙，钢丝网抹灰的钢板网隔墙以及铺钉多种薄型面板来做两侧的装饰面层的各类隔墙。因木板条抹灰和钢丝网抹灰均为现场作业，施工操作相对复杂，目前已较少采用。

① 灰板条隔墙　灰板条隔墙又称板条抹灰隔墙，是一种使用传统做法的隔墙(见图 1-32(a))。由木质上槛、下槛、墙筋、斜撑或横档等部件组成木骨架，并在木骨架的两侧钉灰板条，然后抹灰，形成隔墙。其构造做法为先立边框墙筋，撑住上、下槛。在上、下槛中每隔 400 mm 立墙筋。墙筋之间沿高度方向每隔 1～1.2 m 设一道横档或斜撑。上、下槛和墙筋断面为 50 mm×75 mm 或 50 mm×100 mm。横档的断面可略小些，两端撑紧、钉牢，以增强骨架的坚固性。板条的厚×宽×长为 6 mm×30 mm×1200 mm。板条横钉在墙筋上，为了便于抹灰，保证拉接，板条之间应留有 7～9 mm 的缝隙，使灰浆挤到板条缝的背面，咬住板条。钉板条时，通常一根板条，搭接三个墙筋间距。考虑到板条有湿胀干缩的特点，在接头处要留出 3～5 mm 的伸缩缝。板条与墙筋的拼接，要求在墙筋上每隔 500 mm 左右错开一档墙筋，以避免板条接缝集中在一条墙筋上。为了便于制作水泥踢脚和采取防潮措施，板条隔墙的下槛下边可加砌 2～3 皮砖。板条隔墙的门、窗框应固定在墙筋上。板条墙由于质轻、壁薄、拆除方便，可直接安装在钢筋混凝土空心楼板上。

② 钢丝(板)网抹灰隔墙　它是在木质墙筋骨架上以钢丝网作抹灰基层构成的隔墙，如图 1-32(b)所示。钢板网墙面一般采用网孔为斜方形的拉花式钢板网，然后在钢板网上抹水泥砂浆或做其他面层。钢板网抹灰隔墙的强度、防火、防潮及隔声性能均高于灰板条隔墙。

③ 木龙骨纸面石膏板隔墙　木龙骨由上槛、下槛、墙筋和横档等部件组成，如图 1-32(c)所示，墙筋靠上、下槛固定，上、下槛及墙筋断面为 50 mm×75 mm 或 50 mm×100 mm。墙筋之间沿高度方向每隔 1.2 m 左右设一道横档，墙筋间距为 450～600 mm，用对锲挤牢。作为面层材料的纸

面石膏板厚度为 12 mm,宽度为 900～1200 mm。长度为 2000～3000 mm,取用长度一般为房间净高尺寸。施工中在龙骨上钉石膏板或用胶粘剂安装石膏板,板缝处用 50 mm 宽的玻璃纤维接缝带封贴,面层材料可根据需要再贴壁纸或装饰板等。

在木骨架两侧铺钉各种薄型面板,施工简便,便于拆装。为提高隔声能力,可在板间填岩棉、泡沫塑料等轻质材料或铺钉双层面板。除纸面石膏板外,面板常用的材料有木质板材、硅钙板、金属及其复合层板等,面板与墙筋之间一般直接钉固。面板的接缝处理,可以留出间距用金属或木条、塑料条等嵌缝,也可以在接缝处用腻子和玻璃纤维带加强以及嵌平,再做表面涂层。

2) 金属骨架隔墙

金属骨架通常由厚度为 0.6～1.5 mm 的薄钢板冷轧成型为槽形截面,尺寸为 100 mm×50 mm或 75 mm×45 mm,常称为轻钢龙骨,骨架两侧铺钉各种装饰面板构成隔墙。其构造方法与木骨架隔墙相似,其安装方法是先用螺钉将上、下槛(也称导向龙骨)固定在楼板上,上、下槛固定后安装墙筋龙骨,间距为 400～600 mm,龙骨或踢脚内留有走线孔。墙筋龙骨上铺钉面板,面板与墙筋可以采用钉、粘、卡式连接等方式(见图 1-33、图 1-34)。轻钢龙骨与结构之间的固定方式有射钉固定、膨胀螺栓固定、预埋件固定等几种方式(见图 1-35)。

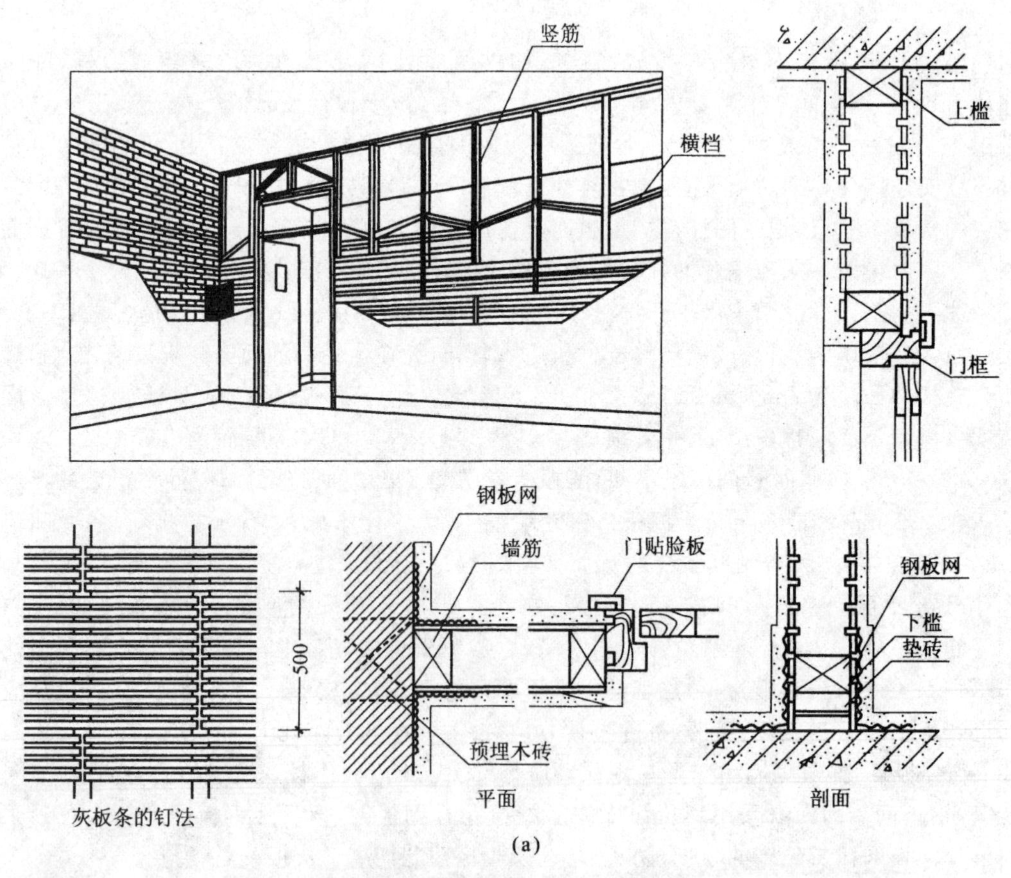

图 1-32 木骨架隔墙构造(单位:mm)

(a) 板条抹灰隔墙;(b) 钢丝(板)网抹灰隔墙;(c) 木龙骨纸面石膏板隔墙

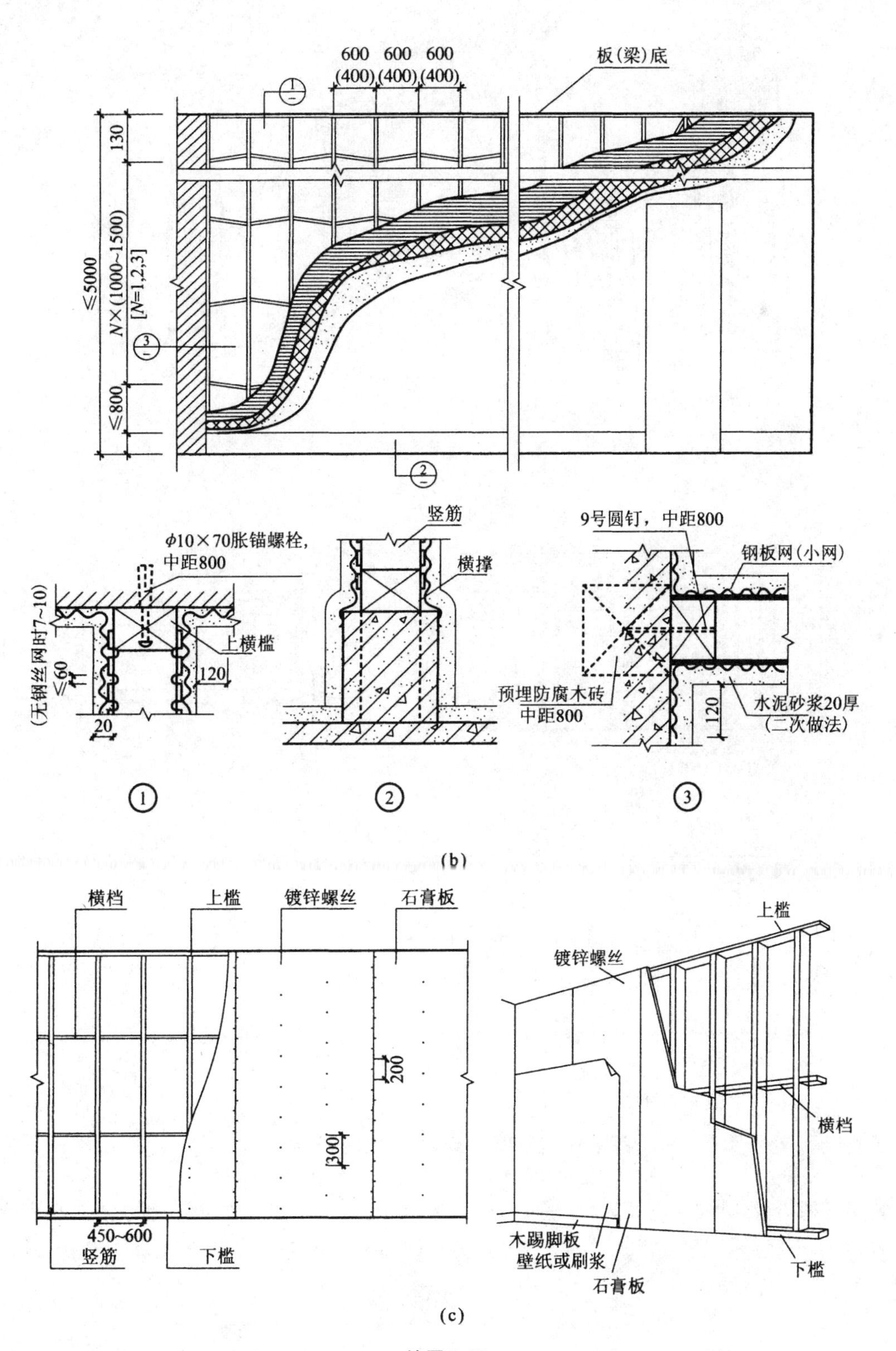

600 600 600
(400)(400)(400)
板(梁)底
130
≤5000
N×(1000~1500)
[N=1,2,3]
≤800
φ10×70胀锚螺栓,
中距800
(无钢丝网时7~10)
上横槛
≤60
120
20
竖筋
横撑
9号圆钉，中距800
钢板网(小网)
预埋防腐木砖
中距800
120
水泥砂浆20厚
(二次做法)
①
②
③
(b)
横档
上槛
镀锌螺丝
石膏板
200
300
450~600
竖筋
下槛
上槛
镀锌螺丝
横档
木踢脚板
壁纸或刷浆
石膏板
下槛
(c)

续图 1-32

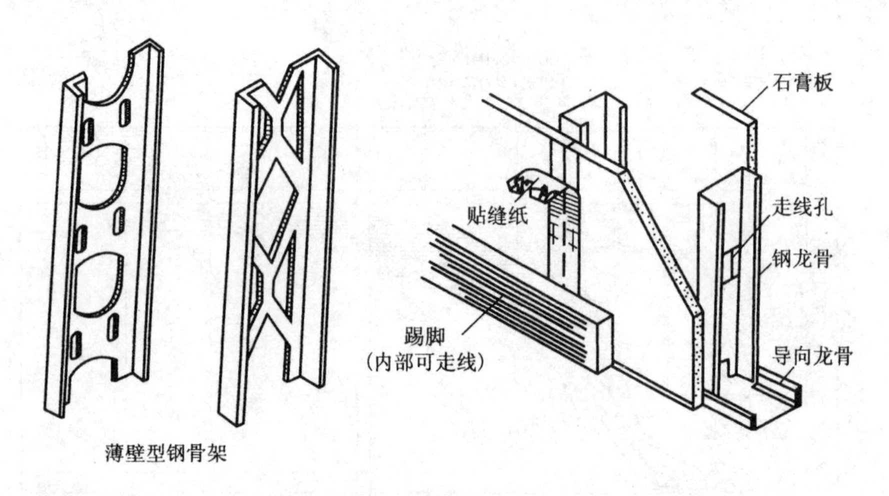

图 1-33 薄壁轻钢骨架

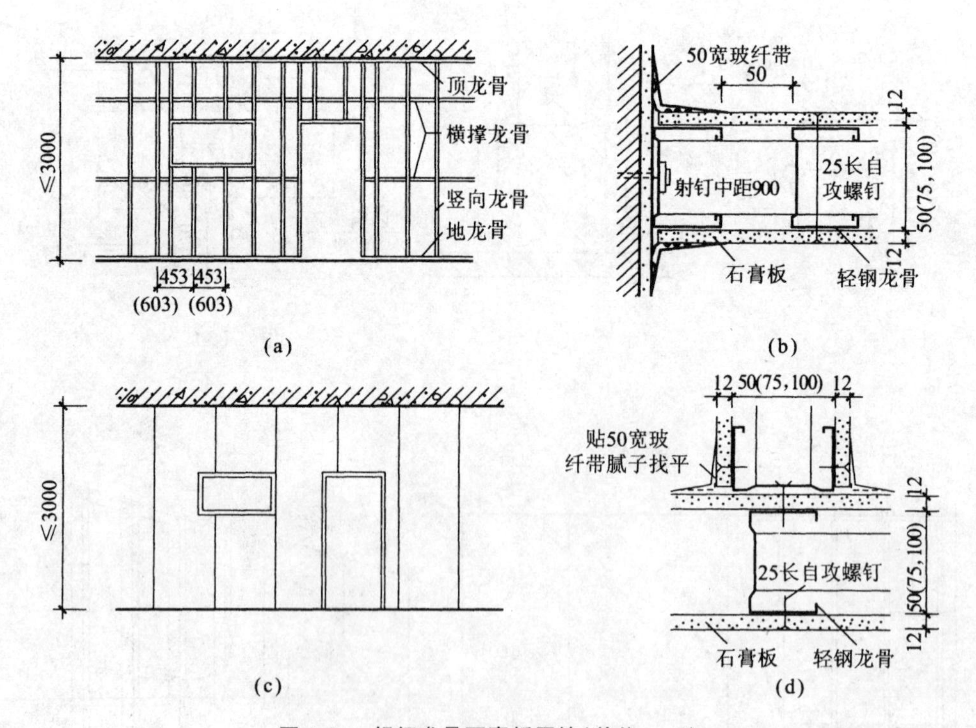

图 1-34 轻钢龙骨石膏板隔墙(单位:mm)

(a) 龙骨排列;(b) 靠墙节点;(c) 石膏板排列;(d) 丁字隔墙节点

金属骨架隔墙强度高、刚度大、自重轻、防火、防潮、易于加工和大批量生产,还可根据需要拆卸和组装,施工方便,速度快,应用广泛。为了提高隔墙的隔声能力,可采用在龙骨间填以岩棉、泡沫塑料等弹性材料的措施。

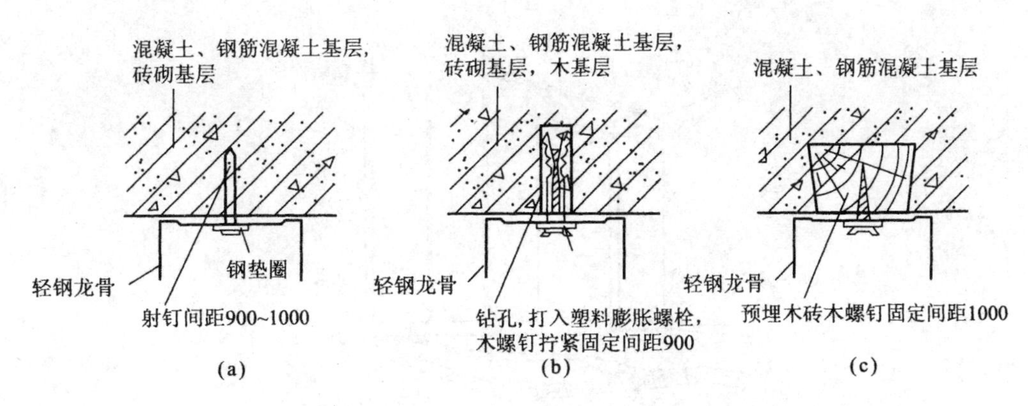

图 1-35 轻钢龙骨固定方式(单位:mm)

(a) 射钉固定;(b) 膨胀螺栓固定;(c) 预埋件固定

1.3.3 条板隔墙

条板隔墙是采用具有一定厚度和刚度的条形板材，用各类胶粘剂或连接件安装固定拼合在一起形成的隔墙。一般有加气混凝土条板隔墙、石膏空心条板隔墙、碳化石灰空心条板隔墙、水泥玻纤空心条板隔墙、钢丝网泡沫塑料水泥砂浆复合板隔墙、内置发泡材料或复合蜂窝板的彩钢板隔墙等。条板隔墙自重轻，安装方便，施工速度快，工业化程度高。为改善隔声效果，可采用双层条板隔墙。条板隔墙墙体厚度应满足建筑防火、隔声、隔热等功能要求。

单层条板隔墙墙体用作分户墙时其厚度不宜小于 120 mm;用作户内分隔墙时，其厚度不小于 90 mm。由条板组成的双层条板隔墙墙体用于分户墙或隔声要求较高的隔墙时，单块条板的厚度不宜小于 60 mm，宽度为 600～1200 mm。为便于安装，条板高度应略小于房间净高。

1）加气混凝土条板隔墙

加气混凝土条板规格为长 2700～3000 mm，宽 600～800 mm，厚 80～100 mm。它具有质量轻、保温效果好、切割方便、易于加工等优点。安装时，条板下部先用小木楔顶紧，然后用细石混凝土堵严。隔墙条板之间用水玻璃矿渣胶粘剂黏结，并用胶泥刮缝，平整后再做表面装修(见图 1-36)。

2）石膏空心条板隔墙

石膏空心条板有普通条板、钢木窗框条板及防水条板三种，在建筑中按各种功能要求配套使用。石膏空心条板规格为宽 600 mm，厚 60 mm，长 2400～3000 mm，包含 9 个孔，孔径 38 mm，空隙率 28%，能满足防火、隔声及抗撞击的要求(见图 1-37)。

3）碳化石灰空心条板隔墙

碳化石灰空心条板以磨细生石灰为主要原料，掺入 3%～4%(质量比)短玻璃纤维，加水搅拌，振动成型，利用石灰窑废气进行碳化，经干燥而成。其规格为:长为 2700～3000 mm，宽为 500～800 mm，厚为 90～100 mm。板的安装同加气混凝土条板隔墙。碳化石灰空心条板隔墙可做成单层或双层，90 mm 厚或 120 mm 厚。用水玻璃矿渣胶粘剂，安装以后用腻子刮平，表面粘贴塑料壁纸。碳化石灰空心条板材料来源广泛，生产工艺简易，成本低廉，密度小，隔声效果好。

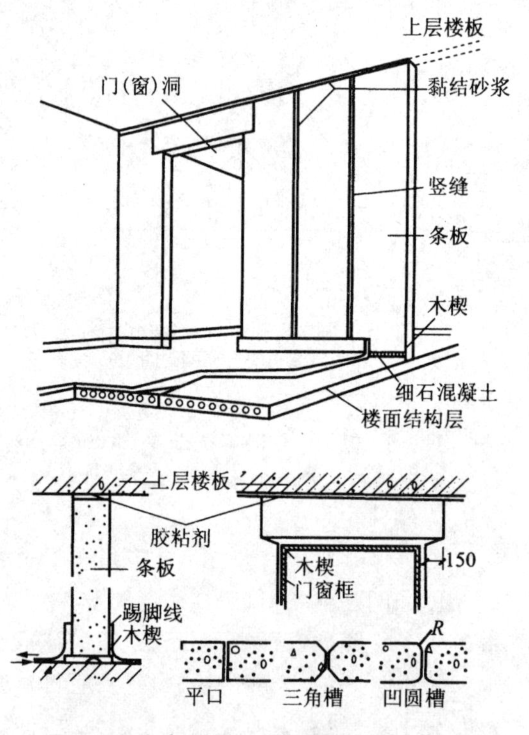

图 1-36 加气混凝土条板隔墙(单位:mm)

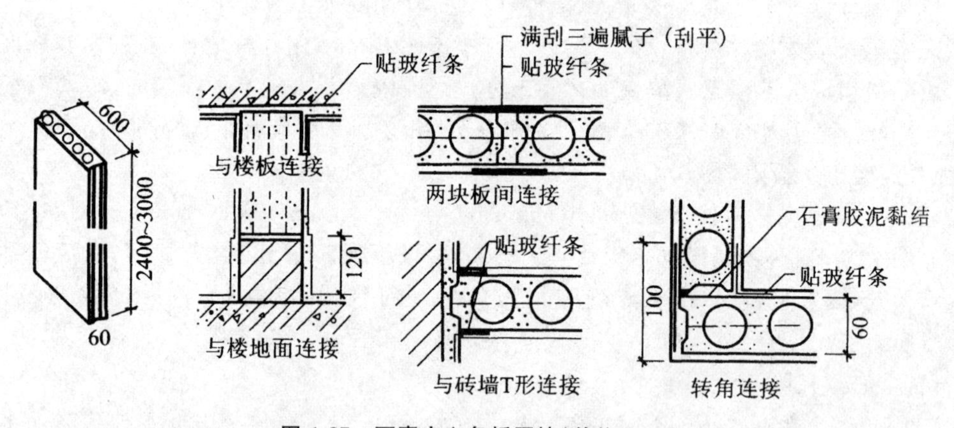

图 1-37 石膏空心条板隔墙(单位:mm)

注:胶粘剂主要原料为醋酸乙烯,与石膏粉调成胶泥

4) 钢丝网泡沫塑料水泥砂浆复合板(又名泰柏板)隔墙

钢丝网泡沫塑料水泥砂浆复合板是由低碳冷拔镀锌钢丝焊接成网片,再由两片相距 50～60 mm的网片及钢丝连接组成网笼构架,内部填充阻燃的聚苯乙烯泡沫塑料芯层构成的泰柏板。经现场拼装后,再在面层抹水泥砂浆而形成轻质隔墙。泰柏板的规格为(2440～4000) mm×1220 mm×75 mm(长×宽×厚),抹灰后厚度为 100 mm。它的优点是自重轻、整体性好,缺点是湿作业量较大(见图 1-38)。安装时,钢丝网泡沫塑料水泥砂浆复合墙板与顶板、底板采用固定夹连接,墙板之间采用克高夹连接。由于聚苯乙烯泡沫塑料在高温下会挥发出有毒气体,故在使用时中间走廊两侧墙体应慎用。

条板隔墙在安装时，与结构连接的上端用胶粘剂黏结，下端用细石混凝土填实或用一对对口木楔将板底楔紧。在抗震设防烈度为6～8度的地区，条板上端应加L形或U形钢板卡与结构预埋件焊接固定，或用弹性胶连接填实。条板下缝隙用细石混凝土堵严，条板之间用胶粘剂黏结，板缝采用胶泥刮平后，即可做饰面处理。隔声要求较高的墙体，在条板之间以及条板与梁、板、墙、柱相结合的部位，应设置泡沫密封胶、橡胶垫等材料的密封隔声层。有防水、防潮要求的房间应采用防水条板，在墙体下部应做高出地面50 mm以上的混凝土垫层(见图1-39)。

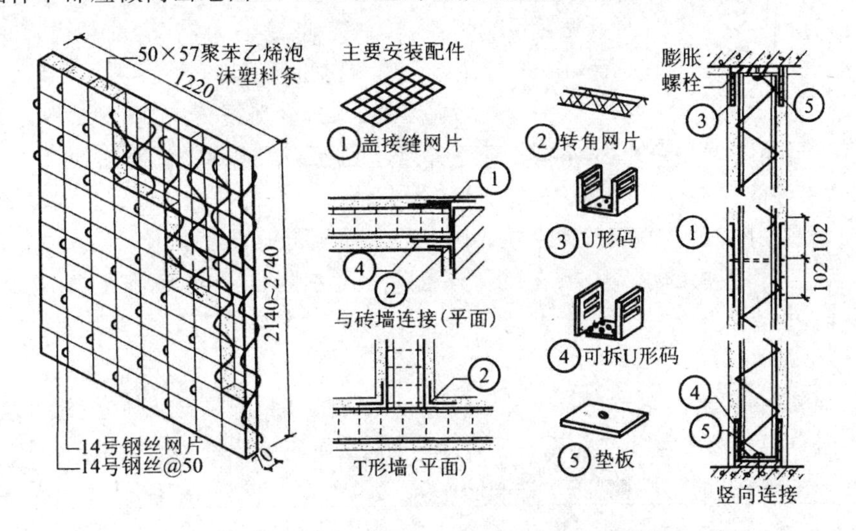

图1-38 钢丝网泡沫塑料水泥砂浆复合板隔墙(单位:mm)

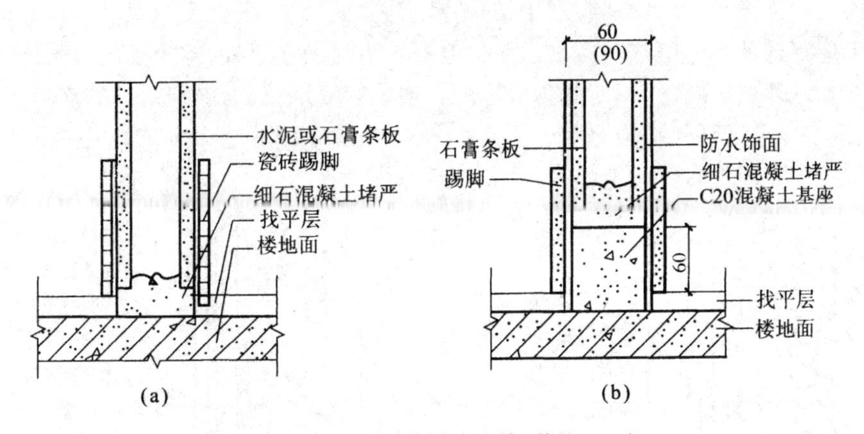

图1-39 条板隔墙基座连接(单位:mm)

(a)条板瓷砖踢脚;(b)条板与混凝土基座连接

1.4 墙体节能概述

1.4.1 外墙的保温构造

我国幅员辽阔，地区气候差异较大，不同季节温度悬殊。同时面对目前环境恶化、能源日益紧张的趋势，对于外围护构件的墙体，外墙在围护结构中所占比重最大，其散失的热(冷)量约占围护

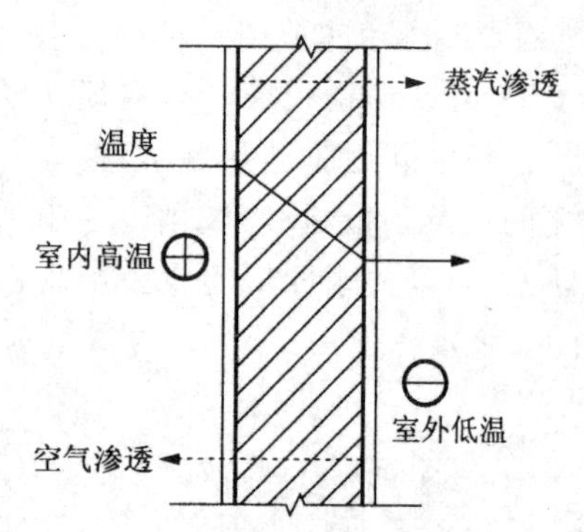

图 1-40 外墙冬季传热过程示意图

结构散热(冷)量的 30%,加强保温隔热和提高气密性的要求也就显得格外重要。近几年,随着经济的发展及对可持续发展观的重视,我国正逐步限制黏土实心砖的生产和使用,加快墙体材料的革新,积极大力探索发展节能、保温、隔热的新型墙体材料及构造做法。由于围护结构两侧存在温差,热量就会从高温一侧通过围护结构(外墙、屋顶和门窗等)流向低温一侧。如果围护结构的保温隔热性能不好,热(冷)量散失大,就会消耗更多的能源,如图 1-40所示为外墙冬季传热过程示意图。

提高外墙保温能力、减少热损失,一般有三种方法:①单纯增加外墙厚度,使传热过程延缓,达到保温隔热的目的;②采用导热系数小,保温效果好的材料作外墙围护构件;③采用多种组合材料的组合墙解决保温隔热问题。随着国内墙体改革浪潮的兴起,建筑节能已纳入国家强制性规范的设计要求。

目前,外墙按其保温层的组成及所在位置分为以下几种类型:外墙外保温墙体、外墙内保温墙体、外墙夹芯保温构造。

1)外墙外保温墙体

外墙外保温,是将保温隔热体系置于外墙外侧(即低温一侧)的复合墙体,使建筑达到保温的施工方法。由于外保温是将保温隔热体系置于外墙外侧,从而使主体结构所受温差作用大幅度下降,温度变形减小,具有较强的耐候性、防水性和防水蒸气渗透性。同时具有绝热性能优越,能消除热桥,可减少保温材料内部凝结水,便于室内装修,对结构墙体起到保护作用并可有效阻断热桥,有利于结构寿命的延长等优点。因此从有利于结构稳定性方面来说,外保温隔热具有明显的优势,在可选择的情况下应首选外保温隔热。但是由于保温材料直接做在室外,需承受的自然因素如风雨、冻晒、磨损与撞击等影响较多。因而对此种墙体的构造处理要求很高,必须对外墙面另加保护层和防水饰面,在我国寒冷地区外保护层厚度要达到 30～80 mm(具体厚度根据气候条件、个体建筑设计特点及材料选用计算而定),其构造如图 1-41 所示。

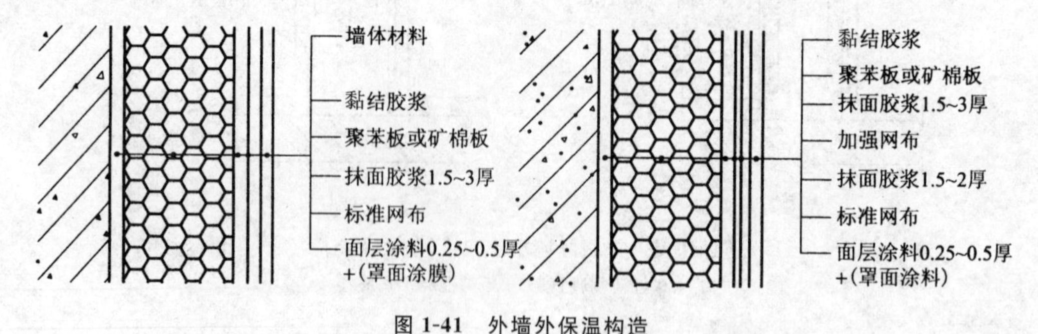

图 1-41 外墙外保温构造

2)外墙内保温墙体

外墙内保温墙体常用的构造方式有粘贴式、挂装式、粉刷式三种。外墙内保温就是外墙的内侧使用苯板、保温砂浆等保温材料,从而使建筑达到保温节能作用的施工方法。该施工方法具有施工方便,对建筑外墙垂直度要求不高,综合造价低、施工进度快等优点。特别适用于夏热冬冷地区及间歇采暖建筑。近年来,在工程上也经常被采用。然而,外墙内保温在寒冷地区的应用由于墙体传热原理也随之带来质量问题。

外墙内保温的一个明显缺陷就是:结构热桥的存在使局部温差过大导致产生结露现象。由于内保温保护的位置仅仅在建筑的内墙及梁内侧,内墙及板对应的外墙部分得不到保温材料的保护。因此,在此部分形成热桥,冬天室内的墙体温度与室内墙角(保温墙体与不保温板交角处)温度差约在10 ℃,与室内的温度差可达到15 ℃以上,一旦室内的湿度条件适合,在此处即可形成结露现象。而结露水的浸渍或冻融极易造成保温隔热墙面发霉、开裂。另外,在冬季采暖、夏季制冷的建筑中,室内温度随昼夜和季节的变化幅度通常不大(约10 ℃),这种温度变化引起建筑物内墙和楼板的线性变形和体积变化也不大。但是,外墙和屋面受室外温度和太阳辐射热的作用而引起的温度变化幅度较大。当室外温度低于室内温度时,外墙收缩的幅度比内保温隔热体系的速度快,当室外温度高于室内气温时,外墙膨胀的速度高于内保温隔热体系,这种反复形变使内保温隔热体系始终处于一种不稳定的墙体基础上,在这种形变应力反复作用下,不仅是外墙易遭受温差应力的破坏,也易造成内保温隔热体系的空鼓开裂。

外墙内保温墙体用于间歇采暖建筑中,由于保温材料的蓄热系数小,有利于室内温度的快速升高或降低,故此类建筑可应用的外墙内保温构造如图1-42所示。

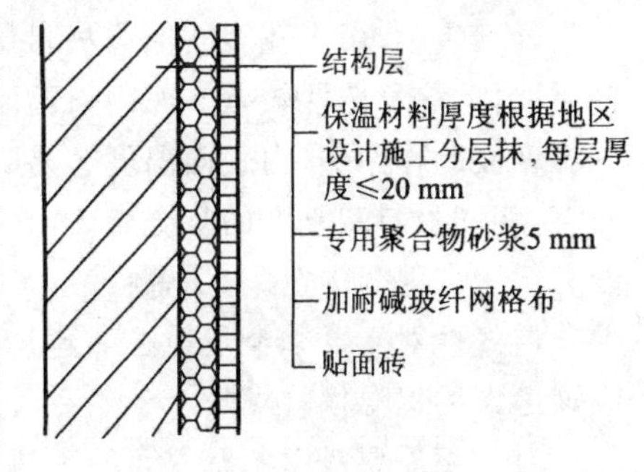

图1-42 外墙内保温构造

3) 外墙夹芯保温构造

在复合墙体保温形式中,为了避免蒸汽由室内高温一侧向室外低温侧渗透,在墙内形成凝结水,或为了避免受室外各种不利因素的影响,常采用半砖或其他预制板材加以处理,使外墙形成夹芯构件,即双层结构的外墙中间放置保温材料,或留出封闭的空气间层,外墙夹芯保温构造如图1-43所示。夹芯保温外墙由结构层、保温层、保护层组成。结构层采用承重、非承重砌体或混凝土墙体;保温层一般采用30~80 mm厚度不等的聚苯板(具体厚度根据气候条件、个体建筑设计特点及材料选用计算而定);保护层采用90厚或120厚砌体。结构层、保温层、保护层随砌随放置拉结钢筋网片或拉结钢筋,使之三层牢固结合。保护层的作用有使保温材料不易受潮及饰面做法不受限制等优点,夹芯保温墙体构造对保温材料的要求也较低。另外,夹芯保温构造中可在保温层处加设空气间层,空气间层厚度一般为40~60 mm,并且要求处于密闭状态,以达到保温节能的目的。

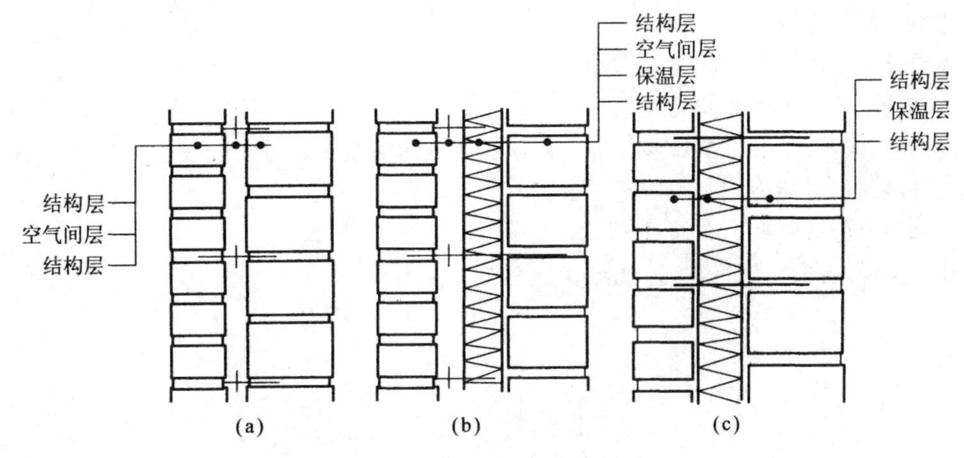

图1-43 外墙夹芯保温构造

(a) 封闭空气间层;(b) 封闭空气间层及保温材料;(c) 保温材料

1.4.2 外墙的隔热构造

围护结构保温和隔热性能优良的建筑,不仅冬暖夏凉,室内热环境好,而且能耗低,节约能源。围护结构的隔热性能通常是指在夏季自然通风情况下,围护结构在室外综合温度(由室外温度和吸收的太阳辐射两部分组成)和室内空气温度波动下,其内表面保持较低温度的能力。外墙中设置保温层也能够阻止来自室外的热量向室内流动起到隔热的作用,但保温层不透气,容易使人在室内觉得比较闷热。而且保温性能通常受构造层次的影响较小,而隔热性能受构造层次排列的影响较大。对于外墙来说,由多孔轻质保温材料构成的轻型墙体或内保温墙,其保温性能可能较好,但由于是轻质墙体,热稳定性较差。而内保温墙体,其内侧的热稳定性较差,在夏季室外综合温度和室内空气温度波动作用下,内表面温度容易升得较高,即隔热性能不能达到较好的效果。就外墙主体部分而言,相同材料和厚度的复合墙体内保温构造和外保温构造的保温性能相同,但外保温构造的隔热能力优于内保温构造。

透气性对于夏季炎热地区的建筑很重要,除非属于夏热冬冷地区,需要兼顾冬季保温,否则不应该考虑用保温材料隔热。

对于不需要考虑冬季保温的炎热地区,可以选用热阻大的外墙材料,如砖墙、保温墙等。这一类材料热稳定性好,能够减小外墙内表面的温度波动,增加其隔热性能,还可以采取用光滑浅色的饰面材料来反射部分辐射热的方法,以及在外墙中设置通风空气间层的方法(如利用外墙基层构件与装饰面板之间的空隙形成通风间层)来带走一部分热量而达到隔热降温的目的。另外,也可以采取夹芯墙体,在夹层中设置具有较强反射功能的铝箔,将铝箔的反射面朝向室外,也能起到一定的隔热效果。

夏季炎热地区常常采用空调来降低室内温度,空调建筑或空调房间应尽量避免东、西朝向,其外表面积宜减少且宜采用浅色饰面。间歇使用的空调建筑,其外围护结构内侧和内维护结构宜采用重质材料,围护结构的构造设计应考虑防潮要求。

【思考与练习】

1-1 简述墙体的分类方式及类别。

1-2 墙体设计在使用功能上应考虑哪些设计要求?

1-3 砌体结构墙的组砌方式有几种?

1-4 墙体的细部构造主要包括哪些部分?简述各部分的构造要点并绘图表达。

1-5 提高外墙的保温能力有哪些措施?

1-6 墙体加固措施有哪些?有何设计要求?

1-7 简述常见隔墙的种类及其构造要点。

2　地基与基础构造

【本章要点】

2-1　了解地基与基础的设计要求；

2-2　熟悉地基的构造；

2-3　掌握基础的构造。

2.1　地基与基础概述

2.1.1　地基与基础的关系

基础是建筑物的重要组成部分，是位于建筑物的地面以下的承重构件，承受着建筑物的全部荷载，并将这些荷载连同自重传给地基。

地基是基础下面承受建筑物总荷载的土壤层，不是建筑物的组成部分。地基承受建筑物荷载而产生的应力和应变随着土层深度的增加而减小，在达到一定深度以后可以忽略不计(持力层与下卧层的界限)，地基、基础与荷载的传递如图2-1所示。

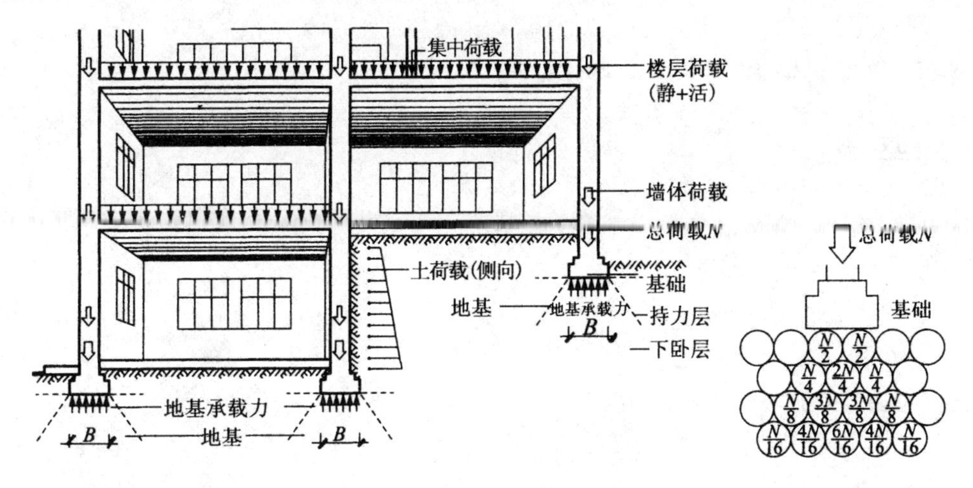

图2-1　地基、基础与荷载的传递

地基承受荷载的能力有一定的限度，地基每平方米所承受的最大压力，称为地基的允许承载能力，允许承载能力主要应根据地基本身土(石)的特性确定。当基础对地基的压力超过其允许承载能力时，地基将出现较大的沉降变形，甚至地基土会滑动挤出而破坏。地基和基础共同作用来保证建筑的稳定、安全及坚固耐久。要满足基础底面的平均压力不超过地基的允许承载力，即满足不等式：$F \geqslant N/R$，其中F为基础底面积，N为建筑物总荷载，R为地基承载力。从上式可以看出，当地基承载力不变时，建筑物总荷载越大，基础底面积也要求加大。或者说，当建筑物总荷载不变时，地基承载力越小,基础底面积应越大。

2.1.2 地基与基础的设计要求

1) 对地基强度的要求

建筑物的建造地址尽可能选在地基土的允许承载能力较高且分布均匀的地段,如岩石、碎石类等,应优先考虑采用天然地基。

2) 地基变形方面的要求

要求地基有均匀的压缩量,以保证有均匀的下沉。若地基土质不均匀,会给基础设计增加困难。若地基处理不当将会使建筑物发生不均匀沉降,而引起墙身开裂,甚至影响建筑物的使用。

3) 地基稳定方面的要求

要求地基有防止产生滑坡、倾斜方面的能力。必要时(如有较大的高差)应加设挡土墙,以防止出现滑坡变形。

4) 基础强度与耐久性的要求

基础是建筑物的重要承重构件,对整个建筑的安全起保证作用。因此,基础所用的材料必须具有足够的强度,才能保证基础能够承担建筑物的荷载并传递给地基。另外,基础是埋在地下的隐蔽工程,在土中受潮、浸水,建成后检查和加固都很困难,所以在考虑基础的材料和构造形式等问题时应与上部结构的耐久性相适应。

5) 基础工程应注意经济问题

基础工程占建筑总造价的10%~40%,降低基础工程的投资是降低工程总投资的重要一环。因此,在设计中应选择较好的土质地段,对需要特殊处理的地基和基础尽量选用地方材料,并采用恰当的形式及构造方法,从而节约工程投资。

2.2 地基构造

2.2.1 地基土的分类

《建筑地基基础设计规范》(GB 50007—2011)中规定,作为建筑地基的土层分为以下五大类。

1) 岩石

根据其坚固性可分为硬质岩石(花岗岩、玄武岩等)和软质岩石(页岩、黏土岩等);根据其风化程度可分为微风化岩石、中等风化岩石和强风化岩石等。岩石承载力的标准值 f_K 在 200~4000 kPa之间。

2) 碎石土

碎石土为粒径大于 2 mm 的颗粒含量超过全重的 50%的土。根据颗粒形状和粒组含量又分为漂石、块石(粒径大于 200 mm);卵石、碎石(粒径大于 20 mm);圆砾、角砾(粒径大于 2 mm)。碎石土承载力的标准值 f_K 在 200~1000 kPa 之间。

3) 砂土

砂土为粒径大于 2 mm 的颗粒含量不超过全重的 50%,粒径大于 0.075 mm 的颗粒含量超过全重的 50%的土。砂土根据粒组含量又分为砾砂、粗砂、中砂、细砂、粉砂。砂土承载力的标准值

f_K 在 140～500 kPa 之间。

4) 粉土

粉土为塑性指数 I_P 小于或等于 10 的土。其性质介于砂土与黏性土之间。粉土承载力标准值 f_K 在 105～410 kPa 之间。

5) 黏性土

黏性土为塑性指数 I_P 大于 10 的土，按其塑性指数 I_P 值的大小分为黏土($I_P>17$)和粉质黏土($10<I_P\leqslant17$)两大类。黏性土承载力的标准值 f_K 在 105～475 kPa 之间。

6) 人工填土

根据其组成和成因可分为素填土、压实填土、杂填土、冲填土。素填土为碎石土、砂土、粉土、黏性土等组成的填土；压实填土为经过压实或夯实的素填土；杂填土为含有建筑垃圾、工业废料、生活垃圾等杂物的填土；冲填土为水力冲填泥沙形成的填土。人工填土承载力的标准值 f_K 在 65～160 kPa之间。

2.2.2 地基土的特性

在一般情况下，土可以认为是由固体颗粒、水和空气三部分组成。这三部分的比例反映了土的不同状态，如稍湿、很湿、密实、松散等。这对评定土的物理力学性质有很重要的意义。土的三个组成部分之间的比例关系决定了地基土的特性。

1) 压缩与沉降

土在受压之后，将由于颗粒间的孔隙减小而产生垂直方向的沉降变形，称为土的压缩。地基在建筑物荷载的作用下，由于地基土的压缩，使建筑物出现沉降。作为地基应具有能承担建筑物荷载的足够强度，同时保证在荷载作用下不会产生过大的变形，使土的压缩沉降控制在允许值范围内，并保证在地基稳定条件下，使建筑物获得均匀沉降。

2) 抗剪与滑坡

土的抗剪强度是指土对于剪应力的极限抵抗强度，即在极限应力状态下，一部分土对另一部分土产生相对侧向位移时的抵抗能力。土的抗剪强度主要是取决于土的内聚力和内摩擦力。作为建筑地基，不允许土因剪力而产生滑动变形。

当土层内部存在潜在倾斜的和抗剪强度差的滑动面时，在外界河流冲刷、地下水的活动或地震等的影响下，使部分土层或岩层在重力作用下，沿一定软弱面，出现以水平位移为主的变形现象称为滑坡。

3) 土中水及其对地基的影响

土中水呈气态、液态、固态等三种形态。地面以下的液态水称为地下水，是土中水的主要成分。土孔隙中的液态水在重力、压力或毛细管作用下，能自由移动的称为自由水。这种水对土的工程性质影响很大。含水量是判断黏性土在天然情况下的状态和性质的重要指标，其含水量的多少，直接影响地基的承载力。石灰岩、白云岩等可溶性岩，受地下水作用溶解形成溶洞，造成地面变形、土层陷落、水的渗漏和涌水等现象，对建筑物影响很大。地下水含有的各种化学成分，对混凝土、可溶性石材、管道以及钢铁材料等都有侵蚀的危险。

2.2.3 地基的分类及处理方法

天然地基指具有足够承载能力的天然土层，可直接在天然土层上建造基础。岩石、碎石、砂石、黏性土等一般均可作为天然地基。

人工地基指天然土层的承载力较差或土层质地较好,但由于层数或结构类型的因素不能满足荷载的要求,为使地基具有足够承载能力,而对土层进行加固,这种为提高地基承载力,改善其变形性质或渗透性质而采取的人工处理的地基叫人工地基。

常用的人工地基的加固处理方法有以下几种。

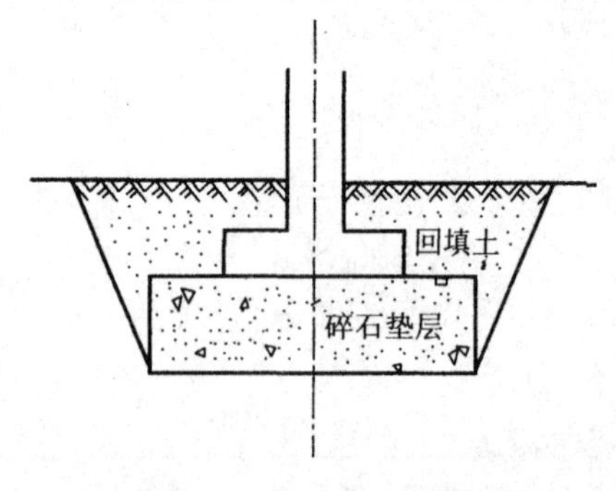

图 2-2 换填垫层法示意图

(1) 换填垫层法 挖去地表浅层软弱土层或不均匀土层,回填坚硬、较粗粒径的材料,并夯压密实,形成垫层的地基处理方法。当建筑物基础下的地基持力层比较软弱,不能满足上部荷载对地基的要求时,常采用换填垫层的方法来处理。即将基础下一定范围内的软土层挖去,然后回填以强度较大的砂、碎石或灰土等,并夯至密实。换填垫层可以有效地处理一些荷载不大的建筑物地基问题,其回填的材料可用砂垫层、碎石垫层、素土垫层、灰土垫层等,换填垫层法示意图如图 2-2 所示。

(2) 强夯法 强夯法是指反复将几吨或几十吨夯锤提到高处使其自由落下,给地基以冲击和振动能量,将地基土夯实的地基处理方法。此方法影响地基土深度可达 10 m 以上。经强夯后地基的承载力可提高 2~5 倍,压缩性可增强 2~5 倍。适用于碎石土、砂土、低饱和度的粉土和黏土、素填土、杂填土。这种方法具有施工简单、速度快、节省材料等特点,工程中应用较广。

(3) 水泥深层搅拌法 水泥搅拌法是利用水泥(或石灰)作为固化剂,通过深层搅拌机械,在一定深度范围内把地基土与水泥(或其他固化剂)强行拌和固化,形成具有水稳定性和足够强度的水泥土,进而形成桩体、块体和墙体等。经过处理以后的地基与原地基土共同作用,从而提高地基承载力,改善地基变形特性,水泥深层搅拌法工艺流程如图 2-3 所示。水泥深层搅拌法适用于处理淤泥质土、粉质黏土和低强度的黏性土地基,具有施工方便,无振动、无噪声、无泥浆废水等污染,造价较低等特点。

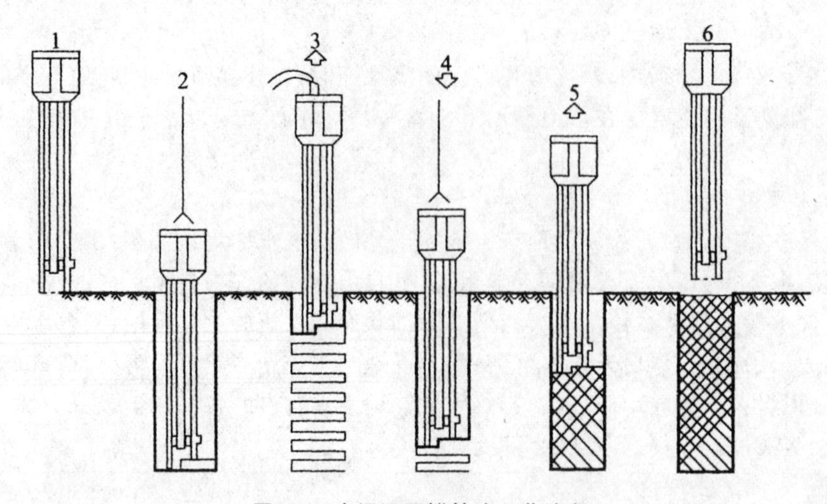

图 2-3 水泥深层搅拌法工艺流程

1—开始;2—沉入到底部;3—喷浆搅拌上升;4—重复搅拌(下沉);5—重复搅拌(上升);6—完毕

(4) 挤密法　挤密法是以振动或冲击方法成孔，然后在孔中填入砂、石、石灰、灰土或其他材料，并加以捣实，成为桩体。桩体按填入材料的不同可分别称为砂桩、碎石桩、石灰桩、灰土桩等。挤密法一般采用打桩机成孔，桩管打入地基对土体产生横向挤密作用，土体颗粒彼此靠近，空隙减少，使土体密实度得以提高，地基土强度亦随之增加。由于桩体本身具有较大的强度，桩的断面也较大，故桩与土组成复合地基共同承担建筑物荷载。

(5) 化学注浆法　化学注浆法是利用高压射流技术，喷射化学浆液，破坏地基土体，并强制土与化学液混合，形成具有一定强度的加固体来处理软土地基的一种方法。一般用高压水泥泵通过钻杆由水平方向的喷嘴喷出，形成喷射流，以此切割土体并与土拌和形成水泥土加固体。它的施工过程如图 2-4 所示：首先用钻机钻孔至预定深度，然后用超高压水泥泵，通过安装在钻杆下端的特殊喷射装置，向四周喷射化学浆液，同时，钻杆以一定的角度和速度旋转，并逐渐往上提升。

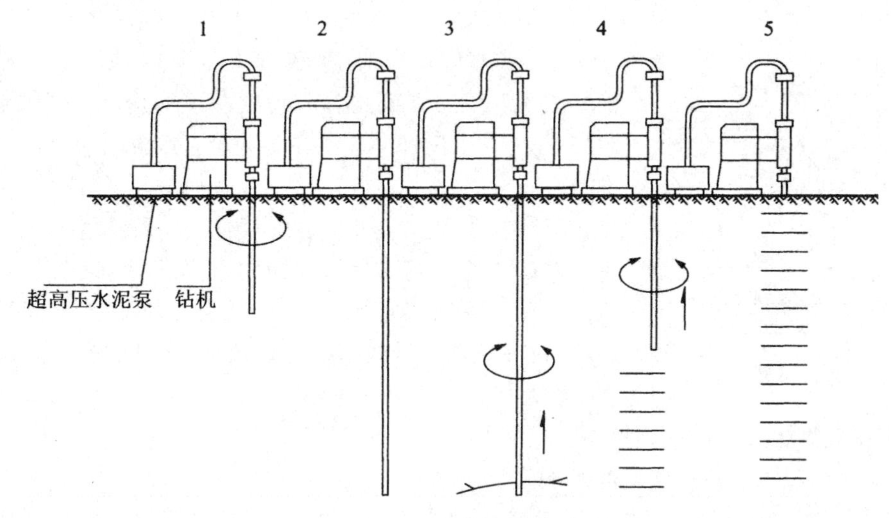

图 2-4　化学注浆法工艺流程

1—开始钻进；2—钻进结束；3—高压旋喷开始；4—喷嘴边旋转边提升；5—旋喷结束

(6) 其他方法　对于不同土质的地基，还可以采用以下几种方法。

① 单液硅化法：指采用硅酸钠溶液注入地基土层中，使土粒之间及其表面形成硅酸凝胶薄膜，增强土颗粒间的联结，赋予土耐水性、稳固性和不湿陷性，并提高土的抗压和抗剪强度的地基处理方法。

② 碱液法：指将加热后的碱液(即氢氧化钠溶液)，以无压自流方式注入土中，使土粒表面溶合胶结形成难溶于水的、具有高强度的钙、铝硅酸盐络合物，从而达到消除黄土湿陷性，提高地基承载力的地基处理方法。

③ 振冲法：指在振冲器水平振动和高压水的共同作用下，将松砂土层振密，或在软弱土层中成孔，然后回填碎石等粗粒料形成桩柱，并和原地基土组成复合地基的地基处理方法。

以上方法在工程中较为常用，此外处理湿陷性黄土地基，还可用硅化加固、热加固处理方法；处理软弱地基还可用喷洒“氰凝浆液”、深层搅拌注浆法；处理深层淤泥、淤泥质土形成的软弱地基可采用堆载预压处理方法；处理膨胀性土地基，可在膨胀性土中掺加石灰等。

另外，利用桩基础也是适应软弱地基土的很好方式，且应用较为广泛，其内容详见 2.3.2 桩基础一节。

2.3 基础构造

2.3.1 基础的埋置深度及影响因素

1）基础的埋置深度

基础的埋置深度是指从室外设计地坪到基础底面的距离(见图 2-5)。

室外地坪分为自然地坪和设计地坪。自然地坪指施工地段的现有地坪,而设计地坪指按设计要求工程竣工后室外场地经整平的地坪。

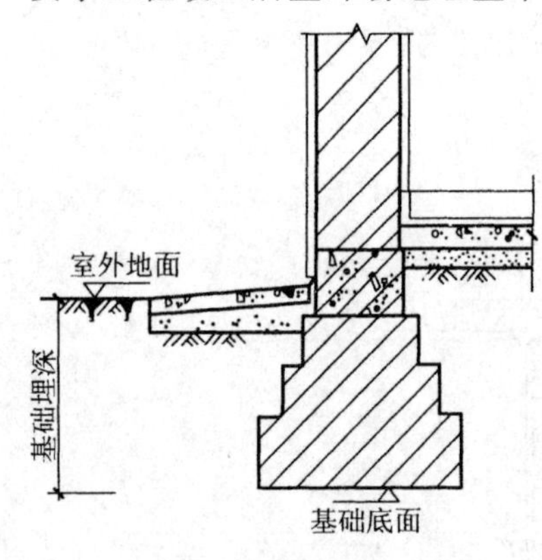

图 2-5 基础埋置深度

根据基础埋置深度的不同,基础分为浅基础和深基础。一般情况下,基础埋置深度小于等于 5 m 或小于等于基础宽度的 4 倍时为浅基础;基础埋置深度大于 5 m 或大于基础宽度的 4 倍时为深基础。在确定基础埋置深度时应优先选择浅基础,它的特点是构造简单,施工方便,造价低廉且不需要特殊施工设备。

只有在表层土质极弱、总荷载较大或其他特殊情况下,才选用深基础。此外,基础埋置深度也不能过小,因为地基受到建筑荷载作用后可能将四周土挤走,使基础失稳,或地面受到雨水的冲刷、机械破坏而导致基础暴露,影响建筑的安全。基础的最小埋置深度不应小于 500 mm。

2）确定基础埋置深度的原则

(1) 建筑物的特点及使用性质的影响。

应根据建筑物是多层建筑还是高层建筑、有无地下室,设备基础、建筑的结构类型等确定基础埋置深度。一般来说,高层建筑的基础埋深是地上建筑物总高度的 1/18～1/15,而多层建筑则依据地下水位及冻土深度来确定埋深尺寸。

(2) 工程地质条件的影响。

当地基的土层较好、承载力较高时,基础可以浅埋,但基础最少埋置深度不宜小于 0.5 m。如果遇到土质差、承载力低的土层,则应该将基础深埋至合适的土层上,或结合具体情况另外进行加固处理。

(3) 水文地质条件的影响。

地基土含水量的大小对其承载力的影响很大,所以地下水位的高低直接影响地基承载力。如黏性土遇水后,因含水量增加体积膨胀,使土的承载力下降。而含有侵蚀性物质的地下水,对基础会产生腐蚀,故基础应争取埋置在最高地下水位以上(见图 2-6(a))。

当地下水位较高,基础不能埋置在地下水位以上时,应将基础底面埋置在最低地下水位 200 mm以下,不应使基础底面处于地下水位变化的范围之内,以减小和避免地下水的浮力等的影响(见图 2-6(b))。

埋在地下水位以下的基础,其所用材料应具有良好的耐水性能,如选用石材、混凝土等。当地下水含有侵蚀性物质时,基础应采取防腐蚀措施。

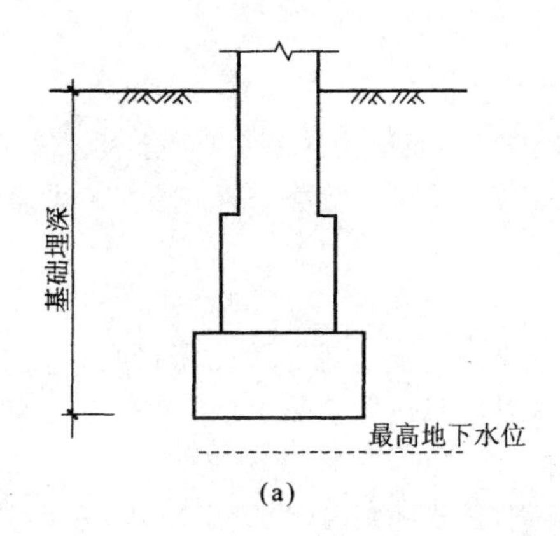

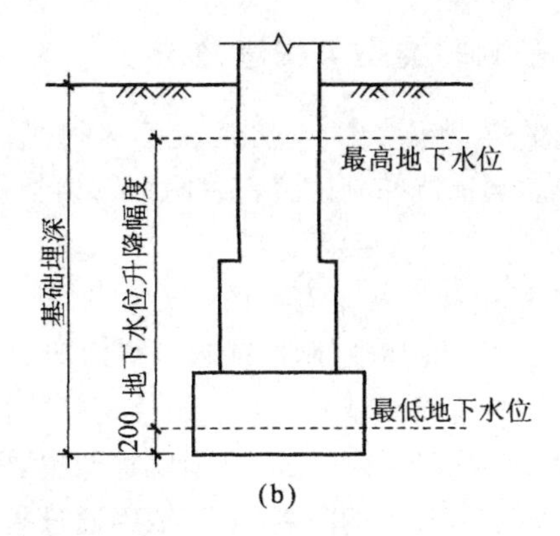

图 2-6 地下水位与基础埋置(单位:mm)

(a) 地下水位较低时基础埋置位置;(b) 地下水位较高时基础埋置位置

(4) 土的冻结深度的影响。

地面以下的冻结土与非冻结土的分界线称为冰冻线。土的冻结深度取决于当地的气候条件。如北京地区为地下 0.8～1.0 m,哈尔滨为地下 2.0 m。冬季,土的冻胀会把基础抬起;春季,气温回升土层解冻,基础会下沉,使建筑物同期性地处于不稳定状态。由于土中各处冻结和融化并不均匀,建筑物会产生变形,如墙身开裂、门窗变形等情况。

土壤冻胀现象及其严重程度与地基土的颗粒粗细、含水量、地下水位高低等因素有关。碎石、卵石、粗砂、中砂等土壤颗粒较粗,颗粒间孔隙较大,水的毛细作用不明显,冻而不胀或冻胀轻微,其埋深可不考虑冻胀的影响。粉砂、黏质粉土等土壤颗粒较细,孔隙小,毛细作用显著,具有冻胀性,此类土壤称为冻胀土。冻胀土中含水量越大,冻胀就越严重;地下水位越高,冻胀就越强烈。因此,对于有冻胀性的地基土,基础应埋置在冰冻线以下 200 mm 处(见图 2-7)。

(5) 相邻建筑物基础的影响。

当新建房屋的基础埋深小于或等于原有房屋的基础埋深时,可不考虑相互影响;当新建房屋的基础埋深大于原有房屋的基础埋深时,应考虑相互影响(见图 2-8)。具体做法应满足下列条件:$h/L \leqslant 0.5 \sim 1$,即 $L=1.0h \sim 2.0h$。式中:h 为新建与原有建筑物基础底面标高之差;L 为新建与原有建筑物基础边缘的最小距离。当上述要求不能满足时,应采取分段施工,设临时加固支撑、打板桩或地下连续墙等施工措施,或加固原有建筑地基。

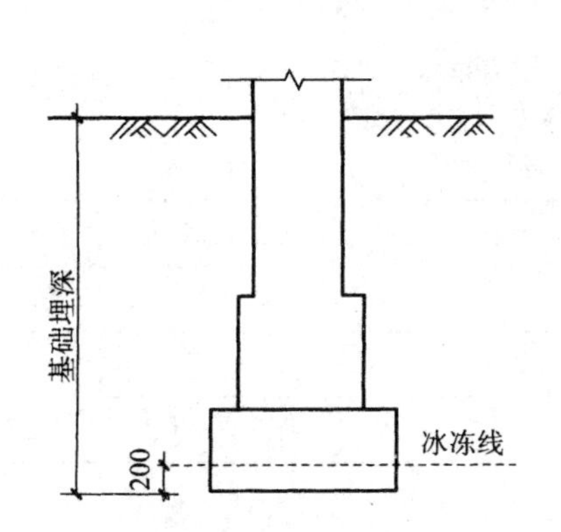

图 2-7 冻胀土对基础埋置的影响(单位:mm)

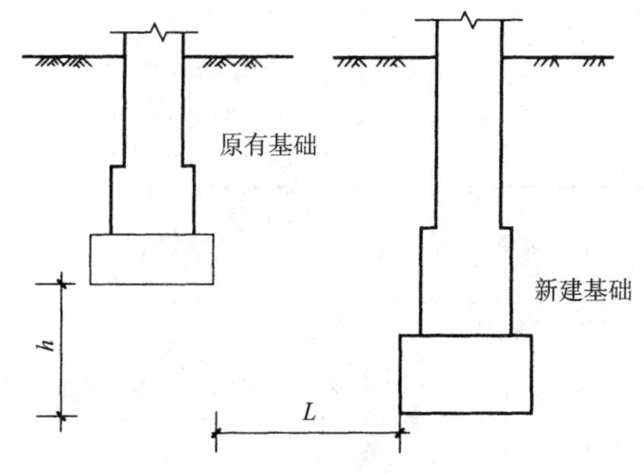

图 2-8 相邻基础的埋置位置

2.3.2 基础的类型与构造做法

基础的类型很多,划分方法也不尽相同。从基础的材料及受力来划分,可分为无筋扩展基础(刚性基础)和扩展基础(柔性基础);从基础的构造形式划分,可分为条形基础、独立基础、筏形基础、箱形基础、不埋基础等。

1) 按所用材料及受力特点分类

(1) 无筋扩展基础(刚性基础):指用砖、灰土、混凝土、三合土、毛石等受压强度大而受拉强度小的刚性材料建成的基础。由于刚性材料的特点,这种基础只适合于受压而不适合于受弯、拉和剪力,因此基础剖面尺寸必须满足刚性条件的要求。

由于地基承载力的限制,上部结构通过基础将其荷载传给地基时,为使其单位面积所传递的力与地基承载力设计值相适应,可以台阶的形式逐渐扩大其传力面积,这种逐渐扩大的台阶称为大放脚。根据实验得知,刚性材料建成的基础在传力时只能在材料允许的范围内控制,这个控制范围的夹角称为刚性角,以"α"表示,即控制基础挑出长度 b 与 H 之比(通常称宽高比)。如图 2-9 所示,在刚性角控制范围内,基础底面不会产生拉应力,基础不会破坏。如果基础底面宽度超出刚性角控制范围,即 B' 增大为 B,这时,从基础受力方面分析,挑出的基础相当于一个悬臂梁,基础底面将受拉。当拉应力超过材料的抗拉强度时,基础底面将因受拉而开裂,并由于裂缝扩展使基础破坏。所以,刚性基础宽度的增大要受到刚性角的控制,不同材料的刚性角是不同的,也即台阶宽高比不同(见表 2-1)。例如:砖基础的宽高比为 1∶1.50,刚性角通常为 26°～33°;混凝土基础的宽高比为 1∶1.00,刚性角则小于 45°。

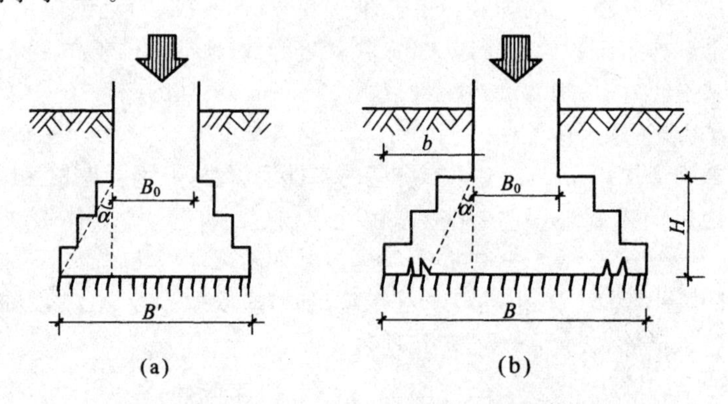

图 2-9 无筋扩展基础的受力、传力特点

(a) 基础在刚性角控制范围内;(b) 基础底面超出刚性角的控制范围

表 2-1 无筋扩展基础台阶宽高比

基础名称	质量要求		台阶宽高比的容许值		
			$P_K \leqslant 100$	$100 < P_K \leqslant 200$	$200 < P_K \leqslant 300$
混凝土基础	C10 混凝土		1∶1.00	1∶1.00	1∶1.25
砖基础	砖不低于 MU10	砂浆不低于 M15	1∶1.50	1∶1.50	1∶1.50
毛石混凝土基础	C15 混凝土		1∶1.00	1∶1.25	1∶1.50

续表

基础名称	质量要求	台阶宽高比的容许值		
		$P_K \leqslant 100$	$100 < P_K \leqslant 200$	$200 < P_K \leqslant 300$
毛石基础	砂浆不低于 M5	1∶1.25	1∶1.50	—
灰土基础	体积比为 3∶7 或 2∶8 的灰土其最小干密度：粉土 1.5 5 t/m³；粉质黏土 1.50 t/m³；黏土 1.45 t/m³	1∶1.25	1∶1.50	—
三合土基础	体积比为 1∶2∶4～1∶3∶6（灰灰：砂：骨料）每层约虚铺 2 20 mm，夯至 150 mm	1∶1.50	1∶2.00	—

注：P_K 为基础底面处的平均压力值（kPa）。

无筋扩展基础常用于建筑物荷载较小、地基承载力较好、压缩性较小的地基上。

① 砖基础　砌筑砖基础的普通黏土砖，其强度等级要求在 MU7.5 以上，砂浆强度等级一般不低于 M5。砖基础采用逐级放大的台阶式，为了满足刚性角的限制，其台阶的宽高比应小于 1∶1.50，一般采用每 2 皮砖挑出 1/4 砖或每 2 皮砖挑出 1/4 砖与每 1 皮砖挑出 1/4 砖相间的砌筑方法（见图 2-10）。砌筑前基槽底面要铺 20 mm 砂垫层或灰土垫层。

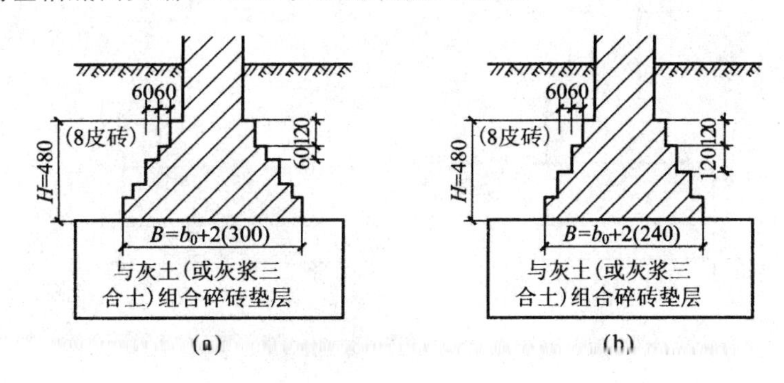

图 2-10　砖基础构造（单位：mm）

（a）每 2 皮砖与 1 皮砖间隔挑出 1/4 砖；（b）每 2 皮砖挑出 1/4 砖

砖基础具有取材容易、价格低廉、施工方便等特点，由于砖的强度及耐久性较差，故砖基础常用于地基土质好，地下水位较低、5 层以下的砖混结构中。

② 毛石基础　毛石基础由石材和强度不小于 M5 的砂浆砌筑而成，毛石是指开采未经加工成型的石块，形状不规则。由于石材抗压强度高、抗冻、抗水、抗腐蚀性能均较好，所以毛石基础可以用于地下水位较高、冻结深度较大的底层或多层民用建筑，但整体性欠佳，有震动的房屋很少采用。

毛石基础的剖面形式多为阶梯形（见图 2-11）。基础顶面要比墙或柱每边宽出 100 mm，基础的宽度、每个台阶挑出的高度均不宜小于 400 mm，每个台阶挑出的宽度不应大于 200 mm，为满足刚性角的限制，其台阶的宽高比应小于 1∶1.50～1∶1.25，当基础底面宽度小于 700 mm 时，毛石基础可做成矩形截面。

③ 灰土与三合土基础　灰土基础是由粉状的石灰与松散的粉土加适量水拌和而成，用于灰土基础的石灰与粉土的体积比为 3∶7 或 4∶6，灰土每层均虚铺 220 mm 厚，夯实后厚度为 150 mm。

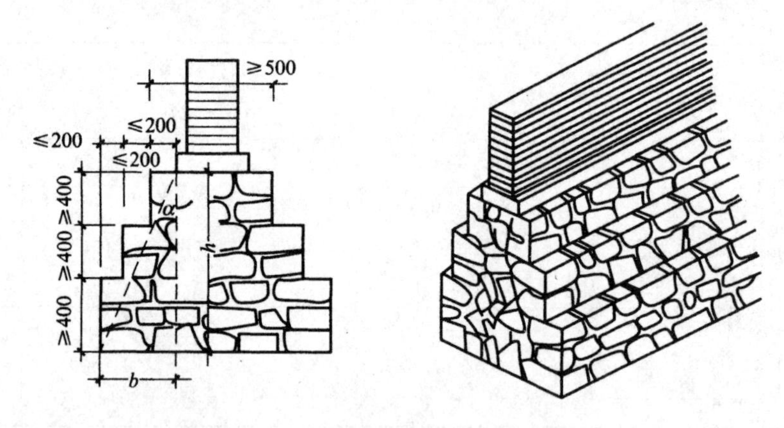

图 2-11 毛石基础的剖面形式(单位:mm)

由于灰土的抗冻、耐水性差,灰土基础适用于地下水位较低的低层建筑。三合土是指石灰、砂、骨料(碎石、碎砖或矿渣),按体积比 1∶3∶6 或 1∶2∶4 加水拌和而成。三合土基础的总厚度 H_0 大于 300 mm,宽度 B 大于 600 mm。三合土基础广泛用于南方地区,适用于 4 层以下的建筑。与灰土基础一样,应埋在地下水位以上,顶面应在冰冻线以下,灰土与三合土基础如图 2-12 所示。

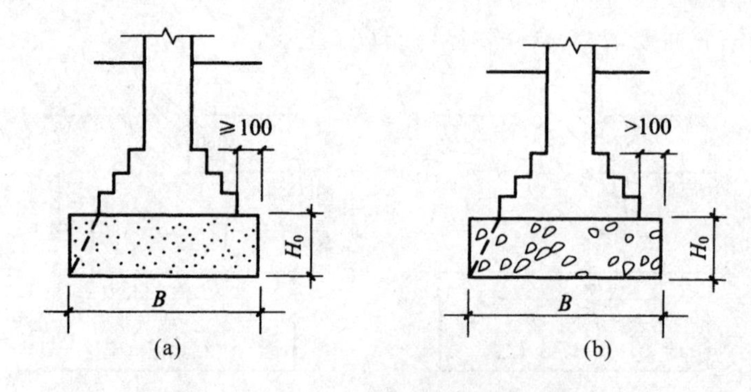

图 2-12 灰土与三合土基础(单位:mm)

(a) 灰土基础;(b)三合土基础

④ 混凝土基础 混凝土基础具有坚固、耐久、耐腐蚀、耐水等特点,与前几种基础相比刚性角较大,可用于地下水位较高和有冰冻的地方。由于混凝土可塑性强,基础断面形式可做成矩形、阶梯形和锥形。为了方便施工,当基础宽度小于 350 mm 时,多做成矩形;当基础宽度大于 350 mm 时,多做成阶梯形;当基础底面宽度大于 2000 mm 时,还可做成锥形,锥形断面能节约混凝土,从而减轻基础自重。

混凝土基础的刚性角 α 为 45°,阶梯形断面宽高比应小于 1∶1.00 或 1∶1.50。混凝土标号为 C15,混凝土基础如图 2-13 所示。

⑤ 毛石混凝土基础 为了节约水泥用量,对于体积较大的混凝土基础,可以在浇筑混凝土时加入 20%～30%的粒径不超过 300 mm 的毛石,这种基础叫毛石混凝土基础。所用毛石尺寸应小于基础宽度的 1/3,且毛石在混凝土中应分布均匀。当基础埋深较大时,也可将毛石混凝土做成台阶形,每阶宽度不应小于 400 mm。如果地下水对普通水泥有侵蚀作用,应采用矿渣水泥或火山灰水泥拌制混凝土。

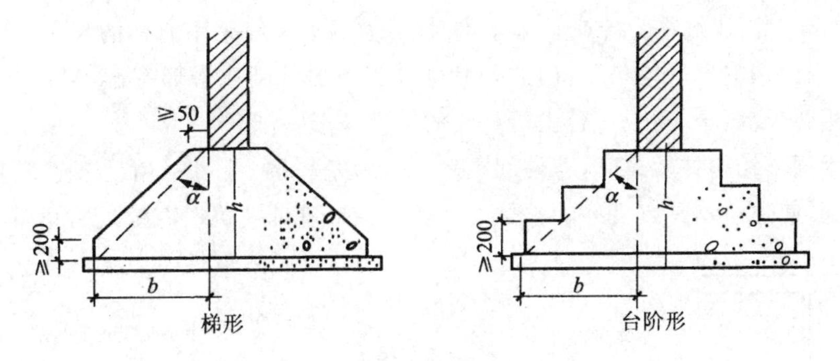

图 2-13 混凝土基础(单位:mm)

(2) 扩展基础(柔性基础):扩展基础一般指钢筋混凝土基础。当建筑物的荷载较大,地基承载力较小时,基础底面 B 必须加宽。如果仍采用砖、混凝土等刚性材料作基础,势必加大基础的深度。这样既增加了土方工程量,又增加了材料的用量。特别是基础遇到有软弱土层而不宜深埋时,应充分利用持力层好土的承载力。如果在混凝土基础的底部配以钢筋,利用钢筋来承受拉应力,使基础底部能够承受较大的弯矩,这时,基础宽度的加大不受刚性角的限制,故称钢筋混凝土基础为扩展基础(见图 2-14)。

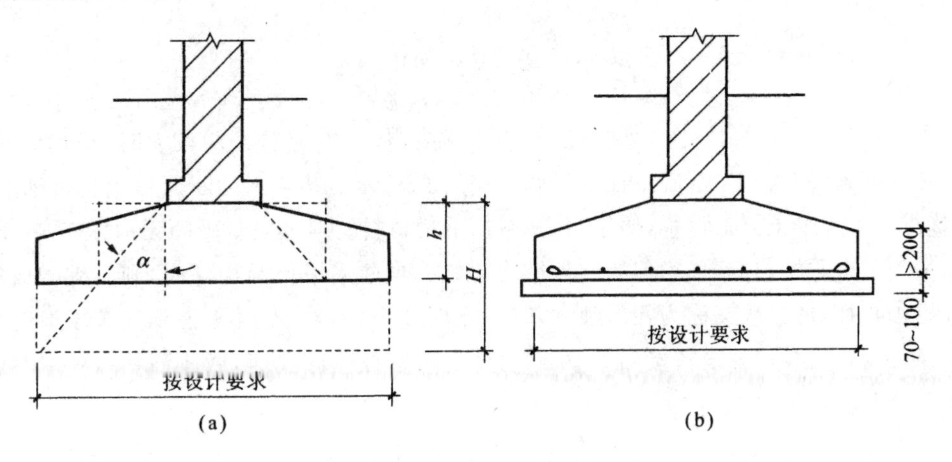

图 2-14 钢筋混凝土基础(单位:mm)

(a) 混凝土基础与钢筋混凝土基础的比较;(b) 钢筋混凝土基础

钢筋混凝土基础可尽量浅埋,这种基础相当于一个受均布荷载的悬臂梁,所以它的截面高度向外逐渐减少,最薄处的厚度应大于等于 200 mm,受力钢筋的数量应通过计算确定,但钢筋直径不宜小于 8 mm,混凝土强度等级不宜低于 C15。为使基础底面均匀传递对地基的压力,常在基础底面用 C15 的混凝土做垫层,其厚度宜为 60～100 mm。有垫层时,钢筋距基础底面的保护层厚度不宜小于 35 mm;不设垫层时,钢筋距基础底面的保护层厚度不宜小于 70 mm,以保护钢筋免遭锈蚀。

2) 按基础的构造形式分类

基础构造形式根据建筑物上部结构形式、荷载大小及地基允许承载力情况而定。常见有以下几种。

(1) 条形基础　当建筑物为砖或石墙承重时,承重墙下一般采用通常的长条形基础,具有较好的纵向整体性,可减缓局部不均匀下沉,这种基础称为条形基础或带形基础(见图 2-15)。一般中、小型建筑常采用砖、混凝土、石或三合土等材料的刚性条形基础。

当建筑物为框架结构柱承重时,若柱间距较小或地基较弱,也可采用柱下条形基础,将柱下的基础连接在一起,使建筑物具有良好的整体性。柱下条形基础还可以有效地防止不均匀沉降。

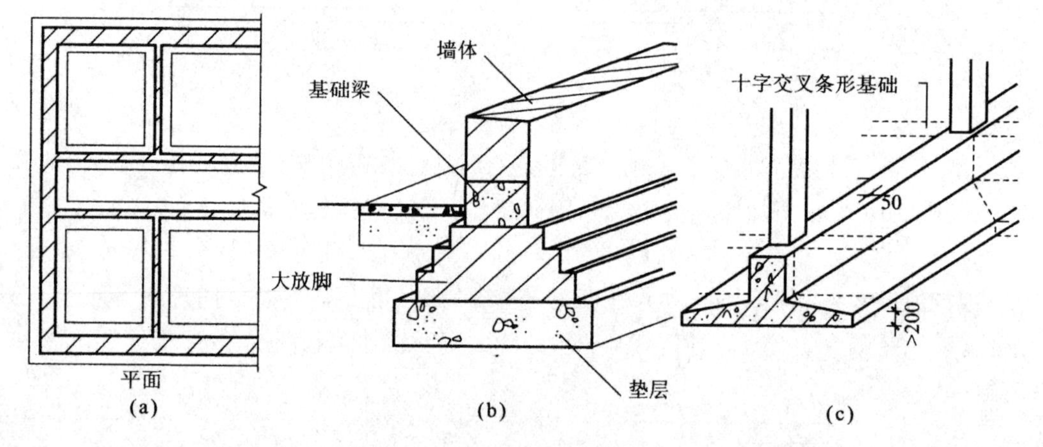

图 2-15　条形基础(单位:mm)

(a) 墙下条形基础平面;(b) 墙下条形基础示意;(c) 柱下条形基础示意

(2) 独立基础　当建筑物为框架结构或单层排架结构承重,且柱间距较大时,基础常采用方形或矩形的独立基础,称为独立基础或柱墩式基础(见图 2-16)。其常用的断面形式有阶梯形、锥形、杯形等,优点是可减少土方工程量,便于管道穿过,节约材料。但独立基础间无构件连接,整体性较差,因此,适用于土质均匀、荷载均匀的框架结构建筑。当柱采用预制构件时,则基础做成杯口形,柱插入并嵌固在杯口内,故又称为杯形独立基础(见图 2-17(a))。有时考虑到建筑场地起伏、局部工程地质条件变化以及避开设备基础等原因,可降低个别柱基础底面,做成高杯口独立基础,或称长颈基础(见图 2-17(b))。

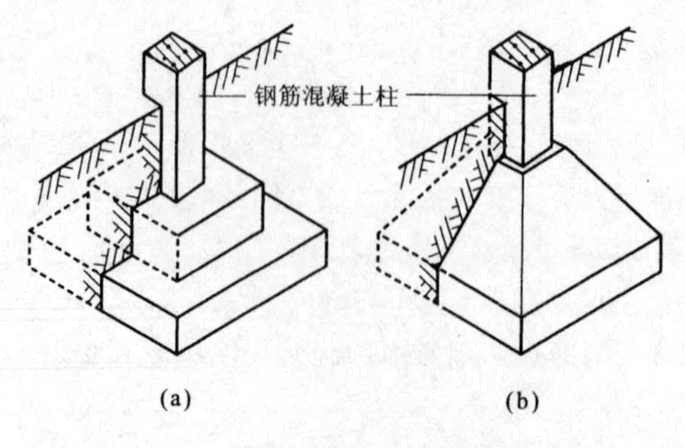

图 2-16　独立基础

(a) 阶梯形独立基础;(b) 锥形独立基础

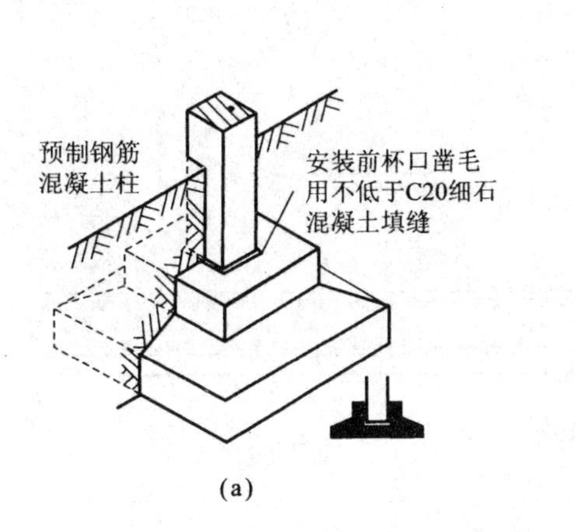

(a)

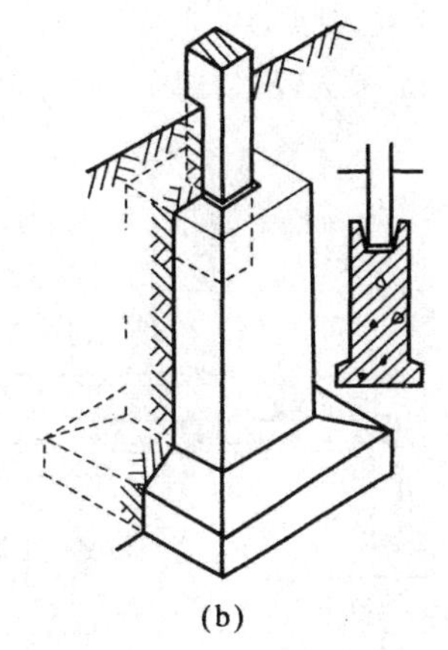
(b)

图 2-17 杯形独立基础

(a) 普通杯形独立基础;(b) 高杯口独立基础

(3) 井格基础 当框架结构处于地基条件较差或上部荷载较大时,为了提高建筑物的整体刚度,避免不均匀沉降,常将独立基础沿纵横向连接在一起,形成十字交叉的井格基础(见图 2-18)。

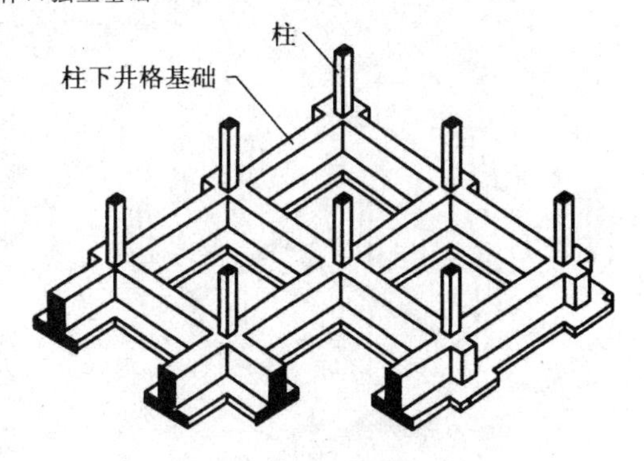

图 2-18 井格基础

(4) 满堂基础 满堂基础包括筏形基础和箱形基础。

① 筏形基础 当地基条件较弱或建筑物的上部荷载较大,如采用简单条形基础或井格基础不能满足要求时,常将墙或柱下基础连成一片,使得建筑物的荷载承受在一块整板上,成为筏形基础。筏形基础有平板和梁板式两种,前者板的厚度大,构造简单,后者板的厚度较小,但增加了双向梁,构造较复杂,如图2-19所示为梁板式筏形基础。

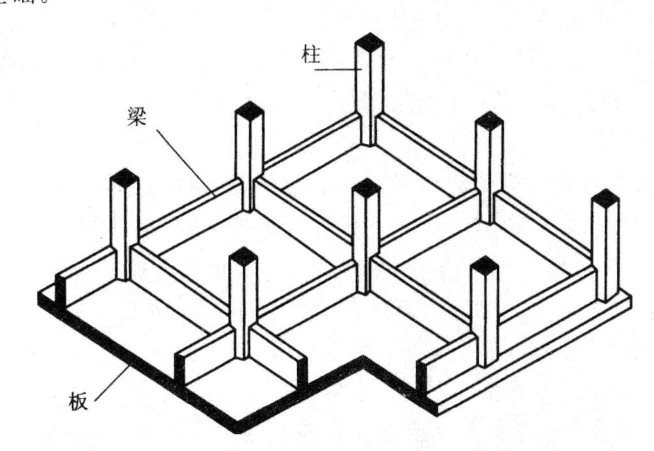

图 2-19 梁板式筏形基础

不埋板式基础是筏形基础的另一种形式,是在天然地表面上,用压路机将地表土碾压密实,在较好的持力层上浇注钢筋混凝土基础,在构造上使基础如同一只盘子反扣在地面上,以此来承受上部荷载。这种基础大大减少了土方工程量，且适宜于较弱地基，特别适宜于五六层整体刚度较好的居住建筑，但在冻土深度较大地区不宜采用，故多用于南方，不埋板式基础如图 2-20 所示。

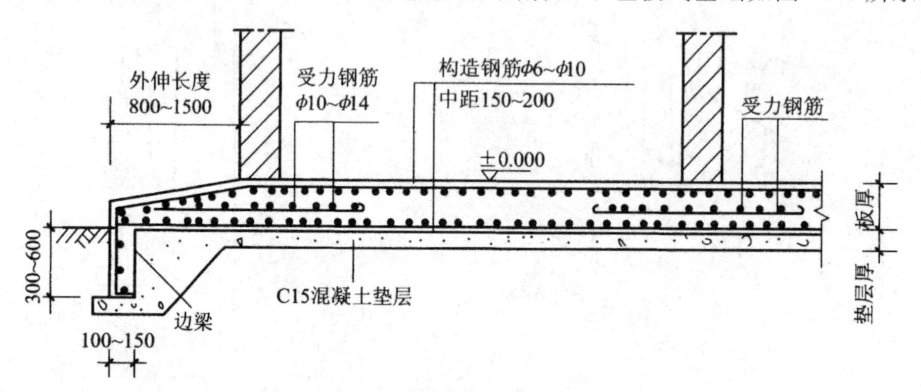

图 2-20 不埋板式基础(单位:mm)

② 箱形基础 当地基条件较差，建筑物的荷载很大或荷载分布不均而对沉降要求甚为严格时，可采用箱形基础。箱形基础是由底板、顶板、侧墙及一定数量的内墙构成的刚度较好的钢筋混凝土箱形结构，是高层建筑的一种较好的基础类型，人防地下室的基础类型一般为箱形基础，造价较高。箱形基础的内部空间可作为地下室的使用房间(见图 2-21)。在确定高层建筑的基础埋置深度时，应考虑建筑物的高度、体型、地基土质、抗震设防烈度等因素，并应满足抗倾覆和抗滑移的要求。抗震设防区天然土质地基上的箱形和筏形基础，其埋深不宜小于建筑物高度的 1/15。

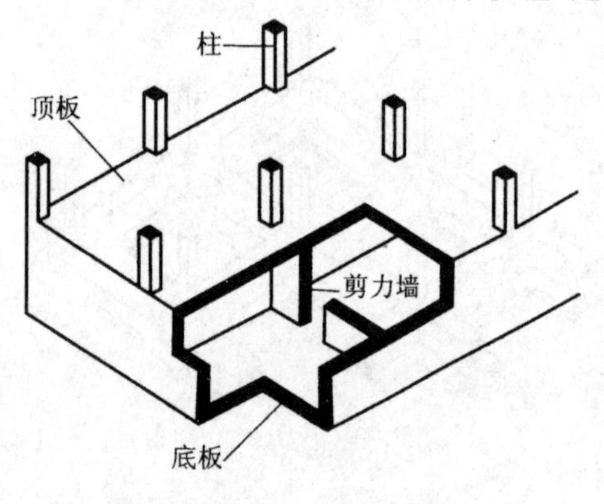

图 2-21 箱形基础

(5) 桩基础 桩基础是一种常用的处理软弱地基的基础形式，属于应用最为广泛的基础之一。当建筑物荷载大、层数多、高度高、地基承载力差，浅基础不能满足要求，而沉降量又过大或地基稳定性不能满足建筑物规定时，常采用桩基础。桩基础具有承载力高，沉降速率低，沉降量小且均匀等特点。

① 桩基础的组成 桩基础由基桩和连接于桩顶的承台共同组成(见图 2-22)。若桩身全部埋于土中，承台底面与土体接触，则称为低承台桩基；若桩身上部露出地面而承台底位于地面以上，则称为高承台桩基。建筑桩基通常为低承台桩基础。桩可以单独起作用，也可以是以二根、三根或更多根组合在一起共同起作用。单根桩基作用的桩称为单桩，多根桩基共同作用的桩称为群桩。

② 桩基础的分类 桩基础的种类很多，可以从不同的角度对桩基础进行分类。

(a) 按桩基础的受力部位分类，桩基础可分为摩擦桩和端承桩。摩擦桩的桩顶荷载主要是靠桩身摩擦阻力承受，端承桩的桩顶荷载主要是靠桩端阻力承受(见图 2-23)。

摩擦桩是用桩挤实软弱土层，靠桩壁与土壤的摩擦力承担总荷载。这种桩适用于坚硬土层较深，荷载较小的工程。端承桩是将桩尖直接支承在岩石或硬土层上，用桩尖支承建筑物的总荷载，并通过桩尖将荷载传递给地基。这种桩适用于坚硬土层较浅，荷载较大的工程。

(b) 按桩身材料分类，桩基础可分为钢桩、混凝土桩、木桩等。

(c) 按桩基础的受力状态分类，桩基础可分为抗压桩、抗拔桩、水平受力桩和复合受力桩。

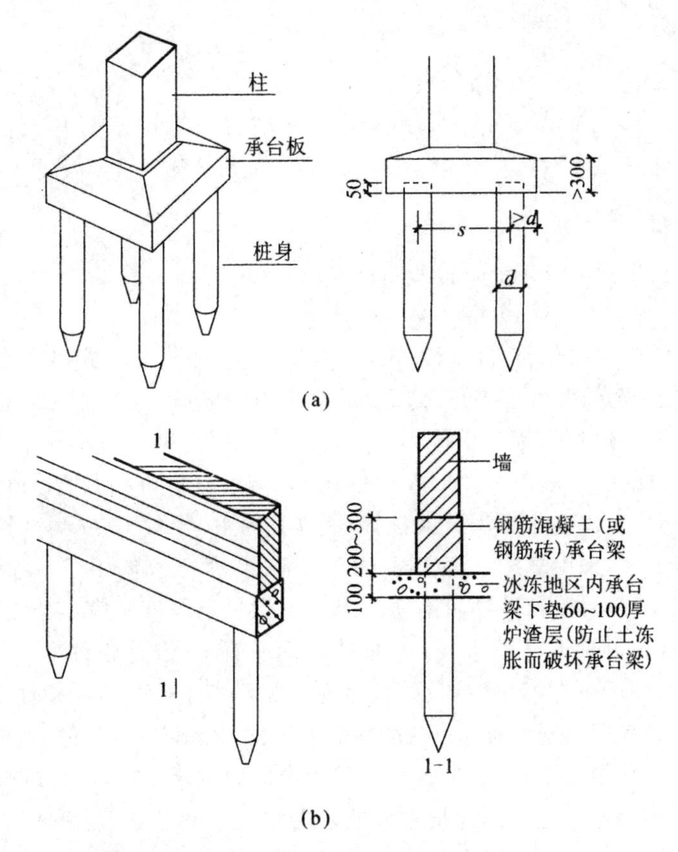

图 2-22 桩基础的组成(单位:mm)

(a) 柱下桩基;(b) 墙下桩基

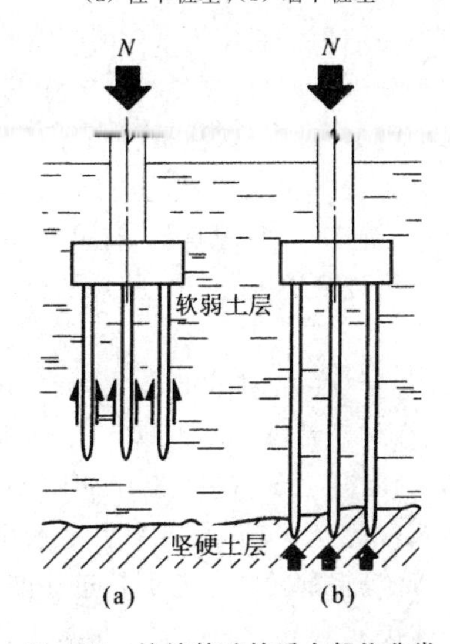

图 2-23 按桩基础的受力部位分类

(a) 摩擦桩;(b) 端承桩

(d) 按桩基础的截面形状分类,桩基础可分为方桩、管状桩、圆桩等(见图 2-24)。

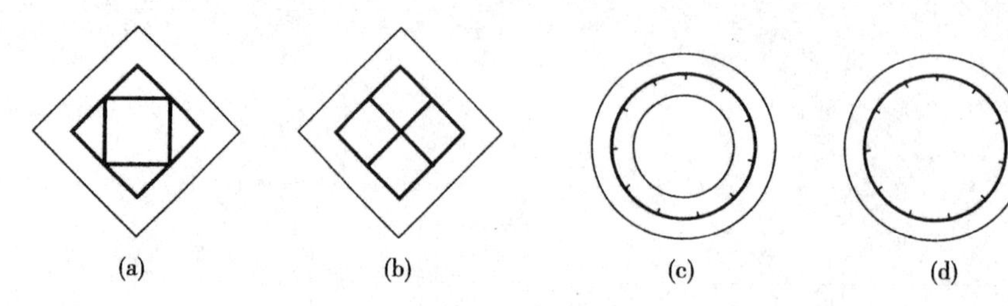

图 2-24 按桩基础的截面形状分类

(a) 方桩一;(b) 方桩二;(c) 管状桩;(d) 圆桩

(e) 按桩基础的成桩方法分类,桩基础可分为非挤土桩、部分挤土桩和挤土桩。

③ 钢筋混凝土桩 钢筋混凝土桩是工程中最常应用的桩基础,钢筋混凝土桩按桩的施工工艺分类,可分为钢筋混凝土预制桩、灌注桩等。

(a) 钢筋混凝土预制桩 桩在构件厂或现场预制,借助打桩机将其打入土中。这种桩的优点是:长度和截面可在一定范围内根据需要而选择,制作质量好,承载力强,耐久性好。预制桩的混凝土强度等级不宜低于 C30,采用静压法沉桩时,可适当降低,但不宜低于 C20,预应力混凝土桩的混凝土强度等级不宜低于 C40,预制桩纵向钢筋的混凝土保护层厚度不宜小于 30 mm。接头不宜超过 2 个,预应力管桩接头数量不宜超过 4 个。桩的横截面有方、圆等各种形状,普通实心方桩的截面边长一般为 300～500 mm。预制桩的分节长度应根据施工条件及运输条件确定。现场预制的桩长度一般在 20～30 m。工厂预制桩的分节长度一般不超过 12 m,施工时在现场焊接到所需长度。

大截面实心桩的自重较大,用钢量也较大。采用预应力混凝土桩,则可减轻自重,节约钢材,提高桩的承载能力和抗裂性能。预应力混凝土管桩采用先张法预应力工艺和离心成型法制作。管桩的外径为 300～600 mm,分节长度为 5～13 m。桩的下端设计开口的钢桩尖或封口十字刃钢桩尖。施工时桩节处通过焊接端头钢板接长。

(b) 灌注桩 灌注桩是直接在所设计的桩位上开孔,其截面为圆形,然后在孔内加放钢筋骨架,灌注混凝土而成。与钢筋混凝土预制桩比较,灌注桩具有施工快、施工占地面积小、造价低等优点,所以近年来发展很快。灌注桩的类型有沉管灌注桩、钻孔灌注桩、爆扩灌注桩和挖孔桩等。

沉管灌注桩可采用锤击、振动冲击等方法沉管成孔,其施工工序如图 2-25 所示。为了扩大桩径和防止缩颈,可对沉管灌注桩加以"复打"。所谓复打,就是在浇灌混凝土并拔出钢管后,立即在原位重新放置预制桩尖再次沉管,并再浇灌混凝土。复打后的桩,其横截面面积大,承载力高,但其造价也相应增加。

钻孔灌注桩在施工时需把桩孔位置处的土排出地面,然后清除孔底残渣,安放钢筋笼,最后浇灌混凝土。目前国内的钻(冲)孔灌注桩在钻进时不下钢套筒,而是利用泥浆保护孔壁,以防坍孔。清孔(排走孔底沉渣)后,在水下浇灌混凝土,其施工工序如图 2-26 所示。常用桩径为 800 mm、1000 mm、1200 mm 等。更大直径(1500～2800 mm)的钻孔一般用钢套筒护壁,所用钻机具有回旋钻进、冲击、磨头磨碎岩石和扩大桩底等多种功能。它的钻进速度快,深度可达 60 m,能克服流砂、消除孤石等障碍物,并能进入微风化硬质岩石。钻孔灌注桩最大优点在于能确保桩尖抵达设计要求的持力层,施工质量容易得到保证,桩刚度大,承载力高而桩身变形又很小。

爆扩灌注桩通过钻孔、引爆、浇灌混凝土等工序形成。引爆的作用是将桩端扩大,以提高承载力,底部直径可达 800 mm,其施工工序如图 2-27 所示。

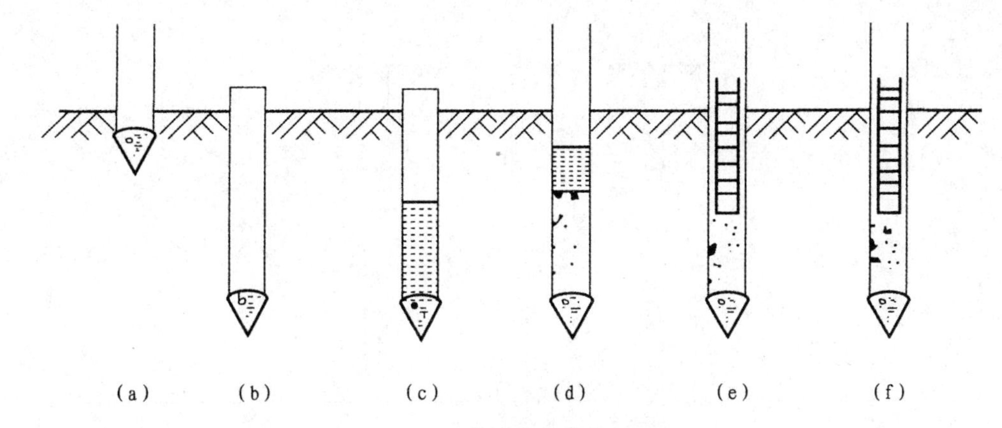

图 2-25 沉管灌注桩的施工工序

(a) 打桩机就位;(b) 沉管;(c) 浇灌混凝土;(d) 边浇灌边振动;
(e) 安放钢筋笼,继续浇灌混凝土;(f) 成型

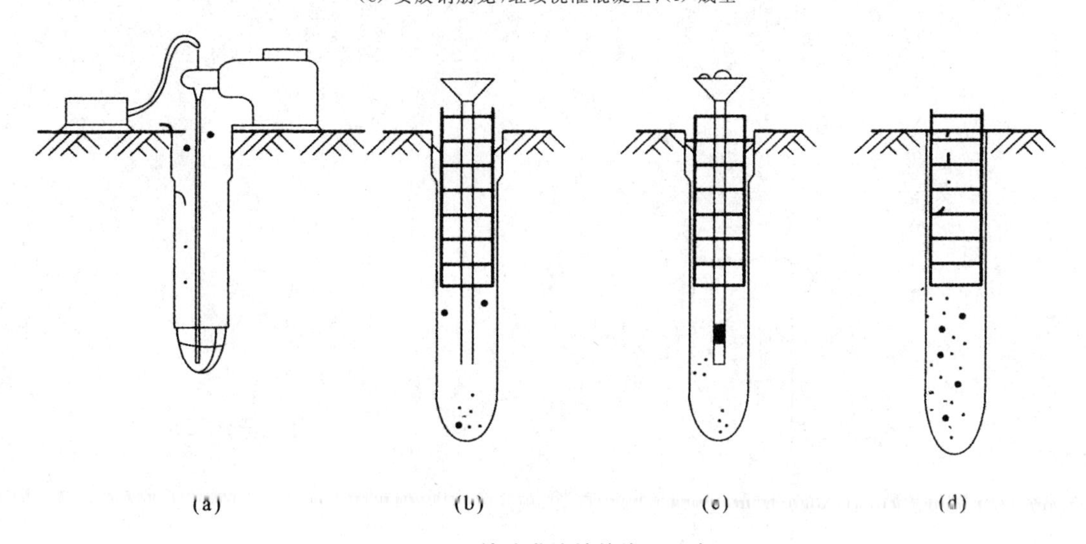

图 2-26 钻孔灌注桩的施工工序

(a) 成孔;(b) 下导管或钢筋笼;(c) 浇灌水下混凝土;(d) 成桩

挖孔桩可采用人工或机械挖掘成孔。人工挖孔桩施工时,应人工降低地下水位,每挖深 0.9～1.0 m,就浇灌或喷射一圈混凝土护壁(上下圈之间用插筋连接),达到设计深度时,再进行扩孔,最后在护壁内安装钢筋笼和浇灌混凝土。如图 2-28 为人工挖孔桩示例。挖孔桩的特点是:可直接观察地层情况,孔底易清除干净,设备简单,噪声小,场区各桩可同时施工,桩径大,适应性强,且较经济。

④其他桩 在生产木材地区可利用原木加固地基,它重量轻,有一定的弹性和韧性。在地基加固深度较小(如 2～8 m)时,可将粗砂、中砂或混合料灌入事先打入土层带活瓣桩靴或带实心桩靴的钢管内,也可将素土、灰土和砖打入土中形成桩来加固地基。

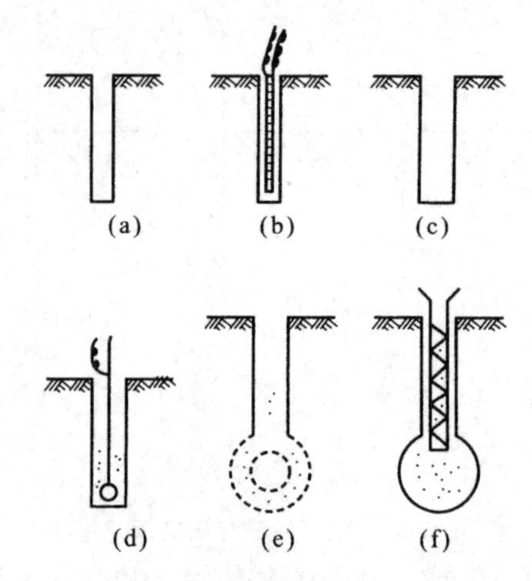

图 2-27 爆扩灌注桩的施工工序

(a) 钻成约 $\phi 50$ 的导孔；(b) 放下炸药管；(c) 爆扩成孔，清除松土；
(d) 放下炸药包，填入 50%桩头混凝土；(e) 爆成桩头；(f) 放钢筋骨架，浇灌混凝土

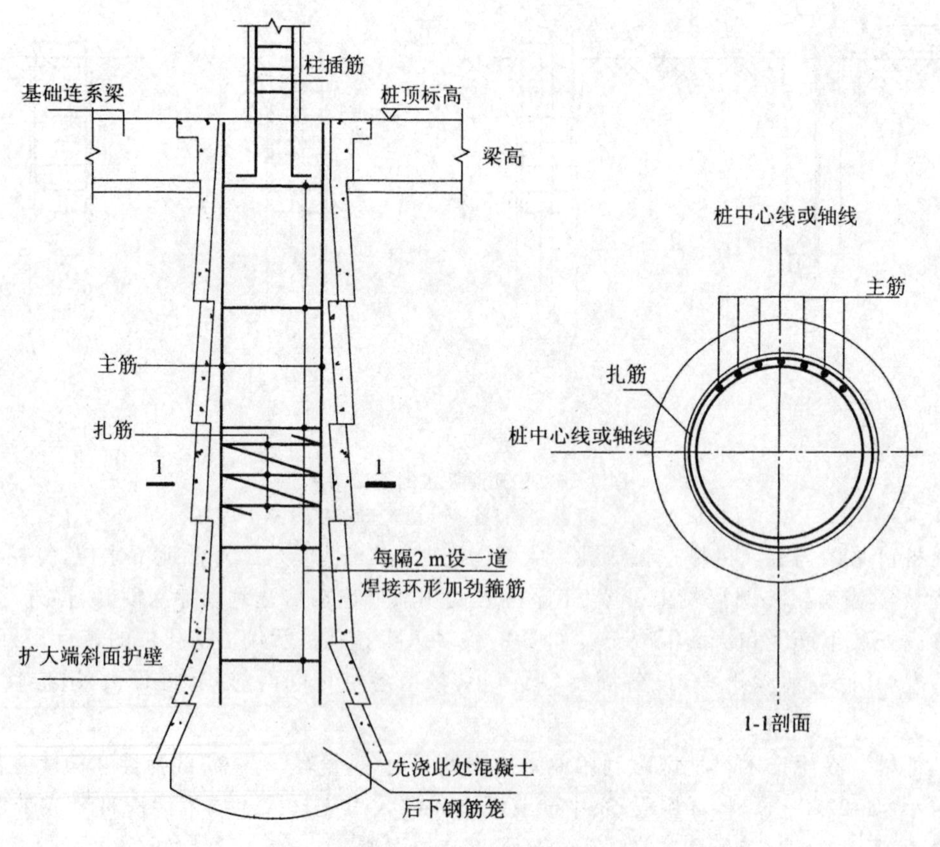

图 2-28 人工挖孔桩

2.4 基础工程的特殊问题

2.4.1 局部软弱地基处理

基础在开挖基槽后，如发现局部基坑的土质为软弱土或与勘查资料或与设计要求不符，应重新确定地基容许承载力，并探明软弱土层范围进行处理。具体处理有如下方法。

1）局部换土法

当基槽中发现填坑土、墓穴、池塘、河沟且范围不大，深度小于 3 m 时，可选用局部换土法，方法一、方法二分别见图 2-29(a)、(b)。当松软土坑大于等于 5000 mm 时，在基槽底部沿墙身方向挖成踏步形，踏步的高宽比为 1∶2，见图 2-29(c)方法三，然后更换压缩性相近的天然土，也可用灰土、砂、级配砂石等材料回填。回填时应分层洒水夯实，或用平板振捣器振实，每层回填厚度不大于 200 mm。

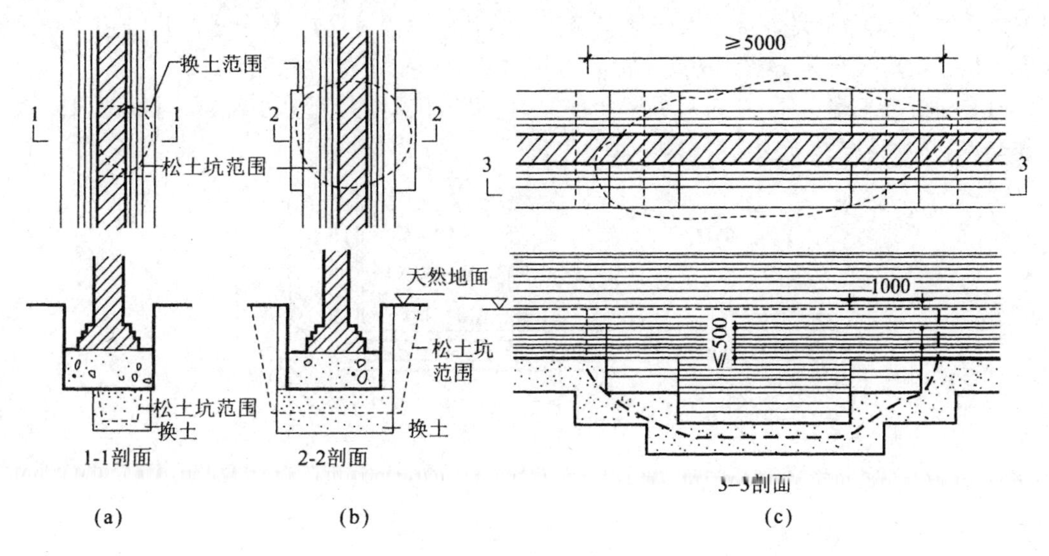

图 2-29 局部换土法(单位:mm)

(a) 方法一;(b) 方法二;(c) 方法三

2）跨越法与挑梁法

当基槽中发现废井、枯井或直径小而深度大的洞穴时，除了可用局部换土法外，还可在井上设过梁或拱圈跨越井穴(见图 2-30)。

3）橡皮土(弹簧土)的处理

当发现地基土含水量大，有橡皮土的现象时，要避免直接在地基上夯打，可用晾槽法或掺入石灰末，以降低土的含水量，或根据具体情况用碎石或卵石压入土中将土挤实。

2.4.2 挑梁式扩建基础

在原有建筑附近建造房屋，或原有建筑的扩建，应注意新建基础对原有基础的影响。如新建房屋和原有建筑物距离很近时，新建房屋基础埋深最好小于原有建筑物的基础埋深；如果新建房屋的

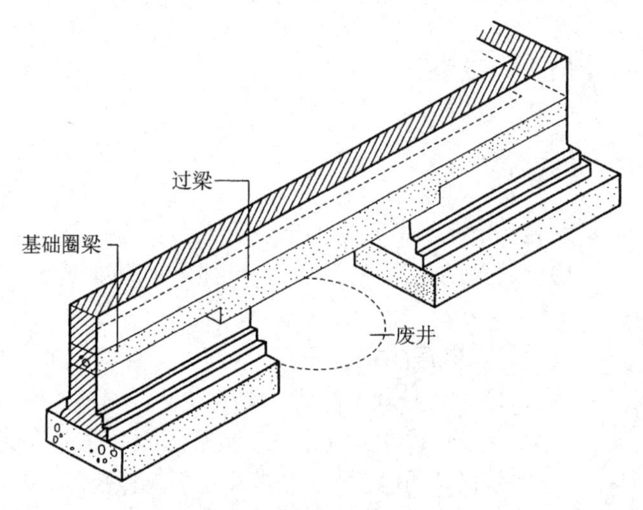

图 2-30 过梁跨越法

荷载大或层数多,其基础埋深必须大于原有建筑物的基础埋深时,应保证新建房屋与原有建筑物基础边缘的最小距离大于等于新建房屋与原有建筑物基础底面标高之差的 2 倍。

在原有建筑旁扩建房屋,且两部分紧相连时,可采用挑梁法(见图 2-31)。两基础埋深应符合上述规定,避开对原有建筑基础的影响。

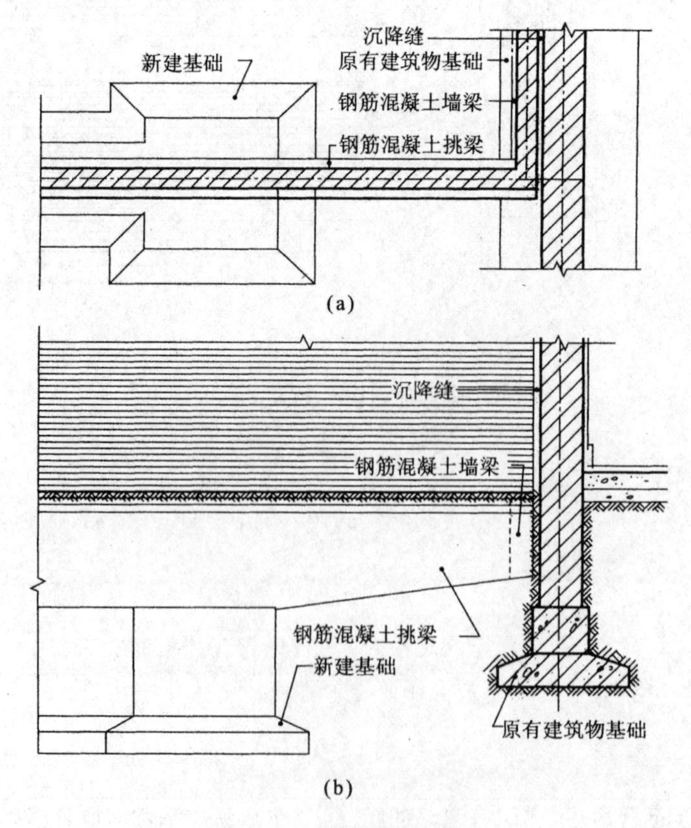

图 2-31 挑梁式扩建基础

(a) 平面;(b) 剖面

2.4.3 基础不同埋深的处理

当基础埋置深度不同，标高相差很小的情况下，基础可做成斜坡埋置。如斜度较大，应做成踏步形基础，踏步高 H 不大于 500 mm，踏步长 L 大于等于 $2H$(见图 2-32(a))。当上部建筑荷载较小，两基底之差 H 大于 500 mm，且在 1 m 以内时，可用钢筋混凝土压梁式(见图 2-32(b))。

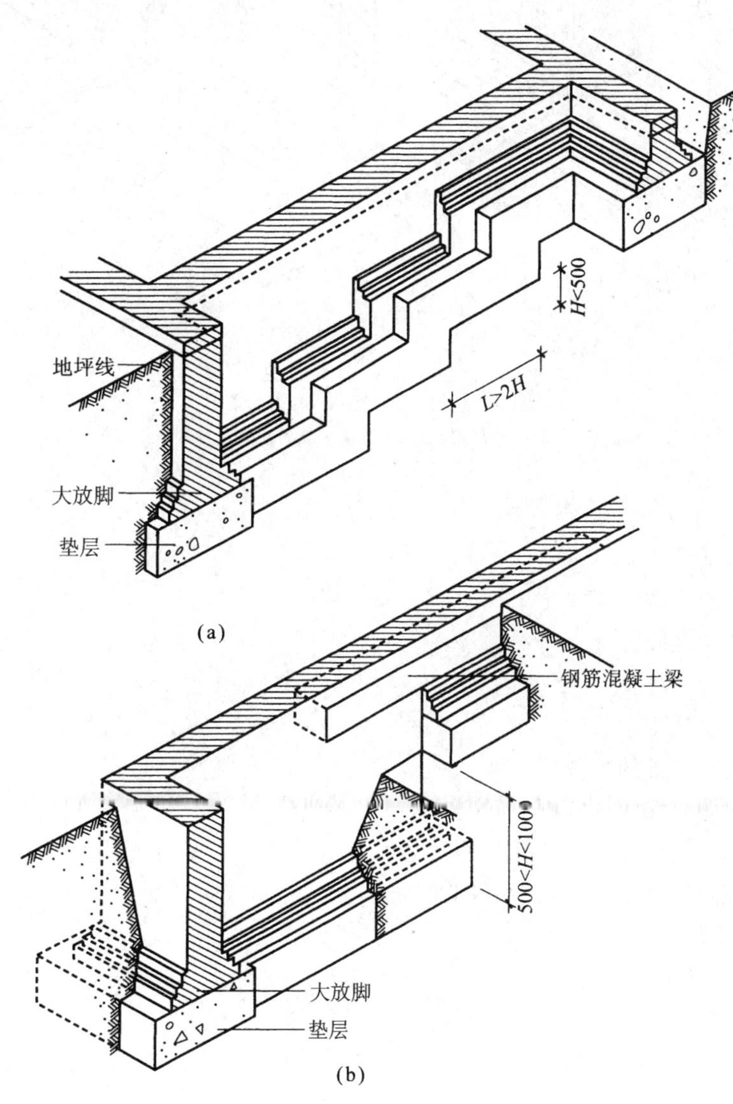

图 2-32 基础不同埋深的处理(单位:mm)

(a) 踏步式;(b) 压梁式

2.4.4 管道穿越基础的处理

当设备管道(如给水排水管、燃气管等)穿越条形基础时，如从基础墙上穿过，可在墙上留洞；如从基础大放脚穿过，则应将此段大放脚相应深埋。为防止建筑物沉降压断管道，管顶与预留洞上部应留有不小于建筑物最大沉降量的距离，一般不小于 150 mm(见图 2-33)。

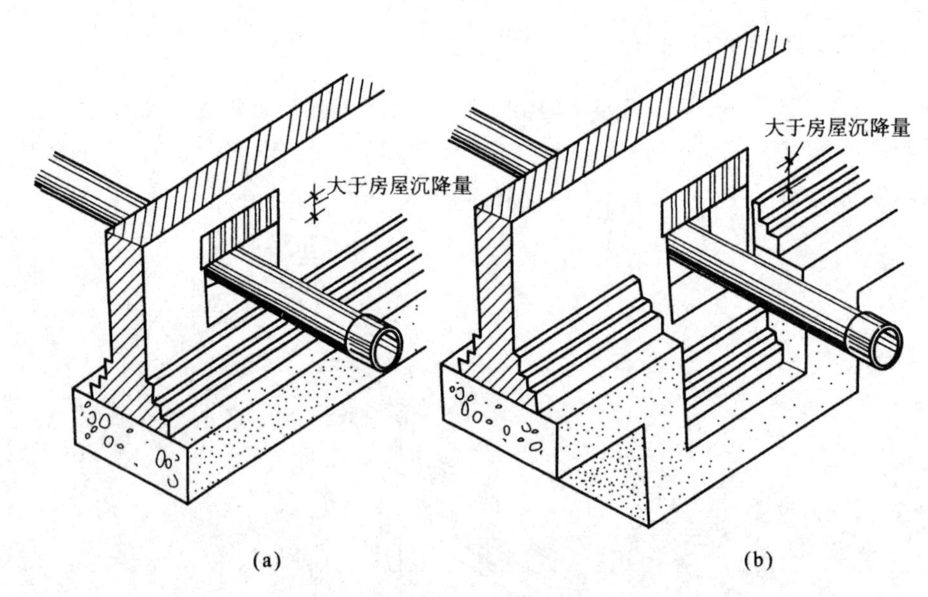

图 2-33 管道穿越基础的处理

(a) 管道穿越基础墙;(b) 管道穿越基础大放脚

【思考与练习】

2-1 简述地基与基础的关系。

2-2 简述地基土层的分类。

2-3 简述人工地基的加固方法。

2-4 简述常见桩基础的种类。

2-5 地基与基础的设计要求?

2-6 绘图说明什么是基础的埋置深度?

2-7 简述确定基础埋置深度的原则。

2-8 简述刚性基础的受力特点。什么是刚性角?

2-9 什么是柔性基础?绘图说明柔性基础的构造要求。

2-10 说明不同形式的基础分类。

2-11 简述局部软弱地基处理方法。

2-12 简述基础不同埋深的处理方法。

2-13 简述管道穿越基础的处理方法。

3　楼地层构造

【本章要点】

3-1　了解楼地层的基本构造和设计要求；

3-2　了解阳台、雨篷的构造方法；

3-3　熟悉楼地面防水、保温、隔声等构造方法；

3-4　熟悉钢筋混凝土楼板的主要类型及特点；

3-5　熟悉装配式钢筋混凝土楼板的布置原则；

3-6　掌握现浇钢筋混凝土肋梁式楼板的布置原则；

3-7　掌握地坪垫层构造做法。

3.1　楼地层概述

楼板层和地坪合称楼地层。按房间层高将整幢建筑物沿水平方向分为若干层。楼板层是水平方向的承重构件，楼板层承受家具、设备和人体荷载以及楼板本身的自重，并将这些荷载传给墙或柱，同时对墙体起着水平支撑的作用。因此，要求楼板层应具有足够的抗弯强度、刚度和隔声、防潮、防水的性能。

地坪是底层房间与地基土层相接的构件，起承受底层房间荷载的作用。要求地坪具有耐磨防潮、防水、防尘和保温的性能。

3.1.1　楼地层的构造组成

1）楼板层的构造组成

（1）面层：位于楼板层的最上层，起着保护楼板层、分布荷载和绝缘的作用，同时对室内起美化装饰作用，常有整体和块料面层两大类。

（2）结构层：主要功能在于承受楼板层上的全部荷载，并将这些荷载传给墙或柱；同时还对墙身起水平支撑作用，以加强建筑物的整体刚度。

（3）附加层：附加层又称功能层，根据楼板层的具体要求而设置，主要作用是隔声、隔热、保温、防水、防潮、防腐蚀、防静电等。根据需要，有时和面层合二为一，有时又和吊顶合为一体。

（4）楼板顶棚层：位于楼板层最下层，主要作用是保护楼板、安装灯具、遮挡各种水平管线，改善使用功能、装饰美化室内空间，楼板层的构造组成如图 3-1 所示。

2）地坪层的构造组成

（1）面层：地坪的面层也称地面，和楼面一样，是直接承受各种物理作用和化学作用的表面层，起着保护结构层和美化室内的作用。根据使用和装修要求的不同，有各种不同的面层和相应的做法。

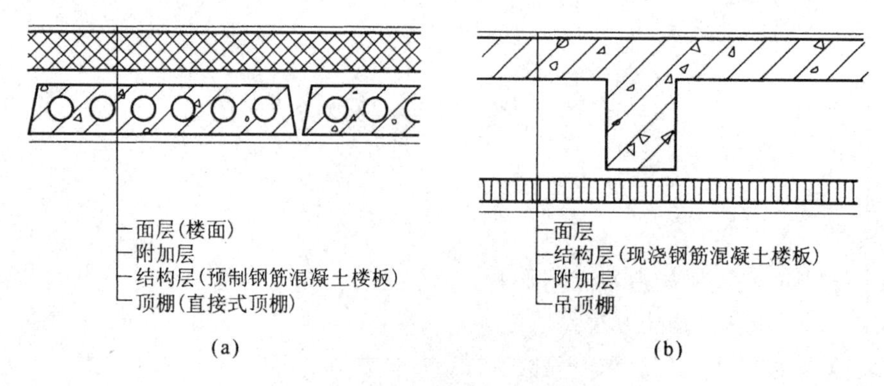

图 3-1 楼板层的构造组成

(a) 预制楼板层构造组成;(b) 现浇楼板层构造组成

(2) 附加层:主要是满足某些特殊使用要求而在面层与垫层之间设置的构造层,如防水层、防潮层、保温层和管道敷设层等。

(3) 垫层:地坪的承重部分也称结构层,承受着由地面传来的荷载,并传给地基。垫层材料分为刚性和柔性两大类。刚性垫层如混凝土、碎砖三合土等,有足够的整体刚度,受力后不产生塑性变形,多用于整体地面和块料地面。柔性垫层如砂、碎石、炉渣等松散材料,无整体刚度,受力后产生塑性变形,多用于块料地面。目前垫层一般采用混凝土,厚度为 60～80 mm。

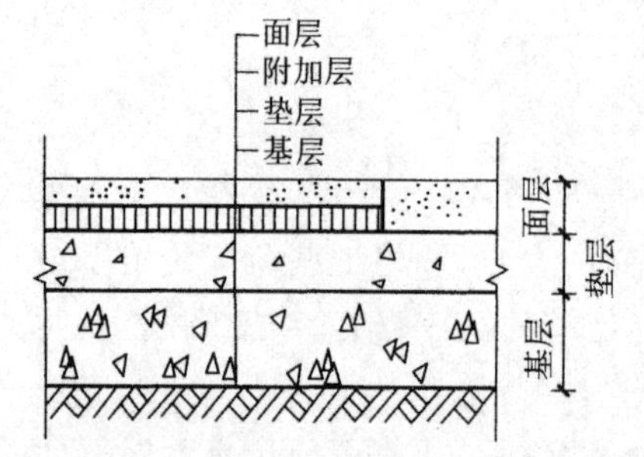

图 3-2 地坪层的构造组成

(4) 基层:垫层与地基之间的找平层和填充层。主要起加强地基、协助传递荷载的作用。基层材料的选择取决于地面的主要荷载。当上部荷载较大,且结构层为现浇混凝土时,则基层多采用碎砖或碎石;荷载较小时也可用灰土或三合土等作基层,地坪层的构造组成如图 3-2 所示。

3.1.2 楼板的类型

根据所用材料不同,楼板可分为木楼板、钢筋混凝土楼板等多种类型(见图 3-3)。

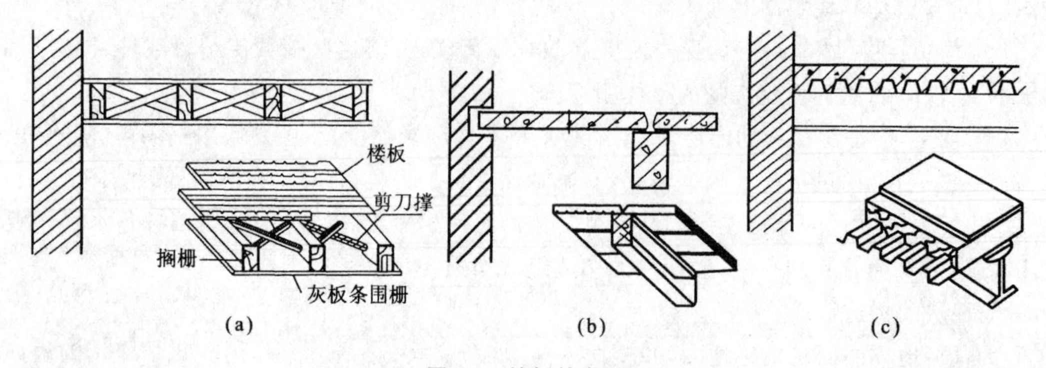

图 3-3 楼板的类型

(a) 木楼板;(b) 钢筋混凝土楼板;(c) 压型钢板组合楼板

1）木楼板

木楼板自重轻，保温隔热性能好、舒适、有弹性，只在木材产地采用较多，但耐火性和耐久性均较差，且造价偏高，为节约木材和满足防火要求，现很少采用。

2）钢筋混凝土楼板

钢筋混凝土楼板具有强度高，刚度好，耐火性和耐久性好等优点，还具有良好的可塑性，便于工业化生产，应用最广泛。按其施工方法不同，可分为现浇式、装配式和装配整体式三种。

3）压型钢板组合楼板

压型钢板组合楼板是在钢筋混凝土基础上发展起来的，利用钢衬板作为楼板的受弯构件和底模，既提高了楼板的强度和刚度，又加快了施工进度，是目前正大力推广的一种新型楼板。

3.1.3 楼板层的设计要求

1）具有足够的强度和刚度

强度要求是指楼板层应保证在自重和活荷载作用下安全可靠，不发生任何破坏。这主要是通过结构设计来满足要求。刚度要求是指楼板层在一定荷载作用下不发生过大变形，以保证正常使用状况。结构规范规定楼板的允许挠度不应大于跨度的 1/250，可用板的最小厚度（$1/40L \sim 1/35L$）来保证其刚度。

2）具有一定的隔声能力

不同使用性质的房间对隔声的要求不同，如我国对住宅楼板的隔声标准中规定：一级隔声标准为 65 dB，二级隔声标准为 75 dB 等。对一些特殊性质的房间如广播室、录音室、演播室等的隔声要求则更高。楼板主要是隔绝固体传声，如人的脚步声、拖动家具、敲击楼板等都属于固体传声，防止固体传声可采取以下措施。

（1）在楼板表面铺设地毯、橡胶、塑料毡等柔性材料。

（2）在楼板与面层之间加弹性垫层以降低楼板的振动，即“浮筑式楼板”（见图 3-4）。

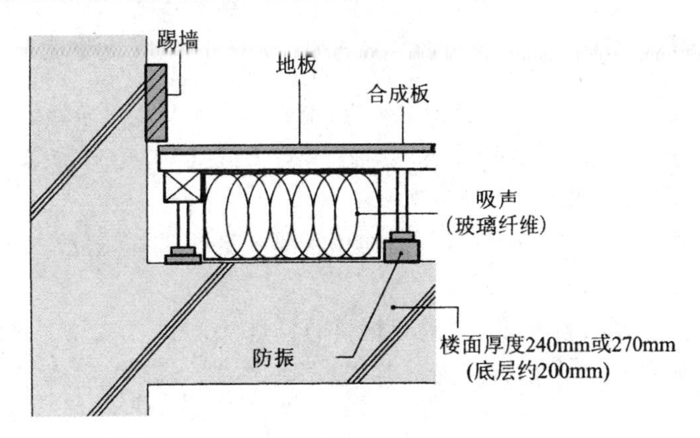

图 3-4　浮筑式楼板

（3）在楼板下加设吊顶，使固体噪声不直接传入下层空间。

3）具有一定的防火能力

楼板作为结构构件，应保证在火灾发生时，在一定时间内不至于因楼板塌陷而给生命和财产带来损失。楼板的燃烧性能和耐火极限见表 3-1。

表 3-1 楼板的燃烧性能和耐火极限 (单位:h)

建筑层数	耐火等级			
	一级	二级	三级	四级
低层、多层建筑	1.5(不燃烧体)	1.0(不燃烧体)	0.5(不燃烧体)	0.25(难燃烧体)
高层建筑	1.5(不燃烧体)	1.0(不燃烧体)	—	—

4) 具有防潮、防水能力

对用水较多的房间,如卫生间、盥洗室、浴室、实验室等,需满足防水要求,都应该进行防潮防水处理。设置防水层选用密实不透水的材料,适当作排水坡,并设置地漏。

5) 满足热工要求

根据所处地区和建筑使用要求,楼面应采取相应的保温、隔热措施,以减少热损失。北方严寒地区,当楼板搁入外墙部分,如果没有足够的保温隔热措施,会形成"热桥",不仅会使热量散失,且易产生凝结水,影响卫生及构件的耐久性。所以必须重视该部分的保温隔热构造设计,防止发生"热桥"现象。

6) 满足各种管线的设置

对管道较多的公共建筑,楼板层设计时,应考虑到管道对建筑物层高的影响问题。如当防火规范要求暗敷消防设施时,应敷设在不燃烧的结构层内,使其能满足暗敷管线的要求。

7) 满足室内装修的要求

根据房间的使用功能和装饰要求,楼板层的面层常选用不同的面层材料和相应的构造做法与装修风格档次相适应。

8) 满足建筑经济的要求

经济方面,楼板层造价占建筑物总造价的20%～30%,而面层装饰材料对建筑造价影响较大。选材时,应综合考虑建筑的使用功能、建筑材料、经济条件和施工技术等因素。

3.1.4 地面设计要求

地面是楼板层和地坪的面层,是人们日常生活、工作和生产时直接接触的部分,属装修范畴(详见《建筑构造》(下册)相关章节)。也是建筑中直接承受荷载,经常受到摩擦、清扫和冲洗的部分。因此,对地面有一定的功能要求。

(1) 具有足够的坚固性。要求在各种外力作用下不易磨损破坏,且要求表面平整、光洁、易清洁和不起灰。

(2) 保温性能好。北方地区地面要求地面材料的导热系数小,给人以温暖舒适的感觉。

(3) 具有一定的弹性。当人们行走时不应有过硬的感觉,同时,有弹性的地面对防撞击声有利。

(4) 易清洁、经济、美观。

(5) 满足某些特殊要求。地面应满足防水、防潮、防火、耐腐蚀等功能。对于南方的许多地方,还必须考虑到高温高湿气候的特点,因为高温高湿的天气容易引起地面的结露。一般土壤的最高、最低温度,与室外空气的最高温度、最低温度出现的时间相比,延迟了2～3个月(延迟时间以土壤深度而异)。所以在夏天,即使是混凝土地面,温度也几乎不上升。当这类低温地面与高温高湿的空气相接触时，地表面就会出现结露。

当考虑到南方湿热的气候因素，对地面进行全面绝热处理是必要的。在这种情况下，可采取室内侧地面绝热处理的方法，或在室内侧地面布置随温度变化快的材料（热容量较小的材料）或用微孔吸湿、表面粗糙的材料作装饰面层。另外，为了防止土中湿气侵入室内，可加设防潮层。

3.2 钢筋混凝土楼板构造

钢筋混凝土楼板按其施工方法不同，可分为现浇式、装配式和装配整体式三种。

3.2.1 现浇式钢筋混凝土楼板

现浇式钢筋混凝土楼板整体性好，特别适用于有抗震设防要求的多层房屋和对整体性要求较高的其他建筑，对有管道穿过的房间、平面形状不规整的房间、尺度不符合模数要求的房间和防水要求较高的房间，都适合采用现浇式钢筋混凝土楼板，如图 3-5 所示为现浇式钢筋混凝土楼板施工示例。

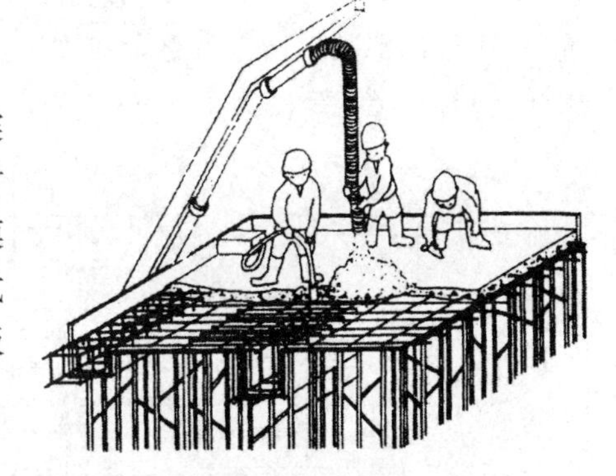

图 3-5 现浇式钢筋混凝土楼板施工

1）平板式楼板

楼板根据受力特点和支承情况，分为单向楼板和双向楼板。为满足施工要求和经济要求，对各种板式楼板的最小厚度和最大厚度，一般规定如下。

（1）单向楼板时（板的长边与短边之比大于 2），如图 3-6(a)所示，屋面板板厚 60～80 mm；民用建筑楼板厚 70～100 mm；工业建筑楼板厚 80～180 mm。

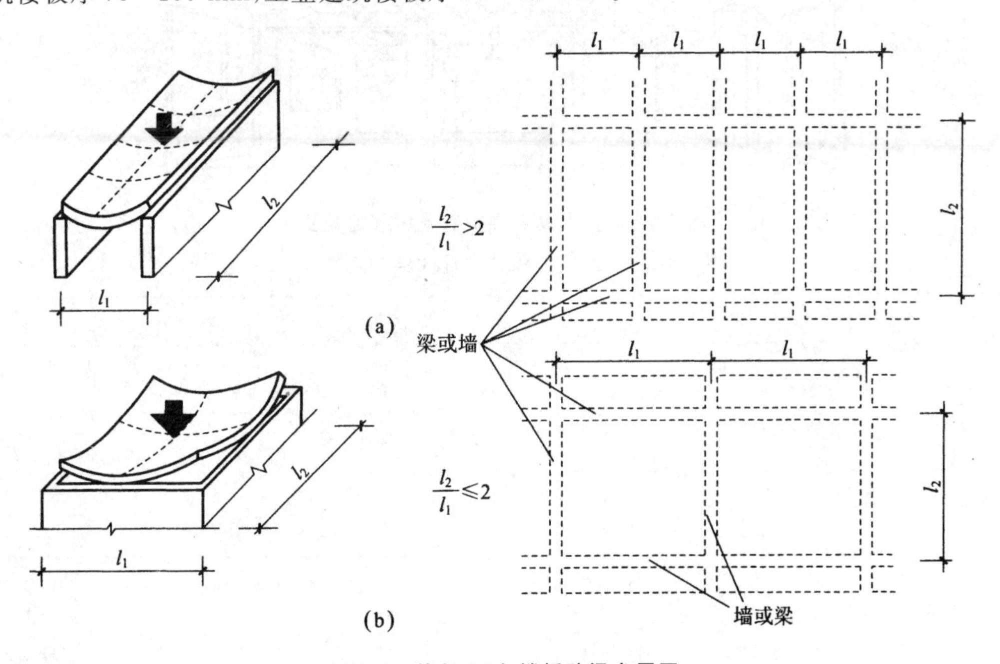

图 3-6 单向、双向楼板肋梁布置图

(a) 单向楼板；(b) 双向楼板

(2) 双向楼板时(板的长边与短边之比不大于 2),如图 3-6(b)所示,板厚为 80～160 mm。

此外,板的支承长度规定:当板支承在砖石墙体上时,其支承长度不小于 120 mm 或板厚;当板支承在钢筋混凝土梁上时,其支承长度不小于 60 mm;当板支承在钢梁或钢屋架上时,其支承长度不小于 50 mm。

2) 肋梁楼板

(1) 单向板肋梁楼板。

单向板肋梁楼板由板、次梁和主梁组成(见图 3-7)。其荷载传递路线为板→次梁→主梁→柱(或墙)。肋梁楼板各构件的经济尺寸见表 3-2。次梁跨度即为主梁间距;板的厚度确定同板式楼板,由于板的混凝土用量占整个肋梁楼板混凝土用量的 50%～70%,因此板宜取薄些,通常板跨不大于 3 m;其经济跨度为 1.5～3 m。

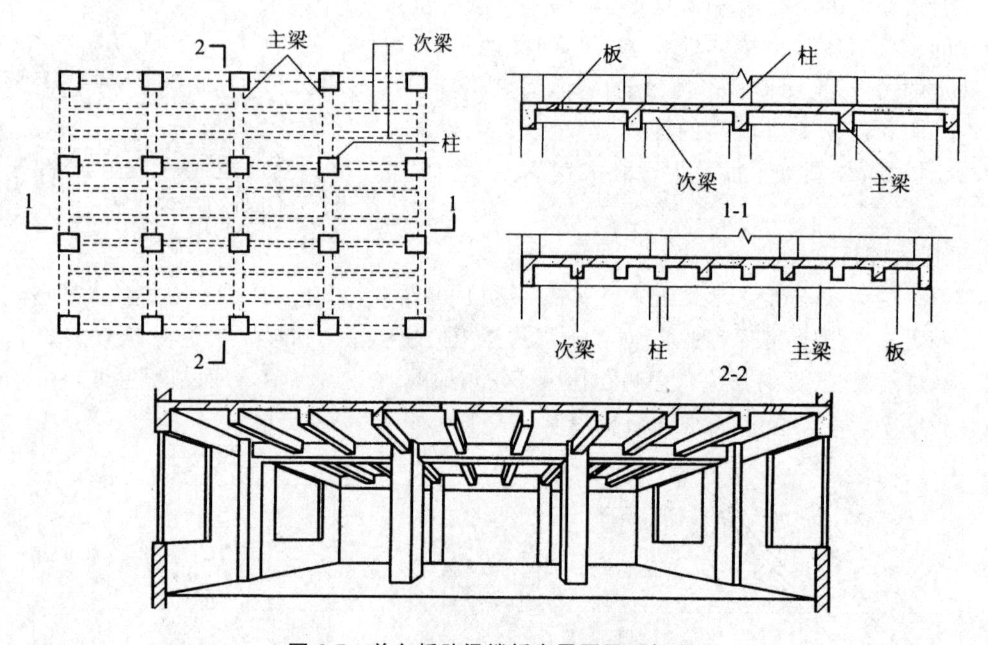

图 3-7 单向板肋梁楼板布置图及透视图

表 3-2 肋梁楼板各构件的经济尺寸

构件名称	经济尺寸		
	跨度/L	梁高、板厚/h	梁宽/b
主梁	5～8 m	$(1/14\sim1/8)L$	$(1/3\sim1/2)h$
次梁	4～6 rn	$(1/18\sim1/12)L$	$(1/3\sim1/2)h$
楼板	1.5～3 m	简支板$(1/35)L$ 连续板$(1/40)L$,60～80 mm	—

(2) 双向板肋梁楼板。

①双向板肋梁楼板:通常肋梁间距大于 2 m 时,称为双向板肋梁楼板,常称为井式楼板(见图 3-8)。井式楼板无主次梁之分,由板和梁组成,荷载传递路线为板→梁→柱(或墙)。

当双向板肋梁楼板的板跨相同，且两个方向的梁截面也相同时，就形成了井式楼板。井式楼板适用于长宽比不大于 1.5 的矩形平面，井式楼板中板的跨度在 3.5～6 m 之间，梁的跨度可达 20～30 m，梁截面高度不小于梁跨的 1/20～1/15，宽度为梁高的 1/4～1/2，且不小于 120 mm，井式楼板梁可与墙体正交放置或斜交放置，如图 3-9 所示。由于井式楼板可以用于较大的无柱空间，而且楼板底部的井格整齐划一，很有韵律，稍加处理就可形成艺术效果很好的顶棚。

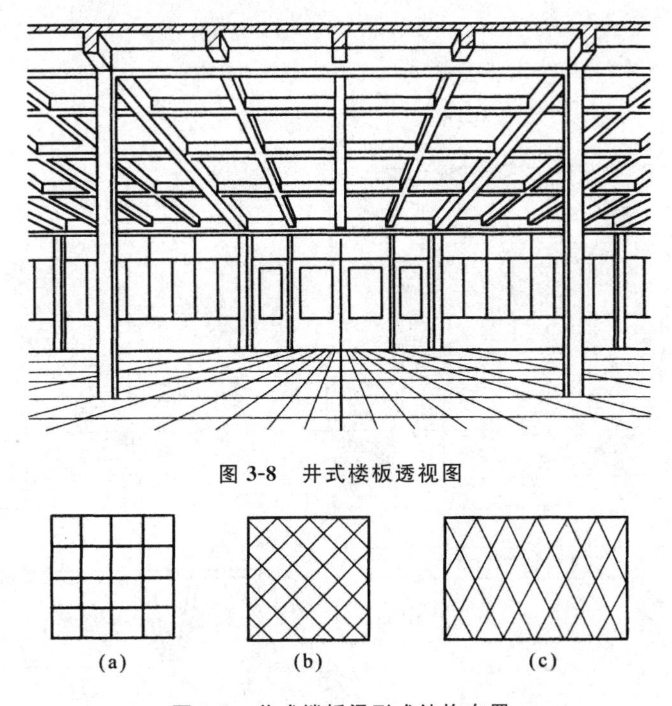

图 3-8 井式楼板透视图

(a) (b) (c)

图 3-9 井式楼板梁形式结构布置

(a) 梁正交正放；(b) 梁正交斜放；(c) 梁斜交斜放

② 密肋楼板：当肋梁间距小于 1.5 m 时，称为密肋楼板。其肋距(梁距)一般为 600 mm×600 mm～1000 mm×1000 mm，肋高为 180～500 mm，楼板的适用跨度为 6～18 m，其肋高一般为跨度的 1/30～1/20。密肋楼板适用于中等或较大跨度的公共建筑，也常被用于简体结构体系的高层建筑结构。

密肋楼板适用于跨度较大而梁高受限制的情况，其受力性能介于普通肋梁楼板和无梁平板楼板之间。与普通肋梁楼板相比，密肋楼板的结构高度小而数量多、间距密；与平板楼板相比，密肋楼板可节省材料，减轻自重，且刚度较大。因此，对于楼面荷载较大，而房屋的层高又受到限制时，采用密肋楼板比采用普通肋梁楼板更能满足设计要求。密肋楼板的缺点是施工支模复杂，工作量大，故目前常采用可多次重复使用的定型模壳，如钢模壳、玻璃钢模壳、塑料模壳等，然后配筋浇捣混凝土而成，才可避免这一矛盾(见图 3-10、图 3-11)。

③ 密肋填充块楼板：为取得平整的楼板板底，密肋间可用加气混凝土块、空心砖、木盒子或其他轻质材料填充，并同时作为肋间的模板以便获得最佳的隔热、隔声效果。密肋填充块楼板构造如图 3-12 所示，其缺点是填充块不能重复利用，浪费材料，增加自重，施工复杂，故目前很少采用。

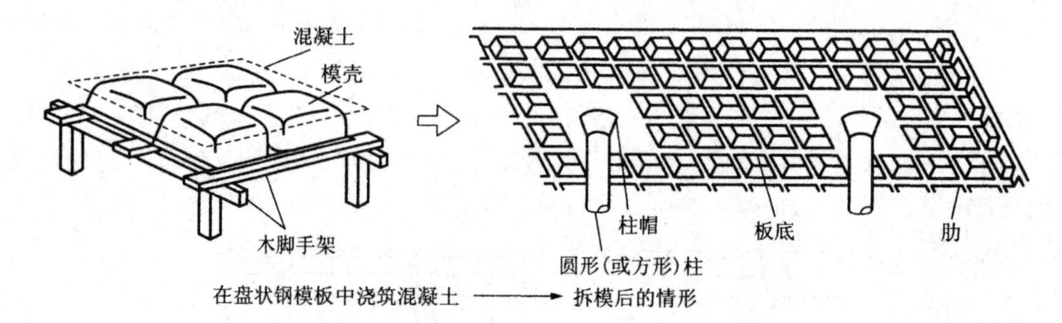

图 3-10 密肋楼板支模及板下效果

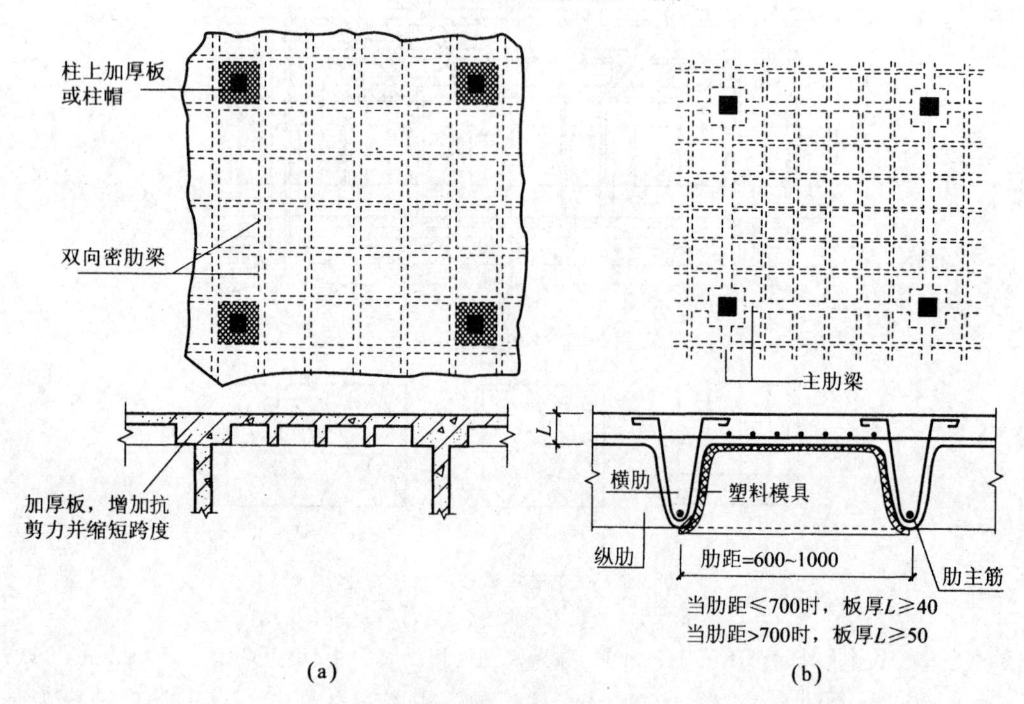

图 3-11 密肋楼板做法示意图(单位:mm)

(a) 楼板形式;(b) 模壳排列

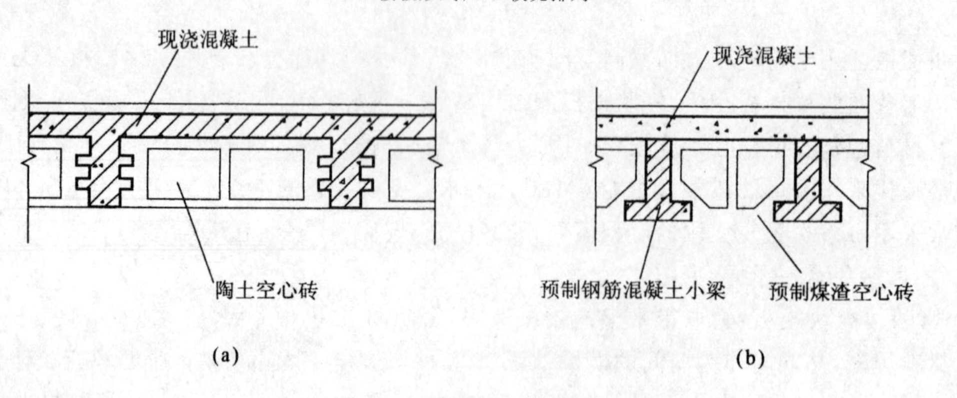

图 3-12 密肋填充块楼板

(a) 现浇密肋楼板;(b) 预制小梁密肋楼板

3）无梁楼板

无梁楼板为等厚的平板直接支承在柱上，分为有柱帽楼板和无柱帽楼板两种。当楼面荷载比较小时，可采用无柱帽楼板；当楼面荷载较大时，必须在柱顶加柱帽（见图 3-13）。

图 3-13　有柱帽楼板透视图

无梁楼板的柱可设计成方形、矩形、多边形和圆形；柱帽可根据室内空间要求和柱截面形式进行设计，如图 3-14 所示；板的最小厚度不小于 150 mm 且不小于板跨的 1/35～1/32。无梁楼板的柱网一般布置为正方形或矩形，间跨一般不超过 6 m。

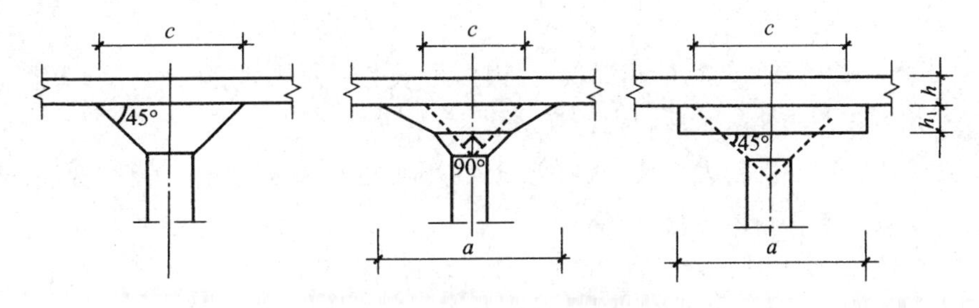

图 3-14　无梁楼板柱帽形式

注：$h_1>h$，c 为 $0.2L$～$0.3L$，$a\geqslant0.35L$

无梁楼板的板柱体系适用于非抗震区的多层建筑，如用于商店、书库、仓库、车库等荷载大、空间较大、层高受限制的建筑中。对于板跨大或大面积、超大面积的楼板、屋顶，为减少板厚控制挠度和避免楼板上出现裂缝，近年来在无梁楼板结构中常采用部分预应力技术。无梁楼板具有顶棚平整、净空高度大、采光通风条件较好，施工简便等优点。但楼板较厚，用钢量较大，相对造价较高。

4）压型钢板组合楼板

压型钢板组合楼板是利用截面为凹凸相间的压型钢板做衬板，与现浇混凝土面层浇筑在一起支承在钢梁上，成为整体性很强的一种楼板。组合楼板主要由楼面层、压型钢板和钢梁三部分所构成。组合楼板包括混凝土和压型钢板。压型钢板有多种形式，常见的压型钢板如图 3-15（a）所示，此外还可根据需要设吊顶棚。

压型钢板组合楼板由混凝土和钢板共同受力，即混凝土承受剪应力与压应力，压型钢板承受拉应力，也是混凝土的永久模板。利用压型钢板肋间的空隙还可敷设室内电力管线，亦可在钢衬板底部焊接架设悬吊管道、通风管道和吊顶棚的支托。压型钢板一般采用镀锌压型钢板。压型钢板在钢梁上的支承长度不得小于 50 mm,并用栓钉使压型钢板、混凝土和钢梁连成整体,如图 3-15(b)、(c)所示。

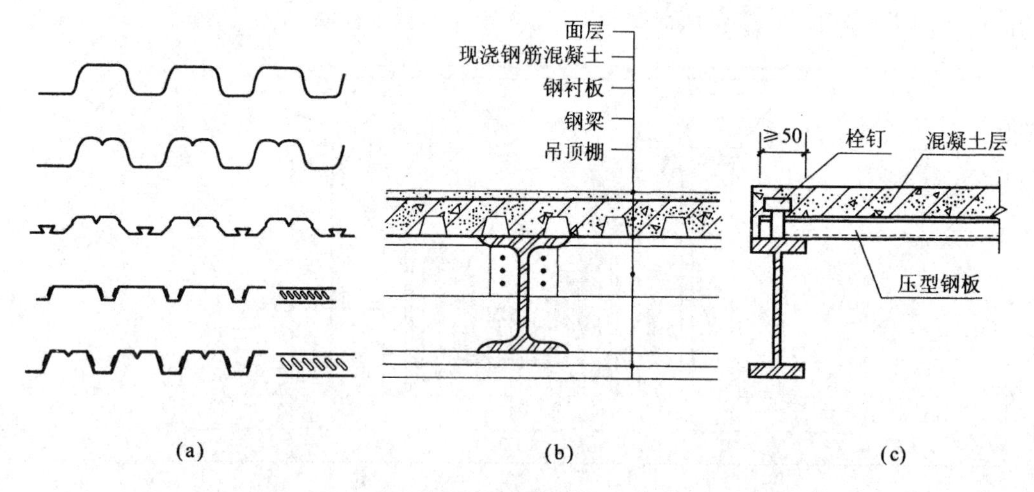

图 3-15　压型钢板结构布置(单位:mm)

(a) 压型钢板类型示意;(b) 压型钢板剖面示意;(c) 压型钢板板端锚固

压型钢板组合楼板结构的特点如下。

(1) 能充分发挥混凝土和钢材各自材料的力学性能,使混凝土受压,钢材受拉,经济合理,节省材料,尤其对重载结构更为有利。

(2) 适合于采用更高强度的钢材和混凝土,因而可减少截面尺寸,降低自重,增大建筑的使用空间,尤其是适用于较差的地基条件和大跨度结构。

(3) 受力变形时,可产生较大应变,吸收能量大,因而塑性、韧性、耐疲劳性、耐冲击性等均好,很适合于抗爆、抗震结构工程的楼板。

(4) 施工中浇筑混凝土时,压型钢板可同时作为模板,因而可省去模板,方便施工。

(5) 因有型钢存在,不需要像钢筋混凝土那样为适应各种连接而预埋铁件。

组合楼板的构造根据压型钢板形式分为单层板组合楼板和双层板组合楼板两种类型。单层板组合楼板构造如图 3-16 所示。其中图 3-16(a)表示组合楼板在混凝土上部配有构造钢筋,可加强混凝土面层的抗裂性,并可承受板端负弯矩。图 3-16(b)表示在压型钢板上加肋条或压出凹槽,形成抗剪连接,这时压型钢板对混凝土起到加强的作用。图 3-16(c)表示在钢梁上焊有抗剪栓钉,以保证组合楼板和钢梁能共同工作。在高层建筑中,为进一步减轻楼板重量,常用轻混凝土组合楼板。

双层板组合楼板构造如图 3-17 所示。图 3-17(a)为压型钢板与平钢板组成孔格式组合楼板,这种压型钢板高为 40 mm 和 80 mm。在较高的压型钢衬板中,可形成较宽的空腔,它具有较大的承载力,腔内可放置设备管线。图 3-17(b)为双层压型钢板组成孔格式组合楼板,腔内甚至可直接做空调管道,用于承载力更大的楼板结构中,其板跨度可达 6 m 或更大。

组合楼板自重轻、楼板薄,在主体框架结构完成后,各层楼面可同时铺设,因而可缩短工期。但施工时钢板上不能承受过大的施工荷载,并应注意防火等问题,且楼板结构用钢量大,造价较高。

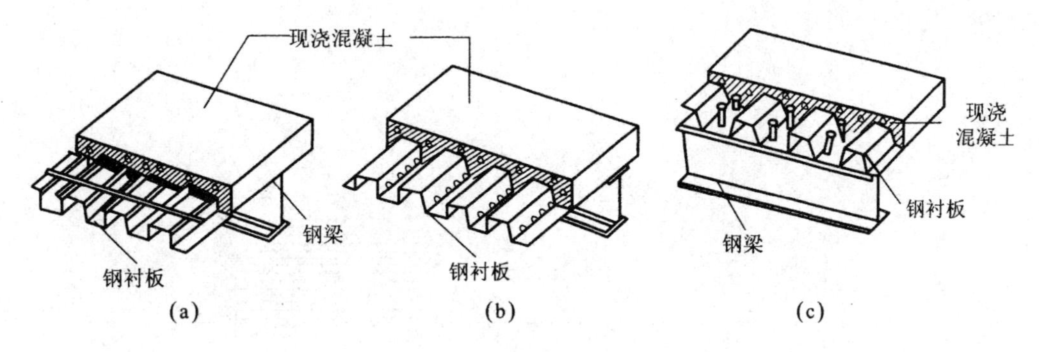

图 3-16 单层板组合楼板

(a) 在钢板上加钢筋；(b) 在钢板上压出凹槽；(c) 在钢梁上焊有抗剪栓钉

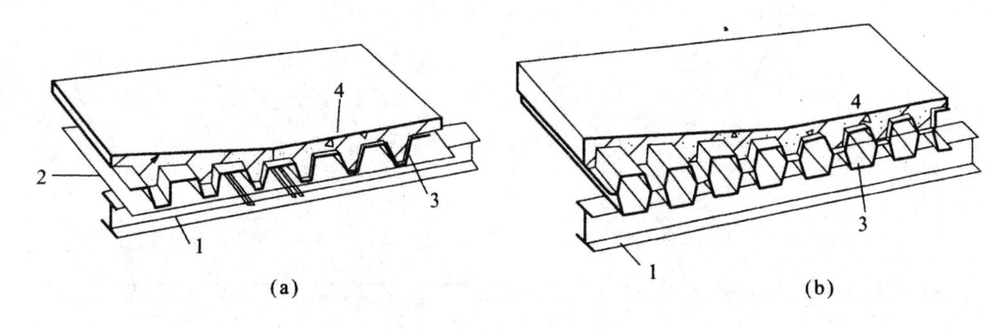

图 3-17 双层板组合楼板

(a) 压型钢板与平钢板组成孔格式组合楼板；(b) 双层压型钢板组成孔格式组合楼板

1—钢梁；2—平钢板；3—压型钢板；4—现浇钢筋混凝土

3.2.2 装配式钢筋混凝土楼板

装配式钢筋混凝土楼板系指在构件预制加工厂或施工现场外预先制作，然后运到工地现场进行安装的钢筋混凝土楼板(见图 3-18)，也称为预制板。预制板的长度一般与房屋的开间或进深一致，为 300 mm 的倍数；板的宽度一般为 100 mm 的倍数；板的截面尺寸须经结构计算确定。凡建筑设计中平面形状规则，尺寸符合模数要求的建筑，就可采用预制楼板。

预制板又可分为预应力板和非预应力板两类。所谓预应力板是指在生产过程中对受力钢筋施加张拉应力，以防止板在工作时受拉部位的混凝土出现开裂，同时也充分发挥受拉钢筋的作用。节约钢材。非预应力板主要用于板数量少的情况。如图 3-19 所示为非预应力构件与预应力构件的受力比较。

预应力构件的加工分为先张法及后张法两种工艺。先张法是先张拉钢筋、后浇筑混凝土，待混凝土有一定强度后切断钢筋，使回缩的钢筋对混凝土产生压力。一般小型构件采用先张法。后张法是先浇筑混凝土、后张拉钢筋，在混凝土的预留孔洞中穿放钢筋，再张拉钢筋并锚固在构件上。由于回缩的钢筋对混凝土产生压力，使混凝土受压。一般大中型构件采用后张法。采用预应力钢筋混凝土可提高构件强度及减少构件厚度，受力合理且有很好的经济效益。在我国各城市均普遍采用预应力钢筋混凝土构件。

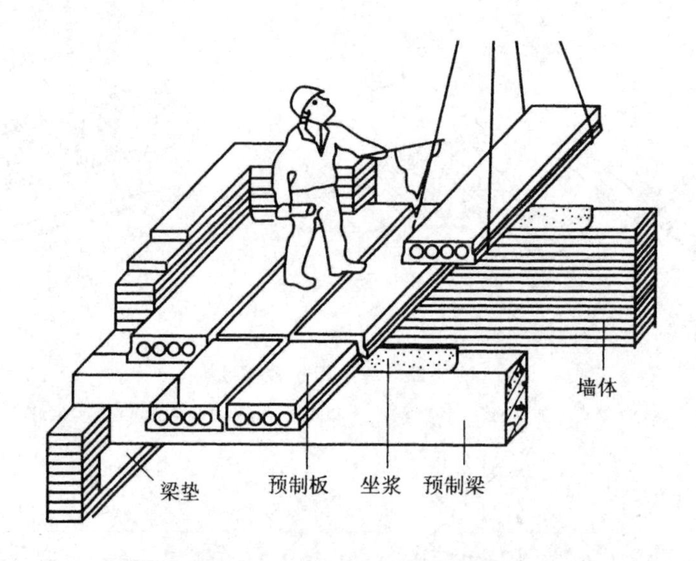

图 3-18 预制楼板的安装示意图

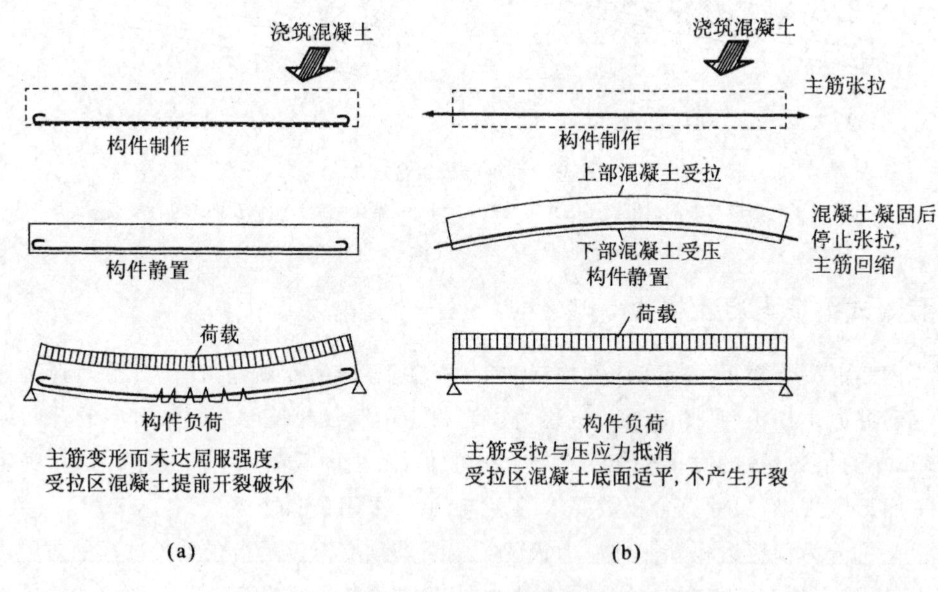

图 3-19 非预应力构件与预应力构件的受力比较

(a) 非预应力构件;(b) 预应力构件

1) 预制板的类型

装配式钢筋混凝土楼板形式很多,大致可以分为铺板式、密肋式和无梁式等,现只介绍应用最为广泛的铺板式。铺板式楼面是将预制板搁置在承重砖墙或楼面梁上,预制钢筋混凝土楼板常用类型有实心平板、槽形板、空心板、T 形板等几种(见图 3-20)。

(1) 实心平板　实心平板规格较小,跨度一般在 1.5 m 左右,板厚一般为 60～80 mm。预制实心平板由于其跨度小,常用于过道和小房间、卫生间、厨房的楼板。

(2) 槽形板　槽形板是一种肋板结合的预制构件,即在实心板的两侧设有边肋,作用在板上的荷载都由边肋来承担,是一种板梁结合的构件。板宽为 500～1200 mm,非预应力槽形板跨长通常为 3～6 m。预应力槽形板跨长更大，板肋高为 120～240 mm，板厚仅 30～50 mm。槽形板有肋向下的正槽形板和肋向上的反槽形板两种(见图 3-20)。

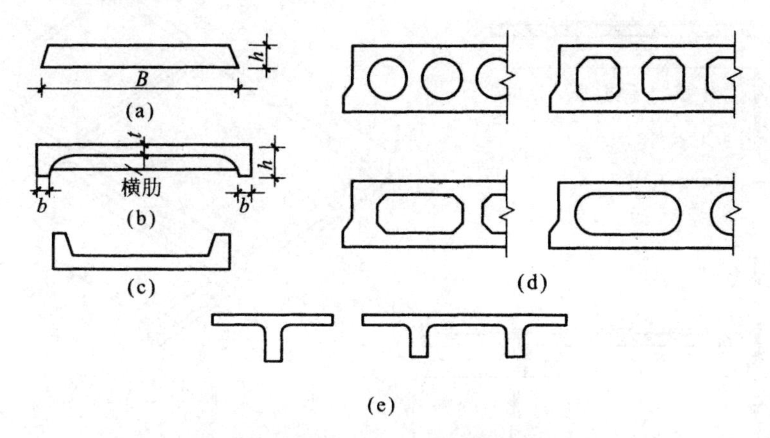

图 3-20 预制钢筋混凝土楼板常用类型

(a) 实心平板；(b) 正槽形板；(c) 反槽形板；(d) 空心板；(e) T 形板

正槽形板自重轻，省材料，可以较充分地利用肋梁及板面混凝土受压，受力合理，如图 3-21(a)所示。为了加强槽形板刚度，使两条纵肋能很好地协同工作，避免纵肋在施工中因受扭产生裂缝，一般均加设小的横肋。正槽形板不能形成平整的顶棚，隔声、隔热效果较差，目前在工业厂房中应用较广泛。反槽形板受力作用不甚合理，肋间可铺设隔声、保温等材料，一般应用于房间隔声要求较高的建筑中，如图 3-21(b)所示。

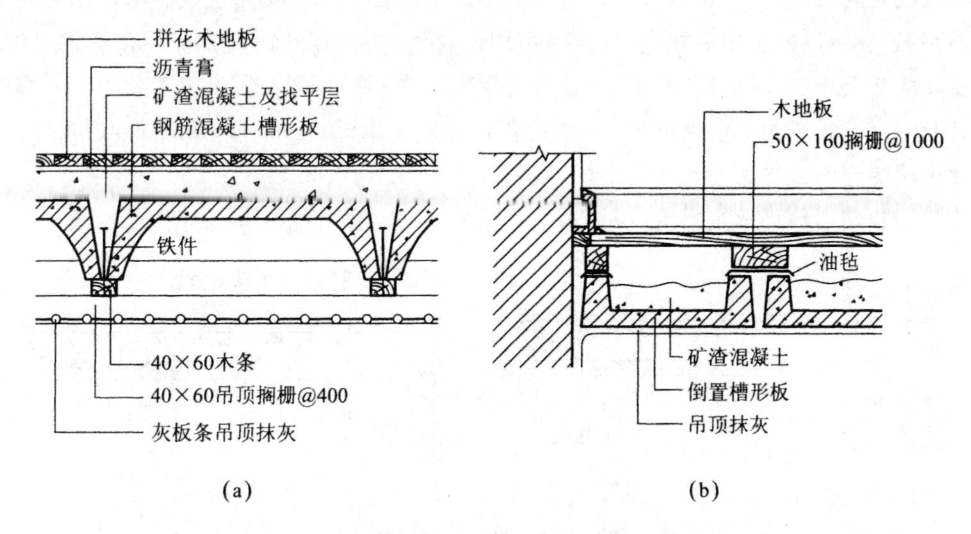

图 3-21 预制正槽形板与反槽形板构造示例(单位：mm)

(a) 正槽形板；(b)反槽形板

槽形板与墙体的承重搭接为短边肋梁，应用水泥砂浆坐浆，板缝间灌注细石混凝土(见图 3-22)。

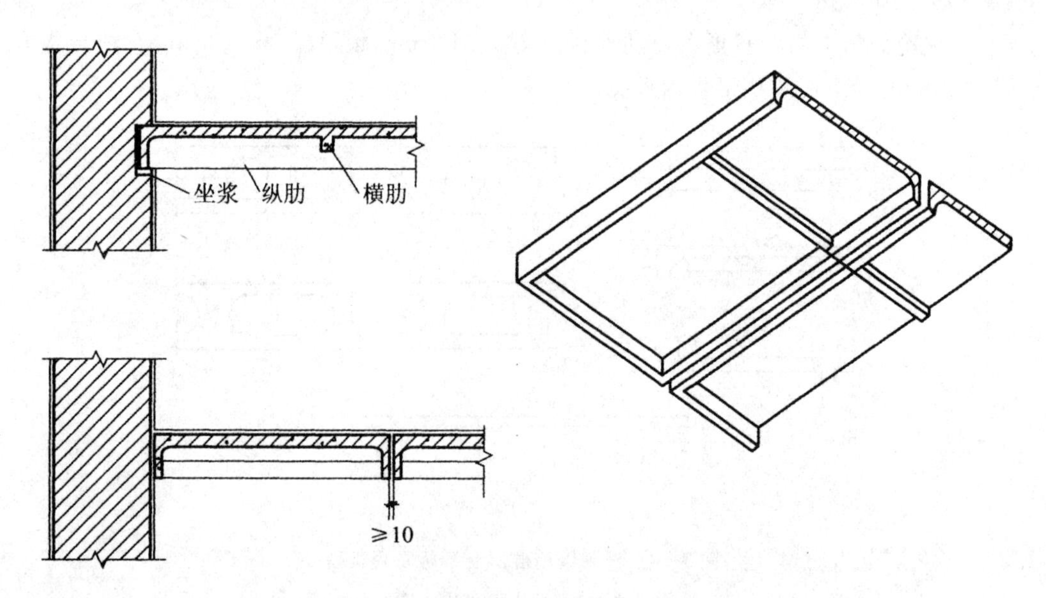

图 3-22　预制槽形板与墙体搭接(单位:mm)

(3) 空心板　空心板也是一种梁板结合的预制构件,其结构计算理论与槽形板相似,两者的材料消耗也相近,但空心板上下板面平整,且隔声效果优于槽形板,因此是目前广泛采用的一种形式。目前我国预应力空心板的跨度可达到 6 m、6.6 m、7.2 m 等,板的厚度为 120～300 mm。空心板安装前,应在板端的圆孔内填塞 C15 混凝土短圆柱(即堵头)以避免板端被压坏。

空心板的空洞可为圆形、正方形、长方形、椭圆形等。目前国内民用建筑中常用圆孔空心板,圆孔的空心率虽小些,混凝土用量相应多些,但可用钢管做芯模,转动抽出方便。普通钢筋混凝土空心板板厚 h 大于等于(1/25～1/20)跨度;预应力混凝土空心板板厚 h 大于等于(1/35～1/30)跨度。板厚通常有:120 mm、180 mm、240 mm。空心板的宽度常用 500 mm、600 mm、900 mm、1200 mm。板的长度视房屋开间或进深的长度而定,一般有 3.0 m、3.3 m、3.6 m 等。

空心板短边与墙体为承重搭接,应用水泥砂浆坐浆,板缝间灌注细石混凝土(见图 3-23)。

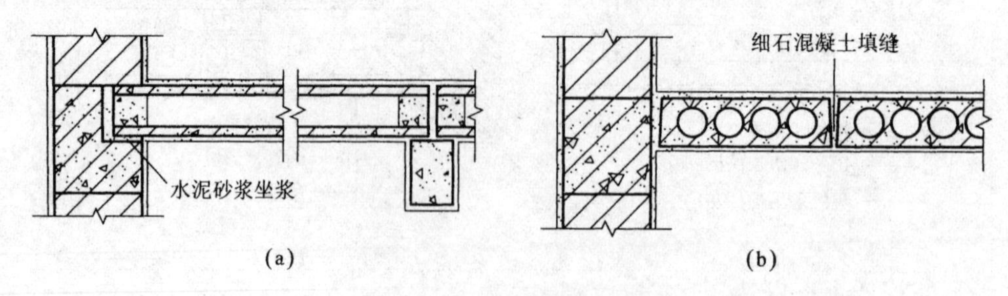

图 3-23　空心板与墙体搭接

(a) 空心板与墙体承重搭接;(b) 空心板与墙体非承重搭接

(4) T 形板　T 形板有单 T 板和双 T 板之分,也是一种梁板结合的预制构件。其外形简洁,受力明确,较槽形板来说其跨度更大,如图 3-24 所示。T 形板肋梁尺度较大,且接缝较多,抗震设防区慎用,一般用于工业建筑中。

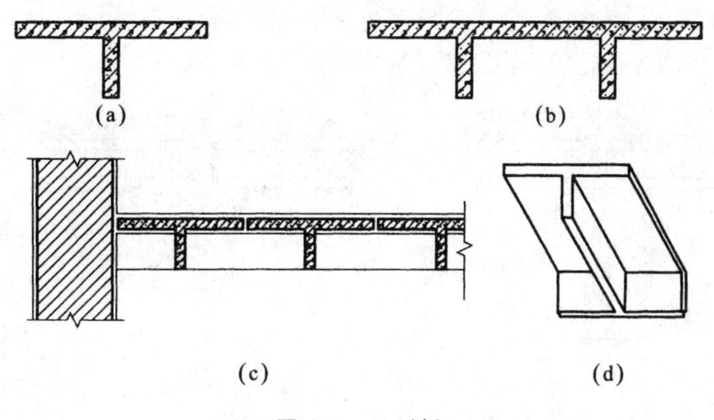

图 3-24 T 形板

(a)、(c)、(d) 单 T 板；(b) 双 T 板

2）预制板的结构布置方式

预制板的结构布置方式应根据房间的平面尺寸及房间的使用要求进行结构布置，可采用墙承重系统和框架承重系统。

(1) 当预制板直接搁置在墙上时称为板式结构布置(见图 3-25(a))。

(2) 当预制板搁置在梁上时称为梁板式结构布置(见图 3-25(b))。

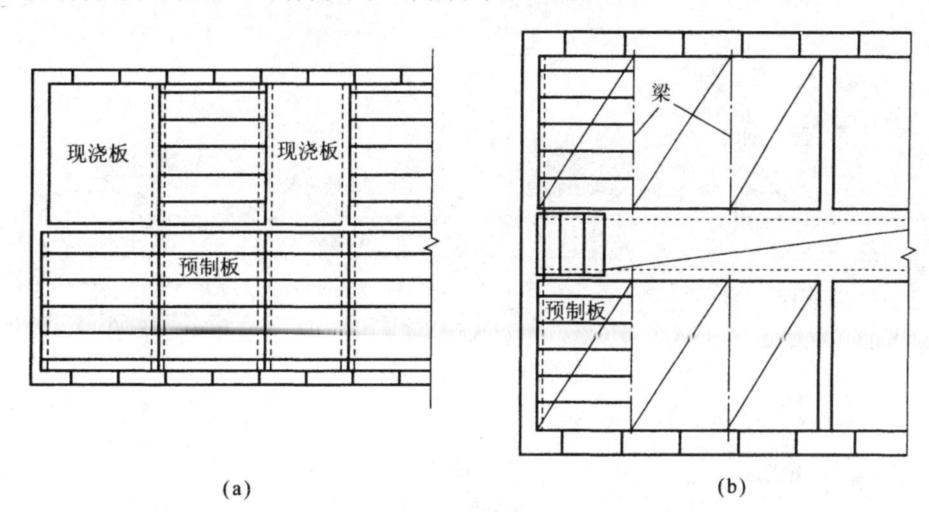

图 3-25 预制板结构布置方式

(a) 板式结构布置；(b) 梁板式结构布置

3）预制板的搁置要求与抗震构造

预制板(以空心板为例)支承于梁上时，其搁置长度应不小于 80 mm；支承于内墙上时，其搁置长度应不小于 100 mm；支承于外墙上时，其搁置长度应不小于 120 mm。支承在钢构件上的长度不小于 50 mm。当板端伸出钢筋锚入板端混凝土梁或圈梁内时，板的支承长度可为 40 mm，灌缝混凝土强度等级不小于 C20。为了增强楼板的整体刚度，应在板与墙以及板端与板端连接处设置锚固钢筋铺板前，先在墙或梁上用 10～20 mm 厚 M5 水泥砂浆找平坐浆，然后再铺板，使板与墙或梁有较好的联结，同时也使墙体受力均匀。

当采用梁板式结构时,板在梁上的搁置方式一般有两种:一种是板直接搁置在梁顶上(见图3-26(a));另一种是板搁置在花篮梁或十字梁上(见图3-26(b))。

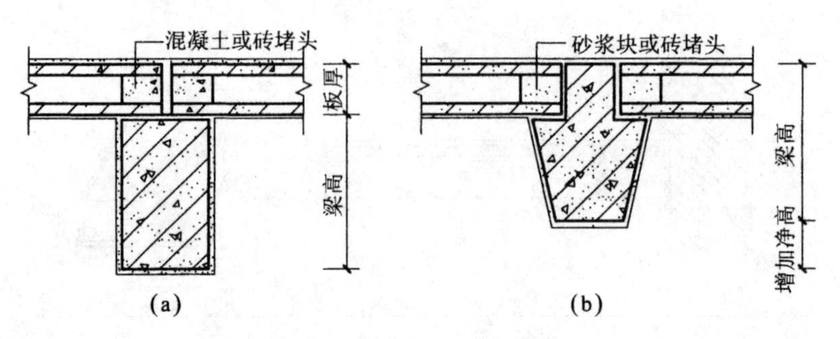

图 3-26 预制板在梁上搁置

(a) 板搁置在矩形梁上;(b) 板搁置在花篮梁上

预制板用于抗震设防要求的结构时,如图 3-27、图 3-28 所示在砖墙上的支承长度不小于100 mm;在混凝土构件上的支承长度不小于 80 mm;在钢构件上的支承长度不小于 50 mm。当板端伸出钢筋锚入板缝内或预制叠合层内时,在砖墙上的支承长度为 50～75 mm;在混凝土构件上的支承长度为 65～70 mm。圈梁应紧贴预制板板底设置,外墙则应设缺口圈梁(L 形梁),将预制板箍在圈梁内。当板的跨度大于 4.8 m,并与外墙平行时,靠外墙的预制板边应设拉结筋与圈梁拉结。

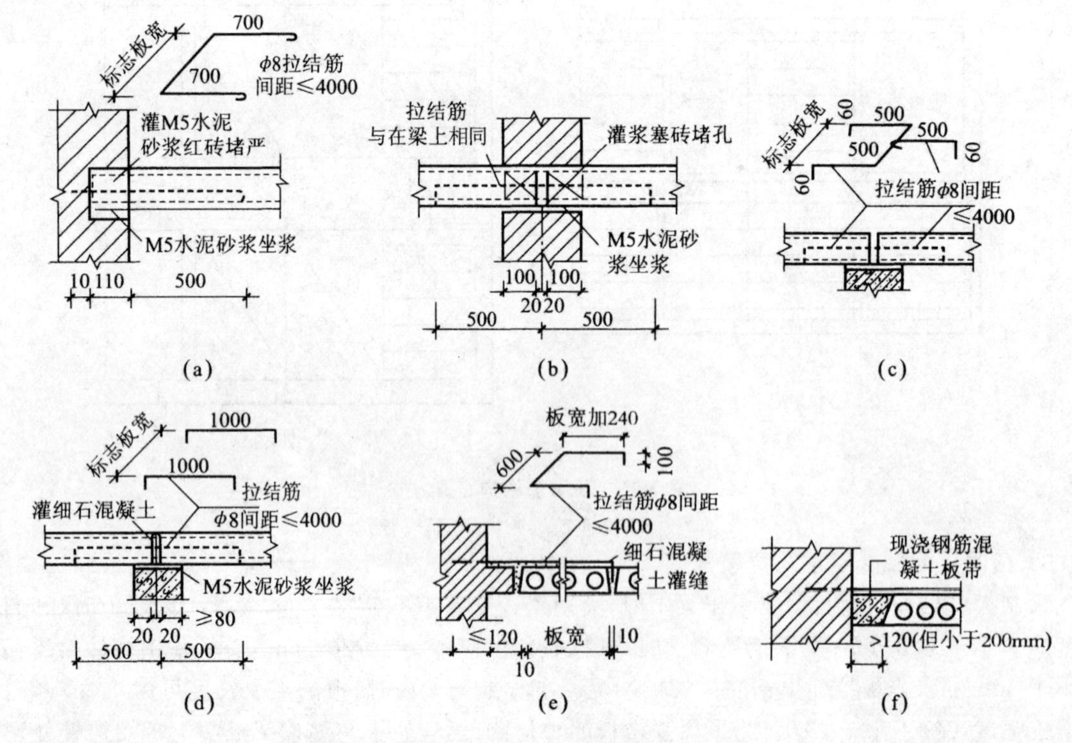

图 3-27 预制空心板各种锚固处理(单位:mm)

(a) 墙与板锚固;(b) 墙双侧承重锚固;(c)、(d) 板承接在梁上锚固;

(e) 挑砖处理板缝锚固;(f) 现浇板带锚固

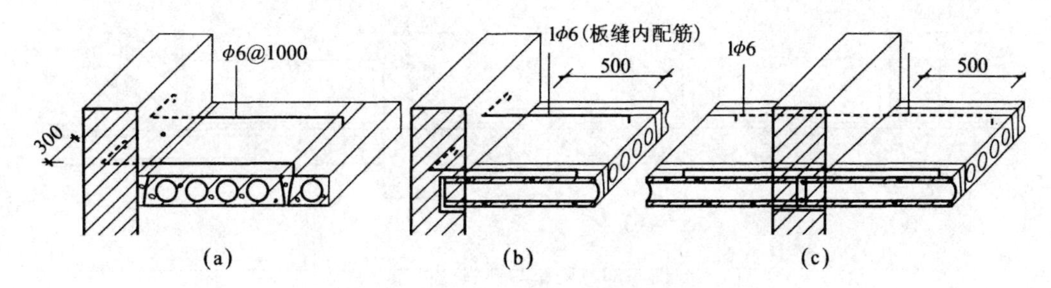

图 3-28 预制空心板与墙体的锚固处理(单位:mm)

(a) 板侧锚固;(b) 板端锚固;(c) 双侧锚固

唐山地震(1976 年)震害调查表明:提高装配式楼面的整体性,可以减少在地震中预制楼板坠落伤人的震害。加强填缝是增强装配式楼板整体性的有效措施。为保证板缝混凝土的浇筑质量,板缝宽度不应过小。在较宽的板缝中放入钢筋,形成板缝梁,能有效地形成现浇与装配结合的整体楼面,效果显著。楼面板缝应浇筑质量良好、强度等级不低于 C20 的混凝土,并填充密实。严禁用混凝土废料或建筑垃圾填充。

4) 板缝处理

预制空心板板缝通常有 V 形、U 形和凹槽形三种形式(见图 3-29),缝内灌水泥砂浆或细石混凝土。其中凹槽形缝受力较好,但灌缝较难,通常多采用 V 形缝。施工中对于板缝的处理直接影响使用过程中室内的观感,板缝下方需贴防裂网格布,以减少板缝的出现。

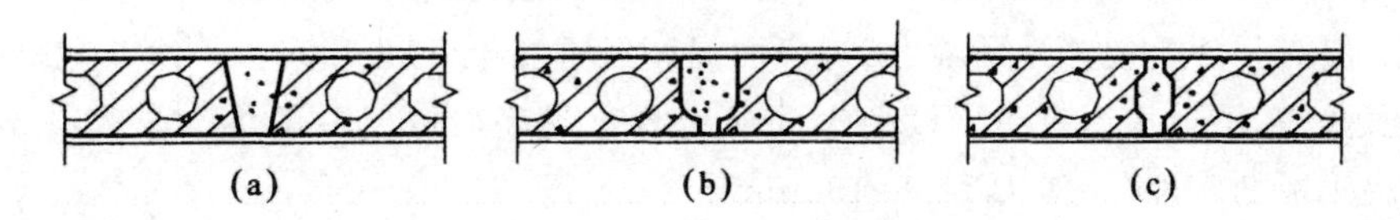

图 3-29 预制空心板板缝形式

(a) V 形板缝;(b) U 形板缝;(c) 凹槽形板缝

板缝起着连接相邻两块板协同工作的作用,使楼板成为一个整体。在具体布置楼板时,往往会出现缝隙。通常处理板缝有下列方法。

(1) 当缝隙小于 60 mm 时,可调节板缝(使其小于等于 30 mm,灌 C20 细石混凝土),当缝隙在 60～120 mm 之间时,可在灌缝的混凝土中加配 2ϕ6 通长钢筋。

(2) 当缝隙在 120～200 mm 之间时,设现浇钢筋混凝土板带,且将板带设在墙边或有穿管的部位。

(3) 当缝隙大于 200 mm 时,调整板的规格。

(4) 在非抗震设防区,当缝隙在 60～120 mm 之间时,可将缝留在靠墙处,沿墙挑砖填缝。

5) 隔墙与楼板

在装配式楼板上采用隔墙时,可将隔墙直接设置在楼板上。但在选择楼板时,应考虑隔墙的作用。当采用自重较大的材料,如黏土砖隔墙等,则不宜将隔墙直接搁置在楼板上,特别应避免将隔墙的荷载集中在一块板上,通常是设肋梁支承隔墙(见图 3-30(a)、(c))。当隔墙为轻质材料时,为使板底平整,可使梁的截面与板的厚度相同或直接在板缝内设小梁(见图 3-30(b));当隔墙垂直板缝时,可在板面整浇层内加设钢筋(见图 3-30(d))。

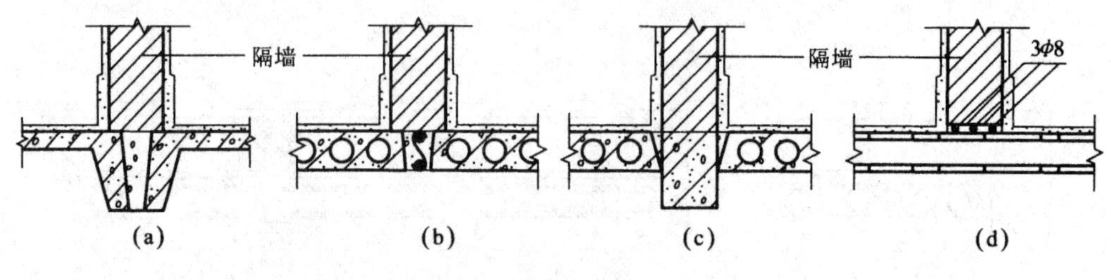

图 3-30 隔墙与楼板的关系

(a) 隔墙支承在肋梁上;(b) 板缝配筋;(c) 板缝设墙梁;(d) 墙下加筋

3.2.3 装配整体式钢筋混凝土楼板

装配整体式钢筋混凝土楼板,是在楼板中预制部分构件,然后在现场安装,再以整体浇筑的办法连接而成的楼板。目前建筑工程中多用叠合楼板。

预制薄板(预应力)与现浇混凝土面层叠合而成的装配整体式楼板,又称预制薄板叠合楼板。这种楼板以预制混凝土薄板为永久模板而承受施工荷载,板面现浇混凝土叠合层。

叠合楼板跨度一般为 4～6 m,最大可达 9.0 m,通常在 5.4 m 以内较为经济。预制薄板厚 50～70 mm,板宽 1.1～1.8 m。为了保证预制薄板与叠合层有较好的连接,薄板上表面需做处理,常见的有两种:一是在上表面作刻槽处理,刻槽直径 50 mm,深 20 mm,间距 150 mm;另一种是在薄板表面露出较规则的三角形的结合钢筋(见图 3-31)。叠合楼板运用于抗震烈度小于 9 度地区的民用建筑中。但对于处于侵蚀性环境,结构表面温度经常高于 60℃和耐火等级有较高要求的建筑物,应另作处理。它不适用于有机器设备振动的楼板。现浇层厚度一般为 50～100 mm。叠合楼板的总厚取决于板的跨度,一般为 120～180 mm。

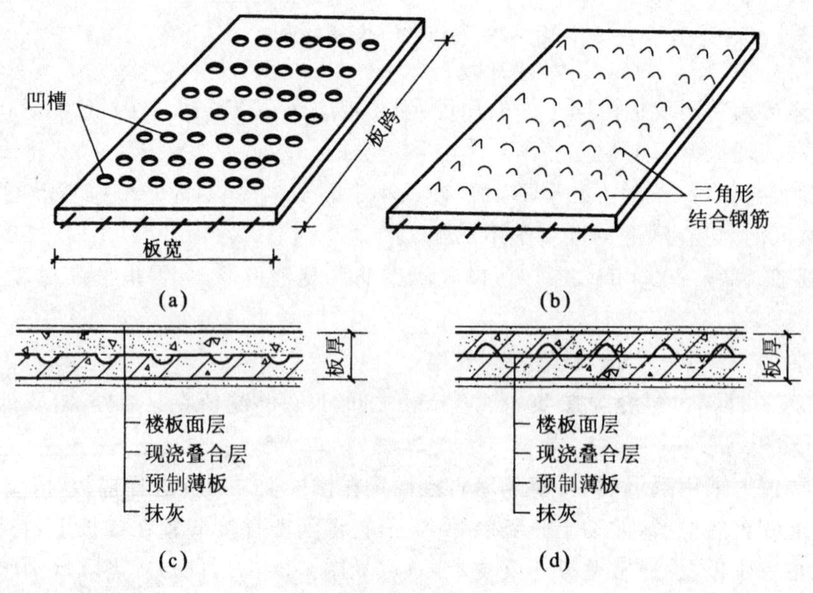

图 3-31 叠合楼板

(a) 板面凹槽;(b) 板面露出三角形结合钢筋;

(c) 凹槽叠合楼板;(d) 三角形结合筋叠合楼板

3.3 楼地面保温与防水构造

3.3.1 楼地面保温构造

地坪层指建筑物底层房间与土层的交接处。所起作用是承受地坪上的荷载,并均匀地传给地坪以下土层。按地坪层与土层间的关系不同,可分为实铺地层和空铺地层两类。另外,北方寒冷地区采用低温地板热水辐射采暖楼地面来保温。

1) 实铺地层

地坪的基本组成部分有面层、垫层和基层,对有特殊要求的地坪,常在面层和垫层之间增设一些附加层。北方寒冷地区对于室内温度要求较高的房间地面,一般需作保温处理,即从外墙内测算起0.5～1.0 m范围内的地面,应采取铺贴聚苯板或其他材料的保温措施(见图3-32)。

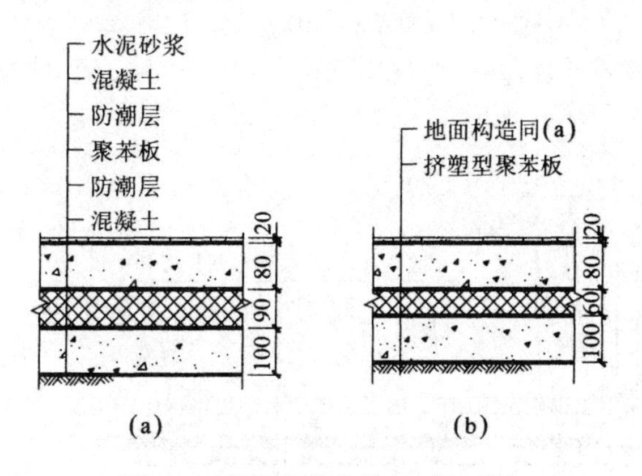

图 3-32 地面保温构造(单位:mm)

(a) 普通聚苯板保温地面;(b) 挤塑聚苯板保温地面

2) 空铺地层

为防止房屋底层房间受潮或满足某些特殊使用要求(例如舞台、体育训练、比赛场等的地层需要有较好的弹性),将地层架空形成空铺地层(见图3-33)。

3) 低温地板热水辐射采暖楼地面

北方寒冷地区采暖的做法中可采用低温地板热水辐射采暖楼地面(见图3-34)。采暖楼地面的特点是采暖用热水管以盘管形式埋设于楼地面内。管材有铝塑复合管、聚丁烯管等。其材料规格及其设备构造、热水温度等由采暖专业确定并出图。该楼地面的主要构造层分别设于地面的垫层上和楼面的结构楼板上,其主要构造层如下。

(1) 面层:一般为散热较好的、厚度较小的材料。如水泥砂浆、地砖、薄型木板及水泥砂浆上作涂料面层等。面层应适当分格。

(2) 填充层:一般用细石混凝土,厚度不小于60 mm,其内埋设热水管及两层低碳钢丝网。上层网系防止地面开裂用,下层网系固定热管用(固定时用绑扎或专用塑料卡具)。

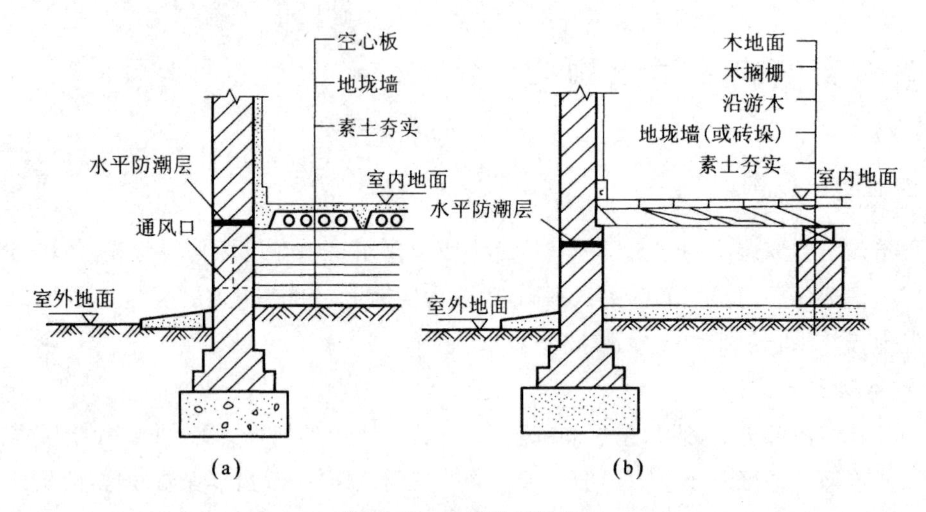

图 3-33 空铺地层构造

(a) 钢筋混凝土板空铺地层;(b) 木板空铺地层

(3) 保温层:一般为聚苯乙烯泡沫板,保温层上敷设一层真空镀铝聚酯薄膜或玻璃布铝箔(见图 3-34)。

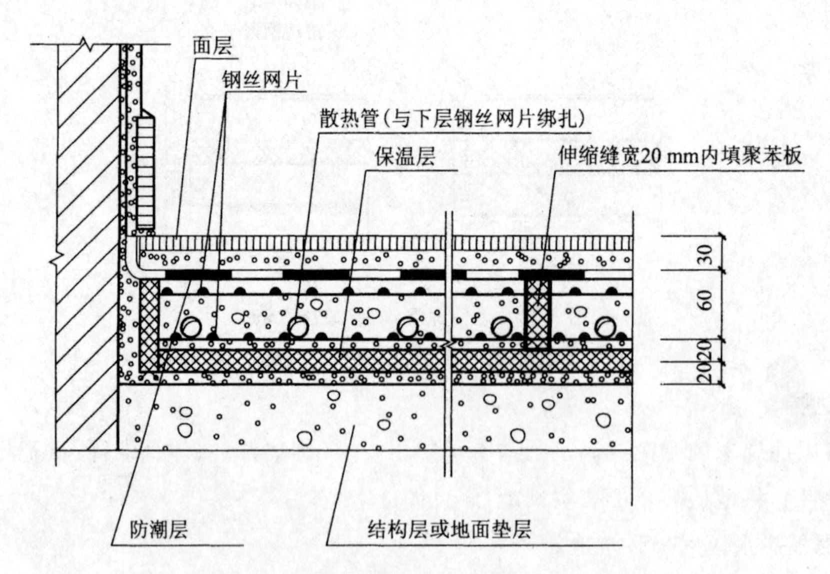

图 3-34 低温地板热水辐射采暖楼地面构造(单位:mm)

3.3.2 楼地面防水构造

对于无特殊防潮、防水要求的楼板层,通常采用 40 mm 厚的 C15 细石混凝土垫层,再在其上做面层即可。对于有防潮、防水要求的楼板层,其构造做法有:其一,对于只有普通防潮、防水要求的楼板层,采用 C15 细石混凝土,从四周向地漏处找坡,坡度为 0.5%(最薄处不少于 30 mm)即可;其二,对于防潮、防水要求高的楼板层(如卫生间),应在垫层或结构层与面层之间设防水层。常见的防水材料有卷材、防水砂浆、防水涂料等。为防止房间四周墙体受水,应将防水层四周卷起150 mm

高，门口处铺出宽度大于 250 mm(见图 3-35)。

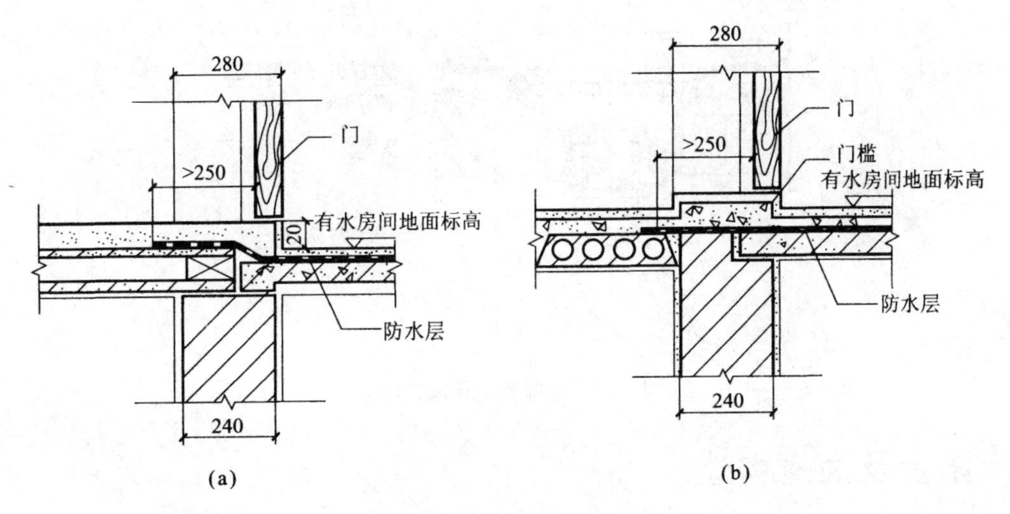

图 3-35 有水楼地面构造(单位:mm)

(a) 降低地面的方法；(b) 门口设置门槛

对于有防水要求的楼板层，当有管线穿越楼板时，应采用套管及密封处理(见图 3-36)。当有水漏管穿越楼板时，应采用防水层延伸入套管并密封处理(见图 3-37)。

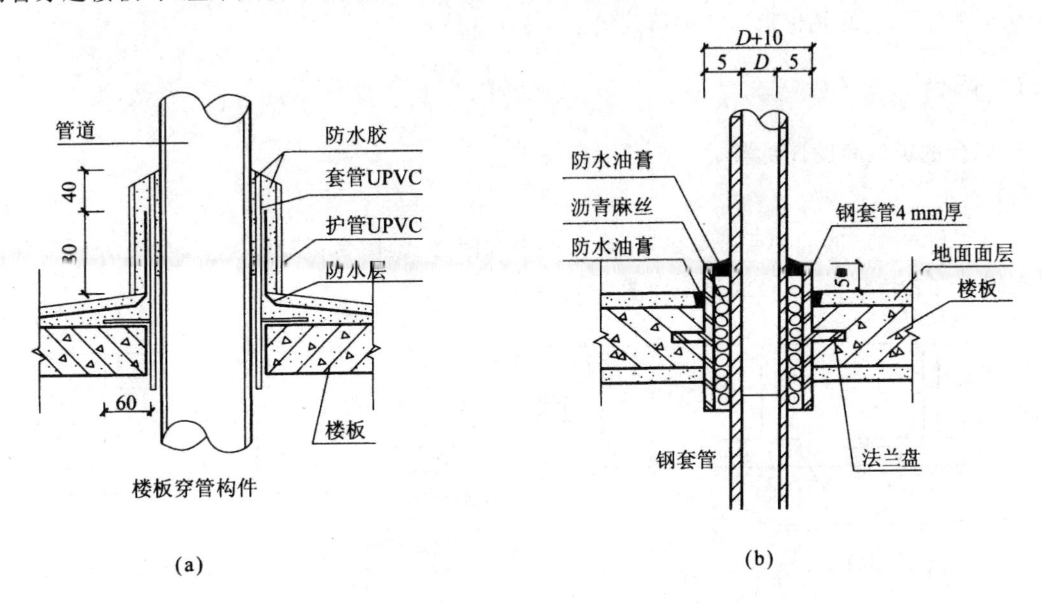

图 3-36 管线穿越楼板构造(单位:mm)

(a) 管线穿越楼板防水方法；(b) 管线穿越楼板加钢套管防水方法

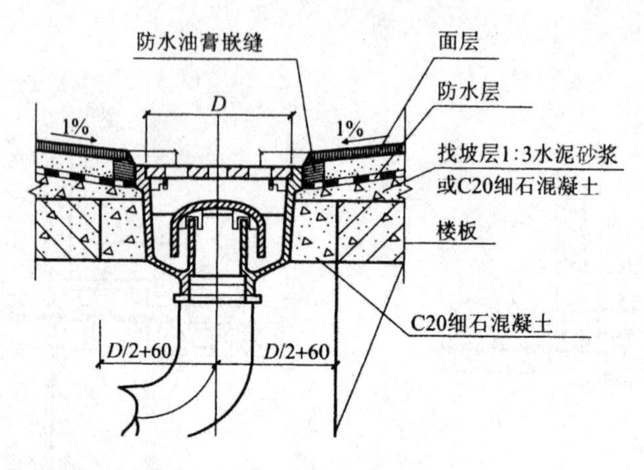

图 3-37　水漏管穿越楼板构造

3.4　阳台及雨篷构造

阳台是连接室内的室外平台，给居住在建筑里的人们提供一个舒适的室外活动空间，是多层住宅、高层住宅和旅馆等建筑中不可缺少的一部分。

雨篷位于建筑物出入口的上方，用来遮挡雨雪，保护外门免受侵蚀，给人们提供一个从室外到室内的过渡空间，并起到保护门和丰富建筑立面的作用。

3.4.1　阳台

1）阳台的类型和设计要求

（1）类型。

阳台按其与外墙面的关系分为挑阳台、半挑半凹阳台、凹阳台；按其在建筑中所处的位置可分为中间阳台和转角阳台，阳台的类型如图 3-38 所示。

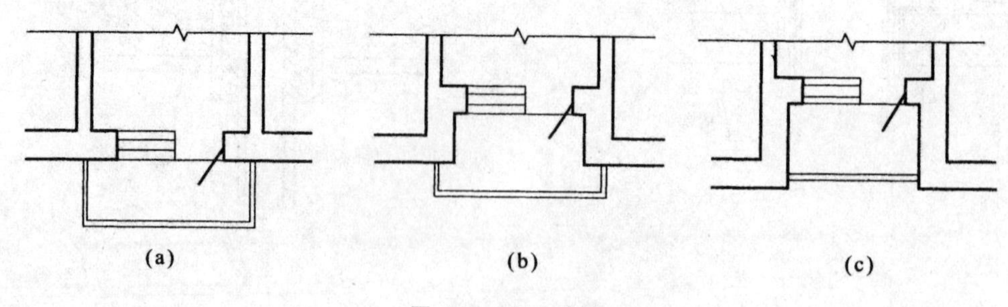

图 3-38　阳台类型

(a) 挑阳台；(b) 半挑半凹阳台；(c) 凹阳台

阳台按使用功能不同又可分为生活阳台（靠近卧室或客厅）和服务阳台（靠近厨房）。

（2）设计要求。

① 安全适用。悬挑阳台的挑出长度不宜过大，应保证在荷载作用下不发生倾覆现象，多以 1.2～1.8 m 为宜。阳台栏杆形式应能够防坠落（垂直栏杆间净距不应大于 110 mm），防攀爬（不设水

平栏杆)。放置花盆处,也应采取防坠落措施。

② 坚固耐久。阳台所用材料和构造措施应经久耐用,承重结构宜采用钢筋混凝土,金属构件应做防锈处理,表面装修应注意色彩的耐久性和抗污染性。

③ 排水顺畅。为防止阳台上的雨水流入室内,设计时要求将阳台地面标高低于室内地面标高20~50 mm,并将地面抹出5‰~1%的排水坡将水导入排水孔,使雨水能顺利排出。

④ 还应考虑地区气候特点。南方地区宜采用有助于空气流通的空透式栏杆,而北方寒冷地区和中高层住宅应采用实体栏杆,并满足立面美观的要求,为建筑物的形象增添风采。

2) 阳台结构布置方式

(1) 墙承式阳台　阳台板直接搁置在墙上,其板型和跨度通常与房间楼板一致。这种支承结构简单,施工方便,多用于凹阳台中(见图3-39(a))。

(2) 挑梁式阳台　从横墙内外伸挑梁,其上搁置预制楼板,这种结构布置简单、传力直接明确、阳台长度与房间开间一致。挑梁根部截面高度 H 为 $(1/6\sim1/5)L$,L 为悬挑净长,截面宽度为 $(1/3\sim1/2)h$。为美观起见,可在挑梁端头设置面梁,既可以遮挡挑梁头,又可以承受阳台栏杆重量,还可以加强阳台的整体性(见图3-39(b))。

(3) 压梁式阳台　阳台板与墙梁现浇在一起,墙梁的截面应比圈梁大,以保证阳台的稳定,而且阳台悬挑不宜过长,一般为1.2 m左右,并在墙梁两端设拖梁压入墙内(见图3-39(c))。

(4) 挑板式阳台　当楼板为现浇楼板时,可选择挑板式,悬挑长度一般为1.2 m左右。即从楼板外延挑出平板。板底平整美观而且阳台平面形式可做成半圆形、弧形、梯形、斜三角等各种形状。挑板厚度不小于挑出长度的1/12(见图3-39(d))。

3) 阳台构件形式与细部构造

(1) 阳台栏杆与扶手设计要求　栏杆扶手作为阳台的围护构件,应有足够的强度和适当的高度,做到坚固安全并具有美观实用的特点。

《民用建筑设计统一标准》(GB 50352—2019)中规定如下。

① 栏杆应以坚固、耐久的材料制作,并能承受荷载规范规定的水平荷载。

② 临空高度在24 m以下时,栏杆高度不应低于1.05 m;临空高度在24 m及24 m以上(包括中高层住宅)时,栏杆高度不应低于1.10 m。其中,栏杆高度应从楼地面或屋面至栏杆扶手顶面垂直高度计算,如底部有宽度大于或等于0.22 m,且高度低于或等于0.45 m的可踏部位,应从可踏部位顶面起计算(见图3-40)。

③ 栏杆离楼面或屋面0.10 m高度内不宜留空。

④ 住宅、托儿所、幼儿园、中小学及少年儿童专用活动场所的栏杆必须采用防止少年儿童攀登的构造,当采用垂直杆件做栏杆时,其杆件净距不应大于0.11 m。

⑤ 文化娱乐建筑、商业服务建筑、体育建筑、园林景观建筑等允许少年儿童进入活动的场所,当采用垂直杆件做栏杆时,其杆件净距也不应大于0.11 m(见图3-41)。

(2) 栏杆形式　栏杆的形式有空花式、混合式和实体式(见图3-42)。按材料又可分为砖砌栏杆、钢筋混凝土栏杆、金属栏杆和钢化玻璃栏杆等(见图3-43)。

墙体的连接等。

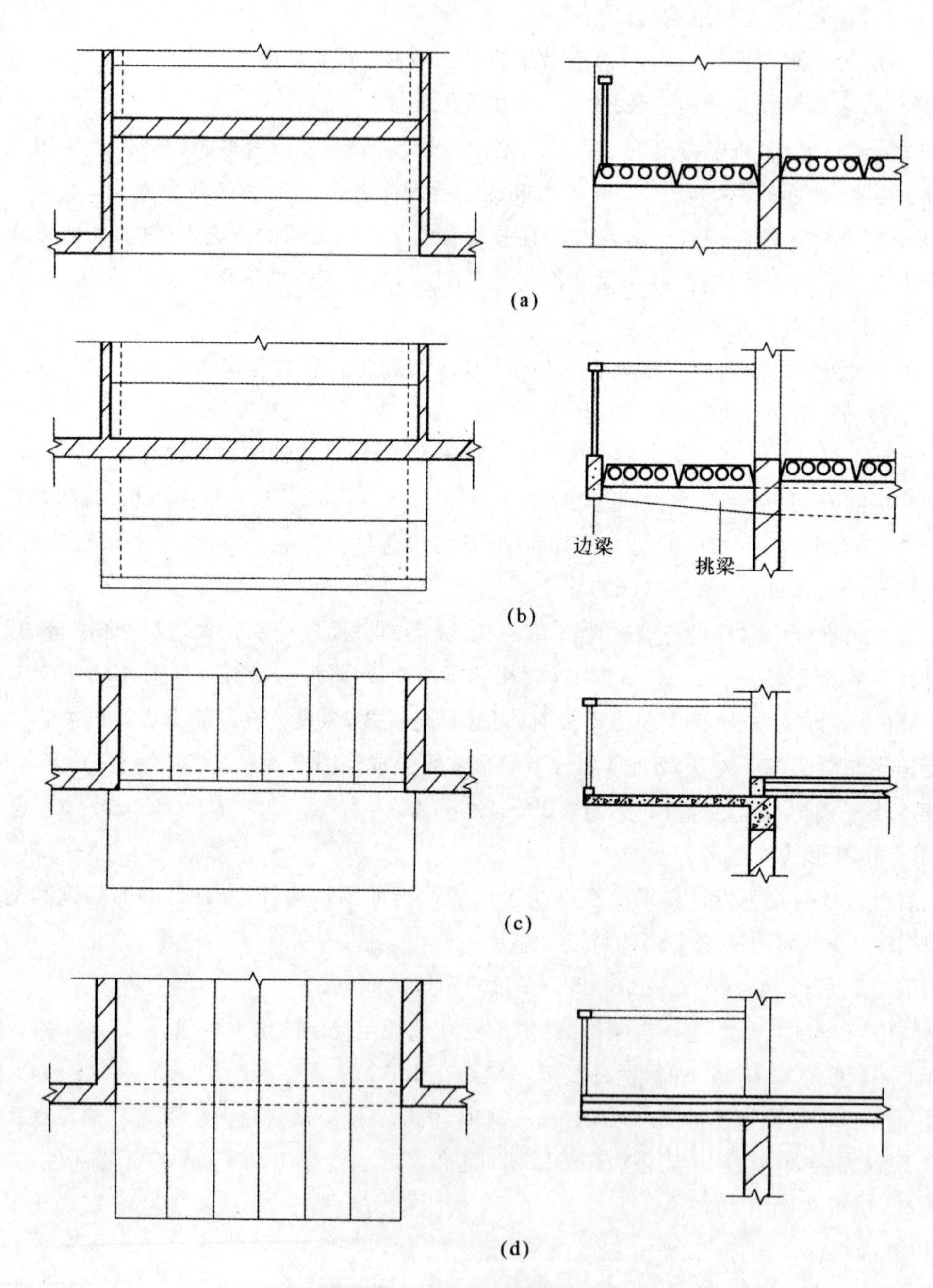

图 3-39　阳台结构布置方式

(a) 墙承式阳台;(b) 挑梁式阳台,(c) 压梁式阳台(墙梁悬挑);(d) 挑板式阳台(楼板悬挑)

(3) 栏杆扶手构造　栏杆扶手有金属和钢筋混凝土两种。金属扶手一般为钢管与金属栏杆焊接。钢筋混凝土扶手用途广泛,形式多样,有不带花台、带花台、带花池等形式。

阳台栏杆扶手细部构造主要包括栏杆与扶手的连接、栏杆与面梁(或称止水带)的连接、栏杆与墙体的连接等。

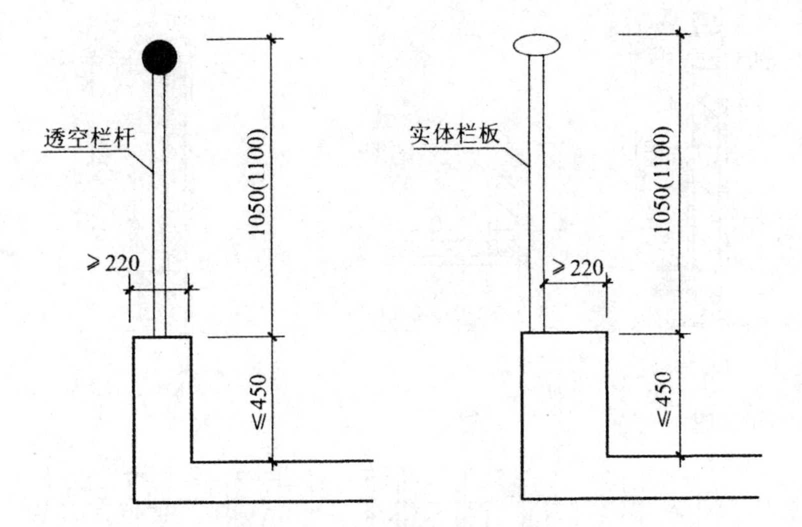

图 3-40 阳台栏杆高度计算(单位:mm)

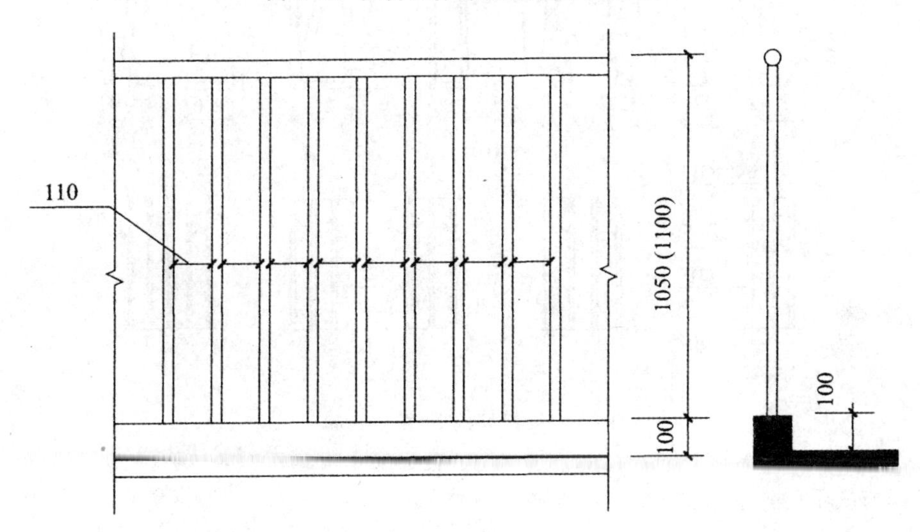

图 3-41 栏杆垂直净距(单位:mm)

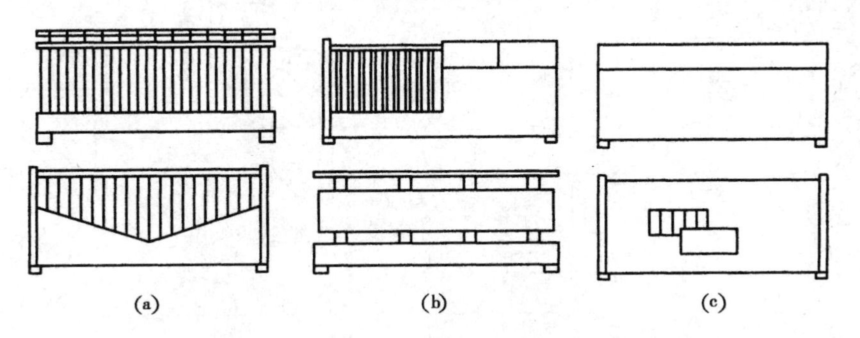

图 3-42 阳台栏杆形式

(a) 空花式;(b) 混合式;(c) 实体式

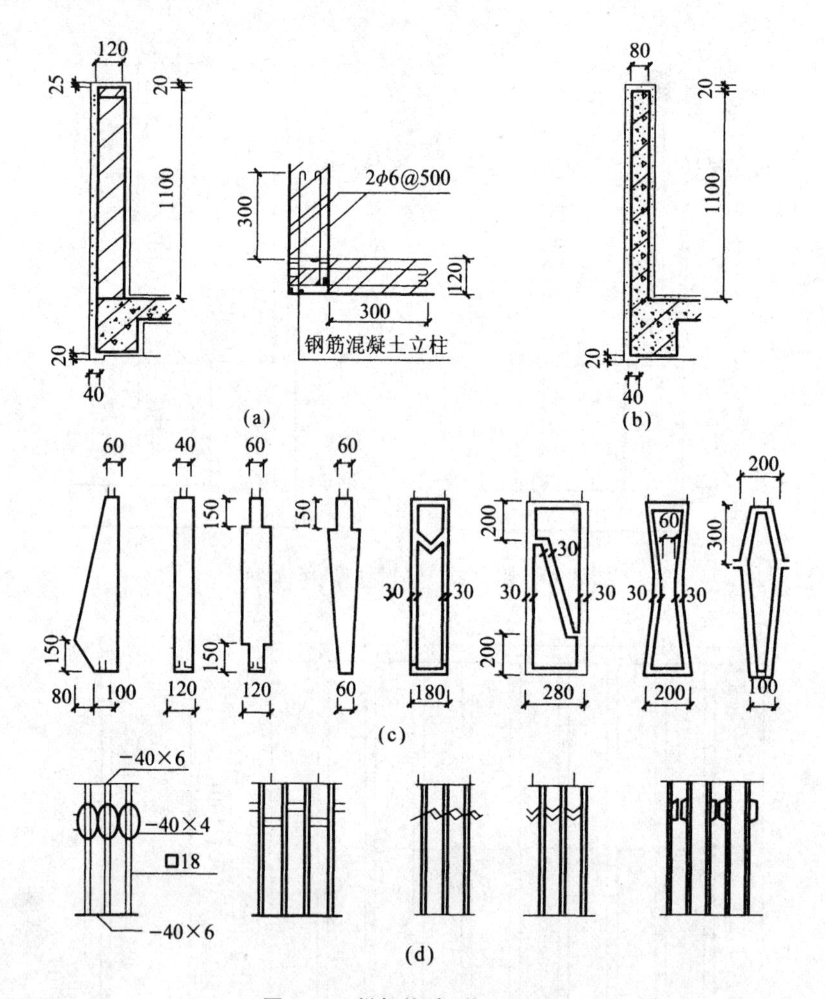

图 3-43　栏杆构造(单位:mm)

(a) 砖砌栏杆;(b) 钢筋混凝土栏杆;(c) 混凝土栏杆细部;(d) 金属栏杆细部

① 栏杆与扶手的连接方式有焊接、现浇等方式(见图 3-44)。

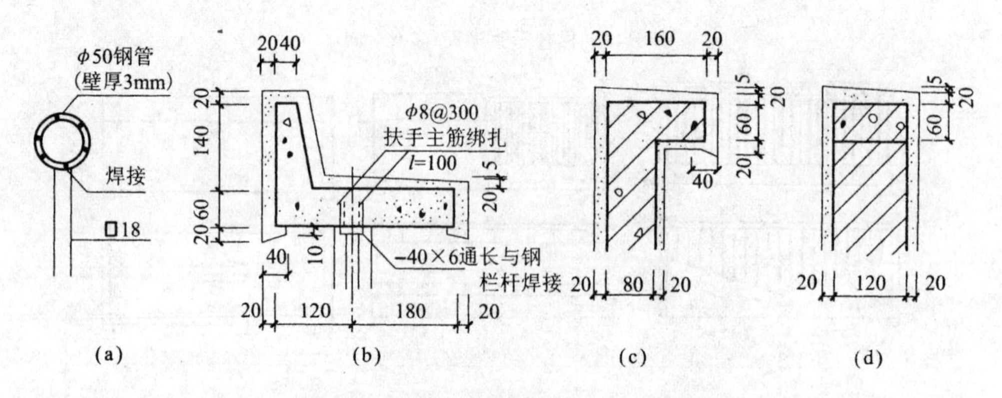

图 3-44　栏杆与扶手的连接(单位:mm)

(a) 金属扶手;(b)、(c) 混凝土扶手;(d) 砖砌扶手

② 栏杆与面梁或阳台板的连接方式有焊接、榫接坐浆、现浇等方式(见图 3-45)。

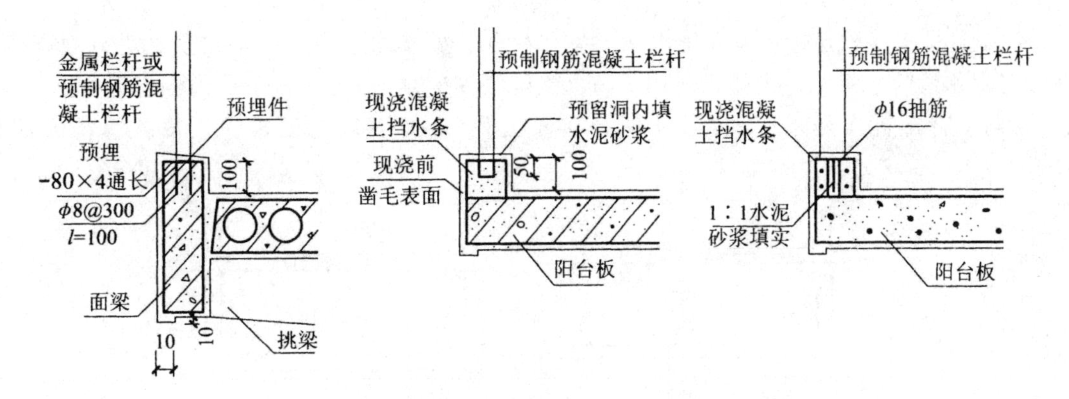

图 3-45 栏杆与面梁或阳台板的连接(单位:mm)

③ 扶手与墙体的连接,应将扶手或扶手中的钢筋伸入外墙的预留洞中,用细石混凝土或水泥砂浆填实固牢;现浇钢筋混凝土栏杆与墙体连接时,应在墙体内预埋 240 mm×240 mm×120 mm 的 C20 细石混凝土块,从中伸出 2ϕ6 钢筋长 300 mm,与扶手中的钢筋绑扎后再进行现浇(见图 3-46)。

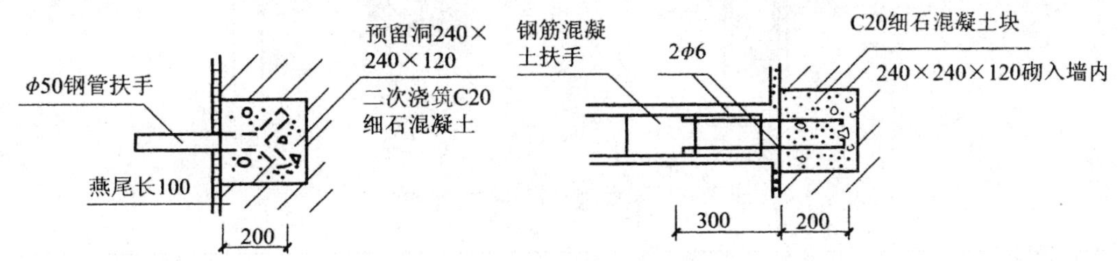

图 3-46 扶手与墙体的连接(单位:mm)

(4) 阳台隔板 阳台隔板用于连接双阳台,有砖砌隔板和钢筋混凝土隔板两种。砖砌隔板一般采用 60 mm 和 120 mm 厚两种,由于其荷载较大且整体性较差,所以现多采用钢筋混凝土隔板。钢筋混凝土隔板采用 C20 细石混凝土预制 60 mm 厚,下部预埋铁件与阳台预埋铁件焊接,其余各边伸出 ϕ6 钢筋与墙体、挑梁和阳台栏杆、扶手相连(见图 3-47)。

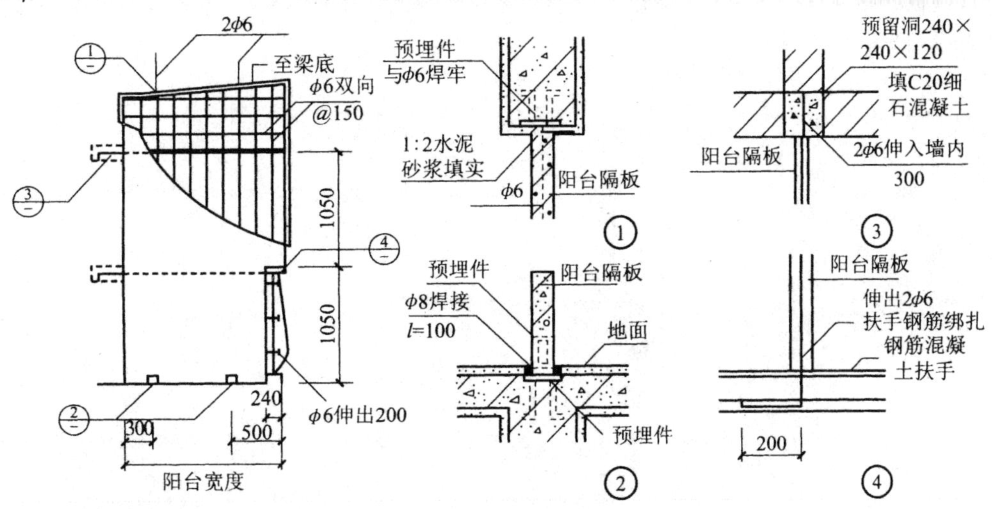

图 3-47 钢筋混凝土隔板构造(单位:mm)

(5) 阳台排水　阳台排水有外排水和内排水两种。外排水适用于低层和多层建筑,即在阳台外侧设置泄水管将水排出。内排水适用于高层建筑和高标准建筑,即在阳台内侧设置排水立管和地漏,将雨水直接排入地下管网,保证建筑立面美观,南方多雨地区常采用内排水的方法(见图 3-48)。

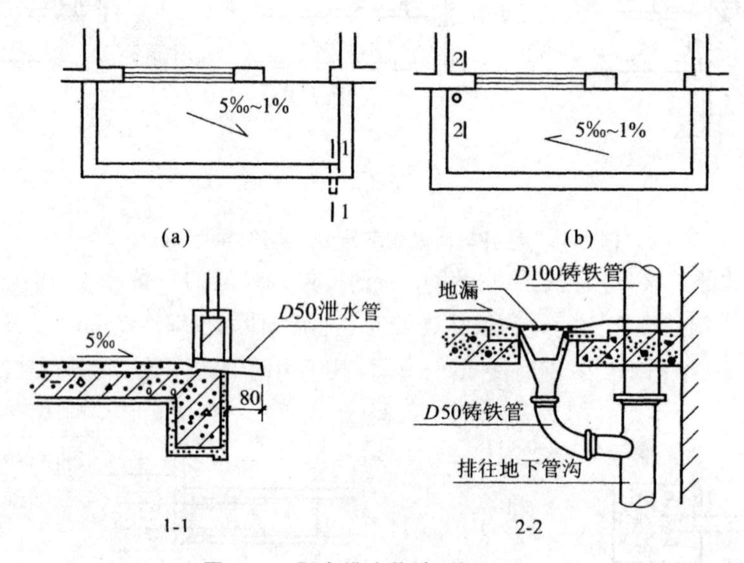

图 3-48　阳台排水构造(单位:mm)

3.4.2　雨篷

根据雨篷板的支承方式不同,雨篷有悬板式和梁板式两种。

1) 悬板式

悬板式雨篷外挑长度一般为 0.9～1.5 m,板根部厚度不小于挑出长度的 1/12,雨篷宽度比门洞每边宽 250 mm,雨篷排水方式可采用无组织排水和有组织排水两种。雨篷顶面距过梁顶面 250 mm高,板底抹灰可抹 1∶2 水泥砂浆内掺 5%防水剂的防水砂浆 15 mm 厚,小尺度雨篷多用于次要出入口(见图 3-49(a))。

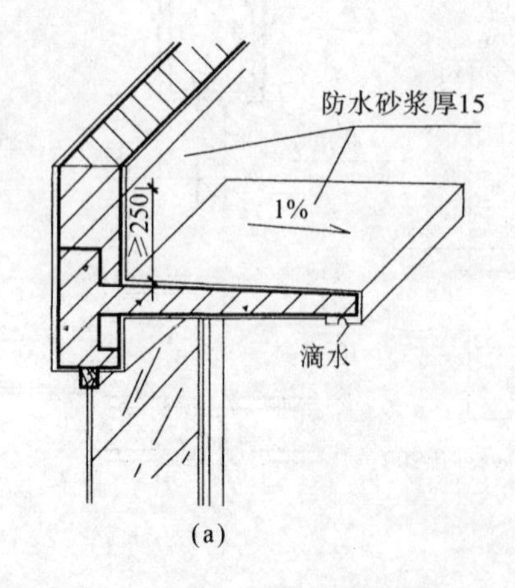

图 3-49　钢筋混凝土雨篷构造(单位:mm)

(a) 悬板式雨篷;(b) 梁板式雨篷;(c) 上、下翻梁板式雨篷

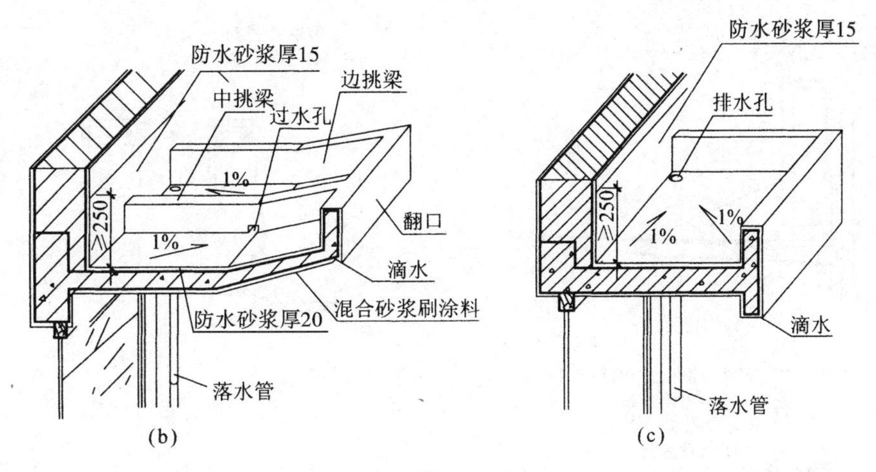

续图 3-49

2）梁板式

梁板式雨篷多用在宽度较大的入口处，悬挑梁从建筑物的柱上或梁上挑出，为使板底平整，多做成倒梁式（见图 3-49(b)、(c)）。

除了传统的钢筋混凝土雨篷外，近年来在工程中也出现了造型轻巧，富有时代感的钢结构雨篷。其支承系统有的用钢柱，有的与钢筋混凝土柱相连，还有的是采用悬拉索结构（见图 3-50、图 3-51）。

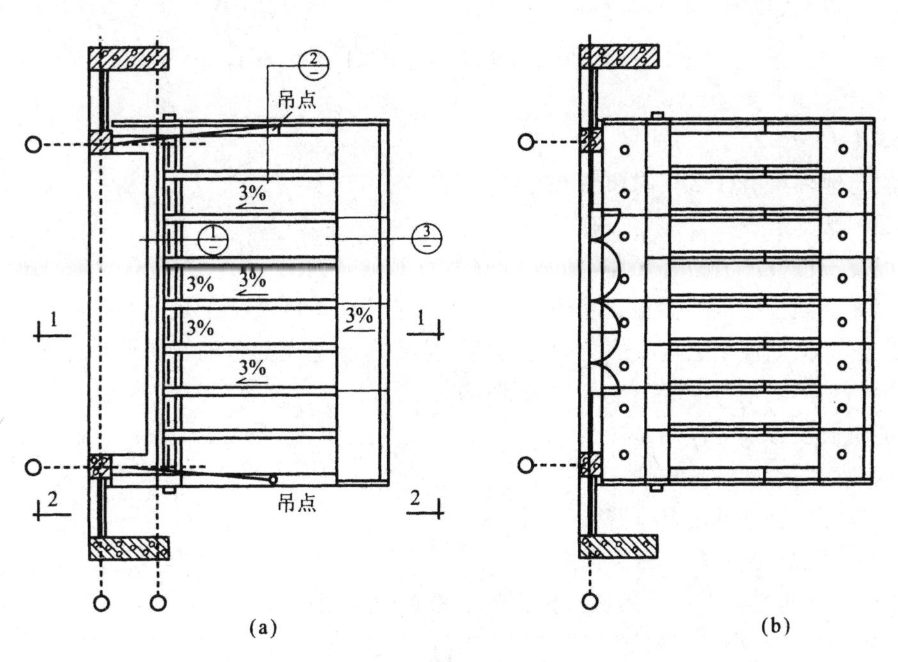

图 3-50 钢结构雨篷示意图(一)

(a) 雨篷示意图；(b) 顶视图

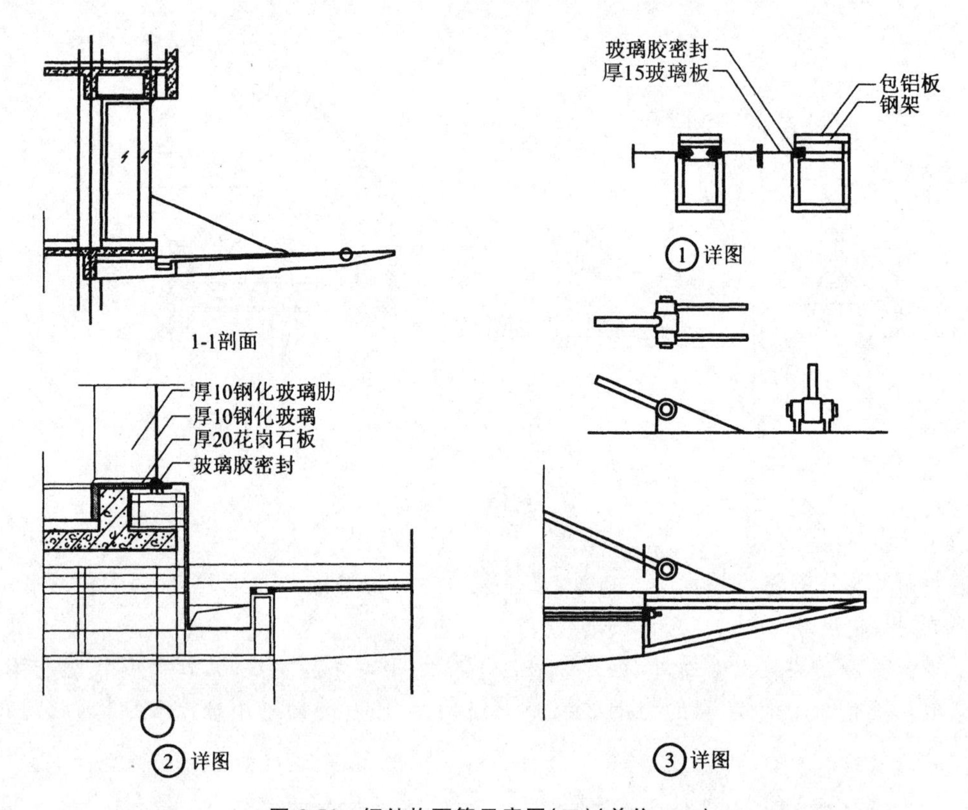

图 3-51 钢结构雨篷示意图(二)(单位:mm)

【思考与练习】

3-1 楼板层与地坪层有什么相同和不同之处?

3-2 楼板层的基本组成及设计要求有哪些?

3-3 钢筋混凝土楼板的类型有几种? 各有什么特点?

3-4 现浇钢筋混凝土楼板的类型有哪些? 它们各自适用的范围及特点是什么?

3-5 预制装配式钢筋混凝土楼板的类型有哪些? 它们各自适用的范围及特点是什么?

3-6 图示预制装配式钢筋混凝土楼板的细部构造。

3-7 地坪的组成及各层的作用是什么?

3-8 图示楼地面防水的细部构造。

3-9 楼地面隔声的基本方法有哪些?

3-10 图示阳台的结构布置方案的类型。

3-11 绘图说明钢筋混凝土栏杆压顶及栏杆与阳台板的连接构造。

3-12 图示钢筋混凝土小尺度雨篷的构造。

3-13 阳台栏杆的设计要求有哪些?

4 楼梯构造

【本章要点】

4-1 了解有关电梯设计及构造的基本知识；

4-2 熟悉室外台阶及坡道的设计及构造；

4-8 熟悉装配式钢筋混凝土楼梯构造；

4-4 熟悉有高差处无障碍设计的构造；

4-5 掌握楼梯设计方面的知识，包括楼梯尺寸的确定及楼梯设计的方法和步骤；

4-6 掌握现浇钢筋混凝土楼梯构造及细部构造；

4-7 掌握楼梯平面和剖面表达方式。

4.1 楼梯概述

建筑物各个不同楼层之间的联系，需要有上、下交通设施，此项设施有楼梯、电梯、自动扶梯、爬梯以及坡道等。电梯多用于层数较多或有特种需要的建筑物中，即使设有电梯或自动扶梯的建筑物，也必须同时设置楼梯，以便紧急时使用。楼梯设计要求为：坚固、耐久、安全、防火，并能做到上、下通行方便，即搬运必要的家具物品时，有足够的通行宽度和疏散能力。并且，楼梯还应有一定的美观要求。

此外，在建筑物入口处，因室内外地面的高差而设置的踏步，称为台阶。为方便车辆、轮椅通行，可增设坡道。

楼梯主要由楼梯梯段、楼梯平台及栏杆扶手三部分组成（见图 4-1）。

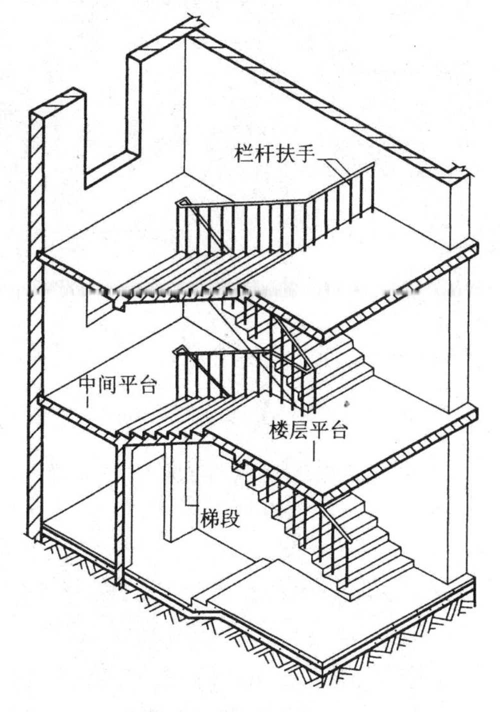

图 4-1 楼梯的组成

1）楼梯梯段

设有踏步供建筑物楼层之间上下行走的通道段落称为楼梯梯段。踏步又分为踏面（供行走时踏脚的水平部分）和踢面（形成踏步高差的垂直部分）。楼梯的坡度大小就是通过踏步尺寸表达的。

2）楼梯平台

楼梯平台是指连接两楼梯段之间的水平部分。平台用来帮助楼梯转折或连通某个楼层，也可供使用者在攀登了一定的距离后稍事休息。平台的标高有两种：与楼层标高相一致的平台称为正平台（楼层平台），介于两个楼层之间的平台称为半平台（中间平台或休息平台）。

3）栏杆扶手

栏杆是布置在楼梯梯段和平台边缘处起一定安全保障作用的围护构件。扶手一般附设于栏杆顶部，也可附设于墙上，称为靠墙扶手。

4.2 钢筋混凝土楼梯构造

构成楼梯的材料可以是木材、钢材、钢筋混凝土或多种材料混合使用。由于钢筋混凝土楼梯具有较好的结构刚度和强度，较理想的耐久、耐火性能，并且在施工、造型和造价等方面也有较多优势，故应用最为普遍。

钢筋混凝土楼梯按施工方法不同，主要有现浇整体式和预制装配式两类。

4.2.1 现浇整体式钢筋混凝土楼梯

现浇整体式钢筋混凝土楼梯的整体性好、刚度大，有利于抗震，但模板耗费多，施工周期长，受季节温度影响大。一般适用于抗震要求高、楼梯形式和尺寸变化多的建筑物。

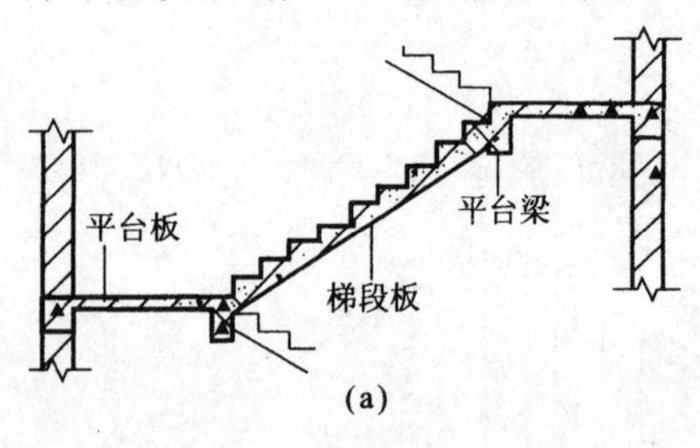

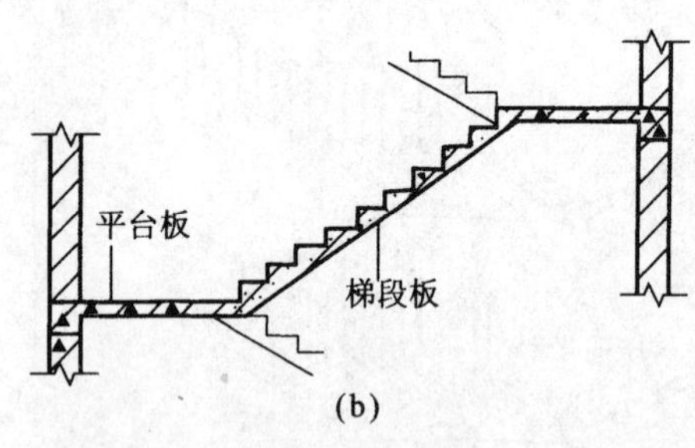

图 4-2 现浇整体式钢筋混凝土板式楼梯

(a) 有平台梁；(b) 无平台梁

现浇整体式钢筋混凝土楼梯按梯段的结构形式不同，可分为板式楼梯和梁式楼梯两种。

1）板式楼梯

板式楼梯的梯段是一块斜放的板，它通常由梯段板、平台梁和平台板组成。梯段板承受着梯段的全部荷载，然后通过平台梁将荷载传给墙体或柱子(见图 4-2(a))。当通行高度有要求时，也可取消梯段板一端或两端的平台梁，使平台板与梯段板连为一体，使折线形的板直接支承于墙或梁上(见图 4-2(b))。

一些公共建筑和庭园建筑中，可采用悬臂板式楼梯，其特点是梯段和平台均无支承，完全靠上下楼梯段与平台组成的空间板式结构与上下层楼板或框架梁结构共同来受力，其特点为造型新颖轻巧，空间感好(见图 4-3)。

板式楼梯的梯段底面平整，外形简洁，便于支模施工，当梯段跨度(长度)的水平投影不大时(一般不超过 4.5 m)常采用。而当梯段跨度(长度)的水平投影较大时，梯段板厚度增加，自重较大，钢材和混凝土用量多，经济性较差，这时多用梁式楼梯。

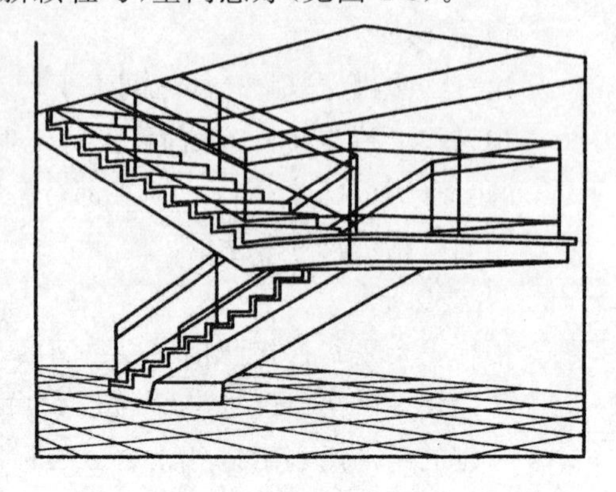

图 4-3 悬壁板式楼梯

2）梁式楼梯

梁式楼梯的梯段是由踏步板和梯段斜梁(简称梯梁)组成。梯段的荷载由踏步板传递给梯段斜梁，梯段斜梁再传给平台梁，最后平台梁将荷载传给墙体或柱子。

梯段斜梁通常设两根，分别布置在踏步板两侧。梯段斜梁与踏步板的相对位置有两种。

(1) 梯段斜梁在踏步板之下，踏步外露，称为明步楼梯(见图 4-4(a))。

(2) 梯段斜梁在踏步板之上，形成反梁，踏步包在里面，称为暗步楼梯(见图 4-4(b))。

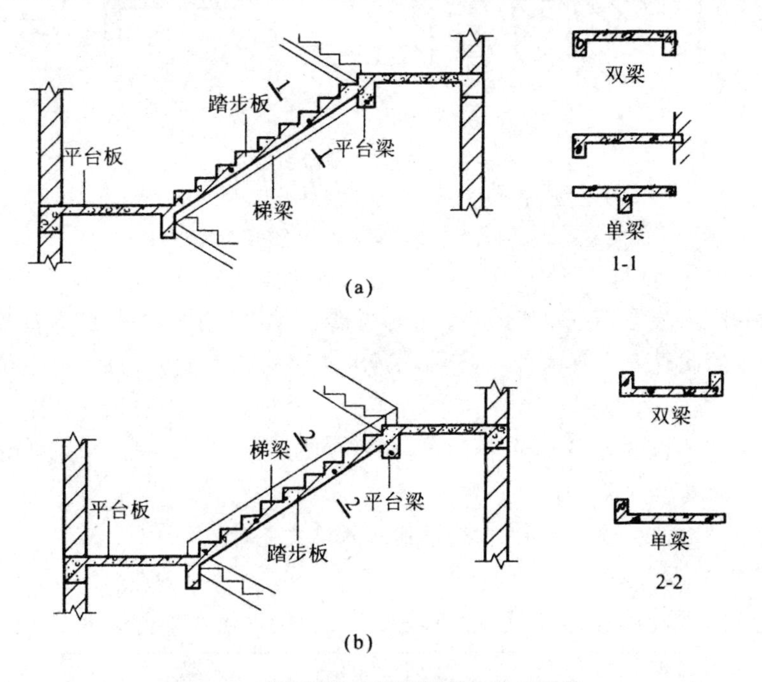

图 4-4 现浇整体式钢筋混凝土梁式楼梯

(a)明步楼梯；(b)暗步楼梯

梯段斜梁也可以只设一根，通常有两种形式：一种是踏步板的一端设梯段斜梁，另一端搁置在墙上，省去一根梯段斜梁，可减少用料和模板，但施工不便；另一种是用单梁悬挑踏步板，即梯段斜梁布置在踏步板中部或一端，踏步板悬挑，这种形式的楼梯结构受力较复杂，但外形独特、轻巧，一般适用于通行量小、梯段尺度与荷载都不大的楼梯。当荷载或梯段跨度较大时，梁式楼梯比板式楼梯的钢材和混凝土用量少、自重轻。因此，采用梁式楼梯比较经济。但同时也要注意到：梁式楼梯在支模、扎筋等施工操作方面较板式楼梯复杂。

4.2.2 预制装配式钢筋混凝土楼梯

装配式钢筋混凝土楼梯由于其生产、运输、吊装和建筑体系的不同，存在着许多不同的构造形式。根据构件尺度的差别，大致可将装配式楼梯分为小型构件装配式、中型构件装配式和大型构件装配式三种。

1) 小型构件装配式楼梯

小型构件装配式楼梯是将梯段、平台分割成若干部分，分别预制成小型构件装配而成。由于构件尺寸小、重量轻，因此制作、运输和安装简便，造价较低。但构件数量多、施工速度慢，因此，它主要适用于施工吊装能力较差的情况。一般预制构件和它们的支承构件是分开制作的，预制构件是指踏步构件和平台板。

(1) 预制踏步构件。

钢筋混凝土预制踏步的断面形式有三角形、L形和一字形三种(见图 4-5),其尺寸按设计要求确定。

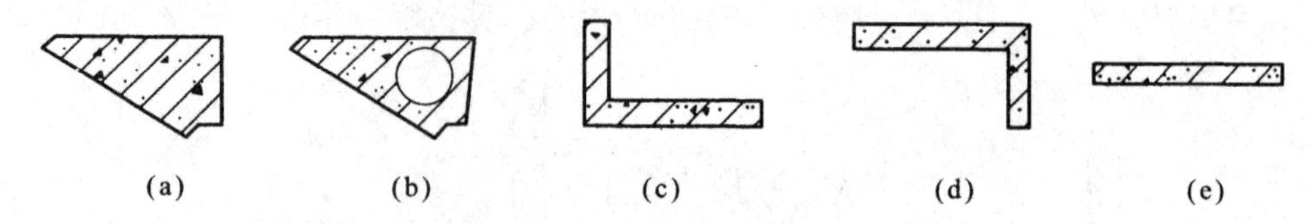

图 4-5 预制踏步的断面形式

(a) 实心三角形踏步;(b) 空心三角形踏步;(c) 正置L形踏步;
(d) 倒置L形踏步;(e) 一字形踏步

三角形踏步始见于20世纪50年代,其拼装后底面平整。实心三角形踏步自重较大,为减轻自重,可将踏步内抽孔,形成空心三角形踏步。L形踏步自重轻、用料省,但拼装后底面形成折板,容易积灰。L形踏步的搁置方式有两种:一种是正置,即踢板朝上搁置;另一种是倒置,即踢板朝下搁置。

一字形踏步只有踏板没有踢板,制作简单,存放方便,外形轻巧。必要时,可用砖补砌踢板。

(2) 踏步构件的支承方式。

预制踏步的支承方式主要有梁承式、墙承式和悬挑式三种。

① 梁承式楼梯。

预制踏步支承在梯段斜梁上,形成梁式梯段,梯段斜梁支承在平台梁上。任何一种形式的预制踏步构件都可以采用这种支承方式。

梯段斜梁的断面形式,视踏步构件的形式而定。三角形踏步一般采用矩形梯段斜梁,楼梯为暗步时,可采用L形梯段斜梁。L形和一字形踏步应采用锯齿形梯段斜梁。预制踏步在安装时,踏步之间以及踏步与梯段斜梁之间应用水泥砂浆坐浆。L形和一字形踏步预留孔洞应与锯齿形梯梁上预埋的插铁套接,孔内用水泥砂浆填实。

平台梁一般为L形断面,将梯段斜梁搁置在L形平台梁的翼缘上或在矩形断面平台梁的两端局部做成L形断面,形成缺口,将梯梁插入缺口内。这样,不会由于梯段斜梁的搁置,导致平台梁底面标高降低而影响平台净高。梯段斜梁与平台梁的连接,一般采用预埋铁件焊接,或预留孔洞和插铁套接。

预制踏步梁承式楼梯构造如图 4-6 所示。

② 墙承式楼梯。

预制踏步的两端支承在墙上,这样荷载将直接传递给两侧的墙体。墙承式楼梯不需要设梯梁和平台梁,踏步多采用L形或一字形踏步板。

墙承式楼梯构造简单、受力合理、节约材料。它主要适用于直跑楼梯,若为双跑楼梯,则需要在楼梯间中部砌墙,用以支承踏步。这样极易造成楼梯间空间狭窄,视线受阻,给人流通行和家具设备搬运带来不便,为改善这种状况,可在墙上适当位置开设观察孔(见图 4-7)。

③ 悬挑式楼梯。

踏步板的一端支承在墙上,另一端悬挑,利用悬挑的踏步板承受梯段全部荷载,并直接传递给

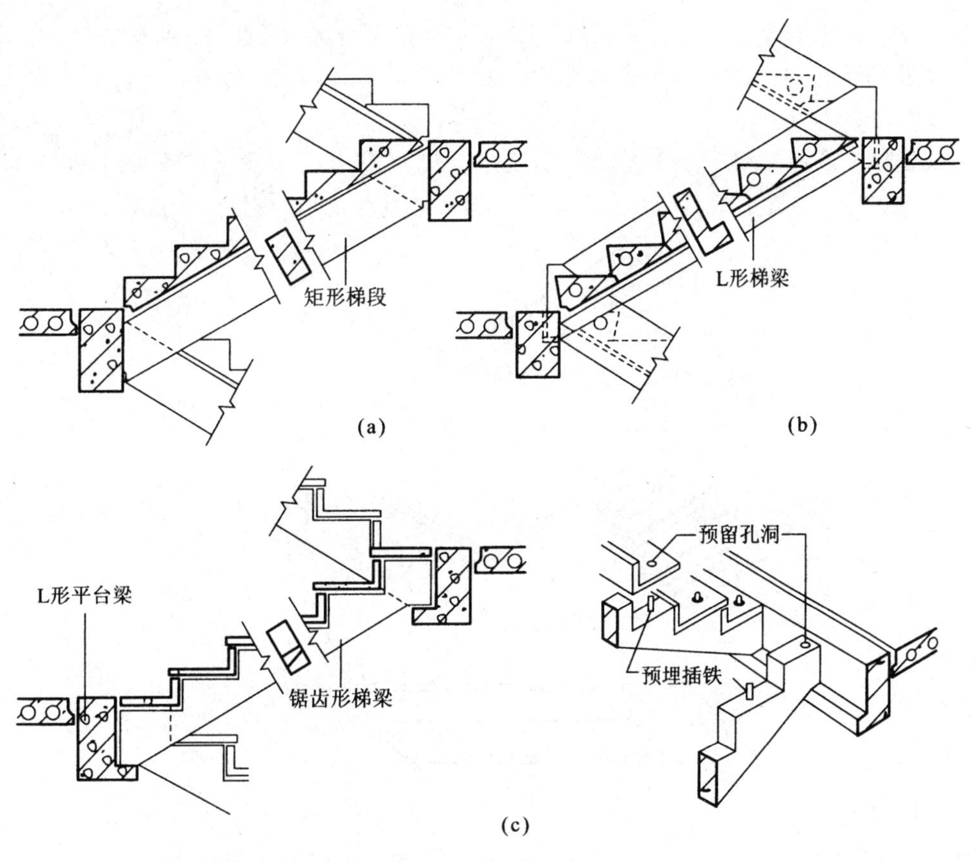

图 4-6 预制踏步梁承式楼梯构造

(a) 三角形踏步与矩形梯梁组合(明步楼梯);(b) 三角形踏步与L形梯梁组合(暗步楼梯);

(c) L形(或一字形)踏步与锯齿形梯梁组合

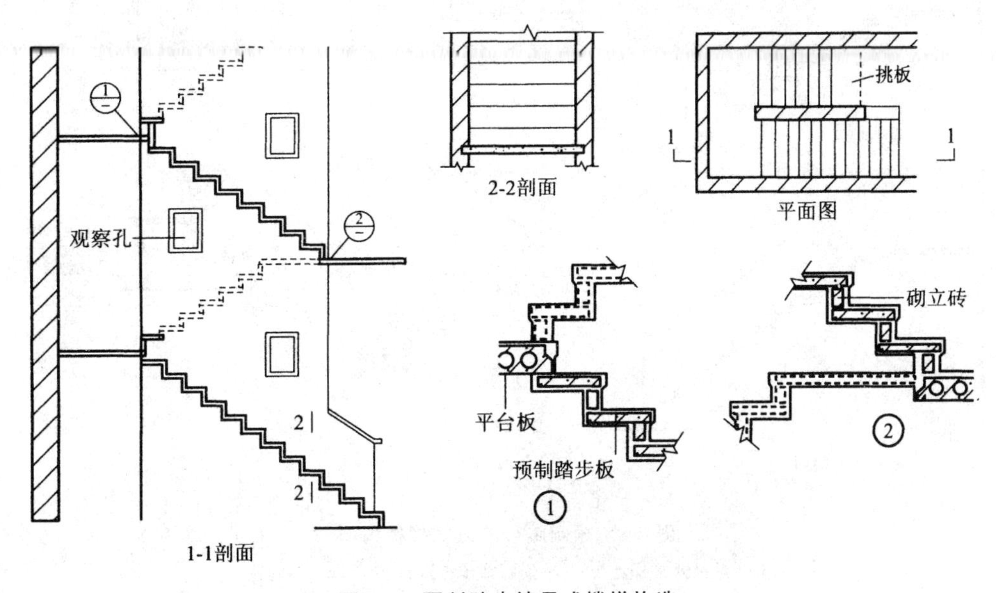

图 4-7 预制踏步墙承式楼梯构造

墙体。预制踏步板挑出部分多为L形断面,压在墙体内的部分为矩形断面(见图4-8(a)、(b))。从结构安全性方面考虑,楼梯间两侧的墙体厚度一般不应小于240 mm,踏步悬挑长度即楼梯宽度一般不超过1500 mm。

悬挑式楼梯不设梯梁和平台梁,因此构造简单、施工方便。安装预制踏步板时,须在踏步板临空一侧设临时支撑,以防倾覆。通常用于非地震区,楼梯宽度较小的建筑物(见图4-8(c))。

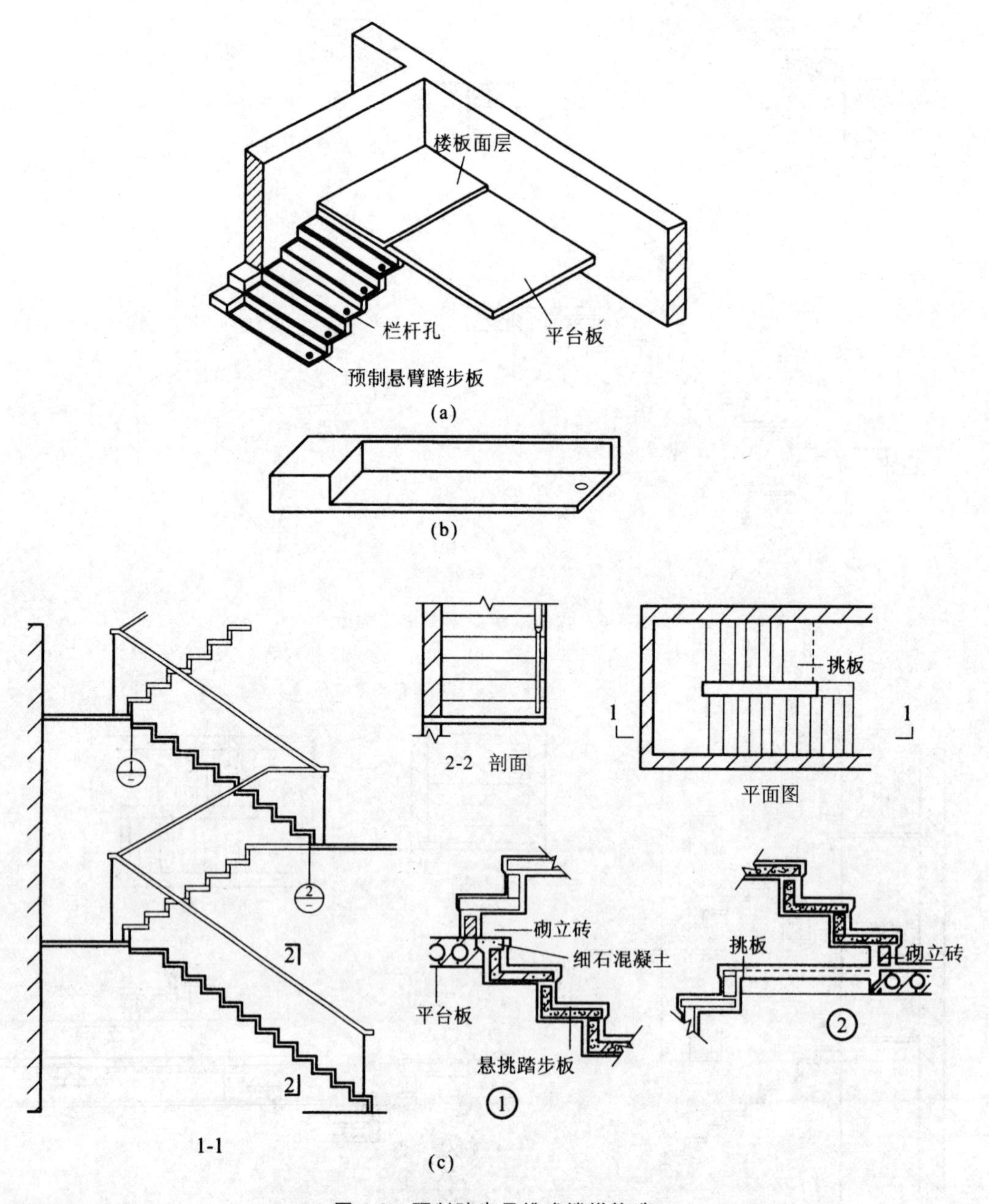

图4-8 预制踏步悬挑式楼梯构造

(a) 悬挑式楼梯透视;(b) 预制踏步板;(c) 悬挑式楼梯构造

(3) 平台板。

平台板宜采用预制钢筋混凝土空心板或槽形板，两端直接支承在楼梯间的横墙上(见图 4-9(a))。对于梁承式楼梯，平台板也可采用小型预制平板，支承在平台梁和楼梯间的纵墙上(见图 4-9(b))。

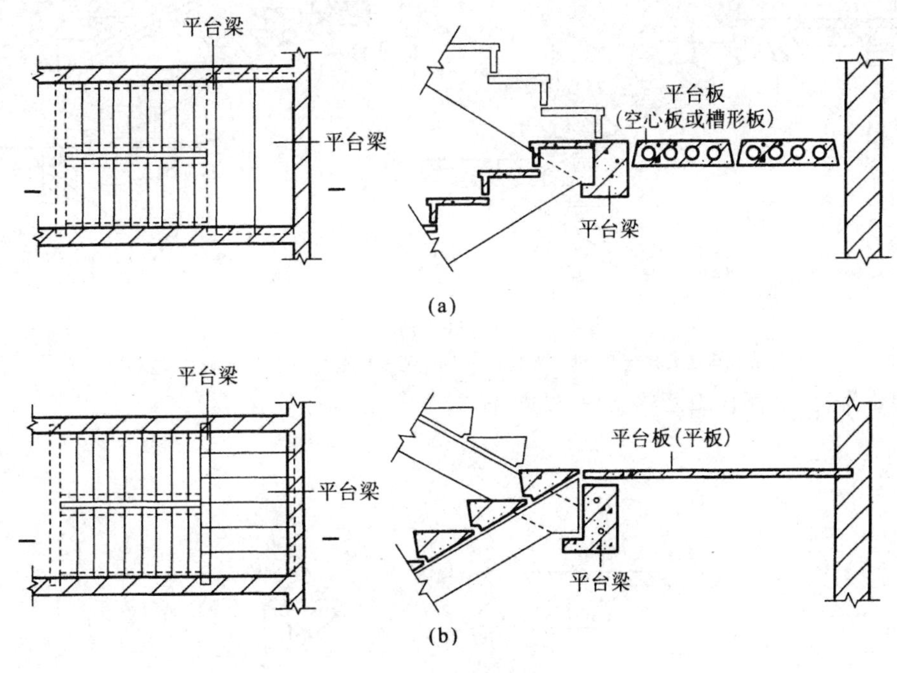

图 4-9 平台板的布置

2) 中型构件装配式楼梯

中型构件装配式楼梯只有两类构件，即楼梯段和平台板(包括平台梁)。与小型构件相比，构件的种类减少，这样可以简化施工，加快建设速度，但要求有一定的吊装能力。

(1) 楼梯段。

整个楼梯段是一个构件，按其结构形式不同，有板式梯段和梁式梯段两种。

① 板式梯段。

梯段为预制整体梯段板，两端搁置在平台梁出挑的翼缘上，将梯段荷载直接传递给平台梁。

板式梯段按构造方式不同，有实心和空心两种类型。实心梯段板自重较大(见图 4-10(a))，在吊装能力不足时，可沿宽度方向分块预制，安装时拼成整体。为减轻自重，可将板内抽孔，形成空心梯段板(见图 4-10(b))。

空心梯段板有横向抽孔和纵向抽孔两种，其中横向抽孔制作方便，应用广泛，当梯段板厚度较大时，可以纵向抽孔。

② 梁式梯段。

梁式梯段是由踏步板和梯梁共同组成一个构件，它一般采用暗步，即梯段梁上翻包住踏步，形成槽板式梯段。将踏步根部的踏面与踢面相交处做成斜面，使其平行于踏步底板，这是为了在梯板厚度不变的情况下，可将整个梯段底面上升，从而减少混凝土用量，减轻梯段自重。梯段有空心、实心和折板三种形式，空心梁式梯段只能横向抽孔。折板式梯段是用料最省、自重最轻的一种形式，

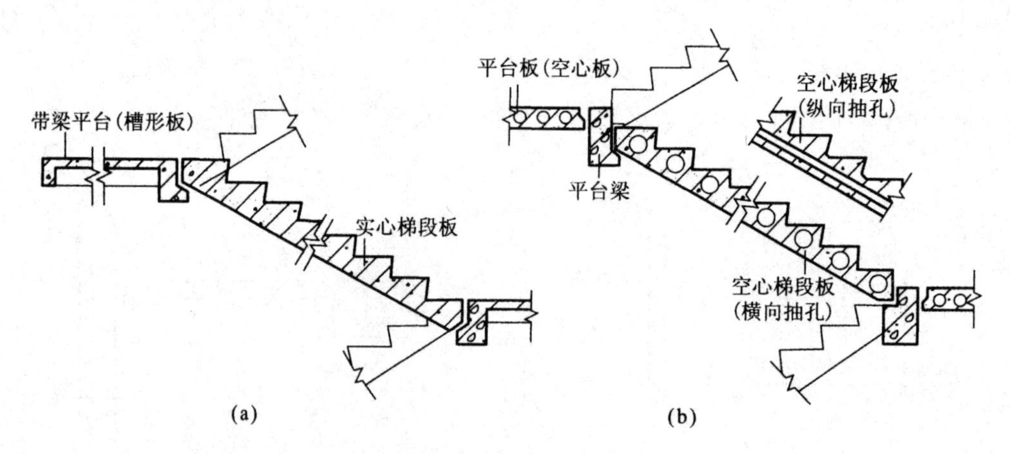

图 4-10 预制板式梯段与平台

(a)实心梯段板与带梁平台板(槽形板);(b)空心梯段板与平台梁、平台板(空心板)

但楼梯底面不平整,且制作工艺较复杂(见图 4-11)。

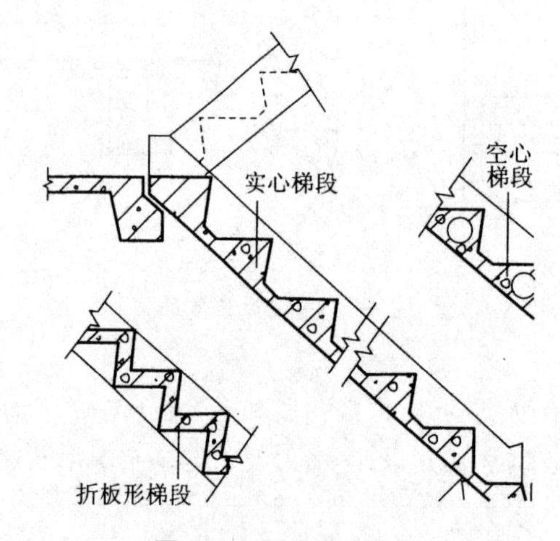

图 4-11 预制梁式梯段

(2) 平台板。

中型构件装配式楼梯通常将平台梁和板组合在一起预制成一个构件,形成带梁的平台板。这种平台板一般采用槽形板,与梯段连接处的板肋做成 L 形梁,以便连接(见图 4-10(a))。

当生产、吊装能力不足时,可将平台板和平台梁分开预制,平台梁采用 L 形断面,平台板可用普通的预制钢筋混凝土楼板,两端支承在楼梯间横墙上(见图 4-10(b))。

(3) 梯段的搁置。

梯段两端搁置在 L 形的平台梁上,平台梁出挑的翼缘顶面有平面和斜面两种,其中斜顶面翼缘简化了梯段搁置构造,便于制作、安装,因此使用多于平顶面翼缘(见图 4-12(a)、(b))。梯段搁置处,除有可靠的支承面外,还应将梯段与平台连接在一起,以加强整体性。梯段安装前应先在平台梁上坐浆(铺设水泥砂浆),使构件间的接触面贴紧,受力均匀。安装时,用预埋铁件焊接的方式,或将梯段预留孔套接在平台梁的预埋插铁上,孔内用水泥砂浆填实的方式,将梯段和平台梁连接在一起(见图 4-12(a)、(b))。底层第一跑楼梯段的下端应设基础或基础梁以支承梯段,基础常用材料有：毛石、砖、混凝土、钢筋混凝土（见图 4-12(c)、(d)）。

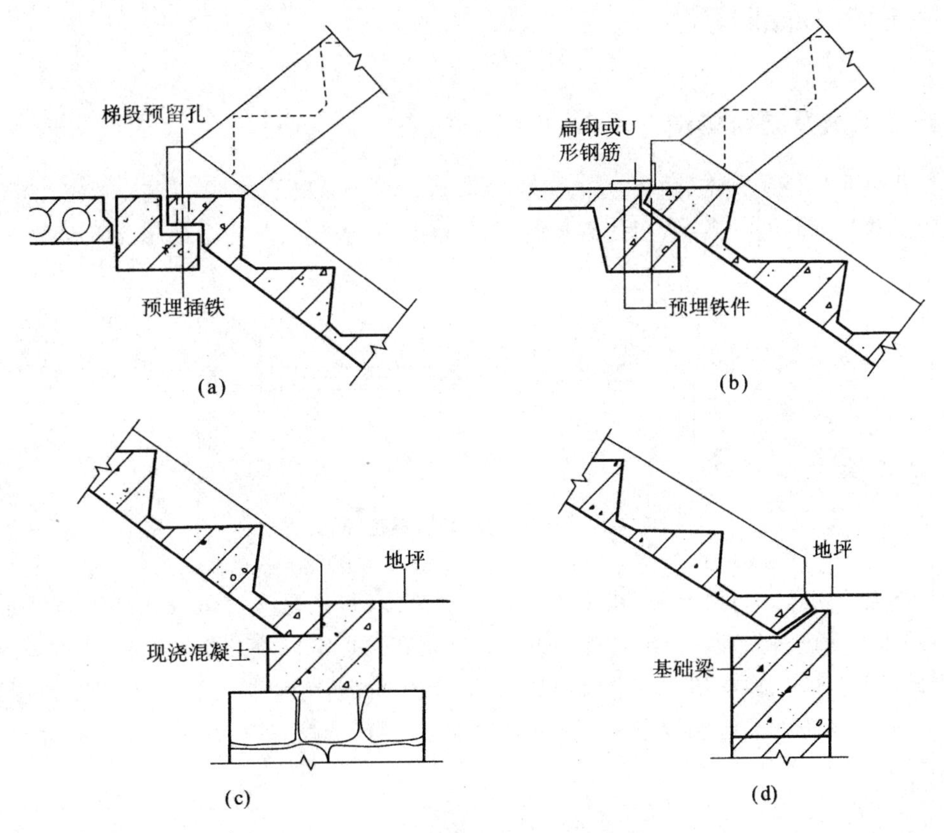

图 4-12　梯段的搁置与连接构造

(a) 梯段与平台梁的连接（套接）；(b) 梯段与平台梁的连接（焊接）；
(c) 梯段与基础的连接；(d) 梯段与基础梁的连接

3）大型构件装配式楼梯

大型构件装配式楼梯，是把整个梯段和平台板预制成一个构件。按结构形式不同，有板式楼梯和梁式楼梯两种（见图 4-13(a)、(b)）。这种楼梯的构件数量少，装配化程度高，施工速度快，但需要大型运输、起重设备，主要用于大型装配式建筑中。

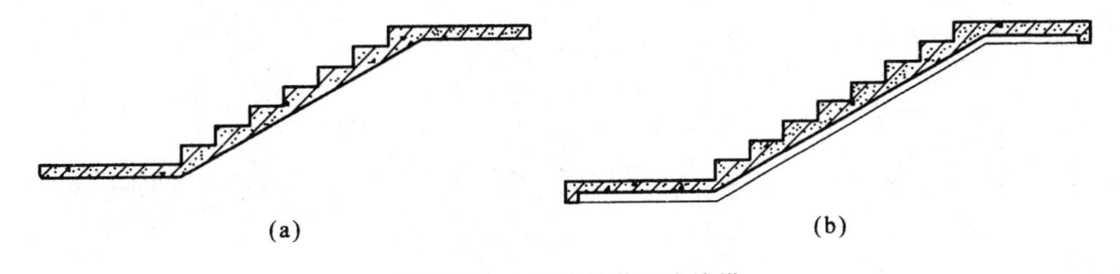

图 4-13　大型构件装配式楼梯

(a) 板式楼梯；(b) 梁式楼梯

4.3 楼梯的细部构造

4.3.1 踏步面层及防滑构造

楼梯踏步面层应便于行走、耐磨、防滑并保持清洁。踏步面层的材料，视装修要求而定，一般与门厅或走道的楼地面材料一致，常用的有水泥砂浆、水磨石、大理石和防滑地砖等(见图 4-14)。

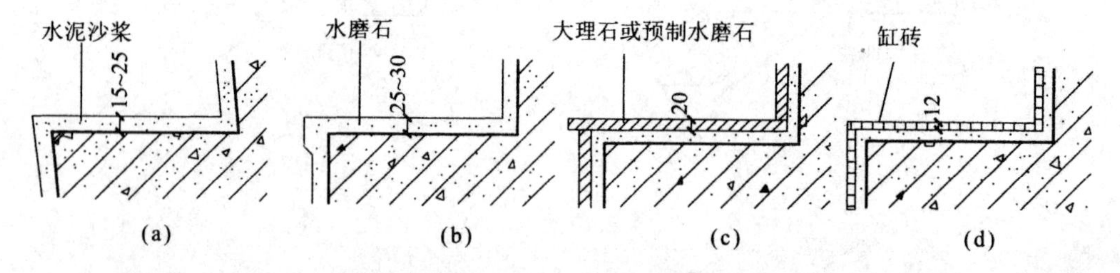

图 4-14 踏步面层构造(单位:mm)

(a) 水泥砂浆面层;(b) 水磨石面层;(c) 天然石或人造石面层;(d) 缸砖面层

为防止行人使用楼梯时滑倒，踏步表面应有防滑措施，特别是人流量大或踏步表面光滑的楼梯，必须对踏步表面进行处理。防滑处理的方法通常是在接近踏口处设置防滑条，防滑条的材料主要有:金刚砂、陶瓷锦砖、橡皮条、金属材料和陶瓷地砖楼梯踏步专用制品等。也可用带槽的金属材料包住踏口，这样既防滑又起保护作用。在踏步两端近栏杆(或墙)处一般不设防滑条，踏步防滑构造如图 4-15 所示。

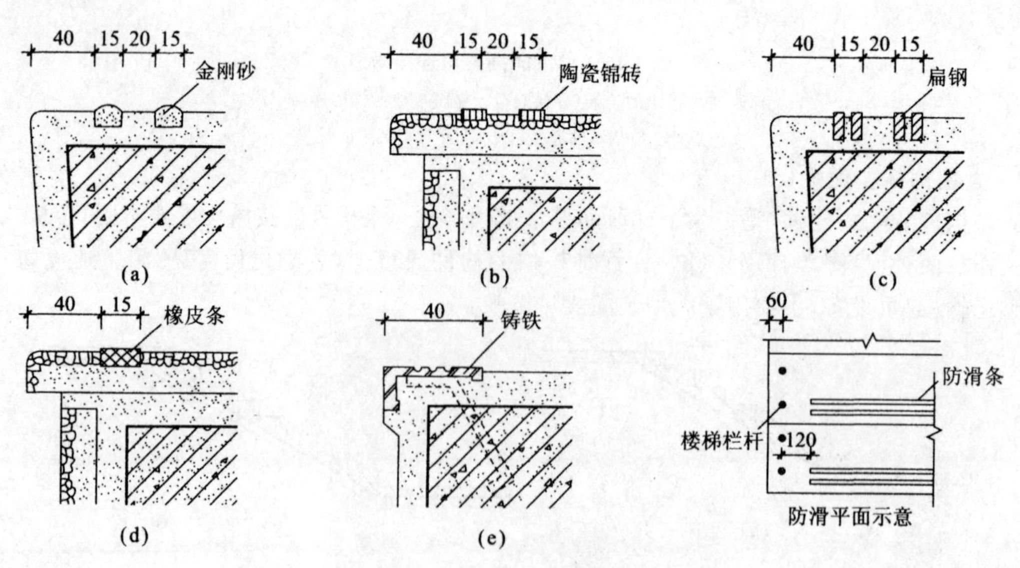

图 4-15 踏步防滑构造(单位:mm)

(a) 金刚砂防滑条;(b) 陶瓷锦砖防滑条;(c) 扁钢防滑条;

(d) 橡皮条防滑条;(e) 铸铁防滑包口

4.3.2 栏杆和扶手构造

1）栏杆构造

楼梯栏杆有空花栏杆、栏板式栏杆和组合式栏杆三种。

(1) 空花栏杆。

空花栏杆一般采用圆钢、方钢、扁钢和钢管等金属材料做成。常用断面尺寸为圆钢 ϕ16～ϕ25、方钢 15 mm×15 mm 或 25 mm×25 mm、扁钢(30～50)mm×3 6 mm、钢管 ϕ20～ϕ50。空花栏杆的形式如图 4-16 所示。

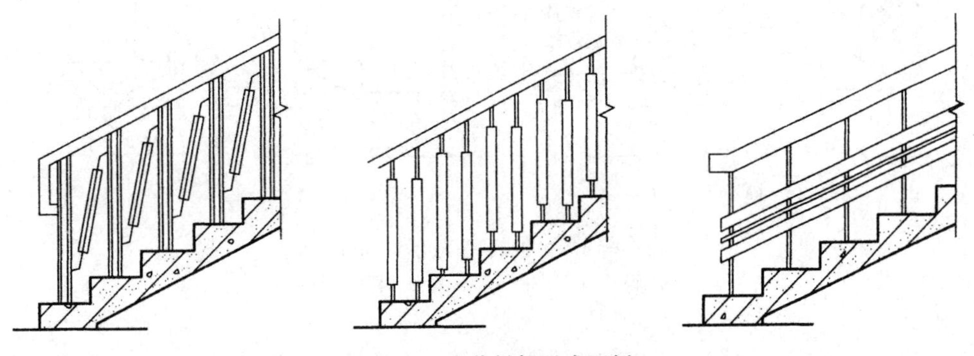

图 4-16 空花栏杆形式不例

在托儿所、幼儿园、中小学及少年儿童专用活动场所的楼梯，梯井净宽大于 0.20 m 时，必须采取防止少年儿童攀滑的措施，楼梯栏杆应采取不易攀登的构造，当采用垂直杆件做栏杆时，其杆件净距不应大于 0.11 m。

栏杆与梯段应有可靠的连接，具体方法有以下几种。

① 预埋铁件焊接。将栏杆的立杆与梯段中预埋的钢板或套管焊接在一起(见图 4-17(a))。

② 预留孔洞插接。将端部做成开脚或倒刺的栏杆插入梯段预留的孔洞内，用水泥砂浆或细石混凝土填实(见图 4-17(b))。

③ 螺栓连接。用螺栓将栏杆固定在梯段上，固定方式有若干种，如用板底螺帽栓紧贯穿踏板的栏杆等(见图 4-17(c))。

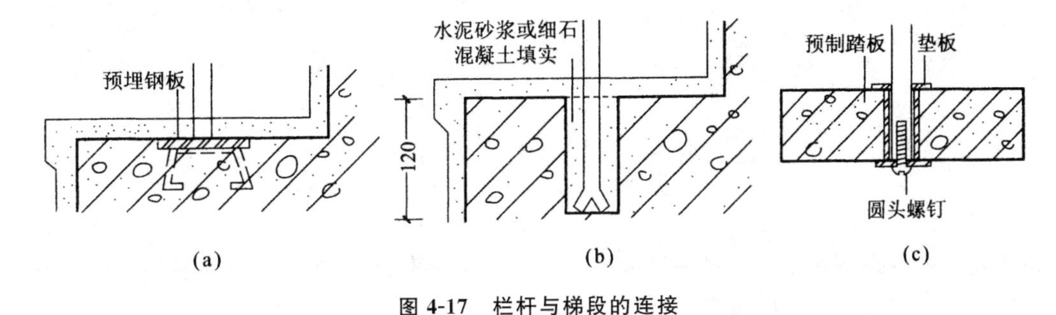

图 4-17 栏杆与梯段的连接

(a) 预埋铁件焊接；(b) 预留孔洞插接；(c) 螺栓连接

(2) 栏板式栏杆。

栏板式栏杆通常采用现浇或预制的钢筋混凝土板，钢丝网水泥板或砖砌栏板，也可采用具有较好装饰性的有机玻璃、钢化玻璃等作栏板。钢丝网水泥板是在钢筋骨架的侧面先铺钢丝网，后抹水泥砂浆而成(见图 4-18(a))。

砖砌栏板是用砖侧砌成 1/4 砖厚，为增加其整体性和稳定性，通常在栏板中加设钢筋网，并且用现浇的钢筋混凝土扶手连成整体(见图 4-18(b))。

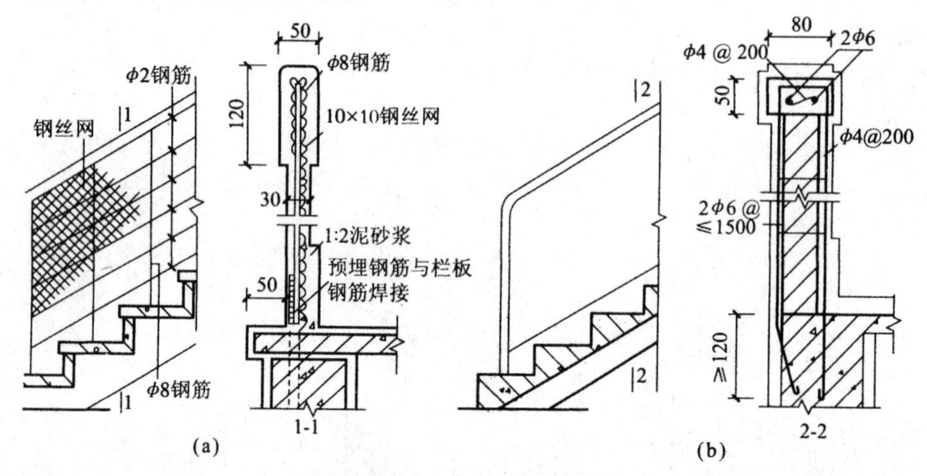

图 4-18　栏板式栏杆(单位:mm)

(a) 钢丝网水泥栏板;(b) 砖砌栏板(60 厚)

(3) 组合式栏杆。

组合式栏杆是将空花栏杆与栏板组合而成的一种栏杆形式。其中空花栏杆多用金属材料制作，栏板可用钢筋混凝土板、砖砌栏板、有机玻璃等材料制成(见图 4-19)。

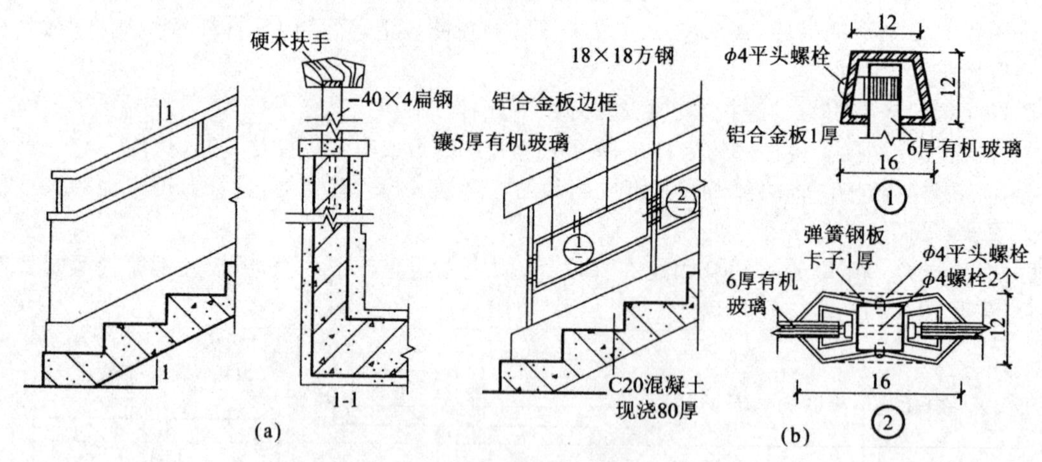

图 4-19　组合式栏杆(单位:mm)

(a)金属栏杆与钢筋混凝土板组合;(b)金属栏杆与有机玻璃板组合

2) 扶手构造

扶手位于栏杆顶部。空花栏杆顶部的扶手一般采用硬木、塑料和金属材料制作，其中硬木和金属扶手应用较为普遍。扶手的断面形式和尺寸应方便手握抓牢，扶手顶面宽一般为 40～90 mm，扶手构造如图 4-20(a)、(b)、(c)所示。栏板顶部的扶手可用水泥砂浆或水磨石抹面而成，也可用水磨石板、大理石、木材贴面而成(见图 4-20(d)、(e)、(f))。

扶手与栏杆应有可靠的连接，其方法视扶手和栏杆的材料而定。硬木扶手与金属栏杆的连接，通常是在金属栏杆的顶端先焊接一根通长扁钢，然后用木螺丝将扁钢与扶手连接在一起。塑料扶手与金属栏杆的连接方法和硬木扶手类似。金属扶手与金属栏杆多采用焊接。扶手的形式如图 4-20 所示。

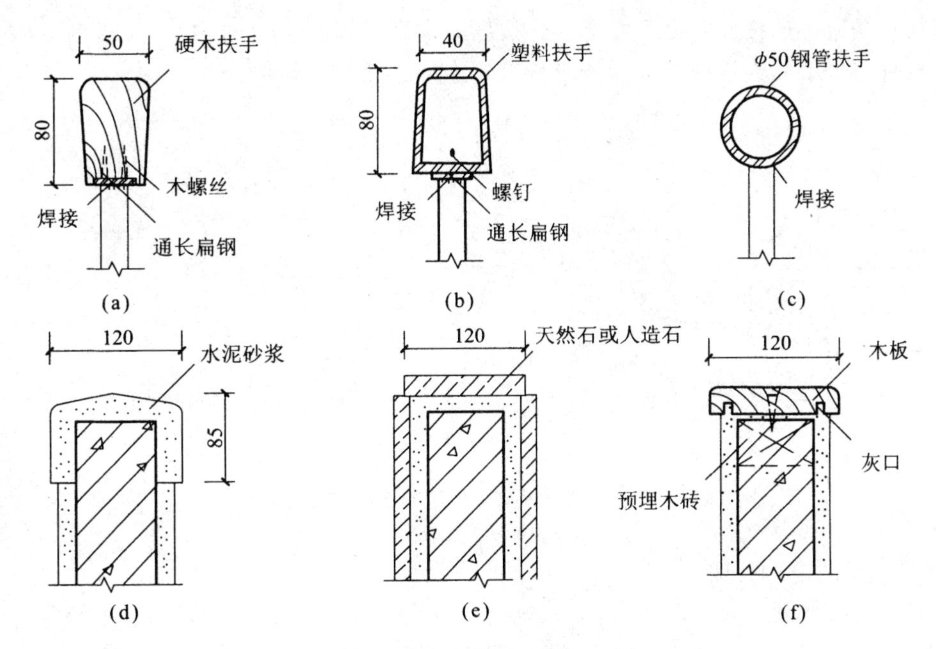

图 4-20 扶手的形式(单位:mm)

(a) 硬木扶手;(b) 塑料扶手;(c) 金属扶手;

(d) 水泥砂浆(水磨石)扶手;(e) 天然石(或人造石)扶手;(f) 木板扶手

楼梯顶层的楼层平台临空一侧,应设置水平栏杆扶手,扶手端部与墙应固定在一起。其方法为:在墙上预留孔洞,将扶手和栏杆插入洞内,用水泥砂浆或细石混凝土填实。也可将扁钢用木螺丝固定于墙内预埋的防腐木砖上。若为钢筋混凝土墙或柱,则可采用预埋铁件焊接(见图 4-21)。

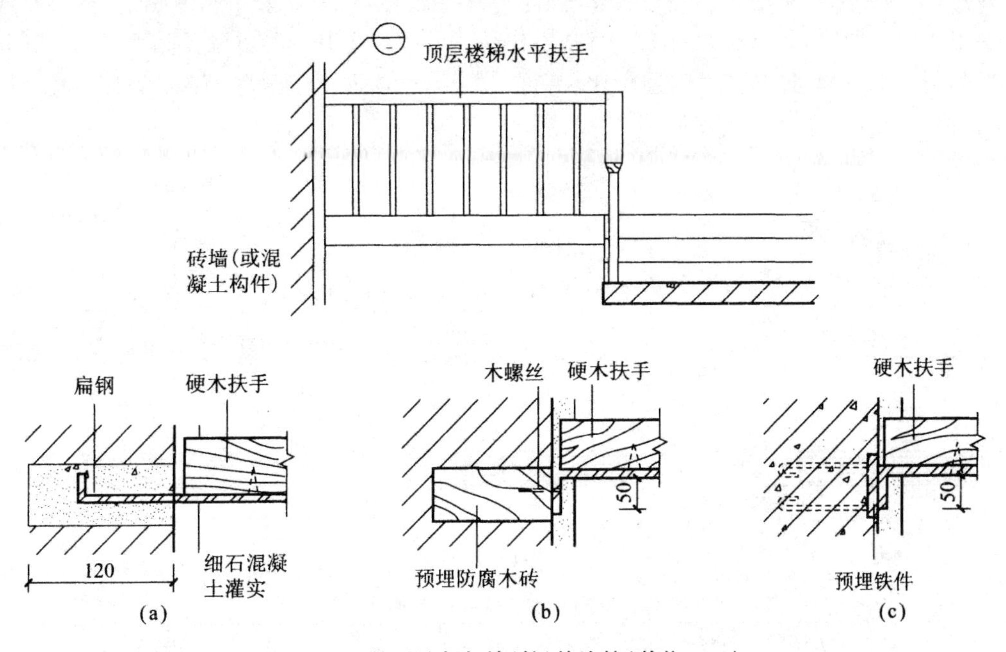

图 4-21 扶手端部与墙(柱)的连接(单位:mm)

(a) 预留孔洞插接;(b) 预埋防腐木砖木螺栓连接;(c) 预埋铁件焊接

靠墙扶手是通过连接件固定于墙上。连接件通常直接埋入墙上的预留孔内,也可用预埋螺栓连接。连接件与扶手的连接构造同栏杆与扶手的连接(见图 4-22)。

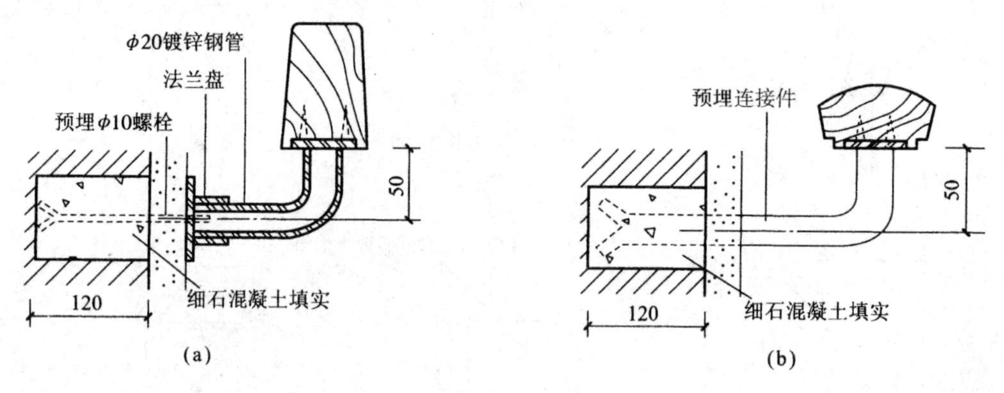

图 4-22　靠墙扶手与墙(柱)的连接(单位:mm)

(a) 预埋螺栓;(b) 预埋连接件

3) 栏杆扶手的转弯处理

在平行并列楼梯的平台转弯处,当上下行楼梯段的踏口相平齐时,为保持上下行梯段的扶手高度一致,常用的处理方法是将平台处的栏杆设置到平台边缘以内半个踏步宽的位置上(见图 4-23(a))。在这一位置上下行梯段的扶手顶面标高刚好相同。这种处理方法,扶手连接简单,省工省料。但由于栏杆伸入平台半个踏步宽,使平台的通行宽度减小。若平台宽度过小,则会给人流通行和家具设备搬运带来不便。

若不减少平台的通行宽度,则应将平台处的栏杆紧靠平台边缘设置。此时,在这一位置,上下行梯段的扶手顶面标高不同,形成高差。处理高差的方法有几种,如采用鹤颈扶手(见图 4-23(b))时,弯头制作费工费料,所以有时将上下行扶手作断开处理。还有一种方法是将上下行梯段踏步错开一步(见图 4-23(c)),这样扶手的连接比较简单、方便,但却占用了休息平台的宽度。以上几种做法各有利弊,应根据实际情况选用。

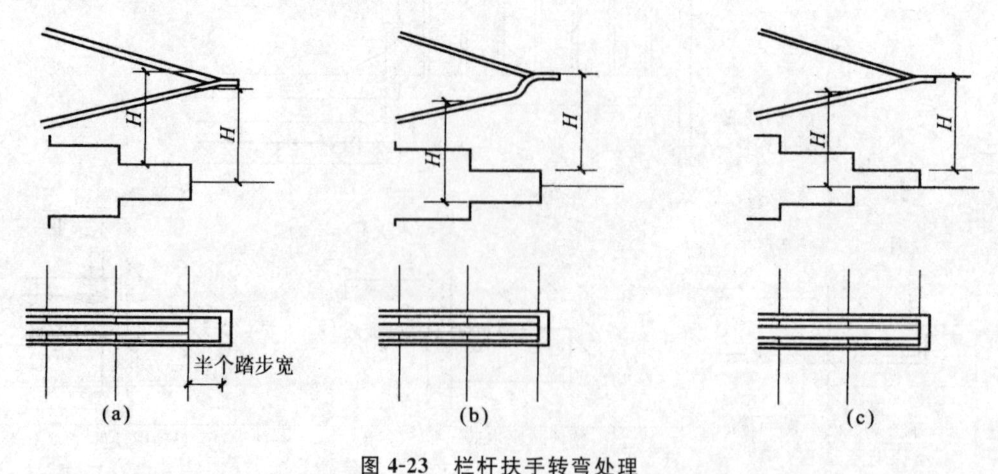

图 4-23　栏杆扶手转弯处理

(a) 栏杆扶手伸入平台半个踏步;(b) 鹤颈扶手;(c) 上下行梯段踏步错开一步

4.4 楼梯设计

楼梯设计必须符合一系列的有关规范和规定，例如，关于建筑物性质、等级、防火等的规范。在进行设计前必须熟悉规范的要求。

4.4.1 楼梯的主要尺寸

1）楼梯坡度和踏步尺寸

楼梯的坡度是指梯段中各级踏步前缘的假定连线与水平面形成的夹角。楼梯的坡度大小应适中，坡度过大，行走易疲劳；坡度过小，楼梯占用的面积增加则不经济。楼梯的坡度范围应在 23°～45°之间，最适宜的坡度为 30°左右。坡度较小（小于 10°）时可将楼梯改为坡道。坡度大于 45°时多为爬梯。楼梯及爬梯、坡道的坡度范围如图 4-24 所示。

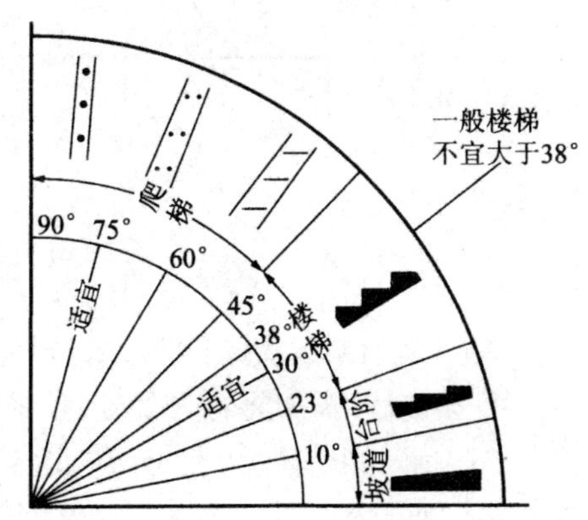

图 4-24 楼梯、爬梯及坡道的坡度范围

楼梯坡度应根据使用要求和行走舒适性等方面来确定。公共建筑的楼梯，一般人流较多，坡度应较平缓，常在 26°34′左右。住宅中的公用楼梯通常人流较少，坡度可稍陡些，多用 33°42′左右。楼梯坡度一般不宜超过 38°，供少量人流通行的内部交通楼梯，坡度可适当加大。用角度表示楼梯的坡度虽然准确、形象，但不宜在实际工程中操作，因此我们经常用踏步的尺寸来表述楼梯的坡度。

踏步是由踏面和踢面组成（见图 4-25(a)），踏面宽度与成人男子的平均脚长相适应，一般不宜小于 260 mm，常用 260～320 mm。为了适应人们上下楼时脚的活动情况，踏面适当宽一些为宜。在不改变梯段长度的情况下，为加宽踏面，可将踏步的前缘挑出，形成突缘，突缘挑出长度一般为 20～30 mm，也可将踢面做成倾斜的（见图 4-25(b)、(c)）。踏步高度一般宜在 140～175 mm 之间，每级踏步尺度均应相同。在通常情况下可根据经验公式来取值，常用公式为

$$b+2h=560\sim620\ \text{mm}$$

式中：b——踏面宽度（踏面）；

h——踏步高度（踢面）；

560 mm——少年儿童的平均步距；

620 mm——成人女子的平均步距。

b 与 h 值的选取也可以从表 4-1 中找到较为适合的数据。

表 4-1 常用适宜踏步尺寸

名称	住宅	学校、办公楼	剧院、会堂	医院（病人用）	幼儿园
踏步高度 h/mm	150～175	140～160	120～1 50	150	120～150
踏面宽度 b/mm	260～300	280～340	300～3 50	300	260～300

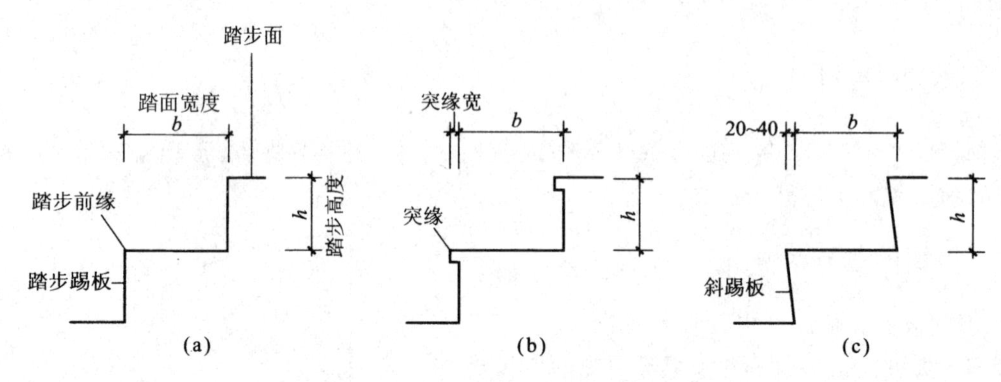

图 4-25 踏步形式和尺寸(单位:mm)

(a) 无突缘;(b) 有突缘(直踢板);(c) 无突缘(斜踢板)

对于诸如弧形楼梯和螺旋式楼梯这种踏步两端宽度不一,特别是内径较小的楼梯来说,为了行走的安全,往往需要将梯段的宽度加大,其踏面的衡量有效宽度标准为:当梯段的宽度小于等于500 mm时,以梯段的中线为衡量其宽度标准,当梯段的宽度大于500 mm时,以距其内侧500～550 mm处为衡量标准来作为踏面的有效宽度。在无中柱螺旋式楼梯和弧形楼梯中距离内侧扶手中心0.25 m处的踏步宽度不应小于0.22 m。

2) 梯段和平台的尺寸

梯段的宽度取决于同时通过的人流股数及是否有家具、设备经常通过。有关的规范一般限定其下限,对具体情况需作具体分析,其中舒适程度以及楼梯在整个空间中尺度、比例合适与否都是需要考虑的因素。梯段净宽指墙面内侧至扶手中心线或扶手中心线之间的水平距离,楼梯梯段宽度除应符合防火规范的规定外,供日常主要交通用的楼梯应根据建筑物使用特征按每股人流为0.55+(0～0.15) m的人流股数确定,并不应少于两股人流。0～0.15 m为人流在行进中人体的摆幅,公共建筑人流众多的场所应取上限值。表4-2提供了梯段宽度的设计依据。为方便施工,在钢筋混凝土现浇楼梯的两梯段之间应有一定的距离,这个宽度叫梯井,其尺寸一般为60～200 mm。

表 4-2 楼梯梯段宽度

类　别	梯段宽度/mm
单人通过	＞900,满足单人携物通过
双人通过	1100～1400
三人通过	1650～2100

注:计算依据为每股人流宽度为550+(0～150)mm。

梯段的长度取决于该段的踏步数及其踏面宽度。平面上用线段来反映高差,因此如果某梯段有 n 步台阶,该梯段的长度为 $b\times(n-1)$。在一般情况下,特别是公共建筑的楼梯,一个梯段的台阶不应少于3步(易被忽视且不经济),也不应多于18步(行走易疲劳)。

平台的深度(宽度)应不小于梯段的宽度,并不得小于1.20 m。另外,在下列情况下应适当加大平台深度,以防碰撞。

(1) 梯段较窄而楼梯的通行人流较多时。

(2) 楼梯平台通向多个出入口或有门向平台方向开启时。

(3) 有突出的结构构件影响到平台的实际深度时(见图 4-26)。

(4) 需搬运大型物件时。

3) 楼梯栏杆扶手的尺寸

楼梯栏杆扶手的高度是指从踏步前缘至扶手上表面的垂直距离。一般室内楼梯栏杆扶手的高度不宜小于 900 mm(通常取 900 mm)。室外楼梯栏杆扶手高度(特别是消防楼梯)应不小于 1100 mm。在幼儿建筑中,需要在 600 mm 左右高度再增设一道扶手,以适应儿童的身高(见图 4-27)。另外,靠楼梯井一侧水平扶手长度超过 500 mm 时,其高度不应小于 1050 mm。楼梯应至少于一侧设扶手,梯段净宽达三股人流时应两侧设扶手,达四股人流时宜加设中间扶手。

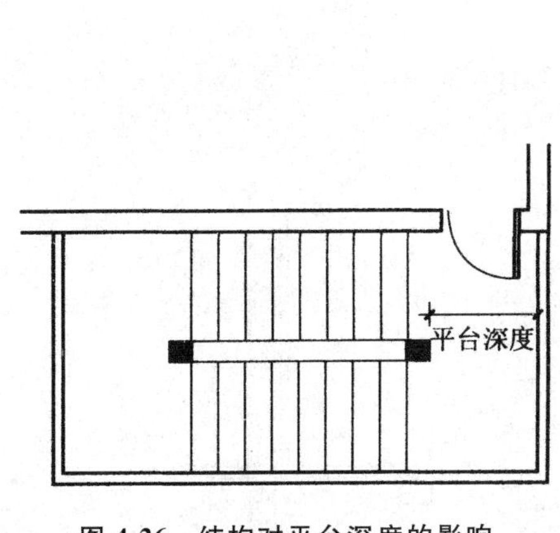

图 4-26 结构对平台深度的影响

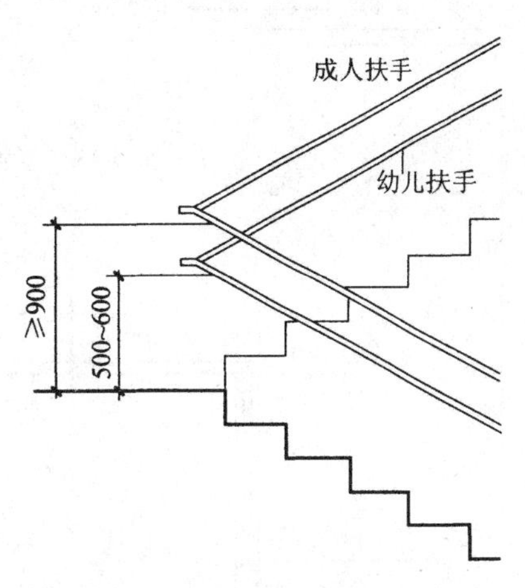

图 4-27 栏杆扶手高度(单位:mm)

4) 楼梯下部净高的控制

楼梯下部净空高度的控制不但关系到行走安全,而且在很多情况下涉及楼梯下面空间的利用以及通行的可能性,它是楼梯设计中的重点也是难点。楼梯下的净高包括梯段部位和平台部位,其中梯段部位的净高不应小于 2200 mm(梯段净高为自踏步前缘以外 0.30 m 范围内至上方突出物下缘间的垂直高度),若楼梯平台下做通道时,平台下净高应不小于 2000 mm(见图 4-28(a)、(b))。为使平台下净高满足要求,可以采用以下几种处理方法。

(1) 降低平台下地坪标高。

充分利用室内外高差,将部分室外台阶移至室内,为防止雨水流入室内,应使室内最低点的标高高出室外地面标高不小于 0.1 m。

(2) 采用不等级数。

增加底层楼梯第一个梯段的踏步数量,使底层楼梯的两个梯段形成长短跑,以此抬高底层休息平台的标高。当楼梯间进深不够布置加长后的梯段时,可以将休息平台外挑(见图 4-29)。

在实际工程中,经常将以上两种方法结合起来统筹考虑,解决楼梯下部通道的高度问题。

(3) 底层采用直跑楼梯。

当底层层高较低(不大于 3000 mm)时,可将底层楼梯由双跑改为直跑,二层以上恢复双跑。这样做可以较好地解决平台下的高度问题,应用时应注意其使用条件(见图 4-30)。

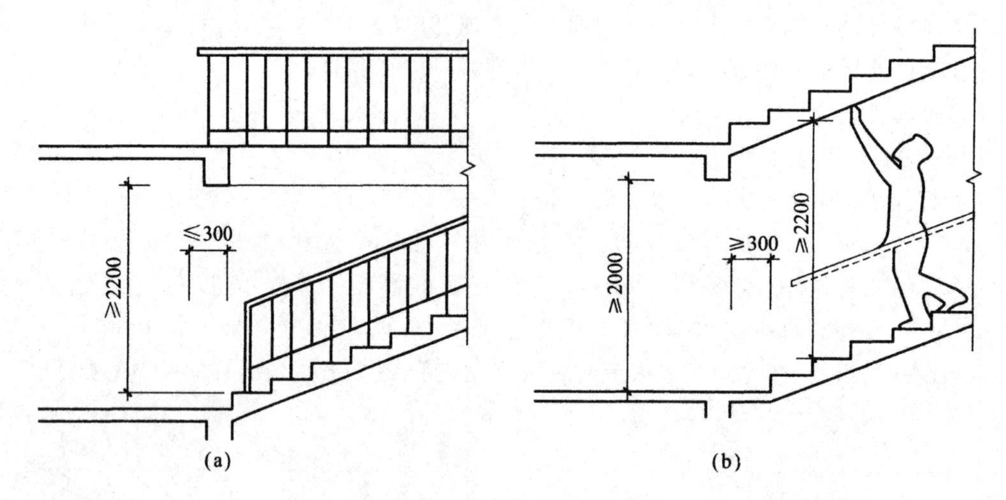

图 4-28 楼梯理净空高度控制(单位:mm)

(a) 平台梁下净高;(b) 楼梯下净高

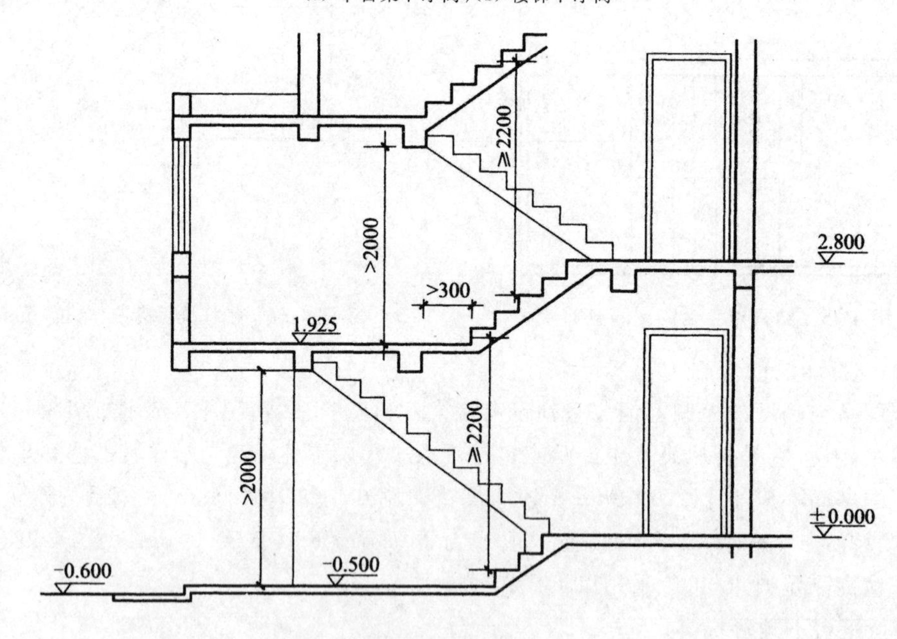

图 4-29 采用不等级数楼梯(单位:mm)

(4) 实例。

某建筑物为层高 2.8 m,室内外高差 0.6 m 的住宅,采用双跑平行楼梯,楼梯休息平台下做通道。若底层楼层楼梯两梯段为等跑,则休息平台面的标高为 1.4 m,假定平台梁(包括平台板)的高度为 300 mm,则底层休息平台下平台梁底标高为 1.1 m,这个高度显然不能满足要求。这时,可先采用第一种方法,将平台下的地面标高降至−0.450 m,此时平台下净高为 1100+450=1550 mm,这个高度仍达不到要求。那么,再采用第二种方法,假定踏步踢面高为 175 mm,踏面宽度为 250 mm,则第一个梯段应增加的踏步数量为(2000—1550)/175 约等于 3 级。此时,平台净高为 1550+175×3=2075 mm>2000 mm,因此可满足要求(见图 4-31)。

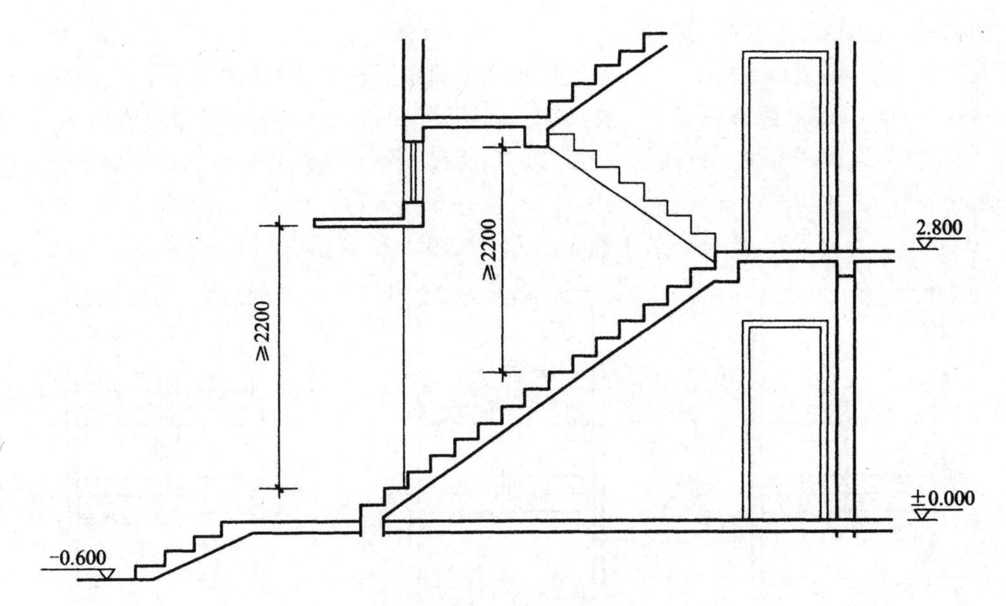

图 4-30 底层采用直跑楼梯(单位:mm)

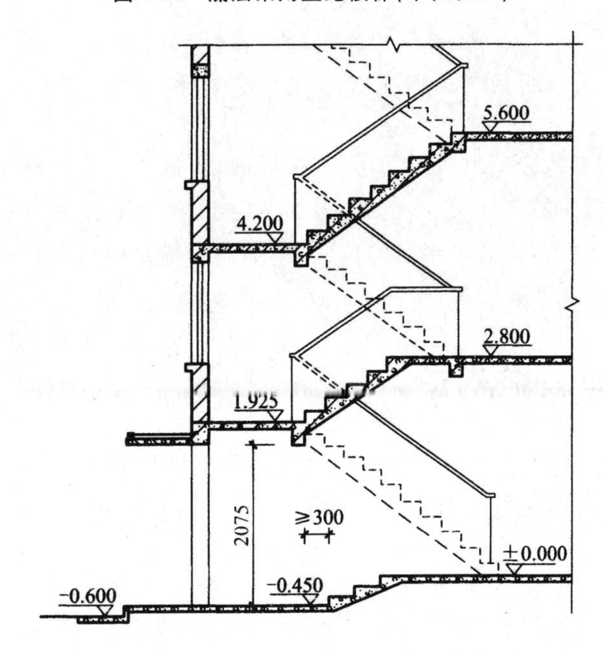

图 4-31 长短跑及室外高差引入解决入口高度(单位:mm)

4.4.2 楼梯的表达方式

楼梯主要是依靠楼梯平面和与其对应的剖面来表达的。

1）楼梯平面表达

楼梯平面因其所处楼层的不同而有不同的表达。但有两点特别重要，首先应当明确所谓平面图其实质上是水平的剖面图，剖切的位置在楼层以上 1 m 左右，因此平面图中会出现折断线。其次无论是底层、中间层、顶层楼梯平面图，都必须用箭头标明上、下行的方向，而且必须从正平台(楼层)开始标注。这里以双跑楼梯为例来说明其平面的表示方法。

根据上述原则,可以得出如下结论,在底层楼梯平面中,只能看到部分楼梯段,折断线将梯段在1 m左右高处切断。底层楼梯平面中一般只有上行梯段。顶层平面(不上屋顶的楼梯)由于其剖切位置在栏杆之上,因此图中没有折断线,所以会出现两段完整的梯段和平台。中间层平面既要画出被切断的上行梯段,还应画出该层下行的梯段,其中有部分下行梯段被上行梯段遮住(投影重合),此处以45°折断线为分界,双跑楼梯的平面表示方法如图4-32所示。

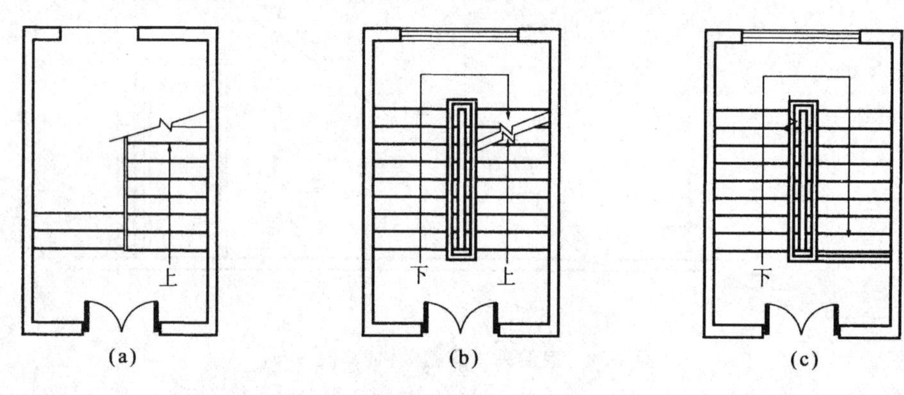

图4-32 双跑楼梯的平面表示方法

(a) 底层平面;(b) 中间层平面;(c) 顶层平面

2) 楼梯剖面表达

楼梯剖面能完整、清晰地表达出房屋的层数、梯段数、步极数以及楼梯类型及其结构形式。剖面图中应标注楼梯垂直方向的各种尺寸,例如:楼梯平台下净空高度,栏杆扶手高度等。剖面图中还必须符合结构、构造的要求,比如平台梁的位置、圈梁的设置及门窗洞口的合理选择等。最后还应考虑剖面与平面相互对应及投影规律等。

4.5 室外台阶与坡道构造

室外台阶与坡道是在建筑物入口处用来连接室内外不同标高地面的构件。其中台阶更为多用,当有车辆通行或室内外高差较小时采用坡道。

4.5.1 室外台阶

室外台阶一般包括台阶和平台两部分,台阶的坡度应比楼梯小。公共建筑踏步高度宜在100～150 mm之间,踏步宽度不宜小于300 mm,踏步数不少于两级,当高差不足两级时,应按坡道设置。平台设置在出入口与踏步之间,起缓冲过渡作用。平台深度一般不小于1000 mm,为防止雨水积聚或雨水溢入室内,平台面宜比室内地面低20～60 mm,并向外找坡1%～4%,以利于排水。人流密集的场所台阶总高度超过0.7 m且侧面临空时,应有防护设施。

室外台阶应坚固耐磨防滑,具有较好的耐久性、抗冻性和抗水性。台阶按材料不同有混凝土台阶、石台阶、钢筋混凝土台阶等。混凝土台阶应用最普遍,它由面层、混凝土结构层和垫层组成。

面层可用水泥砂浆或水磨石,也可采用陶瓷锦砖、天然石材或人造石材等块材面层,垫层可采用灰土(北方干燥地区)、碎石等(见图4-33(a))。台阶也可用毛石或条石,其中条石台阶不需另做面层(见图 4-33(b))。当地基较差或踏步数较多时可采用钢筋混凝土台阶,钢筋混凝土台阶构造同楼梯(见图 4-33(c))。为防止台阶与建筑物因沉降差别而出现裂缝,台阶应与建筑物主体之间设置沉降缝,并应在施工时间上滞后于主体建筑。在严寒地区,若台阶下面的地基为冻胀土,为保证台阶稳定,减轻冻土影响,可采用换土法,换上保水性差的砂、石类土,一般回填中砂或炉渣厚300 mm或采用钢筋混凝土架空台阶。

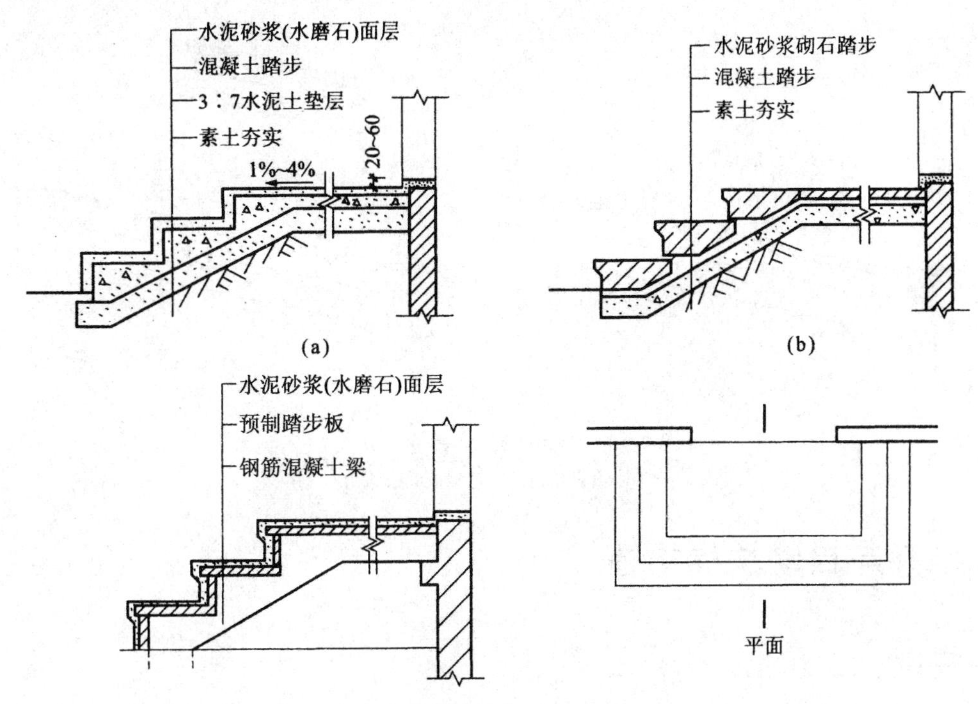

图 4-33 台阶类型及构造(单位:mm)

(a)混凝土台阶;(b)石台阶;(c)钢筋混凝土架空台阶

4.5.2 坡道

坡道的坡度与使用要求、面层材料及构造做法有关。坡道的坡度值一般为 1:12～1:8,面层光滑的坡道坡度不宜大于 1:10,粗糙或设有防滑条的坡道坡度稍大,但也不应大于 1:6,个别锯齿形坡道的坡度可加大到 1:4(对于残疾人通行的坡道在本书第 4 章 4.7 节有高差处无障碍设计概述中讲述)。坡道设置应符合下列规定:

(1) 一般室内坡道坡度不宜大于 1:8,室外坡道坡度不宜大于 1:10;

(2) 室内坡道水平投影长度超过 15 m 时,宜设休息平台,平台宽度应根据使用功能或设备尺寸所需缓冲空间而定;

(3) 供轮椅使用的坡道坡度值参见本书第 4 章 4.7 节有高差处无障碍设计概述;

(4) 自行车推行坡道每段坡长不宜超过 6 m,坡度不宜大于 1:5;

(5) 机动车行坡道应符合国家现行标准《车库建筑设计规范》(JGJ 100—2015)的规定;

(6) 坡道应采取防滑措施。

坡道应采用耐久、耐磨和抗冻性好的材料,其构造与台阶类似,多采用混凝土材料(见图 4-34(a))。坡道对防滑要求较高或坡度较大时可设置防滑条或做成锯齿形(见图 4-34(b))。

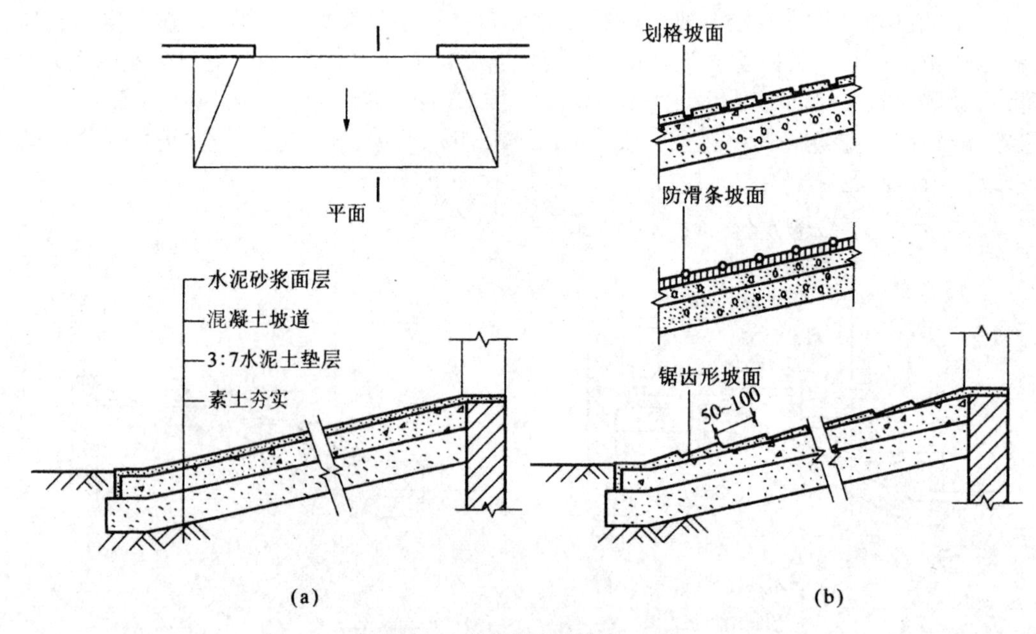

图 4-34 坡道构造(单位:mm)

(a)混凝土坡道;(b)混凝土防滑坡道

4.6 电梯与自动扶梯构造

4.6.1 电梯

在高层建筑及某些工厂、医院、商店、宾馆中,为了上下运行方便、快速,根据需要,常设有电梯。电梯有载人、载货两大类,除普通乘客电梯外尚有医院专用电梯、消防电梯、观光电梯等。不同厂家提供的设备尺寸、运行速度及对土建的要求都不同,在设计时应按厂家提供的产品尺寸进行设计,如图 4-35 所示为不同类别电梯的平面示意图。

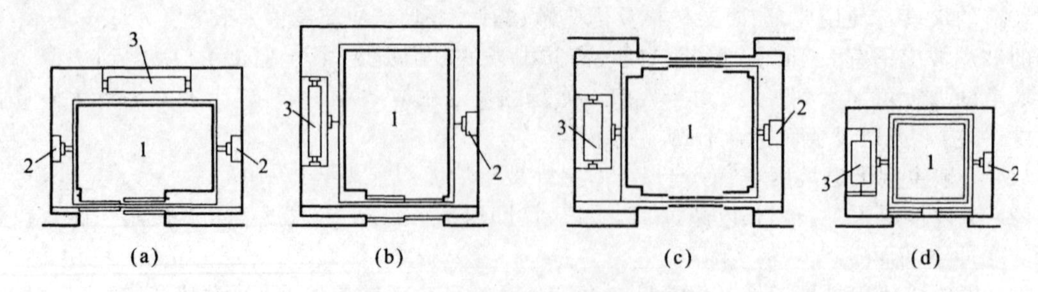

图 4-35 不同类别电梯的平面示意图

(a) 客梯(双扇推拉门);(b) 病床梯(双扇推拉门);(c) 货梯(中分双扇推拉门);(d) 小型杂货梯

1—电梯箱;2—导轨及撑架;3—平衡重

本节将就电梯的井道、门套以及机房的设计和构造问题分述如下。

1) 电梯井道

电梯井道是电梯运行的通道,其内除电梯及出入口外尚安装有导轨、平衡重及缓冲器等(见图 4-36)。

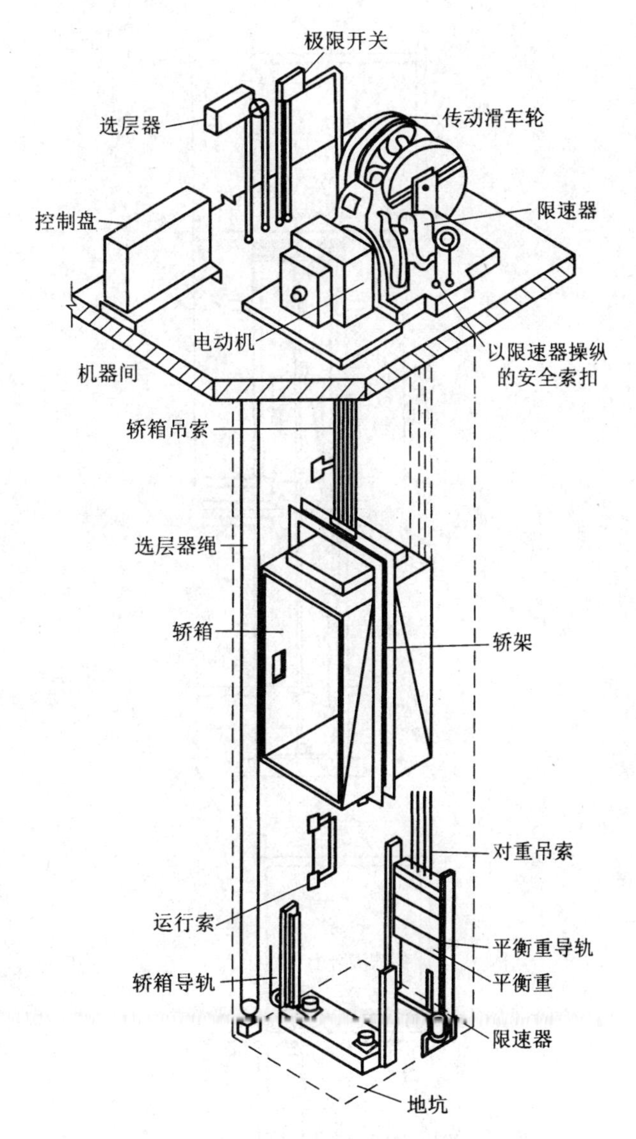

图 4-36 电梯井道内部透视图

(1) 井道的防火。

电梯井道是高层建筑联通各层的垂直通道,火灾事故中火焰及烟气容易从中蔓延。因此,井道围护构件应根据有关防火规定进行设计,较多采用钢筋混凝土墙。高层建筑的电梯井道内,超过两部电梯时应用墙隔开。

(2) 井道的隔声。

为了减轻机器运行时对建筑物产生振动和噪声,应采取适当的隔振及隔声措施。一般情况下,只在机房机座下设置弹性垫层来达到隔振和隔声的目的(图 4-37(a))。运行速度超过 1.5 m/s 的电梯,除设置弹性垫层外,还应在机房与井道间设隔声层,高度为 1.5~1.8 m(见图 4-37(b))。

电梯井道外侧应避免作为居室,否则应增加隔声措施。最好使楼板与井道壁脱开,另作隔声墙;简单的做法是在井道外加砌加气混凝土块衬墙或贴岩棉等吸引材料。

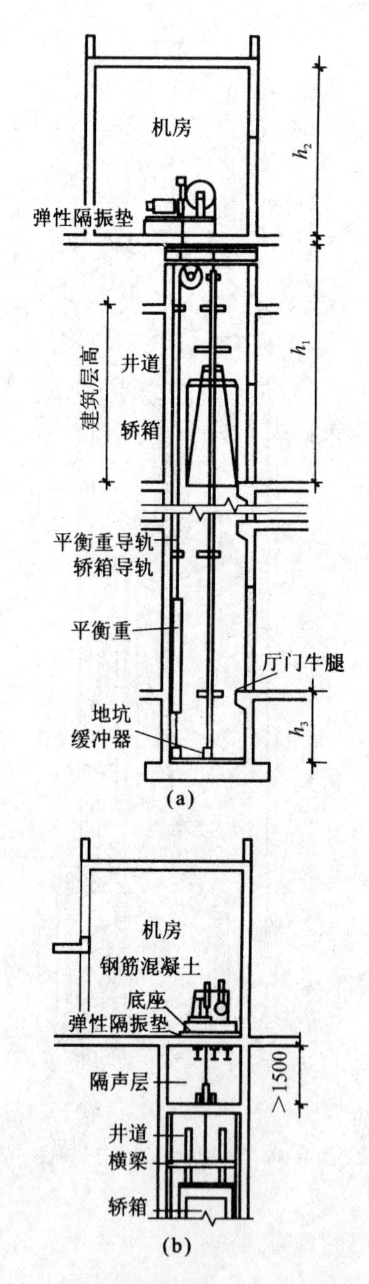

图 4-37 电梯机房隔振、隔声处理(单位:mm)

(a) 无隔声层(通过电梯门剖面);(b) 有隔声层(平行电梯门剖面)

(3) 井道的通风。

井道除设排烟通风口外,还要考虑电梯运行中井道内空气流动问题。一般运行速度在 2.0 m/s 以上的乘客电梯,在井道的顶部和底坑应有不小于 300 mm×600 mm 的通风孔,上部可以和排烟孔(排烟孔面积不少于井道面积的 3.5%)结合。层数较高的建筑,中间也可酌情增加通风孔。

(4) 井道的检修。

井道内为了安装、检修和缓冲,井道的上、下均须留有必要的空间(见图 4-36、图 4-37),其尺寸与运行速度有关，详见表 4-3。

GB/T 7025.1—2008

尺寸单位为毫米

表 4-3 Ⅰ、Ⅱ和Ⅵ类电梯 轿厢的设计尺寸

<table>
<tr><th colspan="2" rowspan="3">参数</th><th colspan="4">住宅电梯</th><th colspan="4">一般用途电梯</th><th colspan="5">频繁使用电梯</th></tr>
<tr><th colspan="13">额定载重量(质量)/kg</th></tr>
<tr><th>320</th><th>400/
450</th><th>600/
630</th><th>900/
1000/
1050</th><th>600/
630</th><th>750/
800</th><th>1000/
1050/
1150/
1275</th><th>1350</th><th>1275</th><th>1350</th><th>1600</th><th>1800</th><th>2000</th></tr>
<tr><td colspan="2">轿厢高度 h_1</td><td colspan="6">2200</td><td colspan="2">2300</td><td colspan="5">2400</td></tr>
<tr><td colspan="2">轿门和层门高度 h_3</td><td>2000</td><td colspan="12">2100</td></tr>
<tr><td rowspan="16">底坑深度[a]
d_3</td><td>额定速度
v_n/(m/s)</td><td colspan="4" rowspan="2">1400</td><td colspan="9" rowspan="2">c</td></tr>
<tr><td>0.40[b]</td></tr>
<tr><td>0.50</td><td colspan="8" rowspan="4">1400</td><td colspan="5" rowspan="8">c</td></tr>
<tr><td>0.63</td></tr>
<tr><td>0.75</td></tr>
<tr><td>1.00</td></tr>
<tr><td>1.50</td><td rowspan="3">c</td><td colspan="7" rowspan="3">1600</td></tr>
<tr><td>1.60</td></tr>
<tr><td>1.75</td></tr>
<tr><td>2.00</td><td colspan="2">c</td><td colspan="2">1750</td><td>c</td><td colspan="3">1750</td></tr>
<tr><td>2.50</td><td colspan="2">c</td><td colspan="2">2200</td><td>c</td><td colspan="8">2200</td></tr>
<tr><td>3.00</td><td colspan="8" rowspan="5">c</td><td colspan="5">3200</td></tr>
<tr><td>3.50</td><td colspan="5">3400</td></tr>
<tr><td>4.00[b]</td><td colspan="5">3800</td></tr>
<tr><td>5.00[d]</td><td colspan="5">3800</td></tr>
<tr><td>6.00[d]</td><td colspan="5">4000</td></tr>
<tr><td rowspan="14">顶层高度[a]
h_1</td><td>0.40[b]</td><td colspan="4">3600</td><td colspan="9">c</td></tr>
<tr><td>0.50</td><td colspan="4" rowspan="3">3600</td><td colspan="2" rowspan="4">3800</td><td colspan="2" rowspan="4">4200</td><td colspan="5" rowspan="8">c</td></tr>
<tr><td>0.63</td></tr>
<tr><td>0.75</td></tr>
<tr><td>1.00</td><td colspan="4">3700</td></tr>
<tr><td>1.50</td><td rowspan="3">c</td><td colspan="3" rowspan="3">3800</td><td colspan="2" rowspan="3">4000</td><td colspan="2" rowspan="3">4200</td></tr>
<tr><td>1.60</td></tr>
<tr><td>1.75</td></tr>
<tr><td>2.00</td><td colspan="2">c</td><td colspan="2">4300</td><td>c</td><td colspan="3">4400</td></tr>
<tr><td>2.50</td><td colspan="2">c</td><td colspan="2">5000</td><td>c</td><td>5000</td><td colspan="2">5200</td><td colspan="5">5500</td></tr>
<tr><td>3.00</td><td colspan="8" rowspan="5">c</td><td colspan="5">5500</td></tr>
<tr><td>3.50</td><td colspan="5">5700</td></tr>
<tr><td>4.00[b]</td><td colspan="5">5700</td></tr>
<tr><td>5.00[d]</td><td colspan="5">5700</td></tr>
<tr><td>6.00[d]</td><td colspan="5">6200</td></tr>
<tr><td colspan="15">a 顶层高度 h_1 和底坑深度 d_3 由于电梯结构的原因允许有所变动，并应符合相关的国家标准的规定。
b 常用于液压电梯。
c 非标电梯，应咨询制造商。
d 假设使用了减行程缓冲器。</td></tr>
</table>

井道底坑壁及底板均须考虑防水处理。消防电梯的井道底坑还应有排水设施。为便于检修，

须考虑在坑壁设置爬梯和检修灯槽,坑底位于地下室时,宜从侧面开一检修用小门,坑内预埋件按电梯厂要求确定。

2) 电梯门套

电梯厅电梯间门套装修构造的做法应与电梯厅的装修统筹考虑。可用水泥砂浆抹灰、水磨石或木板装修;高级的还可采用大理石或金属装修(见图 4-38)。

电梯门一般为双扇推拉门,宽 800～1500 mm,有中央分开推向两边的和双扇推向同一边的两种。推拉门的滑槽通常安置在门套下楼板边梁(如牛腿状挑出部分),构造如图 4-39 所示。

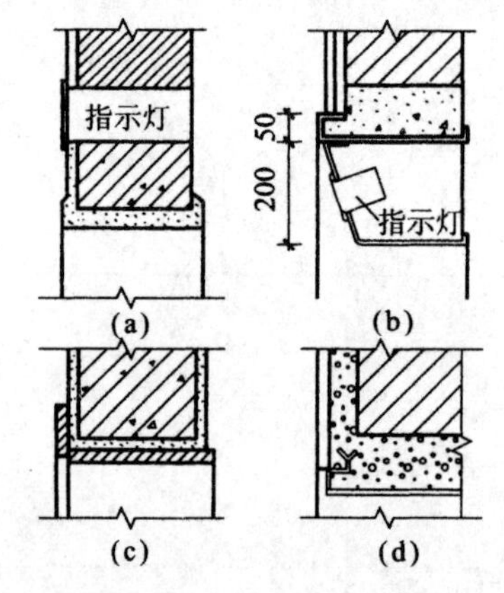

图 4-38　电梯厅门套构造(单位:mm)

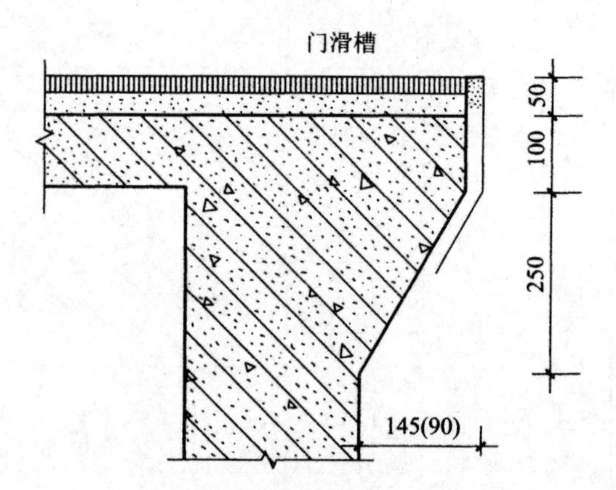

图 4-39　厅门牛腿滑槽构造(单位:mm)
(括号内数字为中分式推拉门尺寸)

3) 电梯机房

电梯机房一般设置在电梯井道的顶部,少数也有设在底层井道旁边的(见图 4-40)。机房的平面尺寸须根据机械设备尺寸的安排及管理、维修等需要来决定,一般至少须有两个面每边扩出 600 mm以上的宽度。高度多为 2.5～3.5 m。

机房的围护构件的防火要求应与井道一样。为了便于安装和修理,机房的楼板应按机械设备要求的部位预留孔洞(见图 4-41)。

4.6.2 自动扶梯

自动扶梯适用于车站、码头、空港、商场等人流量大的场所,是建筑物层间连续运输效率最高的载客设备。一般自动扶梯均可正、逆方向运行,停机时可当作临时楼梯行走。平面布置可双台并列或单台设置(见图 4-42)。双台并列时往往采取一上一下的方式,以保持垂直交通的连续性。但必须在二者之间留有足够的结构间距(目前有关规定为不小于 380 mm),以保证装修的方便及使用者的安全。

自动扶梯的机械装置悬在楼板下面,楼层下做装饰外壳处理,底层则做地坑。在其机房上部自动扶梯口处应做活动地板,以利于检修(见图 4-43)。地坑也应作防水处理。表 4-4 提供部分生产厂商的自动扶梯规格尺寸可作参考。

在建筑物中设置自动扶梯时,上下两层面积总和如超过防火分区面积要求时,应按防火要求设防火隔断或复合式防火卷帘封闭自动扶梯井。

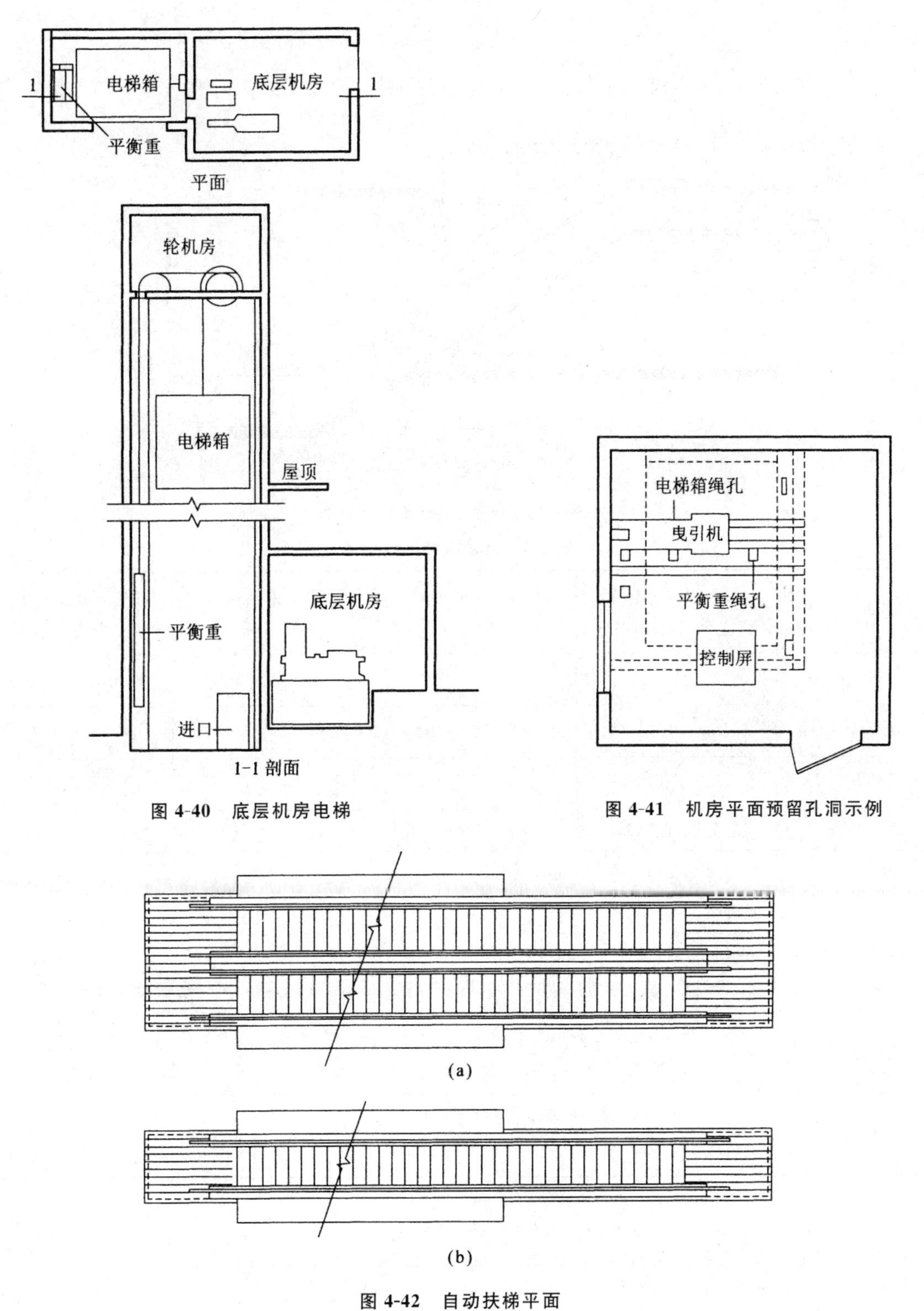

图 4-40 底层机房电梯

图 4-41 机房平面预留孔洞示例

图 4-42 自动扶梯平面

(a) 双台并列;(b) 单台设置

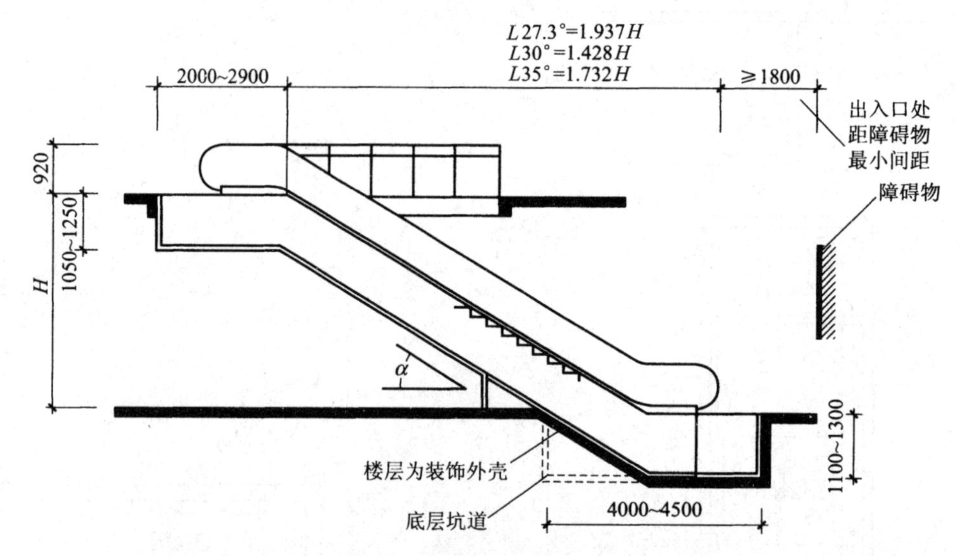

图 4-43　自动扶梯(单位:mm)

表 4-4　自动扶梯规格尺寸

公司名称	迅达(中国)电梯有限公司南方公司		上海三菱电梯有限公司		天津奥的斯电梯有限公司		广州广日电梯工业有限公司	
梯型	600	100	800	1200	600	1000	800	1200
梯级宽 W/mm	600	1000	610	1010	600	1000	604	1004
倾斜角 α/°	27.3°、30°、35°		30°、35°					
运转形式	单速上下可逆转							
运行速度	一般为 0.5 m/s,0.65 m/s							
扶手形式	全透明、半透明、不透明							
最大提升高度 H/mm	600(800)型一般为:3000～11000 1000(1200)型一般为:3000～7000(提升高度超过标准产品时,可增加驱动级数)							
输送能力	5000 人/h(梯级宽 600 mm、速度 0.5 m/s) 8000 人/h(梯级宽 1000 mm、速度 0.5 m/s)							
电　源	动力:380 V(501 h)、功率一般为 7.5～15 kW 照明:220 V(501 h)							

注:(1)自动扶梯一般应布置在建筑物入口处经合理安排的交通流线上;

(2)在乘客经常有手提物品的客流高峰场合,以选用梯级宽 1000 m 为宜;

(3)各公司自动扶梯尺寸稍有差别,设计时应以自动扶梯产品样本为准;

(4)条件许可时宜优先采用角度为 30°及 27.3°的自动扶梯;

(5)本表摘自《建筑设计手册》第二版第一册。

4.7 有高差处无障碍设计概述

解决连通不同位置高差的问题，可以采用楼梯、台阶、坡道等，但这些设施仍会给某些残疾人带来困难，特别是下肢残疾和有视觉障碍的人，他们往往都会借助拐杖、轮椅、导盲棍来帮助行走。无障碍设计能帮助上类两种残疾人较顺利通过这些设施，本节将主要就无障碍设计中的一些有关楼梯、台阶、坡道等特殊问题作一些介绍。

4.7.1 建筑入口

建筑入口为无障碍入口时，入口室外的地面坡度不应大于 1∶50。公共建筑与高层居住建筑入口设台阶时，必须设轮椅坡道和扶手，建筑入口平台处应设雨篷。当入口大厅、过厅设两道门时，其尺寸如图 4-44 所示，门扇同时开启时最小间距应符合表 4-5 的规定。

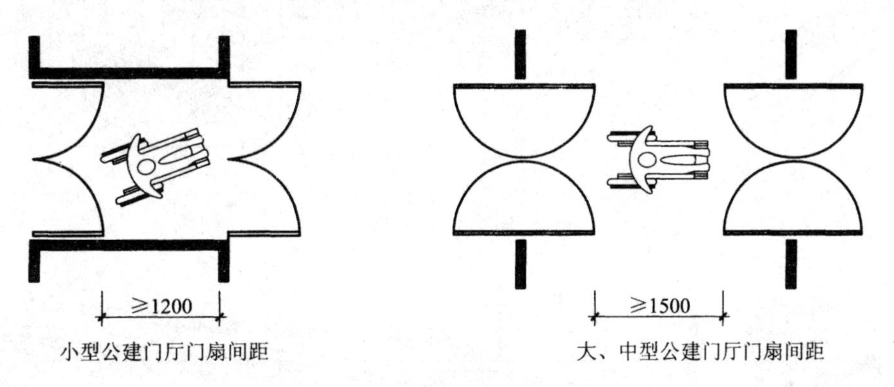

图 4-44 门扇间距(单位:mm)

表 4-5 门扇同时开启时最小间距

建 筑 类 别	门扇开启后最小间距/m
大、中型公共建筑	≥1.50
小型公共建筑	≥1.20
中、高层建筑，公寓建筑	≥1.50
多、低层无障碍住宅建筑	≥1.20

4.7.2 坡道

供轮椅通行的坡道应设计成直线形、直角形或折叠形(见图 4-45)，不宜设计成弧形。坡道两侧应设扶手，坡道与休息平台的扶手应保持连贯，坡道侧面凌空时在扶手栏杆下端宜设高度不小于 50 mm 的坡道安全挡台(见图 4-46)。为了方便通行，有关规范还对坡道的坡度和宽度以及入口平台宽度做出如下规定。

1) 坡道的坡度

我国对便于残疾人通行的坡道的坡度值规定为应不大于 1∶12(1∶10～1∶8 的坡度仅限用于

受场地限制改建的建筑物),同时还规定与之相匹配的每段坡度的最大高度为 750 mm,最大坡段水平长度为 9000 mm(见图 4-47)。

2) 坡道的宽度及入口平台宽度

为便于残疾人使用轮椅顺利通行,室内坡道的最小宽度应不小于 900 mm,室外坡道的最小宽度应不小于 1500 mm。为保证轮椅顺利通行建筑物入口的平台宽度见表 4-6。

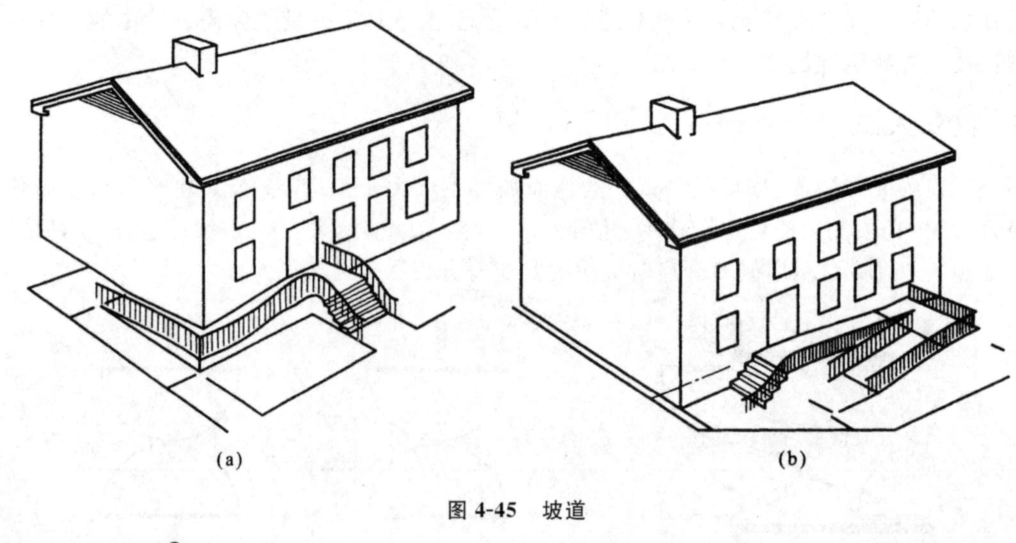

图 4-45 坡道

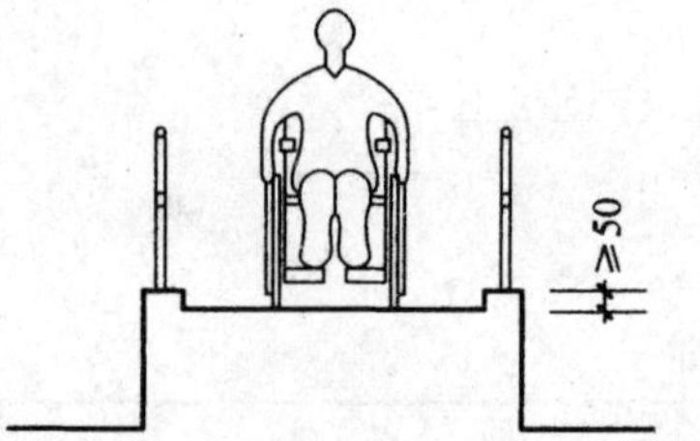

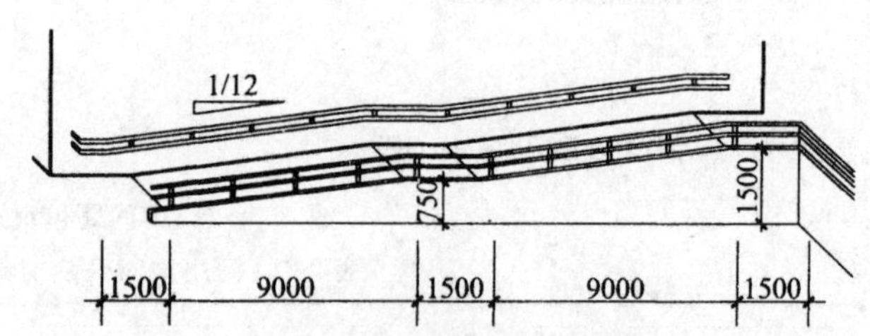

图4-46 坡道安全档台(单位:mm)

图 4-47 1∶12 坡道高度和水平长度(单位:mm)

表 4-6 入口平台宽度

建筑类别	入口平台最小宽度/m
大、中型公共建筑	≥2.00
小型公共建筑	≥1.50
中、高层建筑,公寓建筑	≥2.00
多、低层无障碍住宅公寓建筑	≥1.50
无障碍宿舍建筑	≥1.50

4.7.3 楼梯和台阶

1) 楼梯形式及相关尺度

供拄拐者及视力残疾者使用的楼梯,应采用直行形式,例如直跑楼梯、对折的双跑楼梯或直角折行的楼梯等。不宜采用弧形梯段,也不可以在休息平台上设扇步(见图 4-48)。楼梯的坡度应尽量平缓,其坡度值宜在 35°以下,踢面高度不宜大于 170 mm,且踏步应保持等高,楼梯段宽度不宜小于 1200 mm。

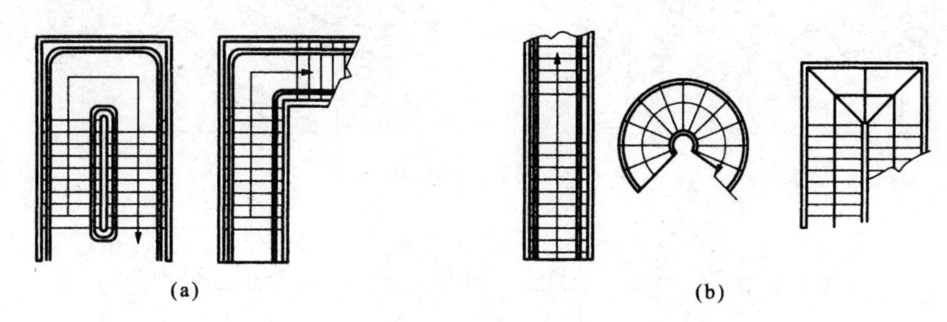

图 4-48 楼梯形式

(a) 宜采用的楼梯形式;(b) 不宜采用的楼梯形式

2) 踏步设计注意事项

供拄拐者及视力残疾者使用的楼梯踏步应选用合理的构造形式及饰面材料,踏面应平整而不光滑,不得积水,不应采用无踢面踏步和突缘直角形踏步(见图 4-49)。防滑条不得高出踏面 5 mm 以上。明步踏面应设高不小于 50 mm 的安全挡台,踏面和踢面的颜色应有区别和对比。

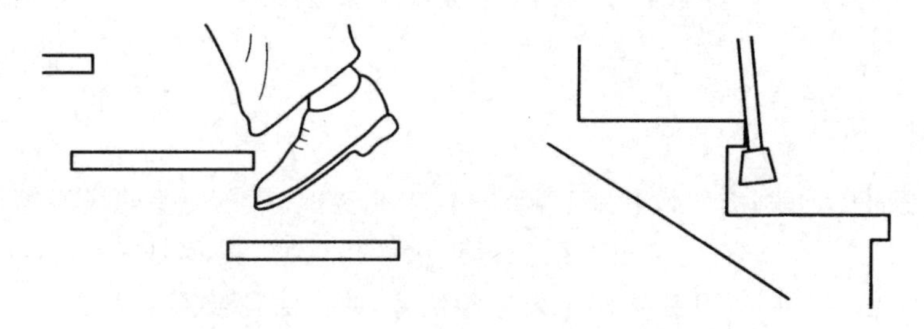

图 4-49 无踢面踏步和突缘直角形踏步

3) 楼梯、坡道、台阶的栏杆与扶手

楼梯坡道为适应残疾人的需要,应在两侧都设有扶手,扶手高 0.85 m,公共建筑可设上、下两层扶手,下层扶手高 0.65 m,扶手起点与终点向外延伸应不小于 0.30 m(见图 4-50)。扶手末端应向内拐到墙面或向下延伸 0.10 m,栏杆应向下或成弧形或延伸到地面固定(见图 4-51),扶手内侧与墙面的距离应为 40～50 mm。扶手截面形式应便于抓握(见图 4-52)。

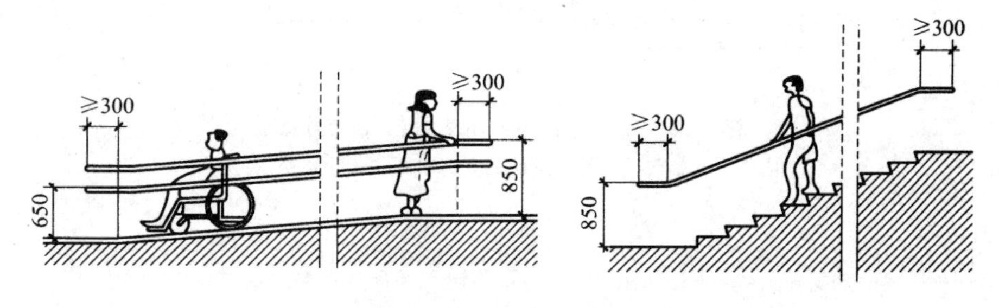

图 4-50 扶手高度(单位:mm)

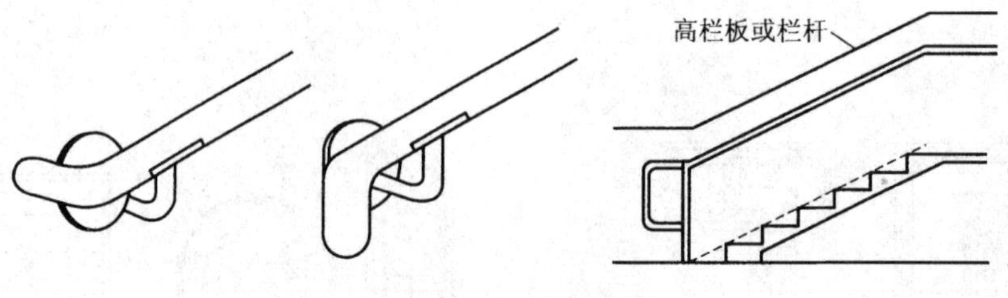

图 4-51 扶手拐到墙面或向下

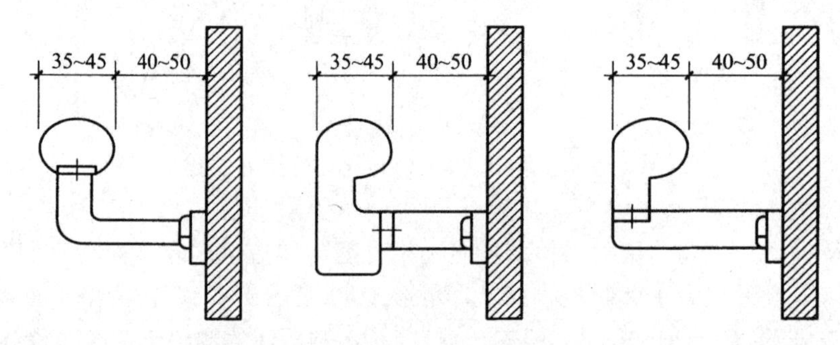

图 4-52 扶手截面及托件(单位:mm)

4.7.4 导盲块的设置

导盲块又称地面提示块,一般设置在有障碍物、需要转折、存在高差的场所等,导盲块利用其表面上的特殊构造形式(见图 4-53),向视力残疾者提供触摸信息,提示是否该停步或需要改变行进方向等。图 4-54 中已经标明了其在楼梯中设置的位置,此方法在坡道上也适用。

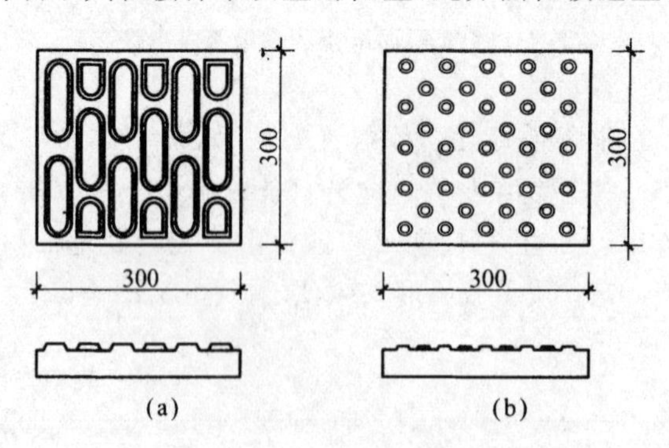

图 4-53 常用导盲块的两种形式(单位:mm)

(a) 地面提示行进块材;(b) 地面提示停步块材

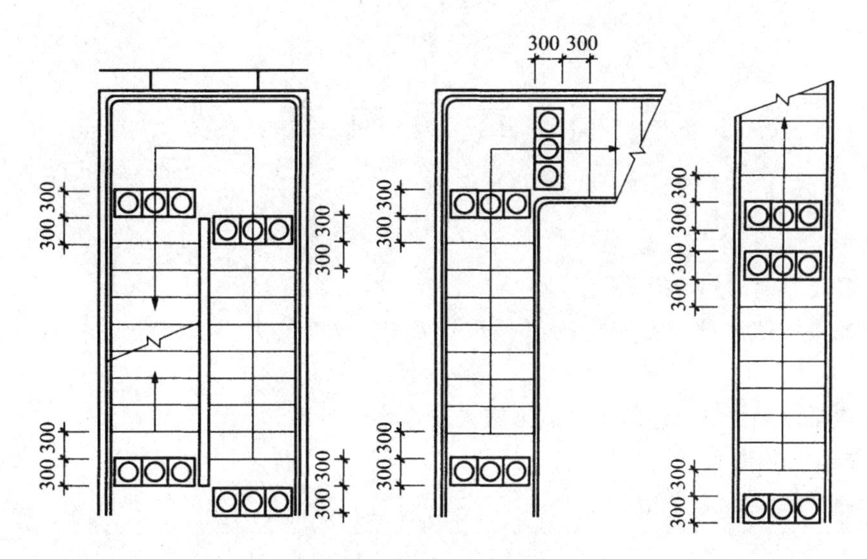

图 4-54 楼梯梯段中的导盲块位置(单位:mm)

【思考与练习】

4-1 简述楼梯的组成及各部分的作用。

4-2 简述楼梯设计的方法与步骤。

4-3 如何确定楼梯梯段宽度、休息平台尺寸、栏杆扶手高度、踏步尺寸、梯井尺寸、楼梯下净高尺寸等有关楼梯设计尺寸?

4-4 当底层平台下做出入口时,为增加净高,常采取哪些措施?

4-5 简述现浇钢筋混凝土楼梯的类型及构造。

4-6 装配式钢筋混凝土楼梯构造形式有哪些?

4-7 图示楼梯的细部构造(包括踏步和栏杆扶手的构造做法)。

4-8 台阶与坡道的构造要求有哪些?

4-9 电梯井道的构造要求有哪些?

4-10 简述残疾人通道的尺寸及构造要点。

4-11 进行楼梯设计,绘制楼梯平面图、剖面图以及楼梯构造详图。

5 屋顶构造

【本章要点】

5-1 了解瓦屋面的构造措施；

5-2 掌握屋顶排水设计方法包括屋顶坡道表达、坡度值大小、坡度形成方式、屋顶排水方式等；

5-3 掌握屋面柔性(卷材)防水构造措施；

5-4 掌握屋面刚性防水构造措施；

5-5 掌握平屋顶保温、隔热的方法。

5.1 屋顶概述

5.1.1 屋顶的设计要求

屋顶既是建筑物的围护结构，又是建筑物的承重结构；既要抵御外界各种环境因素对建筑物的不利影响，又要承担作用在屋顶的荷载的作用，而且要兼顾建筑美观的要求。

1) 功能要求

屋顶是建筑的围护结构，屋顶受自然环境作用，抵御着风、霜、雨、雪的侵袭，防止雨水渗漏是屋顶的基本功能要求。我国现行的《屋面工程技术规范》(GB 50345—2012)根据建筑物的性质、重要程度、使用功能及防水耐久年限等，将屋面划为二个等级，各等级均有不同的防水要求，见表 5-1。其次，屋顶应具有良好的保温隔热性能，能够有效减少室内外的热量交换，稳定室内温度，达到节能降耗的目的。屋顶同时又是有效防止火灾蔓延的重要结构，因此屋顶的设计还应满足防火要求。

表 5-1 屋面防水等级和防水要求

防水等级	建筑类别	设防要求
Ⅰ级	重要建筑和高层建筑	两道防水设防
Ⅱ级	一般建筑	一道防水设防

注：(1) Ⅰ级防水做法为卷材防水层＋卷材防水层

(2) Ⅱ级防水做法为卷材防水层、涂膜防水层、复合防水层

2) 结构要求

屋顶承担着作用在屋面的风、雨、雪等的荷载及屋顶自重，对于上人屋面，屋顶还要承担人和家具等的活荷载，并将其传递给支撑屋顶的墙、柱等承重构件。因此，屋顶应有足够的强度和刚度，以保证房屋的结构安全，并防止因过大的结构变形引起防水层开裂、漏水。

3) 建筑艺术的要求

屋顶作为建筑形体的重要组成部分，其形式对建筑造型的影响是非常大的，不同形式的屋顶体

现着不同的建筑思想和建筑艺术观念。中国古典建筑的坡屋顶，体现了中国古代哲学思想，具有浓郁的民族特色。平屋顶在现代建筑中的大量应用，体现了现代建筑简洁明快的特点。屋顶设计中应注重屋顶形式及其细部的设计，以满足人们对建筑艺术方面的需求。建筑顶部空间较其他部位有更大的自由度，因此往往有较大的变化余地，可为建筑物的造型提供更多的选择。

5.1.2　屋顶的形式和坡度的选择

1）屋顶的形式

屋顶按照所用材料可分为钢筋混凝土屋顶、瓦屋顶、金属屋顶、玻璃屋顶等；按照屋顶外形可分为平屋顶、坡屋顶和其他形式的屋顶（曲面）等；按照结构形式可分为现浇或预制钢筋混凝土屋顶、悬索屋顶、薄壳屋顶、拱屋顶、折板屋顶、膜结构屋顶等。

（1）平屋顶。

屋面坡度小于5%的建筑屋顶为平屋顶。平屋顶易于协调统一建筑与结构的关系，节约材料，屋面可提供多种利用方式，如露台、屋顶花园等。

平屋顶的常用排水坡度为2%～3%，其外形比较简单，如图5-1所示。

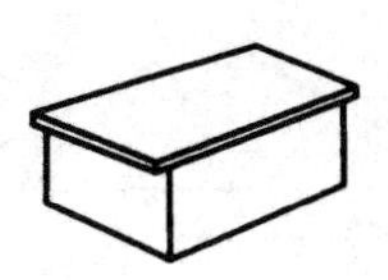
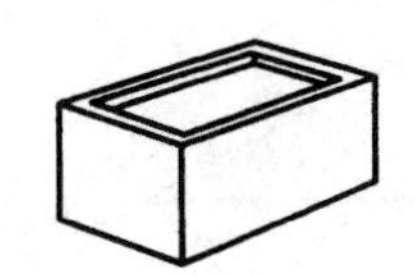
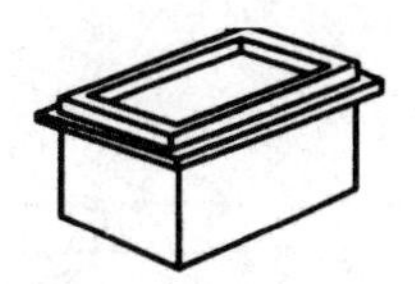
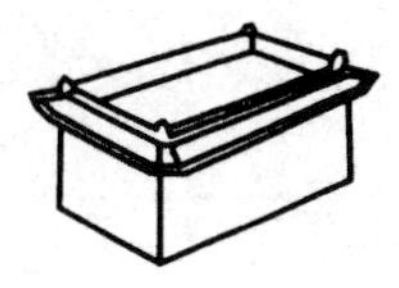

图5-1　平屋顶

（2）坡屋顶。

坡屋顶是指屋面坡度较大的屋顶，其坡度一般在5%以上（多数大于30%），坡屋顶在我国传统建筑中应用广泛。

坡屋顶的常见形式有：单坡、双坡屋顶，硬山及悬山屋顶，四坡歇山及庑殿屋顶，圆形或多角形攒尖屋顶等（见图5-2）。

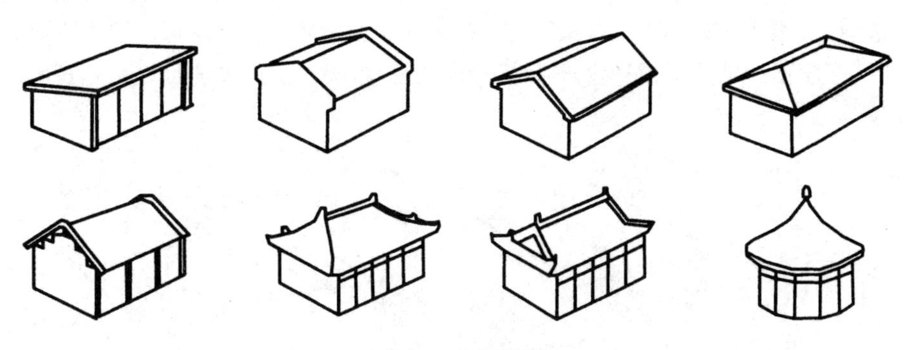

图5-2　坡屋顶

（3）其他形式的屋顶。

随着建筑科学技术的发展，出现了许多新型结构的屋顶，如拱屋顶、折板屋顶、薄壳屋顶、悬索屋顶、网架屋顶、膜结构屋顶等曲面屋顶（见图5-3）。

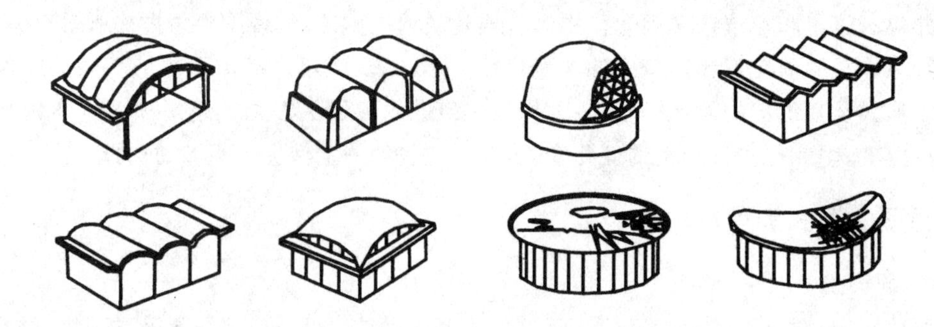

图 5-3 其他形式的屋顶

2) 屋顶坡度

(1) 屋顶坡度的表示方法。

在工程上，坡屋面一般用斜率法标注，即矢高和屋顶半个跨度的比，如三角形屋架形成的坡屋面一般采用 1∶3 的坡度；平屋面则往往用百分比法标注，如卷材防水屋面采用 2%～3%的坡度，角度法以倾斜面与水平面的夹角表示屋顶坡度，虽然角度法对坡度的表达非常明确，但因其计算和施工比较麻烦，在工程上很少使用。屋顶坡度的表示方法如图 5-4 所示。

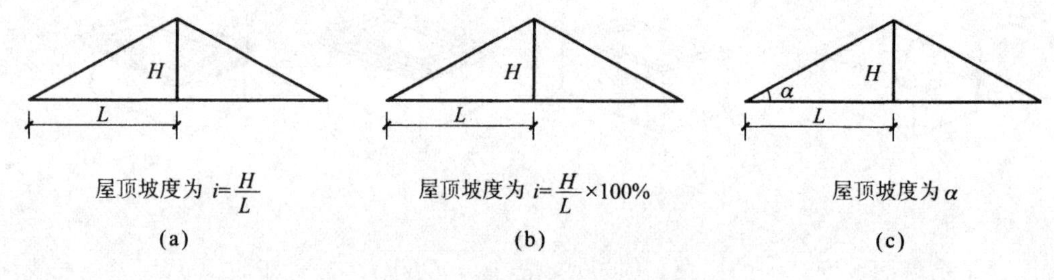

图 5-4 屋顶坡度的表示方法

(a) 斜率法；(b) 百分比法；(c) 角度法

(2) 屋顶坡度的形成方式。

形成屋顶坡度的方式一般有材料找坡和结构找坡两种(见图 5-5)。材料找坡是指屋顶坡度由垫坡材料形成，找坡层最薄处不小于 20 mm，材料找坡的坡度不宜小于 2%。结构找坡是屋顶结构自身已有的坡度，屋面随结构形成排水坡度，例如三角形屋架上安放屋面板，屋顶表面呈斜坡面，结构找坡的坡度不宜小于 3%。

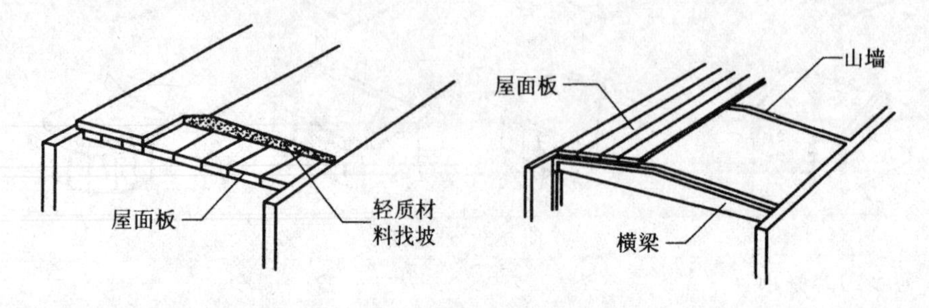

图 5-5 屋顶坡度的形成方式

材料找坡的顶棚面平整，而且可以改善屋面的保温隔热能力。当屋面进深尺度较大时，材料找坡消耗较多的材料及增加屋面荷载。因此，应选择轻质材料找坡或保温层找坡，材料找坡适用于屋面进深尺度较小及顶棚要求平整的建筑。结构找坡的构造简单，不增加荷载，屋面不设保温层的南方地区经常采用。若因此导致顶棚倾斜，室内空间不够规整，则可以通过吊顶改变顶棚的形状。为避免浪费材料、减小屋面荷载，单坡跨度大于 9 m 的屋面宜作结构找坡。结构找坡多用于屋面进深尺度较大的民用建筑及对顶棚平整度要求不高的工业建筑。

(3) 影响屋顶坡度设计的因素。

屋顶坡度的选择应综合考虑各方面的因素，如屋面防水材料尺寸大小、当地地理气候条件、结构形式、防水构造、施工方法，以及功能使用要求和建筑造型等。

一般来说，降雪量大的地区屋顶坡度比较陡，可以避免冬季积雪造成过大的雪荷载，降雨量大的地区屋面也较陡，这样可以使水流加快，尽快将雨水排除，防止屋面积水过深而产生渗漏；反之，屋顶坡度则可以小些。

防水材料如果尺寸较小，接缝必然就较多，容易产生缝隙渗漏，因而屋面应有较大的排水坡度，以便将屋面积水迅速排除。如果屋面的防水材料覆盖面积大，接缝少而且严密，屋面的排水坡度就可以小一些。例如，平瓦屋面坡度不小于 1∶3，小青瓦屋面坡度不小于 1∶2，瓦屋面最大坡度可以做到 1∶1，彩色压型钢板瓦屋面最小可以做到 1∶5。

结构形式的选择直接决定屋顶坡度的大小，例如厂房的屋架选用三角形钢屋架，形成的屋顶坡度一般为 1∶3；采用梯形屋架，形成的屋顶坡度一般为 1∶10。

屋面是否经常上人，是否有蓄水或屋顶绿化等使用要求也影响着屋顶的坡度设计。

5.1.3 屋面防水的设计

1) 屋面排水方式

屋面排水方式分为有组织排水和无组织排水两大类。

(1) 无组织排水。

无组织排水是指屋面雨水直接从挑檐口自由下落至地面的一种排水方式，因为不用天沟、雨水管等设施导流雨水，故又称自由落水。这种做法构造简单，施工方便，造价经济，但落水时，雨水会溅湿墙身、勒脚，有风时雨水还会冲刷墙面。因此，挑檐应有足够的宽度(一般建筑不宜小于 500 mm，工业厂房天窗的挑檐可采用 300 mm)，檐头下面要做滴水，防止出现爬水现象。

(2) 有组织排水。

有组织排水是指雨水经由天沟、雨水管等排水装置被引导至地面或地下管沟的一种排水方式。

2) 排水方式的选择

确定屋面的排水方式时，一般应考虑建筑的设计标准、建筑高低、降雨量大小等因素。

无组织排水适用于降雨量不大的地区，低层建筑及次要的建筑物。严寒地区为了防止檐沟挂冰也常采用。此外，某些有特殊要求的厂房，例如有积灰的屋面或具有腐蚀性介质作用的车间，为了避免天沟和水斗堵塞或遭受腐蚀，也应尽可能采用无组织排水。

3) 有组织排水方案

有组织排水方案在工程实践中按外排水、内排水两种情况分为以下几种排水方案(见图 5-6)。

(1) 外排水方案　外排水是指雨水管设在建筑外墙以外的一种排水方案，外排水方案可以归纳为以下几种。

① 挑檐沟外排水：屋面雨水汇集到悬挑在墙外的檐沟内，再由水落管排下。

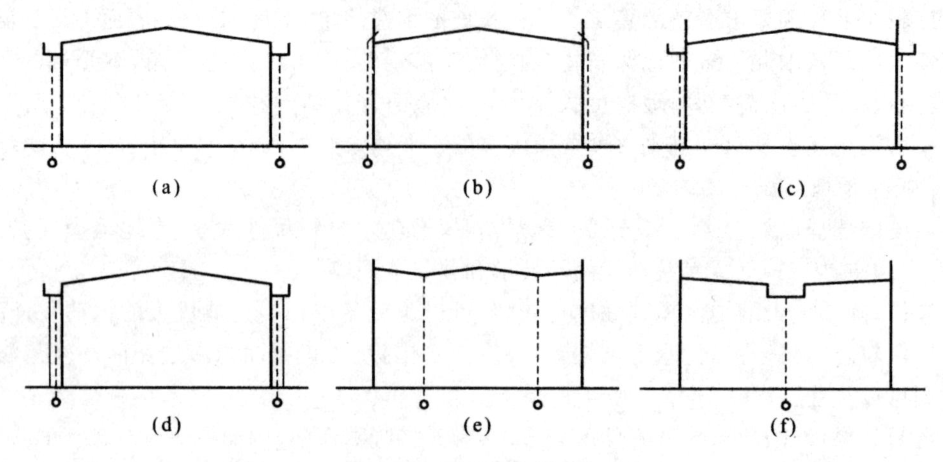

图 5-6　有组织排水方案

(a) 挑檐沟外排水;(b) 女儿墙内檐沟外排水;(c) 女儿墙加挑檐沟外排水;
(d) 暗管外排水;(e) 内排水;(f) 中间天沟内排水

② 女儿墙内檐沟外排水:屋面雨水汇集到女儿墙处,特点是屋面雨水需穿过女儿墙流入室外的雨水管。

③ 女儿墙加挑檐沟外排水:女儿墙加挑檐沟外排水特点是在屋檐部位既有女儿墙,又有挑檐沟。

④ 暗管外排水:暗装雨水管的方式,将雨水管隐藏在假柱或空心墙中。

(2) 内排水　雨水通过在建筑内部的雨水管排走,如中间天沟内排水。高层建筑、严寒地区建筑、屋面面积较大的公共建筑和多跨厂房,因维修、结冻、排水方便等原因宜采用内排水方案。

4) 屋面工程设计的内容

屋面工程设计包括屋面防水等级的确定、构造设计、材料选择、排水系统设计等多方面的内容,对这些内容具体的解析如下。

(1) 确定屋面防水等级和设防要求。

屋面防水工程设计时,首先应根据所设计建筑物的类型和性质、建筑物对防水功能要求的重要程度、建筑物的屋面结构形式以及对防水层合理使用年限的要求或特殊的防水要求等技术要求,确定该建筑屋面的防水等级(见表 5-2)。

表 5-2　不同屋面防水等级的要求

屋面防水等级	建筑物类别	屋面防水功能重要程度	建筑物种类
Ⅰ	重要的建筑、高层建筑	如一旦发生渗漏,会使重要的设备或物品遭到破坏,造成重大的经济损失	重要的博物馆、图书馆;医院、宾馆、影剧院等民用建筑;仪表车间、印染车间、军火仓库等工业建筑
Ⅱ	一般的建筑	如一旦发生渗漏,会使一些物品受到损坏,在一定程度上影响使用或美观,或影响人们正常的工作、生活	住宅、办公楼、学校、旅馆等民用建筑;机械加工车间、金工车间、装配车间、仓库等工业建筑

根据屋面防水等级确定采用几道设防，设计时要充分考虑使各道防水层间的材性相容，即溶度参数应相近，才能够相互黏合在一起，避免黏结不牢或产生化学腐蚀。各道防水材料的种类、道数、厚度和构造要求，应符合新规范有关条文的规定。在各道防水层的设置上，耐老化、耐穿刺性能好的应放在上面。

(2) 屋面工程的构造设计。

屋面工程的构造设计是指为满足屋面防水工程功能要求而设置的防水构造做法。屋面工程有结构层、找平层、隔汽层、保温层、隔离层、防水层、保护层、架空隔热层以及使用需要的面层等，根据使用要求、材料特性进行合理的安排。

(3) 防水层选用的材料及其主要物理性能。

不同品种和不同性能的防水材料，具有不同的优点和弱点，各有其不同的适用范围和要求。因此，必须了解各种防水材料的特性，材料适用部位的结构类型、屋面形式、环境和气候条件；防水材料间是否可以相互结合，各种防水材料间能否通过采取技术措施来弥补某个性能的不足等。

(4) 保温、隔热层选用的材料及其主要物理性能。

对于屋面保温、隔热层的设计，根据节能目标，公共建筑应满足建筑节能 50%的要求，居住建筑应满足建筑节能 65%的要求。考虑到我国地域广大，南方和北方的室外气温差异很大，要满足不同地区的屋面保温和隔热的要求，就必须结合各地区特点，根据建筑物的不同功能要求，选择适当的保温材料和隔热形式。

(5) 屋面细部构造的密封防水措施、选用的材料及其主要物理性能。

屋面工程的细部构造是屋面防水工程的薄弱环节，是容易出现渗漏水的部分，所以在进行屋面工程细部设计时，应掌握以下原则：

① 考虑结构变形、温差变形、干缩变形、振动等影响；

② 柔性密封、排防结合、材料防水与构造防水相结合；

③ 强调完善、耐久、整体设防功能；

④ 应根据所设计的建筑物具体情况进行精心设计。

(6) 屋面排水系统的设计。

屋面排水系统设计应包括以下内容。

① 汇水面积计算：了解当地百年最大暴雨量，以及计算屋面全部汇水面积。

② 确定屋面排水路线、排水坡度：为减少雨水渗漏机会，排水线路不应过长，当建筑总进深(宽度)超过 12 m 时，应采取双坡排水。

③ 设计天沟、檐沟位置，截面，坡度，出水口(水落口)位置，沟底标高。

天沟的功能是汇集和迅速排除屋面雨水，沟底沿长度方向应设纵向排水坡。天沟纵坡的坡度不应小于 1%。天沟的净断面尺寸应根据降雨量和汇水面积的大小来确定。为防止暴雨时雨水倒灌或外溢，建筑的天沟净宽不应小于 200 mm，天沟上口至分水线的距离不应小于 120 mm(见图 5-7)。

④ 确定水落管管径、数量和位置。

水落管的材料有铸铁、PVC 塑料、陶瓷、镀锌薄钢板等，目前常用 PVC 塑料管。水落管的直径不应小于 75 mm，一般应大于等于 100 mm，面积小于 25 m^2 的露台和阳台可选用直径 50 mm 的水落管。

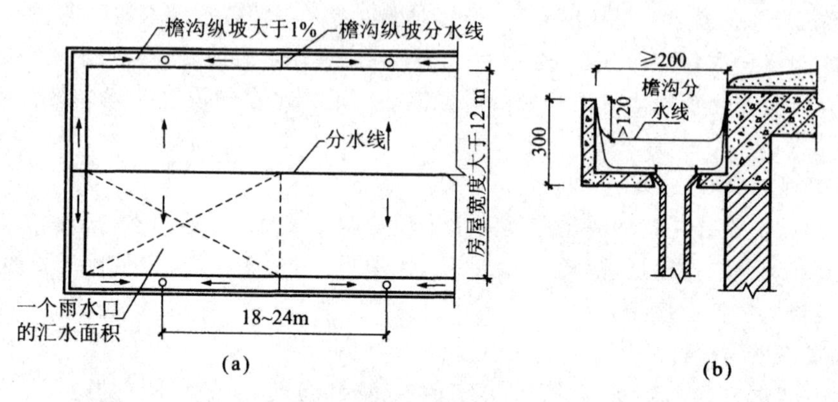

图 5-7 屋面排水图(单位:mm)

(a) 屋顶平面图;(b) 挑檐沟断面

水落管的数量由屋面汇水面积和降雨量经计算确定,一根水落管的最大汇水面积为 150~200 m^2。为防止垫置纵坡材料过厚而增加天沟深度,女儿墙外排水及内排水的水落口间距不超过 18 m,挑檐沟排水方案的水落口间距不超过 24 m。

⑤ 设计雨水系统必要的附加设施,如水簸箕等。

(7) 与防水层相邻层次的设计。

在屋面工程设计中,与防水层相邻的层次包括以下内容。

① 结构层:屋面刚度、板缝处理。

② 找平层:确定找平层材料、厚度及技术要求。

③ 保温层:通过热工计算,确定保温层种类、做法、类型、厚度、技术要求。

④ 隔汽层:确定是否需设隔汽层,以及采用何种材料的隔汽层。

⑤ 隔离层:确定隔离层位置、材料、做法。

⑥ 找坡层:结构找坡 3%,材料找坡 2%。

⑦ 隔热层:确定隔热方式、材料、做法、技术要求。

⑧ 上人屋面面层:确定材料品种、规格、铺设技术要求。

⑨ 保护层:根据用途不同选择采用保护层,确定材料、做法、技术要求等。

5.2 平屋顶构造

由于平屋顶的坡度比较小,水流速度比较缓慢,有时甚至在屋顶表面会形成局部积水。因此,平屋顶的防水原则应该是在导、堵结合的前提下,充分发挥材料性能,以堵为主,做好节点防水构造,防止雨水渗漏。同时,注意控制屋面和天沟的坡度,减少排水线路的长度,加强屋面排水系统对雨水的导引能力,减少雨水在屋面的滞留时间。

平屋顶防水做法,根据材料和施工工艺可分为柔性卷材防水、刚性防水和涂膜防水三种。

5.2.1 柔性卷材防水屋面

1) 卷材防水屋面材料

(1) 卷材。

① 沥青类防水卷材　沥青类防水卷材是用原纸、纤维织物、纤维毡等胎体材料浸涂沥青，表面撒布粉状、粒状或片状材料后制成的可卷曲片状材料，传统的石油沥青纸胎油毡曾经是我国使用最多的防水卷材，目前在屋面工程中仍有应用。但石油沥青纸胎油毡低温柔性差，防水层合理使用年限较短，新的屋面工程技术规范中已经限制其使用。

② 高聚物改性沥青类防水卷材 高聚物改性沥青类防水卷材是以高分子聚合物改性沥青为涂盖层，表面撒布粉状、粒状或片状材料或贴薄膜材料后制成的可卷曲片状材料，如 SBS(弹性)改性沥青防水卷材、再生胶改性沥青聚酯油毡、铝箔塑胶聚酯油毡、丁苯塑胶改性沥青油毡。高聚物改性沥青类防水卷材耐高、低温和耐候性能明显提高，卷材的延伸率加大，弹性和耐疲劳性也明显改善，卷材可以单层铺设或复合使用，也可以冷施工或热熔铺贴。但各种卷材的特点差异也较大，应区别使用，例如 APP(塑性)改性沥青防水卷材具有良好的强度、延伸性、耐热性、耐紫外线照射及耐老化性能，可单层铺设，适合于紫外线辐射强烈及炎热地区屋面使用，SBS 改性沥青防水卷材低温的柔度较好，适用于一般和较寒冷地区建筑作屋面的防水层。

③ 合成高分子防水卷材 合成高分子防水卷材是以各种合成橡胶、合成树脂或二者混合物为主要原料，并添加助剂或填充料后经压延挤出加工制成的防水卷材。常见的有三元乙丙橡胶防水卷材、氯化聚乙烯防水卷材、氯化聚乙烯一橡胶共混防水卷材、氯丁橡胶防水卷材。三元乙丙橡胶防水卷材防水性能优异，耐候性好，耐臭氧性好，耐化学腐蚀性佳，弹性和抗拉强度大，对基层变形开裂的适应性强，重量轻，使用温度范围宽，寿命长；彩色三元乙丙橡胶防水卷材，外观装饰效果良好。三元乙丙橡胶防水卷材也存在价格高、黏结材料尚需配套完善等问题，主要在屋面防水技术要求较高、防水层合理使用年限要求长的工业与民用建筑，单层或复合建筑中使用，采用冷粘法或自粘法施工。

(2) 卷材胶粘剂。

用于沥青卷材的胶粘剂有冷底子油和沥青胶。

冷底子油是将沥青稀释溶解在煤油、轻柴油或汽油中制成，涂刷在水泥砂浆或混凝土层面作结合层用。

沥青胶又称为玛碲脂，是以石油沥青为基料，加入填充料(滑石粉、云母粉、石棉粉等)热制而成沥青胶。沥青胶应具有适当的软化点(温度敏感性)，软化点过低，夏季易液化流淌，造成油毡脱落；软化点过高，冬季易冷脆断裂。沥青胶应具有一定的塑性和足够的黏性，使结构发生变形时不致被拉裂。同时，沥青胶应具备温度稳定性和大气稳定性，使其具有耐热性和耐老化能力。沥青胶分为冷、热两种，每种根据沥青不同又分为石油沥青胶和煤沥青胶两类。

用于高聚物改性沥青和高分子卷材的胶粘剂主要是与卷材配套使用的各种溶剂型胶粘剂，例如三元乙丙橡胶中使用的 CX404 胶。

2) 卷材防水屋面的构造层次和施工做法

卷材防水屋面由多层材料叠合而成，其基本构造层次有结构层、找平层、结合层、防水层和保护层(见图 5-8)。有保温、隔热要求的建筑的屋顶还要设置保温层、隔热层、隔汽层和找坡层等附加层。

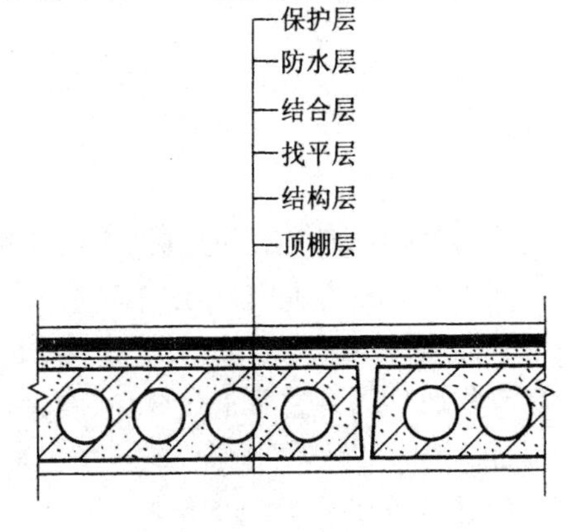

图 5-8　卷材防水屋面的构造层次

(1) 结构层。

通常为钢筋混凝土屋面板，要求有足够的强度和刚度，结构层的刚度大，对屋面的防水层影响就小，为保证屋面结构层刚度，宜采用现浇钢筋混凝土结构。

(2) 找平层。

柔性防水层要求铺贴在坚固而平整的基层上，以避免卷材凹陷或断裂。因此，必须在结构层或找坡层上设置找平层。找平层一般为20～30 mm厚的1∶3水泥砂浆、细石混凝土或沥青砂浆。为防止找平层变形产生不规则开裂而损坏防水层，应在找平层中预留分格缝，缝宽5～20 mm，纵横缝的间距不宜大于6 m，分格缝内宜嵌填密封材料。

(3) 结合层。

结合层的作用是使卷材防水层与基层胶结牢固。结合层所用材料应根据卷材防水层材料的不同来选择，沥青类卷材采用冷底子油作结合层；高分子卷材多用配套的基层处理剂。

(4) 防水层。

防水层是由胶结材料与卷材粘合而成，卷材连续搭接形成屋面防水的主要部分。

沥青卷材防水层做法是在找平层上涂刷冷底子油一道，然后将沥青胶均匀涂刷在找平层上，边刷边铺卷材，铺好后再刷沥青胶再铺卷材，直到达到设计的层数，最后在卷材表面再刷一层沥青胶。

由于施工过程中不能保证基底完全干燥后再做柔性防水层，因此，留在基层内的水汽如果在防水层下某处积聚，柔性防水层就可能在该处鼓泡。这种泡一旦在外力作用下破裂，防水功能就会受到破坏，因此应该考虑在屋面找平层和保温层设置排气道。如设置排气道还不能有效解决卷材鼓泡拉裂的无保温屋面，可采用空铺法、条粘法或点粘法(见图5-9)，或采用带孔卷材铺贴第一层，让水汽在卷材与基层间的空隙中流动而不在一处积聚，通过设置排气孔将水汽排除。当屋面结构刚度较差或有重物作用时，结构变形较大，容易造成防水层破坏，这样的屋顶应选空铺法、条粘法或点粘法铺贴。

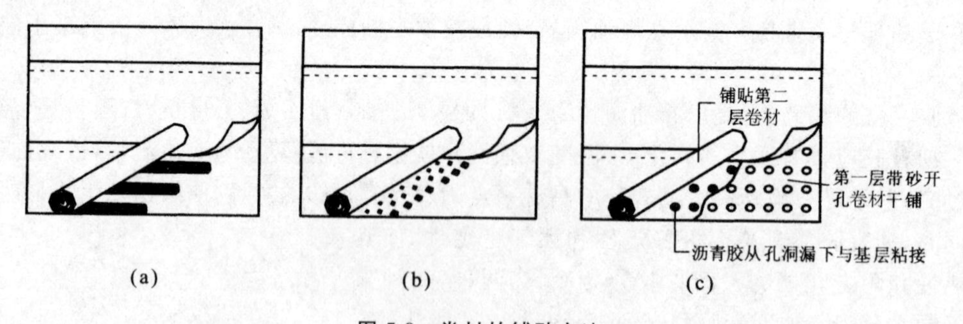

图5-9 卷材的铺贴方法

(a) 条形铺贴；(b) 点状铺贴；(c) 带砂开孔油毡干铺

卷材铺贴时，应注意铺贴方向和顺序，当屋面坡度不大(3%以内)时，卷材一般平行屋脊，从檐口到屋脊层层向上铺贴，顺主导风向搭接。当屋面坡度大于3%，小于15%时，可平行屋脊或直于屋脊铺贴。当屋面坡度大于15%或屋面受震动时，沥青卷材应垂直于屋脊铺贴，顺水流方向搭接，高聚物改性沥青类防水卷材和合成高分子防水卷材，可平行或直于屋脊铺贴，卷材屋面的坡度不宜超过25%。当坡度超过25%时，应采取防止卷材下滑的措施。上、下层卷材不得互相垂直铺贴。沥青卷材搭接宽度长边不小于70 mm，短边不小于100 mm；高聚物卷材和高分子卷材搭接宽度长边不小于80 mm，短边不小于80 mm。卷材搭接时应错开一定的距离(见图5-10)。

高聚物改性沥青防水卷材的铺贴方法有冷粘法、热粘法和热熔法等。冷粘法是用专用胶在常温下将卷材与基层或卷材间粘贴；热粘法是用热熔改性沥青油膏将卷材粘贴在找平层上；热熔法是用火焰加热器将卷材的底胶均匀加热至熔化，然后将卷材与基层或卷材间进行粘接。高分子卷材一般采用冷粘法或自粘法铺贴。

(5) 保护层。

设置保护层的目的是保护防水层。保护层的材料及做法，应根据防水层所用材料和屋面的利用情况而定。

不上人时，沥青油毡防水屋面一般在防水层上撒粒径为 3～6 mm的小石子作为保护层，称为绿豆砂保护层。绿豆砂要求耐风化、颗粒均匀、色浅；三元乙丙橡胶卷材采用银色着色剂，直接涂刷在防水层上表面，彩色三元乙丙复合卷材防水层直接用 CX404 胶黏结，不需另加保护层(见图 5-11)。

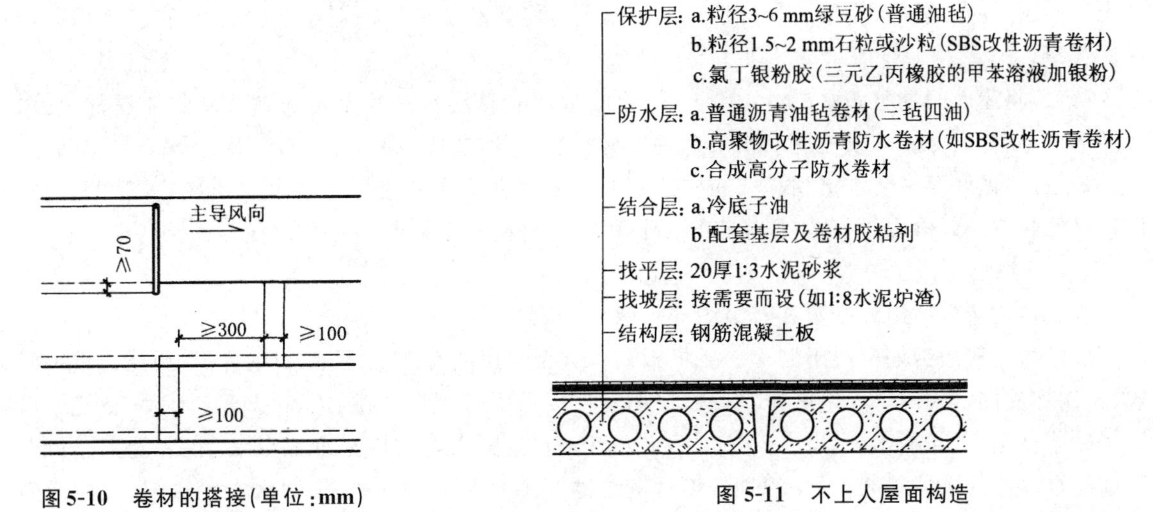

图 5-10　卷材的搭接(单位:mm)

图 5-11　不上人屋面构造

上人屋面的保护层具有保护防水层和兼作行走面层的双重作用，因此上人屋面保护层应满足耐水、平整、耐磨的要求。具构造做法通常可采用水泥砂浆或沥青砂浆铺贴缸砖、人阶砖、混凝上板等，也可现浇 40 mm 厚 C20 细石混凝土，现浇细石混凝土保护层的细部构造处理与刚性防水屋面基本相同(见图 5-12)。

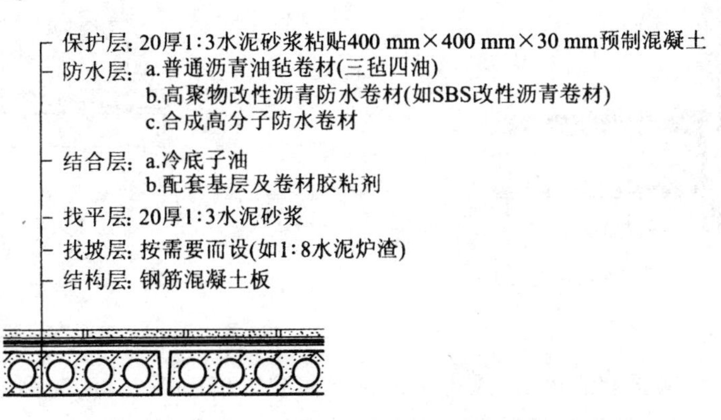

图 5-12　上人屋面构造

3）细部构造

卷材防水层是一个封闭的整体，如果在屋顶开设孔洞、有管道出屋面或屋顶边缘封闭不牢，都可能破坏卷材屋面的整体性，形成防水的薄弱环节而造成渗漏。因此，必须对这些细部构造加强防水处理。这些部位有泛水、挑檐口、天沟、雨水口、屋面检查孔、屋面出入口等。

(1) 泛水构造。

泛水构造是指屋面与垂直墙面交接处的防水处理。如屋面与山墙、女儿墙、高低屋面之间的立墙、烟囱下端、变形缝下部壁面的交接处等均是最易漏水的地方，必须将屋面防水层延伸到这些垂直面上，形成立铺的防水层，称为泛水，泛水构造如图 5-13 所示。其构造和做法应注意以下三个方面。

第一，应将屋面水泥砂浆找平层继续抹到垂直墙面上，转角处抹成直径不小于 50 mm(沥青卷材为150 mm)的圆弧形，使屋面卷材延续铺至墙上时能够贴实。禁止把卷材折成直角或架空，以免卷材破裂。

第二，将屋面的卷材防水层继续铺至垂直面，形成卷材泛水。其上再加铺一层附加卷材，泛水高度不得小于 25 0 mm，以免屋面积水超过卷材浸湿墙身，造成渗漏。

第三，要做好卷材防水层“收头”的构造处理。在垂直墙面上应把卷材上口压住，一般做法是：将卷材的收头压入槽内，用防水压条钉压后再用密封材料嵌填封严，外抹水泥砂浆保护。

(2) 挑檐口构造。

挑檐口构造分无组织排水和有组织排水两种做法。

挑檐板一般用钢筋混凝土制作。挑檐板结构类型常用的有现浇式、预制搁置式、预制自重平衡式、预制螺栓固定式等。无组织排水挑檐口不宜直接采用屋面板外挑，因其温度变形大，易使檐口抹灰砂浆开裂，引起爬水现象。施工时，檐口 800 mm 范围内卷材应采取满贴法，在混凝土檐口上用细石混凝土或水泥砂浆先做一凹槽，然后将卷材贴在槽内，将卷材收头用水泥钉钉牢，上面用防水油膏嵌填(见图 5-14)。

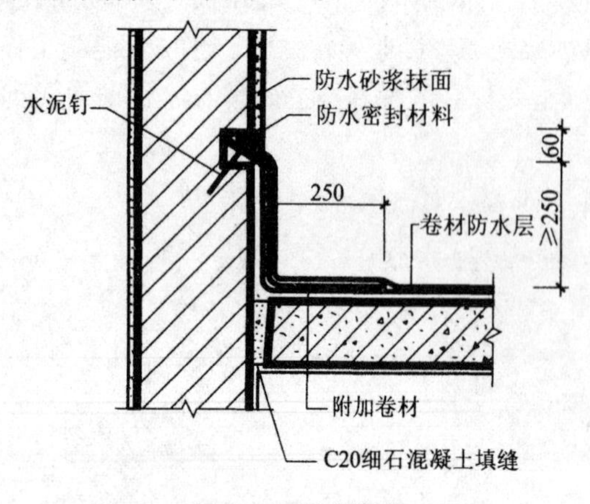

图 5-13　泛水构造

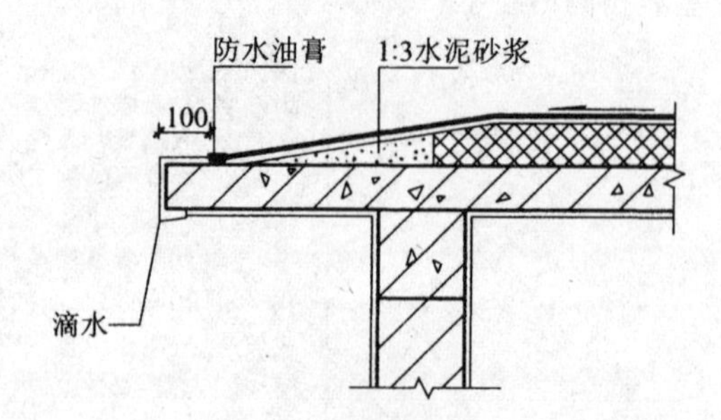

图 5-14　无组织排水挑檐口构造(单位:mm)

有组织排水时，挑檐多做成天沟，天沟常常布置在檐口出挑部位，现浇钢筋混凝土天沟板可与圈梁连成整体。预制天沟板则需搁置在钢筋混凝土屋架挑牛腿上。天沟内应增铺附加防水层，当采用沥青防水卷材时要加铺一层卷材；当采用高聚物改性沥青防水卷材或合成高分子防水卷材时，宜采用防水涂膜增加层。沟内转角部位的找平层应做成圆弧或45°斜面。当屋面坡度大于等于1∶5时，避免卷材受外力影响而开裂，应将天沟板靠屋面板一侧的沟壁外侧做成斜面，以免接缝处出现上窄下宽的缝隙。天沟与屋面交接处的附加层宜空铺，空铺宽度应为200 mm。为防止天沟壁面上的卷材下滑，通常在天沟边缘用水泥钉钉压条，将卷材的收头处压牢，再用油膏或砂浆盖缝(见图5-15)。

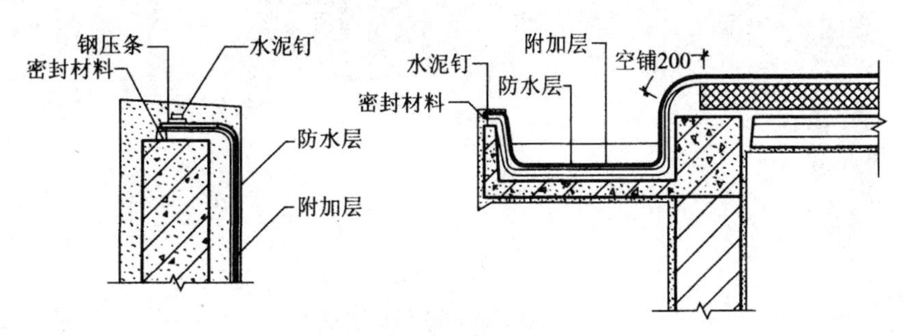

图5-15　有组织排水挑檐口构造(单位:mm)

(3) 天沟构造。

屋面上的排水沟称为天沟，有两种设置方式。

① 三角形天沟　由天沟的纵向坡度和屋面的横向坡度交会形成的女儿墙内天沟为三角形天沟，女儿墙外排水的民用建筑采用三角形天沟的较为普遍。其构造如图5-16所示，沿天沟长向用轻质材料垫成1%的纵坡，使雨水迅速向雨水口汇集。

② 矩形天沟　多雨地区或跨度大的房屋常采用断面为矩形的天沟。天沟处用专用的钢筋混凝土预制天沟板取代屋面板，天沟内也须设纵向坡度，天沟与女儿墙交接处须作泛水，泛水高度从天沟上口算起(见图5-16(c))。这种天沟的雨水斗一般为直斗式，雨水管从天沟下面伸出，转弯后从墙面伸出，局部弯头较多，因而易造成堵塞和漏雨。雨水管也占用一部分屋面板下的空间，对空间处理不利。

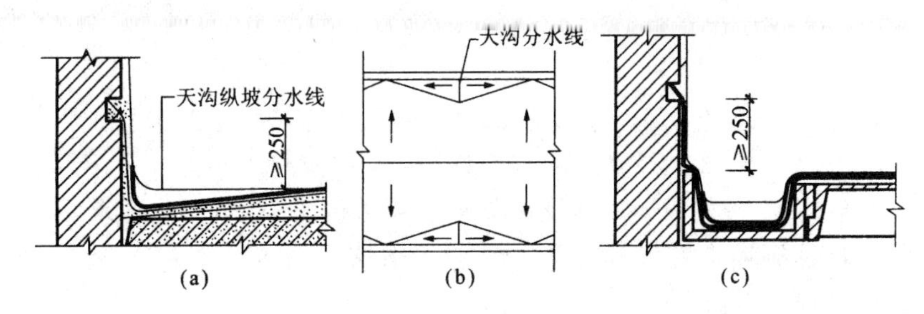

图5-16　天沟构造(单位:mm)

(a) 三角形天沟;(b) 天沟构造;(c) 矩形天沟

(4) 雨水口构造。

雨水口是屋面雨水排至雨水管的交汇点，通常设在檐沟内或女儿墙根处。该处是防水的薄弱环节，要求排水通畅，防水严密，若处理不当，极易漏水。在构造上雨水口必须加铺一层卷材，并铺入雨水口内至少100 mm，用油膏嵌缝，雨水口在檐沟内采用铸铁定型配件，上设格栅罩或镀锌钢丝网罩(见图5-17)。穿过女儿墙的雨水口，采用侧向铸铁雨水口，其构造如图5-18所示。

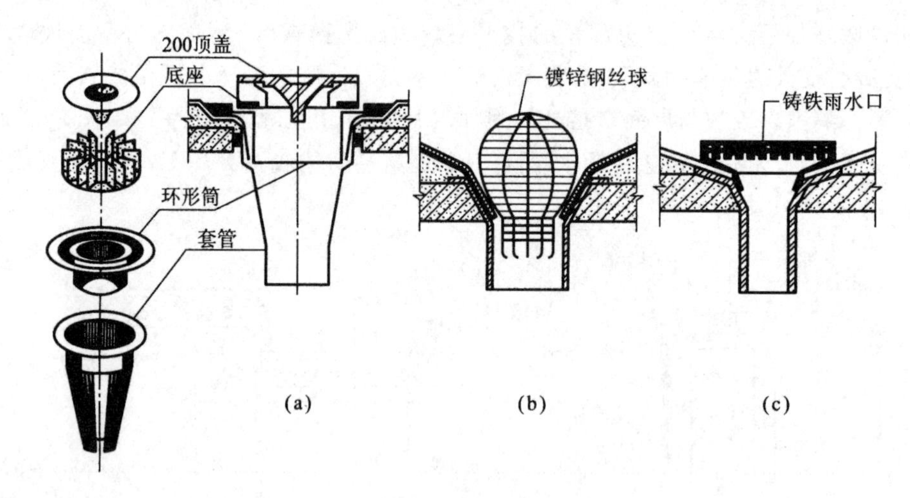

图 5-17 直管式雨水口(单位:mm)

(a) 雨水口构造;(b) 镀锌钢丝球;(c) 铸铁雨水口

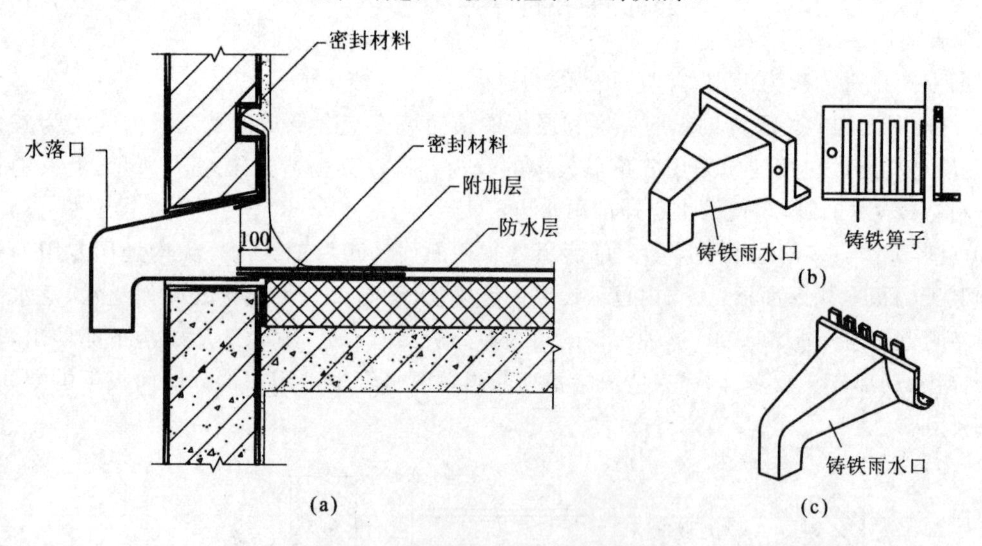

图 5-18 侧向铸铁雨水口(单位:mm)

(a) 雨水口构造;(b) 铸铁雨水口构件;(c) 铸铁雨水口

铺雨水口卷材前,必须找好坡度,在雨水口四周一般坡度不小于5%。如果屋面有找坡层或保温层,可以在雨水口周围直径500 mm范围内减薄,形成漏斗形状。避免因存水造成渗漏,同时也可防止冬季积雪引起排水不畅。

(5)屋面检修孔、屋面出入口构造。

不上人屋面为便于检修维护应设置屋面检修孔。检修孔四周的孔壁可用立砖砌筑,也可在现浇屋面板时将混凝土向上浇筑而成,其高度应保证完成后屋面到检修孔上沿的距离不小于250 mm,壁外侧的防水层应做成泛水并将卷材用混凝土压顶圈盖缝压牢固(见图5-19(a))。

出屋面位置一般需设屋面出入口,如室外标高高于室内地面,就应在出入口设置挡水门坎,其构造原理和泛水构造相同(见图5-19(b))。

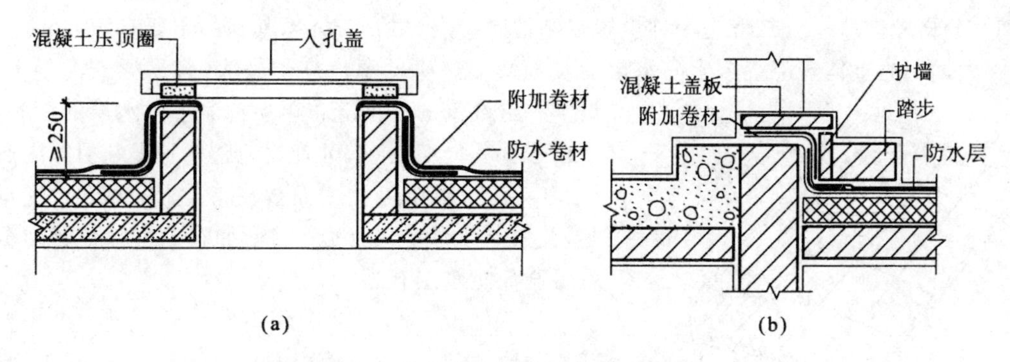

图 5-19 屋面检修孔、屋面出入口构造(单位:mm)

(a) 屋面检修孔;(b) 屋面出入口

5.2.2 刚性防水屋面

1）概述

刚性防水屋面是指用刚性材料(细石混凝土或防水砂浆)作为防水层的屋面。刚性防水屋面的主要优点是构造简单、施工方便、造价较低;缺点是易开裂,对气温变化和屋面基层变形的适应性较差,刚性防水多用于我国南方地区。刚性防水屋面的材料有细石钢筋混凝土、钢纤维混凝土、微膨胀收缩补偿混凝土等。目前刚性防水(细石混凝土)不得作为一道防水设防屋面使用。

2）刚性防水屋面的构造

刚性防水屋面的构造层一般有防水层、隔离层、找平层、结构层等(见图 5-20),刚性防水屋面应尽量采用结构找坡。

(1) 防水层　防水层采用不低于 C20 的细石混凝土整体现浇而成,其厚度不小于 40 mm。为防止混凝土开裂,可在防水层中配直径 4～6 mm 间距 100～200 mm 的双向钢筋网片,钢筋的保护层厚度为 10 mm。为提高防水层的抗裂和抗渗性能,可在细石混凝土中掺入适量的外加剂,如膨胀剂、减水剂、防水剂等。

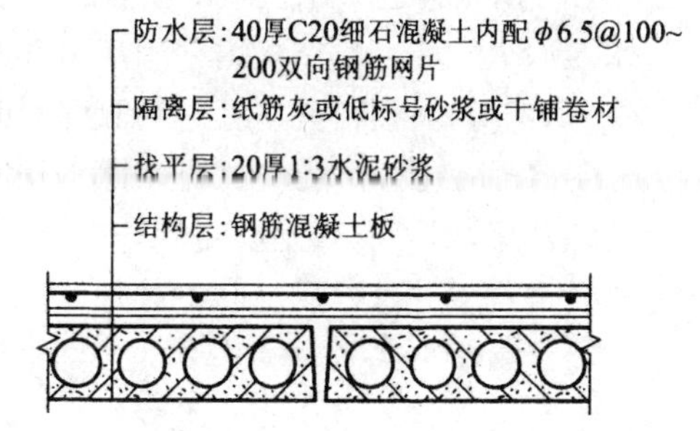

图 5-20 刚性防水屋面构造

(2) 隔离层　隔离层位于防水层与结构层之间,其作用是减少结构变形对防水层的不利影响,从而减少或避免防水层的破坏,刚性防水屋面可采用纸筋灰、干铺卷材、塑料薄膜或低等级砂浆作隔离层材料。

(3) 找平层　当结构层为预制钢筋混凝土板时,其上应用 20 厚 1∶3 水泥砂浆做找平层,屋面板为整体现浇混凝土结构时则可不设找平层。

(4) 结构层　屋面结构层一般采用预制或现浇的钢筋混凝土屋面板。结构层应有足够的刚度,以免结构变形过大而引起防水层开裂。

3）刚性防水屋面的细部构造

与卷材防水屋面一样,刚性防水屋面也需处理好泛水、天沟、檐口、雨水口等细部构造,还应做好防水层的分格缝构造。

(1) 分格缝构造　分格缝是一种设置在刚性防水层中的变形缝,其目的主要有两方面。

① 大面积的整体现浇混凝土防水层受气温影响产生的温度变形较大,容易导致混凝土开裂。设置一定数量的分格缝将单块混凝土防水层的面积减小,从而减少其伸缩变形,可有效地防止和限制裂缝的产生。

图 5-21　分格缝位置

② 在荷载作用下屋面板会产生挠曲变形,支承端翘起,会引起混凝土防水层开裂,如在这些部位预留分格缝就可避免防水层开裂。

一般情况下分格缝间距不宜大于 6 m。结构变形敏感的部位,如装配式屋面板的支承端、屋面转折处、现浇屋面板与预制屋面板的交接处、泛水与立墙交接处等部位都应该设置分格缝(见图 5-21)。

设计时应注意在分格缝处将防水层内的钢筋断开;缝宽宜为 5～30 mm;缝口表面用防水卷材铺贴盖缝,卷材宽度为 200～300 mm(见图 5-22)。

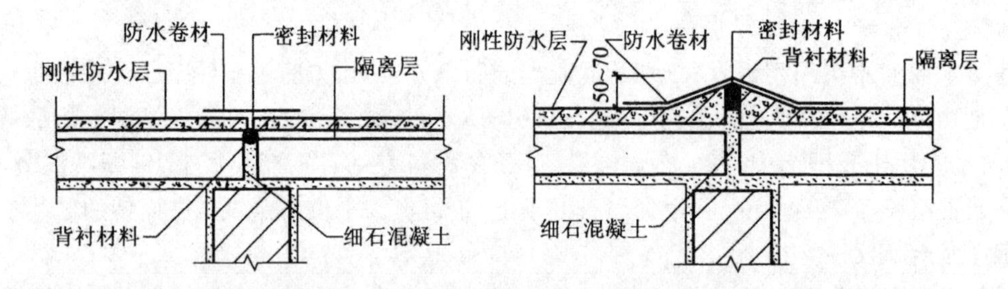

图 5-22　刚性防水屋面分格缝构造(单位:mm)

(2) 泛水构造　刚性防水屋面的泛水构造要点与卷材屋面相同的地方是:泛水应有足够高度;泛水应嵌入立墙上的凹槽内并用压条和水泥钉固定。不同的地方是:刚性防水层与屋面突出物(女儿墙、烟囱等)间须留分格缝,另铺贴附加卷材盖缝形成泛水。

① 女儿墙泛水　女儿墙与刚性防水层间留分格缝,使混凝土防水层在收缩和温度变形时不受女儿墙的影响,可有效地防止其开裂。分格缝内用油膏嵌缝(见图 5-23),缝外用附加卷材铺贴至泛水所需高度并做好压缝收头处理,以免雨水渗进缝内。

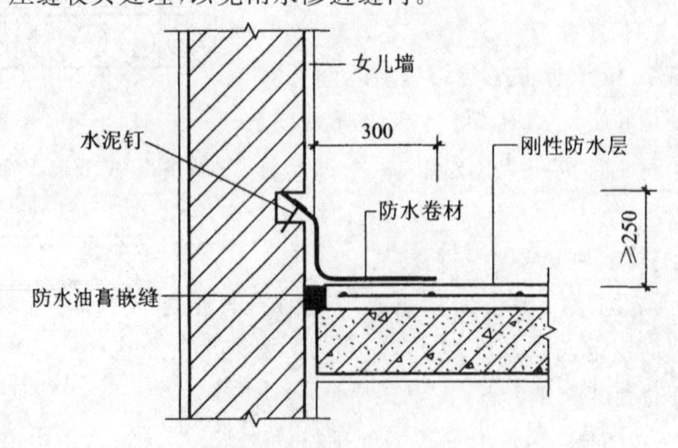

图 5-23　刚性防水屋面泛水构造(单位:mm)

② 管道出屋面构造　伸出屋面的管道(如厨、卫等房间的透气管等)与刚性防水层间亦应留设分格缝、内用油膏嵌填,然后用卷材或涂膜防水层在管道周围做泛水。

(3) 檐口构造　刚性防水屋面常用的檐口形式有自由落水檐口、挑檐沟外排水檐口、女儿墙外排水檐口等。

① 自由落水檐口　当挑檐采用无组织排水时,可从梁中出挑挑檐板或将刚性防水层挑出形成自由落水檐口(见图 5-24)。

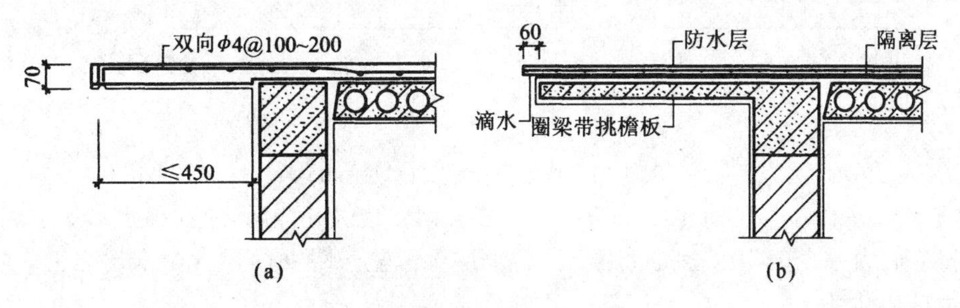

图 5-24　自由落水檐口构造(南方)(单位:mm)

② 挑檐沟外排水檐口　挑檐多做成天沟,檐口常常将檐沟布置在出挑部位,檐沟板可与圈梁连成整体。沟内设纵坡,防水层挑入沟内并做成滴水,防止爬水(见图 5-25)。

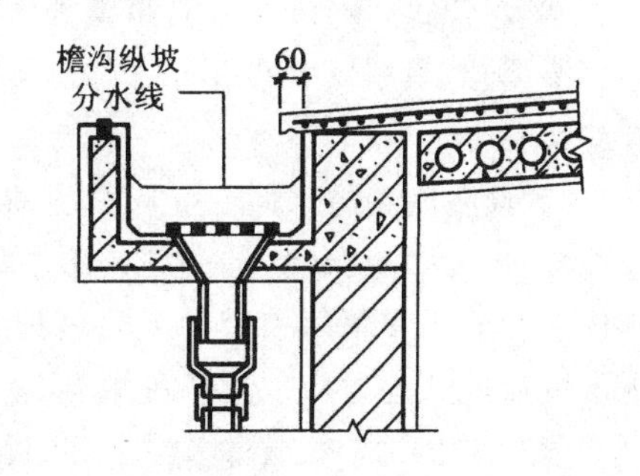

图 5-25　挑檐沟外排水檐口(单位:mm)

③ 女儿墙外排水檐口　在跨度不大的平屋顶中,当采用女儿墙外排水时,常利用倾斜的屋面板和女儿墙间的夹角做成三角形断面天沟,其泛水做法与前述做法相同。

(4) 雨水口构造　雨水口是屋面雨水汇集并排至水落管的关键部位,构造上要求排水通畅,防止渗漏和堵塞。刚性防水屋面的雨水口有直管式和弯管式两种做法,直管式一般用于挑檐沟外排水的雨水口(见图5-26),弯管式用于女儿墙外排水的雨水口(见图 5-27)。

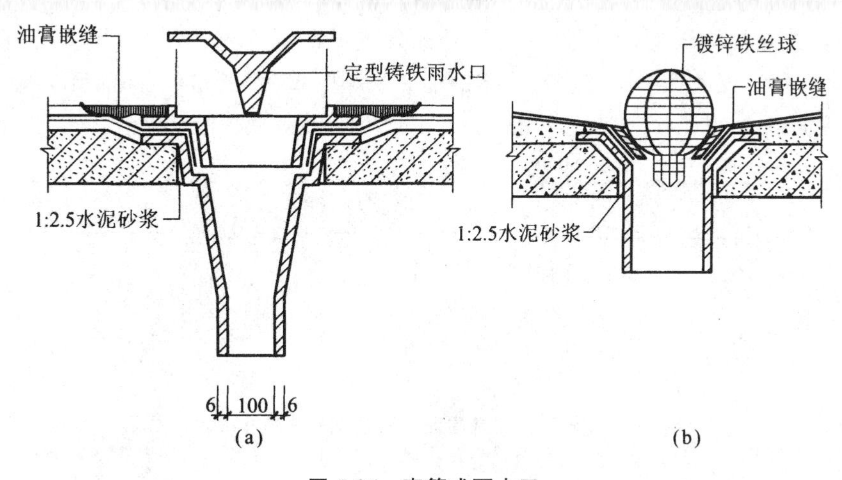

图 5-26　直管式雨水口

(a) 铸铁雨水口;(b) 镀锌铁丝球雨水口

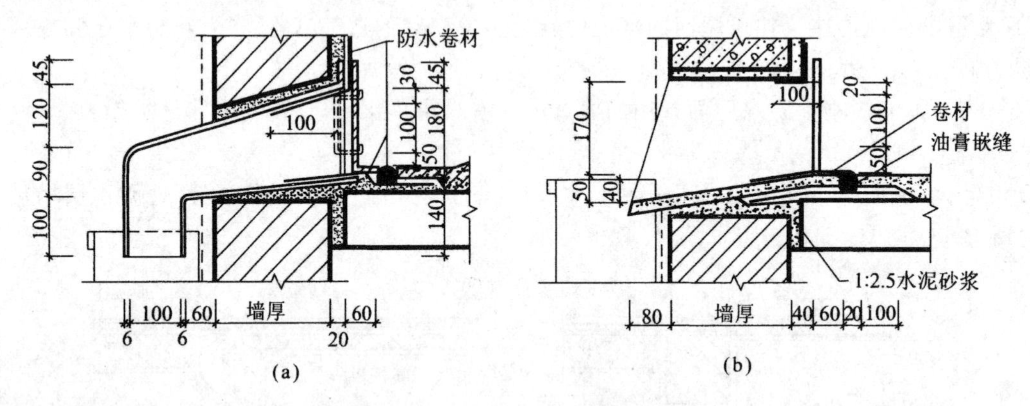

图 5-27　弯管式雨水口(单位:mm)

① 直管式雨水口　为了防止雨水从雨水口套管沟底接缝处渗漏,应在雨水口周边加铺柔性防水层并铺至套管内壁。天沟内浇筑的混凝土防水层应覆盖于附加的柔性防水层之上,并在防水层与雨水口之间用油膏嵌实。

② 弯管式雨水口　一般用铸铁做成弯头。雨水口安装时,在雨水口处的屋面应加铺附加卷材与弯头搭接,其搭接长度不小于 100 mm。然后浇筑混凝土防水层,防水层与弯头交接处需用油膏嵌缝。

4）预防刚性防水屋面变形开裂的措施

刚性防水屋面最大的问题是防水层在施工完成后会出现裂缝而漏水。裂缝的原因有很多,有气候变化和太阳辐射引起的屋面热胀冷缩;有屋面板变形挠曲、徐变以及地基沉降、材料干缩对防水层的影响。为适应以上各种情况,防止防水层开裂可以采取以下几种处理方法。

(1) 在细石混凝土防水层中,配置钢筋网片,并加入有防裂作用的外加剂。

(2) 在温度变形的许可范围和结构构件变形的敏感部位,设置分格缝(分仓缝)。

(3) 在防水层和结构层之间设置隔离层(浮筑层)。

(以上三种措施的具体构造做法可参照刚性防水屋面的构造。)

(4) 在装配式楼板结构中,屋面板的支撑处最好做成滑动支座,其构造做法为:在准备搁置楼板的墙或梁上,先用水泥砂浆找平,找平后干铺两层卷材,中间夹滑石粉,再搁置预制板(见图 5-28)。

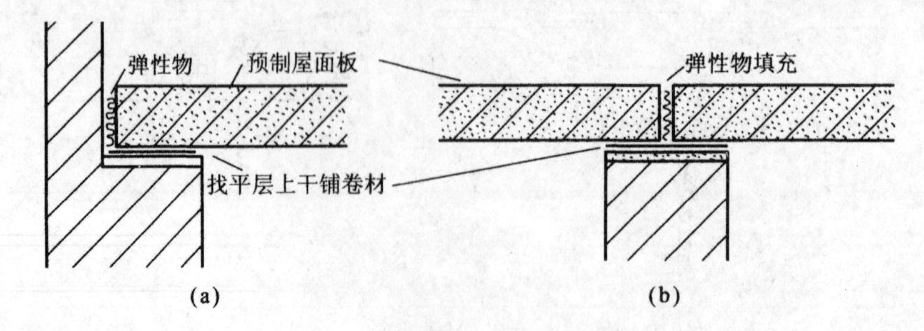

图 5-28　刚性屋面设置滑动支座构造

(a) 带女儿墙滑动支座;(b) 内墙滑动支座

5.2.3 涂膜防水屋面

1）概述

涂膜防水屋面是将液态防水材料涂刷在屋面基层上，利用涂料干燥或固化后生成不透水的薄膜，附着在基底表面来达到防水的目的。因此，要求防水涂料与基底有良好的结合性，形成的涂膜坚固、耐久，并且具有一定的弹性以适应屋面的变形。

防水涂料主要有水泥基涂料、合成高分子防水涂料和高聚物改性沥青防水涂料等。防水涂料的一大优点是它可以用来填补某些细小的缝隙，可以用在一些难以铺设卷材防水材料的地方，例如管道出屋面等。有些防水涂料可以附着在潮湿的表面上而不受某些施工条件限制。防水涂料有单一组分的，也有做成双组分的，在施工时再加以混合。

2）涂膜防水屋面的构造

（1）涂料　防水涂料按其溶剂或稀释剂的类型可分为溶剂型、水溶性、乳液型等种类；按施工时涂料液化方法的不同则可分为热熔型、常温型等种类。

（2）涂膜防水屋面的构造及做法　防水涂料可以在与卷材防水屋面相向的构造层次上施工，也可以附加在刚性防水层上，作为加强的构造措施。有一些涂料在施工时加入一层纤维件的增强材料来加固。一般使用较多的胎体增强材料有聚酯无纺布、化纤无纺布和玻璃网布等几种（见图 5-29）。

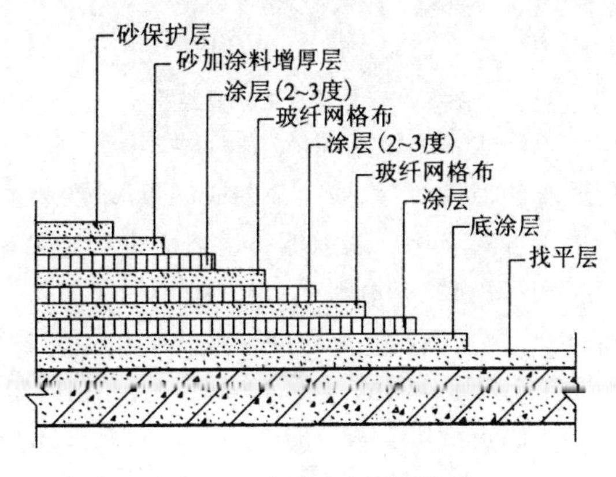

图 5-29　涂膜防水屋面构造

（3）保护层　在屋面防水涂料的表面要设置保护层。保护层材料可采用细砂、云母、蛭石、浅色涂料等。

5.3 坡屋顶构造

坡屋顶是由一些坡度相同的倾斜面相互交接而成的。斜面相交形成突出交角时，斜面交线称为屋脊，当斜面相交为凹角时，形成的斜面交线称为天沟。屋顶坡面的倾斜方向可根据房屋平面和屋顶形式进行划分，它对屋面结构布置影响较大。

坡屋顶一般有单坡、双坡和四坡屋顶等形式，主要由屋面和承重结构等两部分组成，必要时还要设置顶棚、保温层、隔热层等其他功能层。

坡屋顶所采取的防水方式主要是构造防水，对屋面的雨水采取的是一种“导”的手段，即利用屋面坡度,将防水构件互相搭接覆盖,把屋面雨水因势利导地迅速排出,使渗漏的可能性缩到最小范围。屋顶面层一般采用各种瓦材,瓦材下面是屋面基层,包括椽子、挂瓦条等,要保证瓦材铺设在平整的基面上。

瓦屋顶的坡度与所选的支撑结构、屋面材料和施工方法有关。坡屋顶设计时,应结合屋架形式、屋面基层类别、防水构造形式、材料性能以及当地气候条件等因素,作一综合技术经济比较后再予确定。

5.3.1 坡屋顶的承重

传统坡屋顶中常用的承重结构可分为横墙承重、屋架承重和梁架承重三种形式(见图 5-30)。

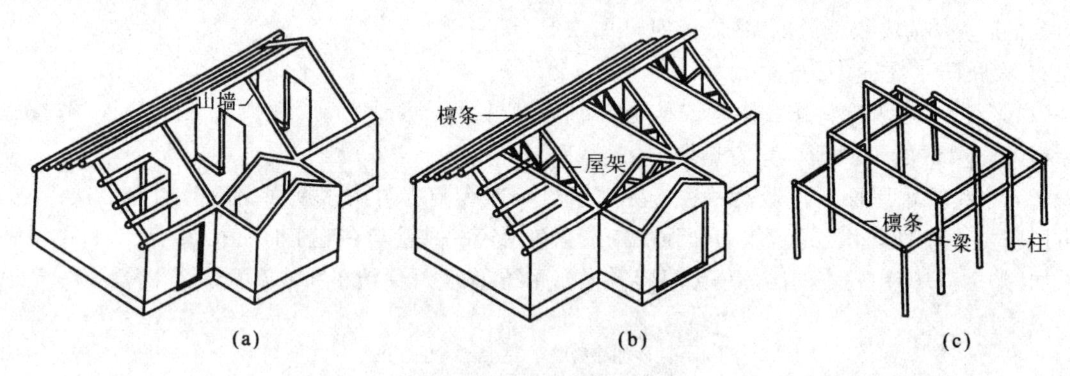

图 5-30 坡屋顶的承重结构

(a) 横墙承重;(b) 屋架承重;(c) 梁架承重

横墙承重是指按屋顶所要求的坡度,将横墙上部砌成三角形,在墙上直接搁置檩条来承受屋面荷载的一种结构方式。这种承重方式又称山墙承檩。横墙承重构造简单、施工方便、节约木材,有利于屋顶的防火和隔声,适用于开间为 4.5 m 以内、尺寸较小的房间。

当房屋的内横墙较少时,常将檩条搁在屋架之间构成屋面的承重结构。屋架的间距就是檩条的跨度,民用建筑的屋架跨度通常为 3~4 m,大跨度建筑可达 6 m。屋架可用木材、钢材、混凝土制作。由于木材的耐久性和防火能力较差,一般使用范围较小,跨度小的建筑一般采用轻型钢屋架代替木屋架。

梁架承重是我国传统的木结构形式,它是由梁和柱组成梁架,檩条搁置在梁间,承受屋面荷载,墙体只起到围护和分隔空间的作用。这种结构整体性和防震性好,但耗费木料较多,防火性能较差。

5.3.2 坡屋顶的屋面构造

坡屋顶按照屋面基层的组成方式可分为有檩体系和无檩体系,无檩体系是将屋面板直接搁置在山墙、屋架或屋面梁上。

坡屋面的防水层常为各种瓦材。在有檩体系中,瓦通常铺设在由檩条、屋面板、挂瓦条等组成的基层上;无檩体系的瓦屋面基层则由各类钢筋混凝土板构成。

瓦屋面的名称随瓦的种类而定,如平瓦屋面、小青瓦屋面、石棉水泥瓦屋面等,各种瓦材所适用的屋面坡度也不同,基层的做法则随瓦的种类和房屋的质量要求不同而不同。

1) 平瓦屋面

平瓦一般由黏土烧结而成。瓦宽 230 mm,长 380～420 mm,瓦的四边有榫(俗称爪)和沟槽(见图 5-31)。铺瓦时每张瓦的上下左右利用榫、槽相互搭扣密合,避免雨水从搭接缝处渗入。屋脊部位用脊瓦铺盖。

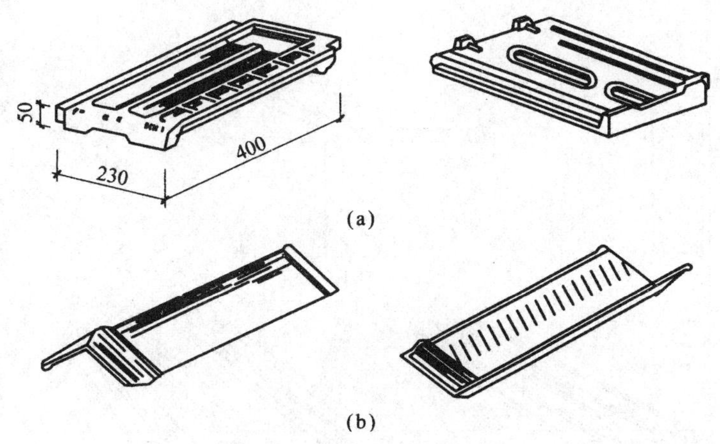

图 5-31 机制平瓦(单位:mm)

(a) 平瓦;(b) 脊瓦

根据基层的不同有四种常见做法:冷摊瓦屋面、木(或混凝土)望板瓦屋面、钢筋混凝土挂瓦板瓦屋面、钢筋混凝土板瓦屋面。

(1) 冷摊瓦屋面。

冷摊瓦屋面是先在檩条上顺水流方向钉木椽条,断面一般为 40 mm×60 mm 或 50 mm×50 mm,中距 400 mm 左右;然后在椽条上垂直于水流方向钉挂瓦条,最后盖瓦。挂瓦条的断面尺寸一般为 30 mm×30 mm,中距 330 mm,如图 5-32 所示。

(2) 木(或混凝土)望板瓦屋面。

木(或混凝土)望板瓦屋面由于有木(或混凝土)望板和油毡,避风保温效果优于前一种做法,如图 5-33 所示。其构造方法是先在檩条上铺钉 15～20 mm 厚木望板(或混凝土板)。然后在望板上干铺一层卷材,卷材须平行于屋脊铺设并顺水流方向钉木压毡条,压毡条又称为顺水条,其断面尺寸为 30 mm×15 mm,中距 500 mm。挂瓦条平行于屋脊钉在顺水条上面,其断面和中距与冷摊瓦屋面相同。

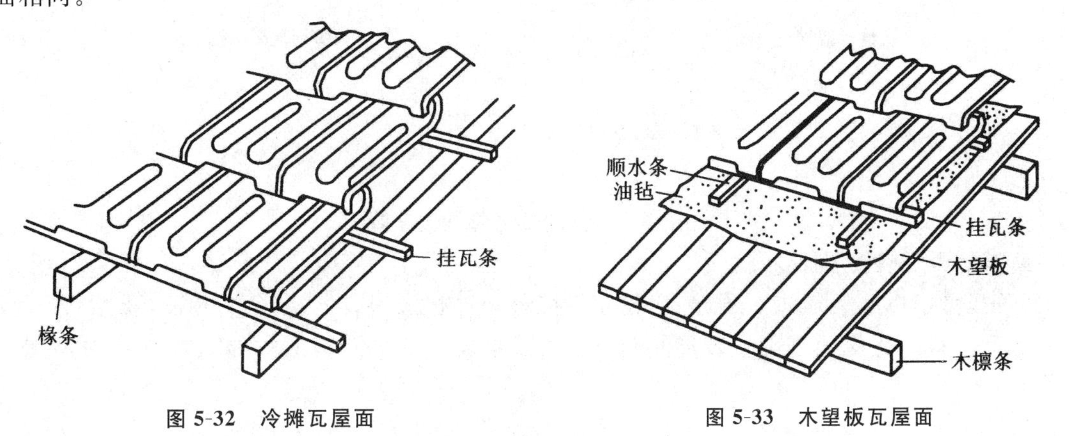

图 5-32 冷摊瓦屋面

图 5-33 木望板瓦屋面

(3) 钢筋混凝土挂瓦板瓦屋面。

钢筋混凝土挂瓦板瓦屋面的挂瓦板为预应力或非预应力混凝土构件，板肋根部预留有泄水孔，可以排出瓦缝渗下的雨水。挂瓦板的断面有 T 形、F 形等，板肋用来挂瓦，中距 330 mm。板缝用 1∶3水泥砂浆嵌填(见图 5-34)。

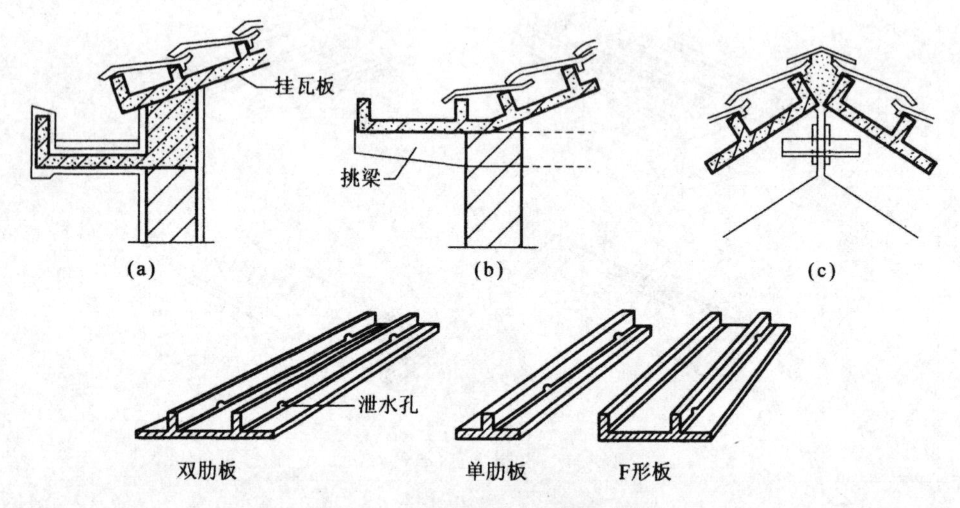

图 5-34 钢筋混凝土挂瓦板瓦屋面

(a) 檐沟构造;(b) 挑檐屋面板构造;(c) 屋脊构造

(4) 钢筋混凝土板瓦屋面。

将预制钢筋混凝土空心板或现浇平板作为瓦屋面的基层，其上盖瓦。盖瓦的方式有两种:一种是在找平层上铺卷材一层，用压毡条钉在嵌在板缝内的木楔上，再钉挂瓦条挂瓦;还有一种是在屋面板上直接粉刷防水水泥砂浆并贴瓦或陶瓷面砖或平瓦(见图 5-35)。

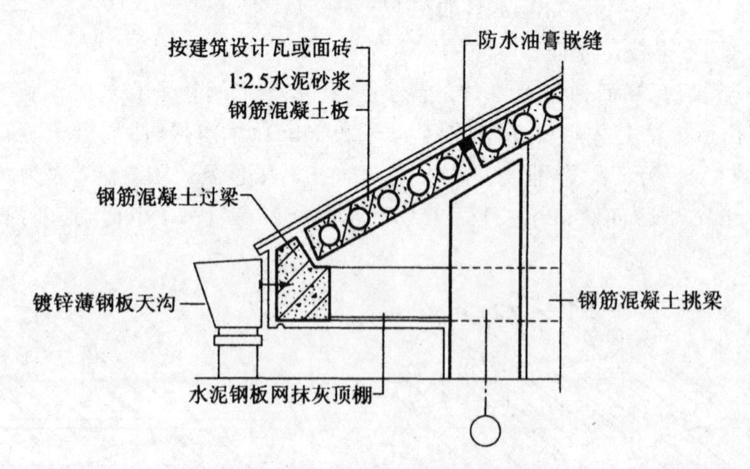

图 5-35 钢筋混凝土基层瓦屋面

2) 彩色压型钢板屋面

彩色压型钢板由于自重轻，强度高，防水性能好，且施工、安装方便，色彩绚丽，质感、外形现代新颖，因而除被广泛应用于平直坡屋顶外，还根据建筑造型与结构形式的需要在各曲面屋顶上使用。

彩色压型钢板分为单层板和夹心板两种。

(1) 单层板　单层板由厚度为 0.5～1 mm 的钢板，经连续式热浸处理后，在钢板两面形成镀铝锌合金层。然后在镀铝锌钢板上先涂一层防腐功能的化学薄膜，薄膜上涂覆底漆，最后涂耐候性强的有色化学聚酯，确保使用多年后仍保持原有色彩和光泽。压型钢板有波形板、梯形板和带肋梯形板多种。波高大于 70 mm 的称高波板；波高小于等于 70 mm 的称低波板。压型钢板宽度为 750～900 mm，长度受吊装、运输条件的限制一般宜在 12 m 以内。

压型钢板的横向连接有搭接式和咬接式两种。

① 搭接式：搭接式的搭接方向宜与主导风向一致，搭接不少于一个波。搭接部位设通长密封胶带。

② 咬接式：当波高大于 35 mm 时采用固定支架，用螺栓(或螺钉)固定在檩条上。固定支架与压型钢板的连接采用专业咬边机咬边连接。当屋面受温度变化而产生膨胀和收缩时，采用特制的连接件滑片将板与檩条连接，不致使屋面板拉裂而产生雨水渗漏，如图 5-36 所示。

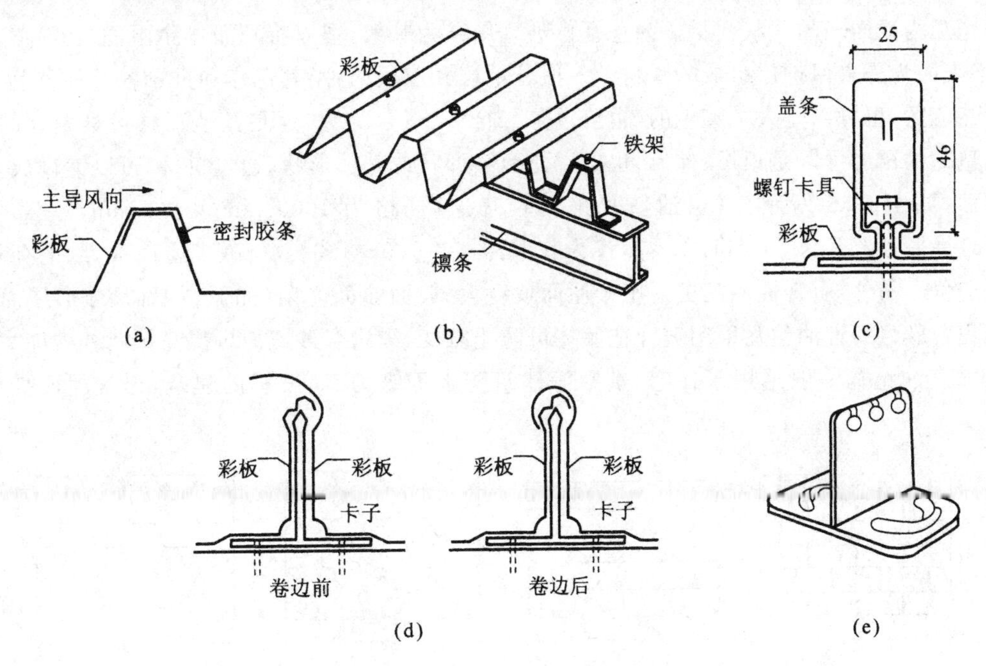

图 5-36　彩色压型钢板接缝构造(单位：mm)

(a) 搭接缝；(b) 彩板与檩条的连接；(c) 卡扣缝；(d) 卷边缝；(e) 卡具

压型钢板的连接方式，用各种螺钉、螺栓或拉铆钉等紧固件和连接件固定在檩条上。檩条一般有槽钢、工字钢或轻钢檩条。檩条的间距一般为 1.5～3.0 m。

压型钢板的纵向连接应位于檩条或墙梁处，两块板均应伸至支承件上。搭接长度：高波屋面板为 350 mm；屋面坡度小于等于 1∶10 的低波屋面板为 250 mm，屋面坡度大于 1∶10 的低波屋面板为 200 mm。两板的搭接缝间应设通长密封条。

(2) 夹心板　夹心板为由压型钢板面板及底板与保温芯材通过胶粘剂(或发泡)黏结而成的保温隔热复合屋面板材。根据芯材的不同有硬质聚氨酯夹心板、聚苯乙烯夹心板、岩棉夹心板等。夹心板增加了保温夹层，其连接构造与单层板有所不同(见图 5-37)。

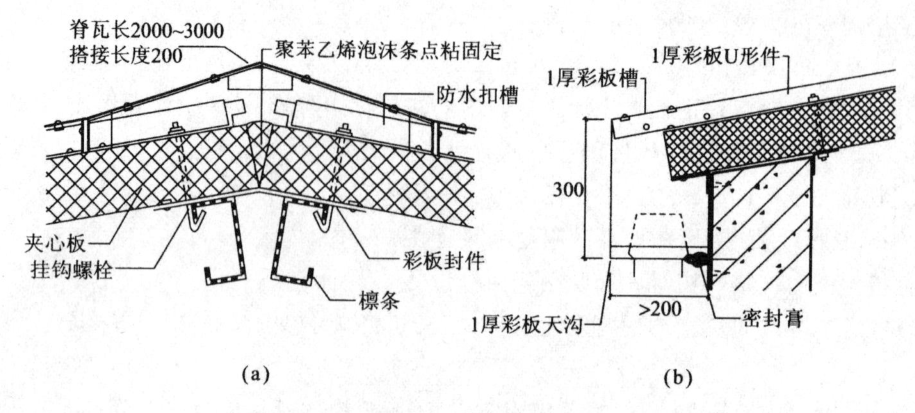

图 5-37　保温夹心板檩条布置(单位:mm)

(a) 屋脊;(b) 檐沟

3）油毡瓦屋面

油毡瓦为薄而轻的片状瓦材。油毡瓦以玻璃纤维为基架,覆以特别沥青涂层,上表面覆盖彩色石粉,下表面为隔离保护层组成的片材。一般分单层和双层两种,其色彩和重量各异。彩色石粉可以是天然色的,也可以是人工着色的,也可以是二合一、三合一等,这是其他瓦材很难做到的;彩色沥青油毡瓦的裙边可以是矩形、梯形,也可以是鱼鳞形状或其他形状,通过拼接,可以铺设成多种图形的屋面,如图 5-38 所示;单层油毡瓦采用较普遍,规格为 1000 mm×333 mm,厚度不小于 2.8 mm,每平方米重 9.76～11.23 kg,仅为其他瓦材的 1/5～1/3,故可减少屋面重量,也有利于降低工程造价。另外,质轻性使其更适用于屋面坡度大、坡面曲面复杂(如弧顶屋面、球形屋面等)的防水工程。彩色沥青油毡瓦采用玻纤毡胎体可防止霉变,采用彩砂覆面可提高抗紫外线能力,延长使用寿命。油毡瓦一般适用于住宅、别墅等建筑防水等级为二、三级的建筑,通常屋面坡度为 1∶5。

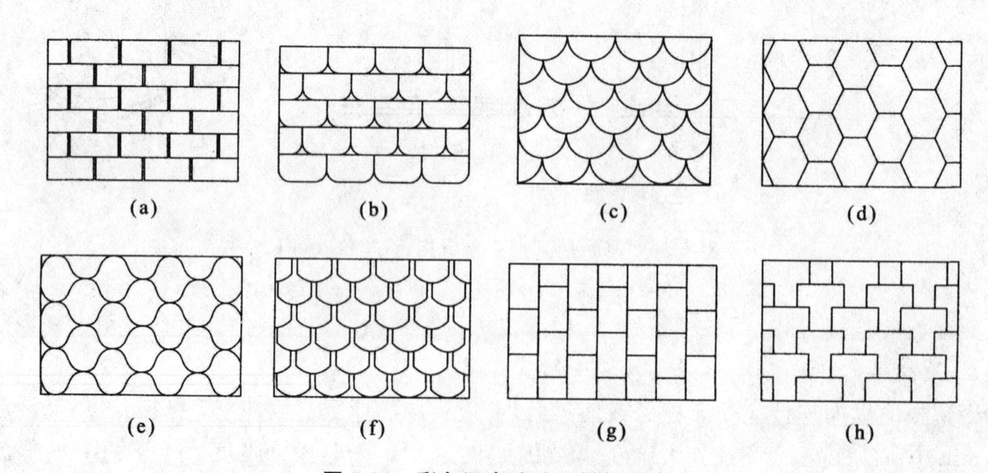

图 5-38　彩色沥青油毡瓦拼接图案

(a) 青角瓦;(b) 圆角瓦;(c) 鱼鳞瓦;(d) 梯形瓦;(e) 正弦瓦;(f) 长鱼鳞瓦;(g) 锯齿形瓦;(h) 丁字瓦

油毡瓦铺设前先安装封檐板、檐沟、滴水板、斜天沟、烟囱、透气管等部位的金属泛水,再进行油毡瓦铺设。铺设时基层必须平整,上、下两排采取错缝搭接,并用钉子固定每片油毡瓦(见图 5-39)。

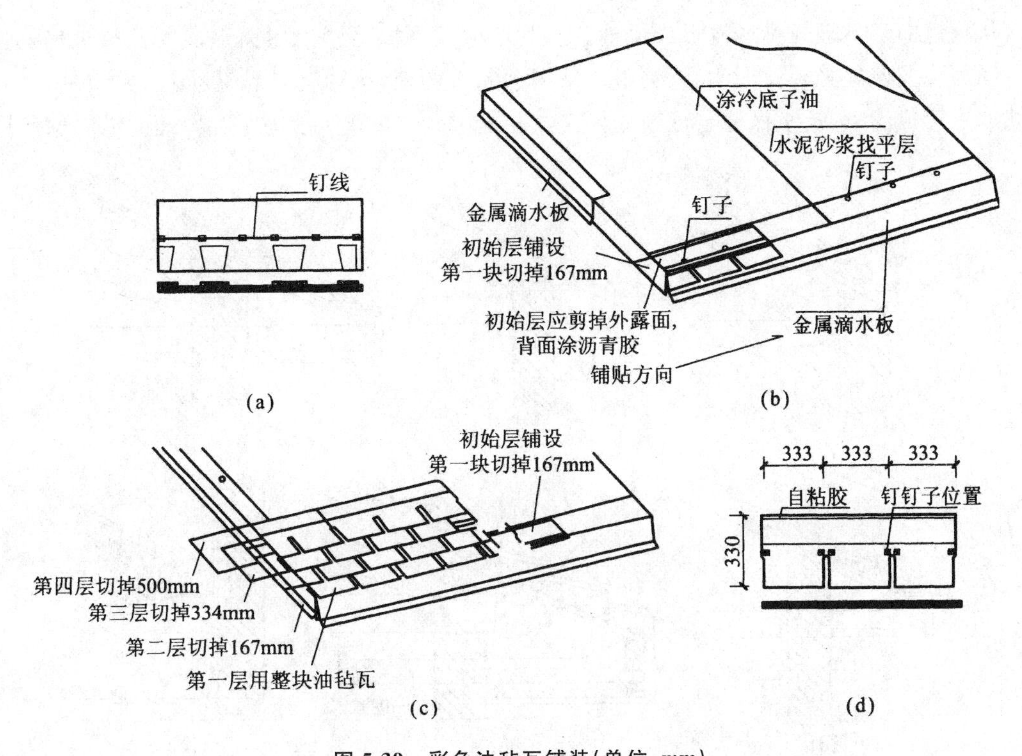

图 5-39 彩色油毡瓦铺装(单位:mm)

(a) 单层多彩瓦钉子位置;(b) 沿边首层铺设;(c) 叠层铺钉;(d) 双层多彩瓦上钉子的位置

4) 钢板彩瓦屋面

钢板彩瓦用厚度 0.5～0.8 mm 的彩色薄钢板经冷压形成，有 V 形、长平短波形和高低波形等多种断面。瓦宽度为 750～900 mm，横向搭接后中距 768 mm，纵向搭接后最大中距为 400 mm，挂瓦条间距为 400 mm。用拉铆钉或自攻螺丝连接在钢挂瓦条上。屋脊、天沟、封檐板、压顶板、挡水板以及各种连接件、密封件等均由瓦材生产厂配套供应。

5) 彩色混凝土瓦屋面

彩色混凝土瓦是用水泥、细集料、掺合料、颜料加水搅拌后挤压成型的瓦材。彩色混凝土瓦具有强度高、质量轻、功能多、能耗低等优点。其外形尺寸为 420 mm×330 mm，包含多种颜色。彩色混凝土是一种多功能、高档次、装饰效果好、价格合理、比较理想的坡屋面覆盖材料，其表面可为亮光、亚光、多彩等多种类型的涂层，适用于坡度为 22.5°～80°的屋面。

5.3.3 坡屋顶的细部构造

瓦屋面应做好檐口、天沟、屋脊等部位的构造处理。

1) 檐口构造

檐口分为纵墙檐口和山墙檐口。

(1) 纵墙檐口　纵墙檐口分为挑檐和包檐两种，挑檐是将檐口挑出在墙外，而包檐则是将檐口用女儿墙封住或将檐口与檐墙齐平。挑檐可以通过檐墙砖挑檐、挑檐木挑檐、混凝土板挑檐等方法实现。挑檐木可以从屋架下弦或承重横墙中挑出。钢筋混凝土板挑檐一般是利用现浇钢筋混凝土板直接从檐墙向外挑板或挑檐沟形成挑檐。有些坡屋顶将檐墙砌出屋面形成女儿墙包檐构造,此时在屋面与女儿墙处必须设天沟,天沟最好采用预制天沟板,沟内铺油毡防水层,并将油毡一直铺到女儿墙上形成泛水,泛水做法与油毡屋面基本相同,如图 5-40 所示为平瓦屋面的纵墙檐口构造。

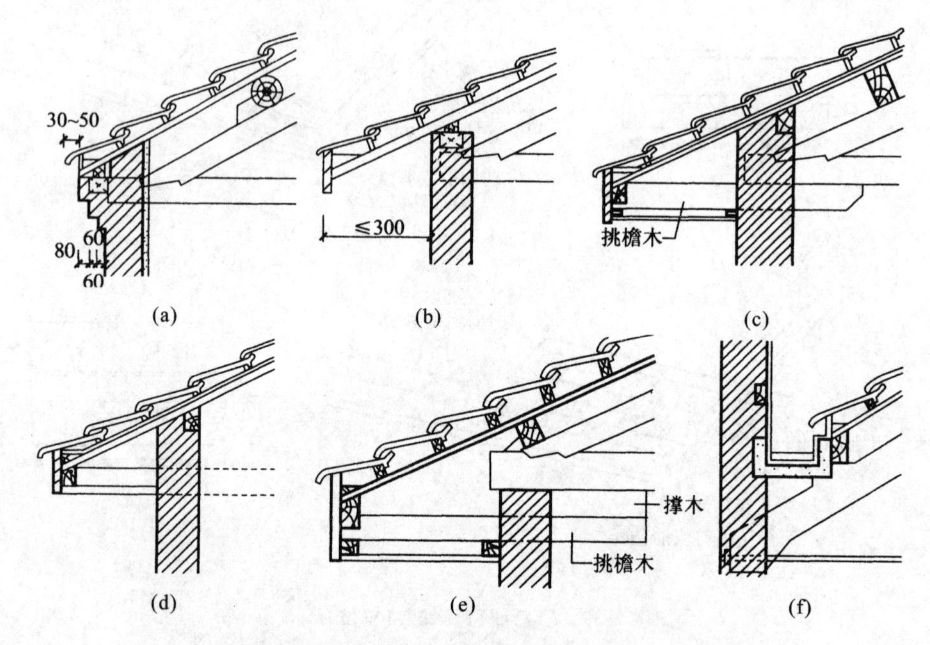

图 5-40 平瓦屋面纵墙檐口构造(单位:mm)

(a) 檐墙砖挑檐;(b) 挑檐板挑檐;(c) 屋架下弦托木挑檐;

(d) 横墙托木挑檐;(e) 屋架下弦托木挑檐(加撑木);(f) 女儿墙包檐

(2) 山墙檐口 按屋顶形式不同,双坡屋顶檐口分为硬山和悬山两种做法。

硬山的做法是山墙与屋面等高或高出屋面形成山墙女儿墙。等高做法是山墙砌至屋面高度,屋面铺瓦盖过山墙,然后用水泥麻刀砂浆嵌填,再用 1∶3 水泥砂浆抹面,女儿墙与屋面交接处应做泛水处理,一般用水泥石灰麻刀砂浆抹成泛水,或用镀锌薄钢板做成泛水。女儿墙顶部做压顶板,以保护泛水(见图 5-41(a)、(b))。

悬山屋顶的檐口构造是先将檩条外挑形成悬山,檩条端部钉木封檐板,沿山墙挑檐的一行瓦用 1∶25 的水泥砂浆做出披水线,再将瓦封固(见图 5-41(c))。

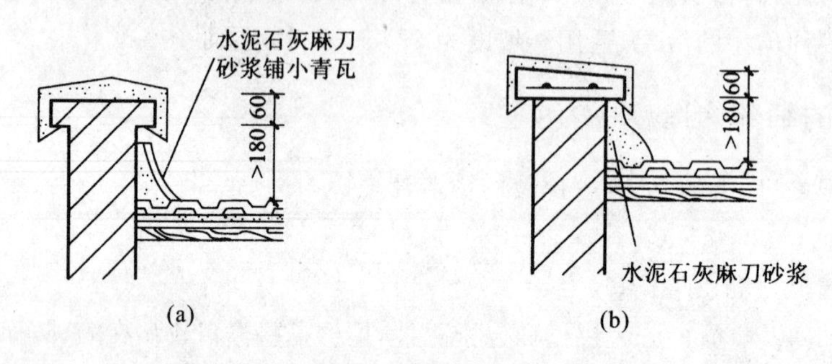

图 5-41 平瓦屋面山墙檐口构造(单位:mm)

(a) 硬山檐口(小青瓦泛水);(b) 硬山檐口(砂浆泛水);(c) 悬山山墙封檐

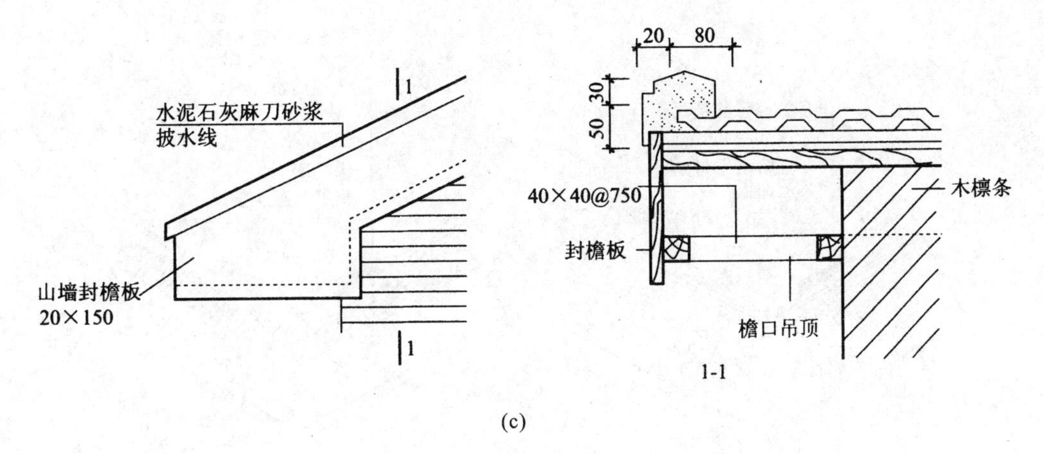

(c)

续图 5-41

2）天沟和斜沟构造

在等高跨和高低跨相交处常常出现天沟，而两个相互垂直的屋面相交处则形成斜沟，沟内应有足够的断面尺寸，上口宽度不宜小于 300 mm，一般用镀锌薄钢板或彩板铺于木基层上，镀锌薄钢板伸入瓦片下面至少 150 mm。高低跨和包檐天沟若采用镀锌薄钢板防水层时，应从天沟内延伸到立墙上形成泛水(见图 5-42)。

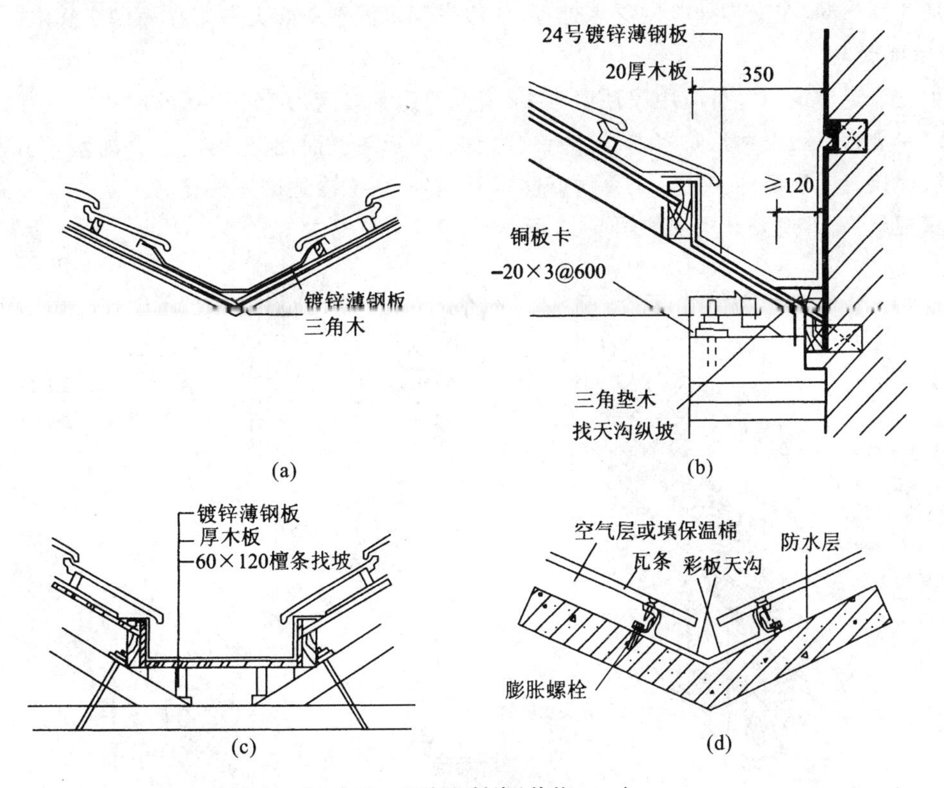

图 5-42 天沟和斜沟(单位:mm)

(a) 三角形天沟(双跨屋面)；(b) 高低跨屋面天沟；(c) 矩形天沟(双跨屋面)；(d) 钢板彩瓦斜天沟；(e) 油毡瓦屋面天沟(有檩体系)；(f) 油毡瓦屋面天沟(无檩体系)

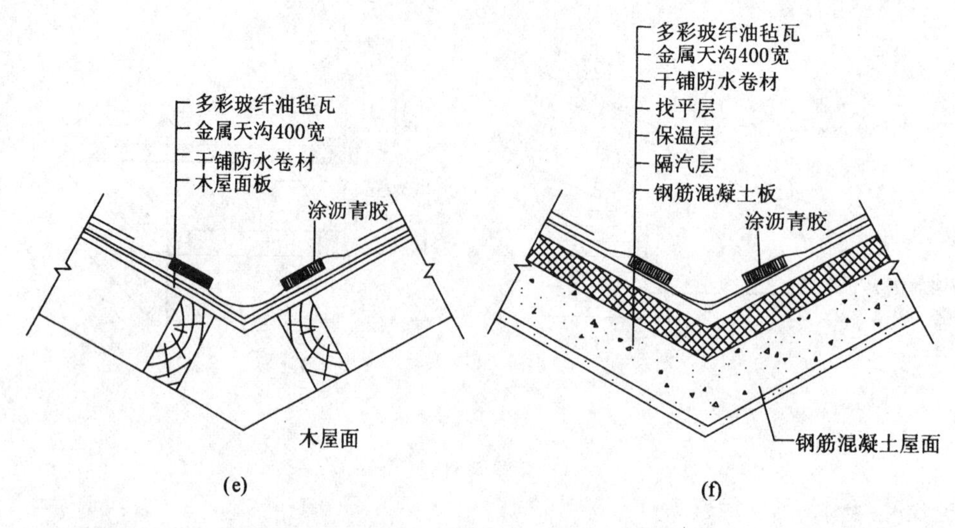

续图 5-42

3）烟囱出屋面处的构造

屋面与烟囱接触容易引起火灾,其构造问题是防水和防火。因屋面木基层与烟囱接触易引起火灾,故建筑防火规范要求木基层与烟囱内壁应保持一定距离,一般不小于 370 mm。为了不使屋面雨水从四周渗漏,在交界处应做泛水处理,一般采用水泥石灰麻刀砂浆抹面做成泛水。

4）屋顶窗

在很多住宅建筑中大量应用屋顶窗,屋顶窗一般适宜坡度为 15°～90°的屋顶,且一般采用中悬窗开启。屋顶窗一般设两道防水,一道为铝合金板,用于与屋面瓦搭接,一道为防水卷材,一般与屋面防水层连接。屋顶窗的安装除了要做好防水处理外,在寒冷地区还要注意解决好热桥问题,避免出现结露现象,斜天窗安装构造如图 5-43 所示。

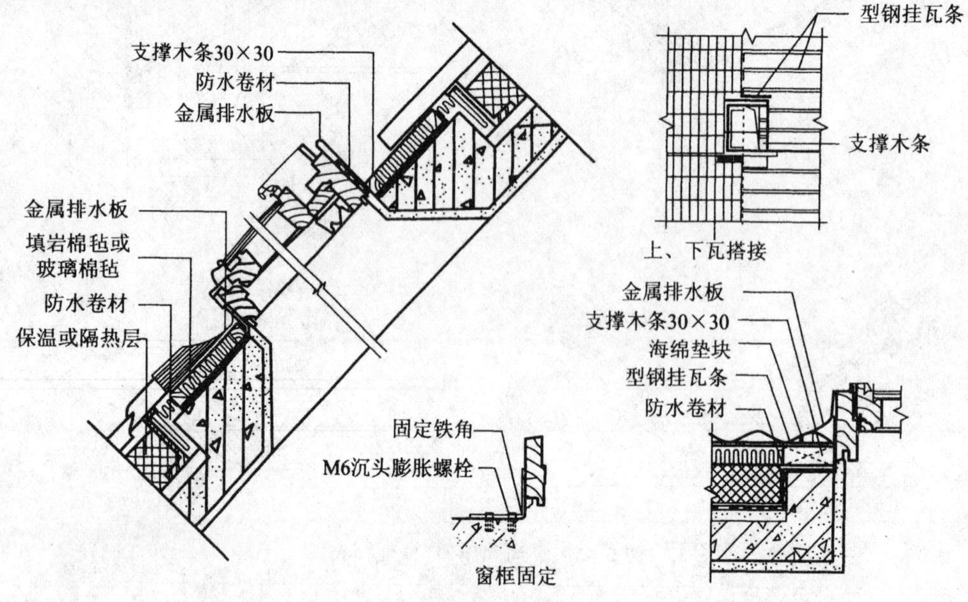

图 5-43　斜天窗安装构造(单位:mm)

5.4 屋顶节能概述

5.4.1 屋顶的保温

1）屋顶保温层的分类

传统的保温层分为松散材料保温层、现浇（喷）整体保温层和板状材料保温层，但松散材料保温层技术落后，保温效果差，所以现在很少使用。目前常用板状材料保温层和现浇（喷）整体保温层。

板状材料保温层可以选用矿棉板、岩棉板、聚乙烯泡沫塑料板、聚苯乙烯泡沫塑料板、聚氨酯硬泡沫塑料板、水泥膨胀珍珠岩板、水泥膨胀蛭石板、沥青膨胀珍珠岩板、沥青膨胀蛭石板和预制加气泡沫混凝土板等。现浇（喷）整体保温层可以选用沥青珍珠岩、沥青膨胀蛭石或现喷硬质发泡聚氨酯。

2）平屋顶保温构造

平屋顶的保温做法有正置保温和倒置保温两种。正置保温是把保温层置于屋面防水层与结构层之间，保温层在防水层的下面。倒置保温是把保温层置于屋面防水层之上。如图 5-44 所示为正置屋面保温的构造，根据《屋面工程技术规范》(GB 50345—2012)的要求，在我国纬度 40°以北地区且室内空气湿度大于 75%，或其他地区室内空气湿度常年大于 80%时，保温层下面应设置隔汽层，用来防止冬季室内水蒸气随热气流从屋面板的孔隙渗透进保温层，并在保温层中遇冷凝结成水，降低保温材料的保温性能；同时防止夏季进入保温层中的水分，遇热汽化，体积膨大，造成防水层起鼓开裂。

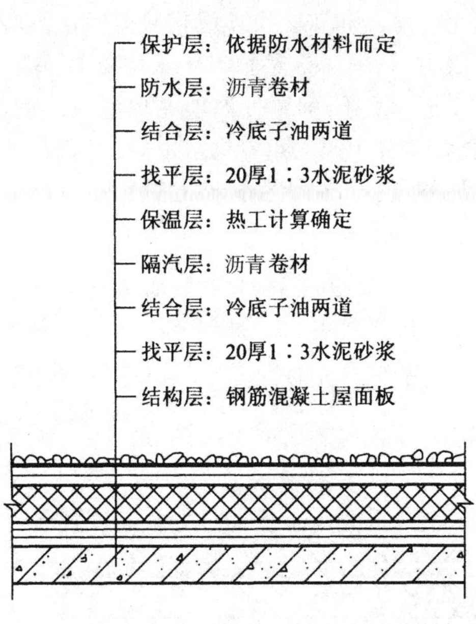

图 5-44 正置屋面保温构造

由于保温层设在隔汽层和防水层之间，那么，保温层的上下两面就均被卷材封闭，施工时残留在保温层或找平层中的水汽无法散发。为了解决这个问题，除了在防水层第一层卷材铺设时采用条铺或点铺之外，还应考虑在保温层中设置排气道，道内填塞大粒径的炉渣，既可让水蒸气在其中流动，又可保证防水层的坚实可靠。排气道间距一般为 6 m，纵横设置。

根据屋面的构造情况，一般每 36 m^2 应设一个排气孔。常见的排气孔有钢管排气孔、塑料管排气孔、薄钢板排气孔等数种，钢管排气孔或塑料管排气孔的管径一般为 $\phi32\sim\phi50$，上部为 180°半圆弯，以便既能排气，又能防止雨水进入管内，下部焊以带孔方板，以便与找平层固定，在与保温层接触部分，应打成花孔，以便使潮气进入排气孔排入大气中。薄钢板排气孔一般做成 $\phi50$ 的圆管，上部设挡雨帽，下部将薄钢板剪口弯成 90°，坐在找平层上固定(见图 5-45)。

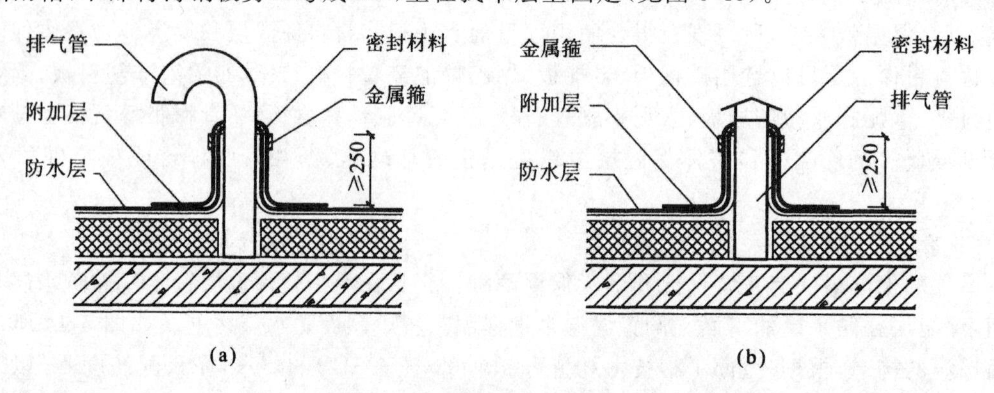

图 5-45 屋面排气孔(单位:mm)

(a) 屋面排气孔(一);(b) 屋面排气孔(二)

如图 5-46 所示为倒置屋面保温的构造做法。倒置屋面将保温层做在防水层上面，能有效保护防水层，延长其使用寿命，减少屋面渗漏，并且可以使防水层温度波动减小，避免了因温度剧烈变化造成的防水层开裂，还可做成上人屋面和实施屋顶绿化。但倒置保温层材料的要求较高，除应有较高的压缩强度外，其吸水率应很小，可采用挤塑型聚苯板(XPS)、聚氨酯泡沫塑料板、泡沫玻璃等。为防止积水，屋面坡度应大于 3%。另外，倒置保温应在保温层上面设置保护层，防止保温层表面破损、延缓其老化过程，保护层要求有一定的重量，足以压住保温层，使之不被雨水漂浮起来，一般选用砾石或混凝土板。如果需要面层，可做水泥砂浆粘贴缸砖。铺设砾石保护层时应分布均匀，避免超厚造成屋面局部荷载过大。

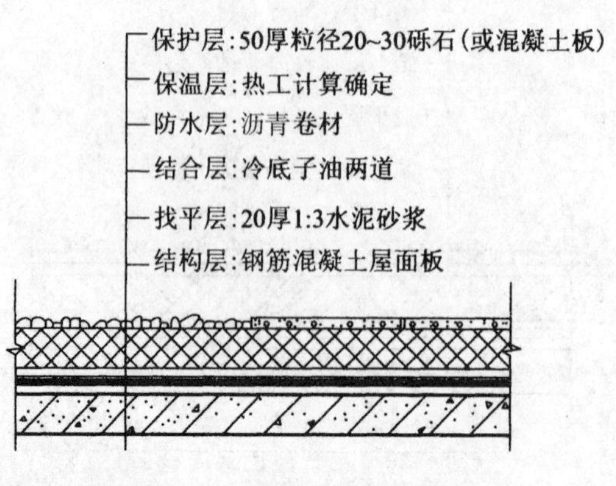

图 5-46 倒置屋面保温构造

3) 坡屋顶保温构造

坡屋顶的保温层一般布置在瓦材下面或檩条之间，有吊顶的屋顶中可以设在吊顶棚上面，起到保温、隔热作用。保温材料可选用块状材料或板状材料。

5.4.2 屋顶的隔热

屋顶隔热降温的基本原理是:减少直接作用于屋顶表面的太阳辐射热量。所采用的主要构造做法是:屋顶间层通风隔热、屋顶实体材料隔热(屋顶蓄水隔热、屋顶种植隔热)、屋顶反射阳光隔热、屋顶喷雾降温隔热等。

1) 屋顶间层通风隔热

通风隔热就是在屋顶设置架空通风间层,使其上层表面遮挡阳光辐射,同时利用风压和热压作用将间层中的热空气不断带走,使通过屋面板传入室内的热量大为减少,从而达到隔热降温的目的(见图 5-47)。通风间层的设置通常有两种方式:一种是在屋面上做架空通风隔热间层,另一种是利用吊顶棚内的空间做通风间层。

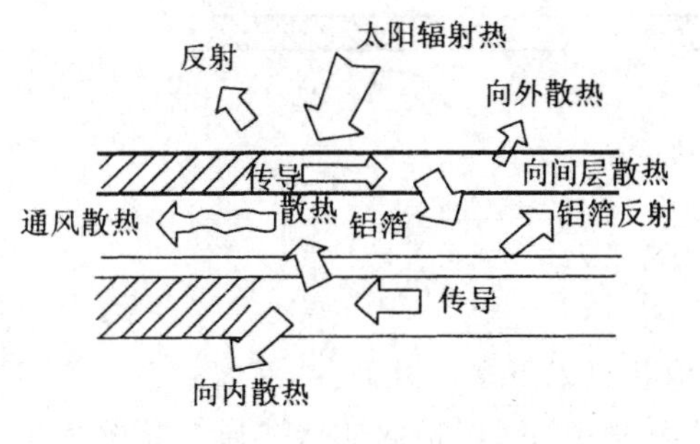

图 5-47 通风隔热原理

(1) 架空通风隔热间层。

架空通风隔热间层设于屋面防水层上,架空层内的空气可以自由流通,其隔热原理是:一方面,利用架空的面层遮挡直射阳光;另一方面,架空层内被加热的空气与室外冷空气产生对流,将层内的热量源源不断地排走,从而达到降低室内温度的目的。

架空通风隔热间层对结构层和防水层有保护作用。一般有平面和曲面形状两种。平面做法为大阶砖或混凝土平板,用垫块支架。实际工程中若用垫块支在板的四角,架空层内空气流通容易形成紊流,影响风速,但此做法较适用于夏季主导风向不稳定的地区。如果把垫块铺成条状,使气流进出正负压关系明显,气流则更为通畅,此做法较适用于夏季主导风向稳定的地区。一般尽可能将进风口布置在正压区,对着夏季白天主导风向。架空层的隔热高度宜为 180~300 mm,架空板与女儿墙的距离不宜小于 250 mm,如图 5-48(a)所示。当房屋进深大于 10 m 时,中部需设通风口,以加强效果(见图 5-48(b))。

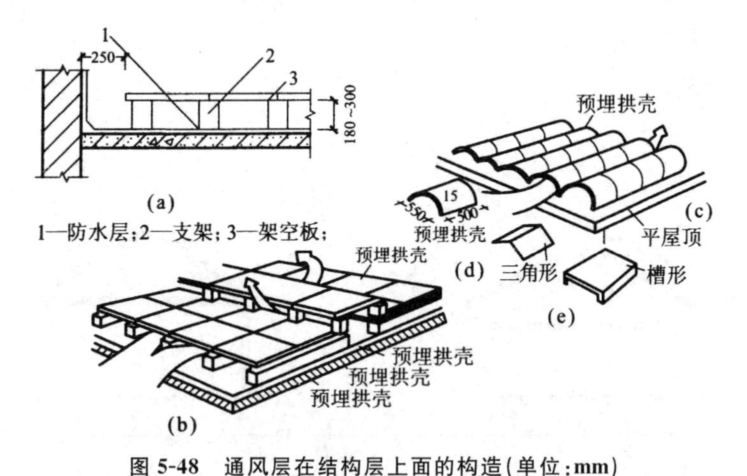

图 5-48 通风层在结构层上面的构造(单位:mm)

(a) 架空隔热屋面构造;(b) 预埋拱壳;(c) 预埋拱壳铺置在平屋顶上;

(d) 三角形构件;(e) 槽形预制件

曲面形状通风层,可以用水泥砂浆做成槽形、弧形或三角形预制板,盖在平屋顶上作为通风屋顶,如图 5-48(c)、(d)、(e)所示。

架空通风层通常用砖、瓦、混凝土等材料及制品制作,其剖面如图 5-49 所示。

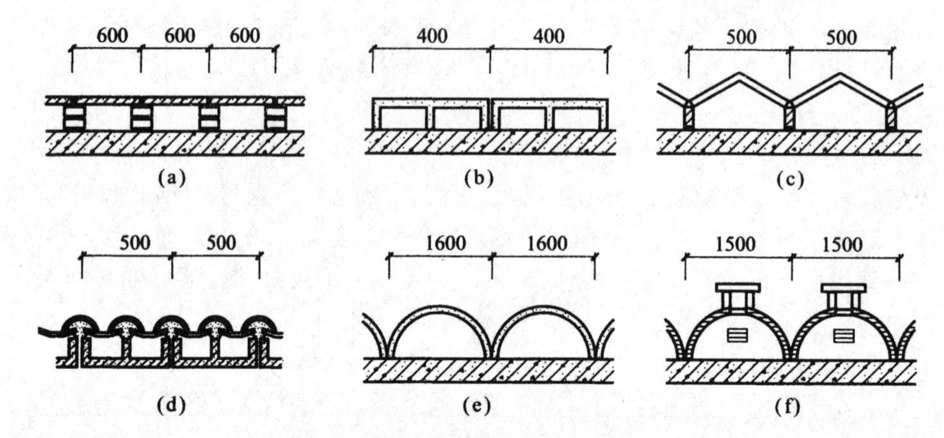

图 5-49 架空通风层剖面(单位:mm)

(a) 架空预制板(或大阶砖);(b) 架空混凝土山形板;(c) 架空钢丝网水板;
(d) 倒槽板上铺小青瓦;(e) 钢筋混凝土半圆拱;(f) 1/4 厚砖拱

(2) 顶棚通风隔热间层。

顶棚与屋面间的空间可以用做通风隔热层。设计中,应注意以下几个方面。

① 必须设置一定数量的通风孔,使顶棚内的空气能迅速对流。平屋顶的通风孔通常开设在外墙上。坡屋顶的通风孔常设在顶棚处、檐口外墙处、山墙上部。屋顶跨度较大时,还可以在屋顶上开设天窗或老虎窗作为出气孔,以加强顶棚层内的通风(见图 5-50)。

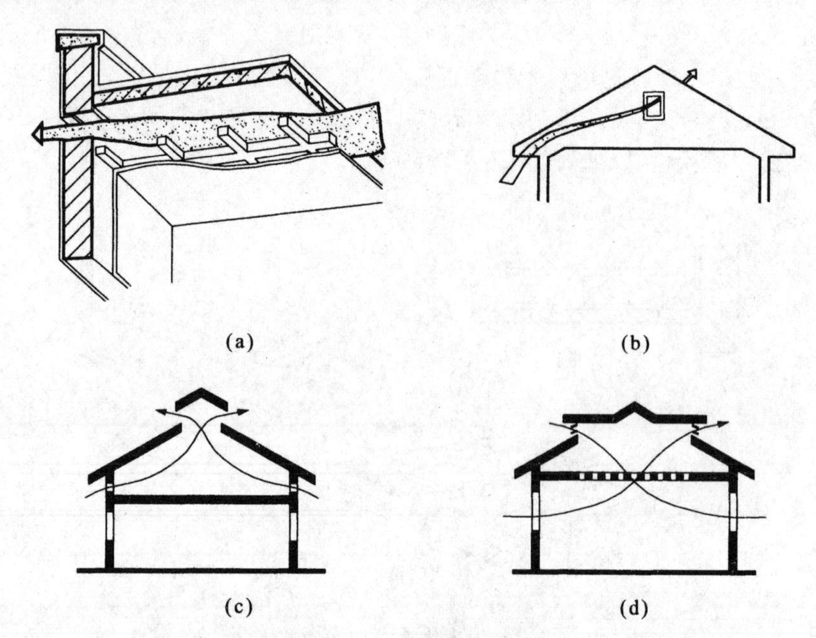

图 5-50 顶棚通风隔热

(a) 外墙通风孔;(b) 檐口及山墙通风孔;(c) 外墙及山墙通风孔;(d) 顶棚及天窗通风孔

② 顶棚通风层应有足够的净空高度，以保证通风的顺畅。

③ 通风孔须做好防雨构造，防止雨水飘进顶棚。

④ 应注意解决好屋面防水层的保护问题。

2）屋顶实体材料隔热

利用实体材料的蓄热性能及热稳定性、传导过程中的时间延迟、材料中热量的散发等性能，可以使实体材料的隔热屋顶在太阳辐射下，内表面出现高温的时间延迟，其温度也低于外表面（见图5-51）。但晚间室内温度降低时，屋顶内的蓄热又向室内散发，因此晚间使用的房子如住宅等，最好不要用实体材料隔热。常用的实体材料隔热有以下做法。

（1）大阶砖或陶粒混凝土板实铺屋顶。

此做法构造简单，并可兼作上人屋面的保护层，但隔热效果不理想，主要为保护作用（见图5-51(c)）。

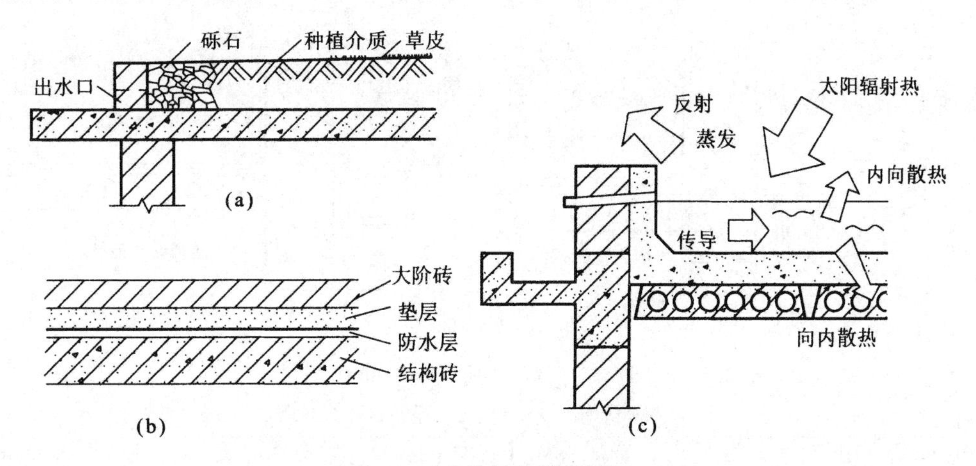

图5-51 实体材料隔热屋顶

(a) 推土屋面；(b) 大阶砖实铺屋面；(c) 蓄水屋面传热示意

（2）蓄水隔热。

蓄水屋面主要在我国西南地区使用。它是利用水的蓄热和蒸发散热作用，在阳光和外界温度作用下，通过吸收大量的热而由液体蒸发为气体，从而将热量散发到空气中，减少屋顶吸收的热能，起到隔热的作用。水对太阳辐射有一定反射作用，可减少阳光辐射对屋面的热作用。水层在冬季还有一定的保温作用。此外，水层长期将防水层淹没，使防水层与空气隔绝，避免了氧化作用和阳光辐射，延长了防水层的寿命，对刚性防水屋面可以减少其由于温度变化引起的开裂和防止混凝土的碳化。

但蓄水屋面不宜在地震区和震动较大的建筑物上使用，否则，一旦屋面产生裂缝会造成渗漏。蓄水屋面的蓄水深度一般为150～200 mm，其屋面坡度不宜大于0.5%。当屋面较大时，蓄水屋面应划分成若干蓄水区，每边的边长不宜大于10 m；遇有变形缝处，应在变形缝的两侧分成两个互不连通的蓄水区；长度超过40 m的蓄水屋面，还应在横向设置一道分仓缝。为便于检修，在蓄水屋面上还应考虑设置人行通道。在蓄水屋面上要求将泛水高度高出溢水口100 mm；对各种排水管、溢水口设计均应预留孔洞；管道穿越处应做好密封防水。每个蓄水区的防水混凝土必须一次浇筑完成，并经养护后方可蓄水。在使用过程中不可断水，并应防止排水系统堵塞，因为干涸之后极易造成刚性防水层产生裂缝、渗漏(见图 5-52)。

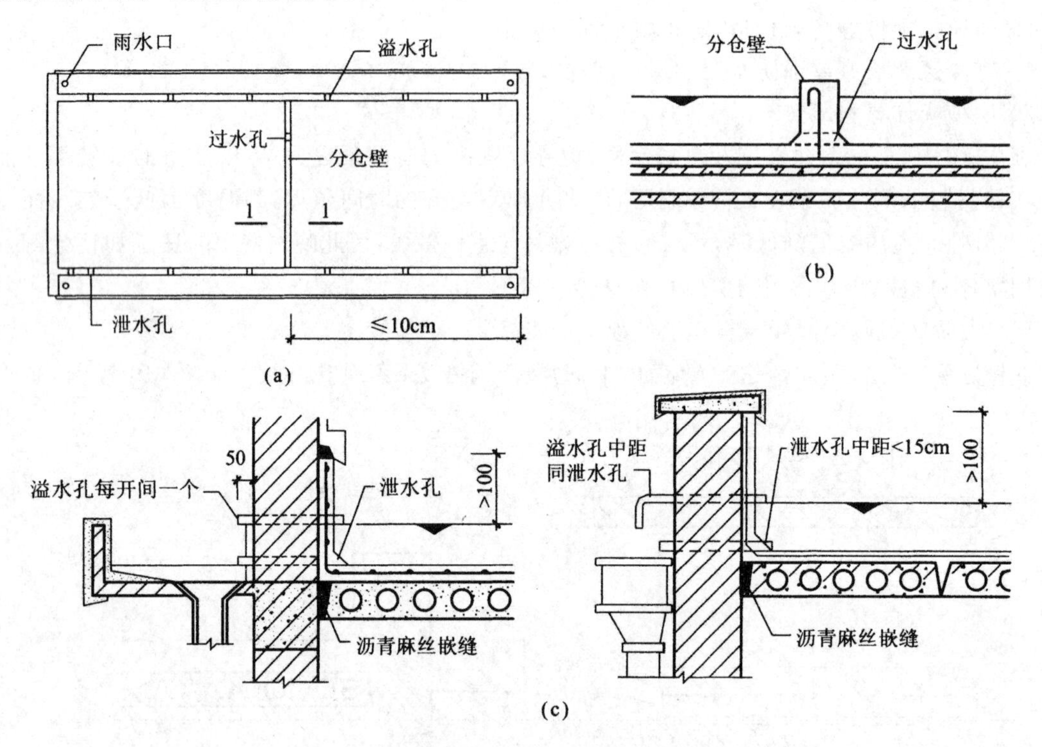

图 5-52 蓄水屋面(单位:mm)

(a) 屋面平面;(b) 屋面分仓壁构造;(c) 檐构造

近年来,我国南方部分地区也有采用深蓄水屋面的做法,其蓄水深度可达 600～700 mm,视各地气象条件而定。采用这种做法是出于水源完全由天然降雨提供,不需人工补充水的考虑。为了保证池中蓄水不致干涸,蓄水深度应大于当地气象资料统计提供的历年最大雨水蒸发量,也就是说,蓄水池中的水即使在连晴高温的季节也应保证不干涸。深蓄水屋面的主要优点是不需人工补充水,管理便利,池内还可养鱼增加收入。但这种屋面的荷载很大,超过一般屋面板承受的荷载。为确保结构安全,应单独对屋面结构进行设计。

(3) 种植隔热。

种植隔热的原理是:在平屋顶上种植植物,借助栽培介质隔热及植物吸收阳光进行光合作用和遮挡阳光的双重功效来达到降温隔热的目的,如图 5-53 所示为种植隔热屋面的构造简图。

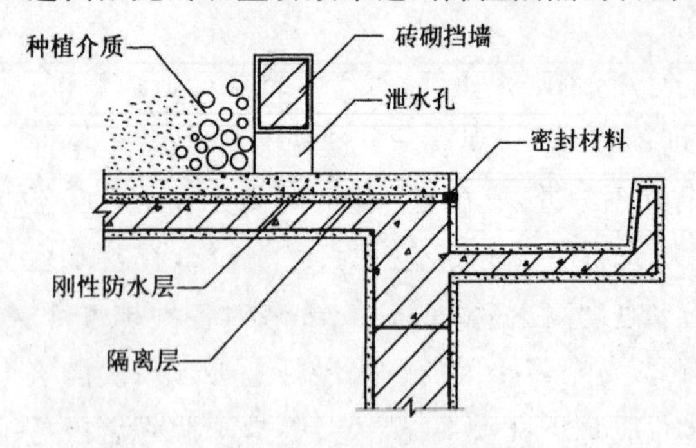

图 5-53 种植隔热屋面

种植隔热根据栽培介质层构造方式的不同可分为一般种植隔热和蓄水种植隔热两类。

① 一般种植隔热屋面 一般种植隔热屋面是在屋面防水层上直接铺填种植介质,栽培各种植物。其构造要点为:选择适宜的种植介质。为了不过多地增加屋面荷载,宜尽量选用轻质材料作为栽培介质,常用的有谷壳、蛭石、陶粒、泥炭等,即所谓的无土栽培介质。近年来,还有以聚苯乙烯、尿甲醛、聚甲基甲酸

酯等合成材料泡沫或岩棉、聚丙烯腈絮状纤维等作栽培介质的，其重量更轻，耐久性和保水性更好。为了降低成本，也可以在发酵后的锯末中掺入约30％体积比的腐殖土作栽培介质，但其密度较大，需对屋面板进行结构验算，且容易污染环境。栽培介质的厚度应满足屋顶所栽种的植物正常生长的需要，但一般不宜超过300 mm。

② 蓄水种植隔热屋面　蓄水种植隔热屋面是将一般种植屋面与蓄水屋面结合起来，用蓄水部分与种植部分形成系统的屋面隔热体系，是一种生态化的隔热体系。在构造上应同时按蓄水屋面和种植屋面的要求来做防水、排水处理。

3）屋顶反射阳光隔热

屋面受到太阳辐射后，一部分辐射热量被屋面材料所吸收，另一部分被反射出去。反射的辐射热与入射热量之比称为屋面材料的反射率（用百分比表示）。这一比值的大小取决于屋面表面材料的颜色和粗糙程度，如图5-54所示为不同材质或色彩对太阳辐射热的反射程度。如果屋面在通风层中的基层加一层铝箔，则可利用其第二次反射作用，对隔热效果将有进一步的改善。

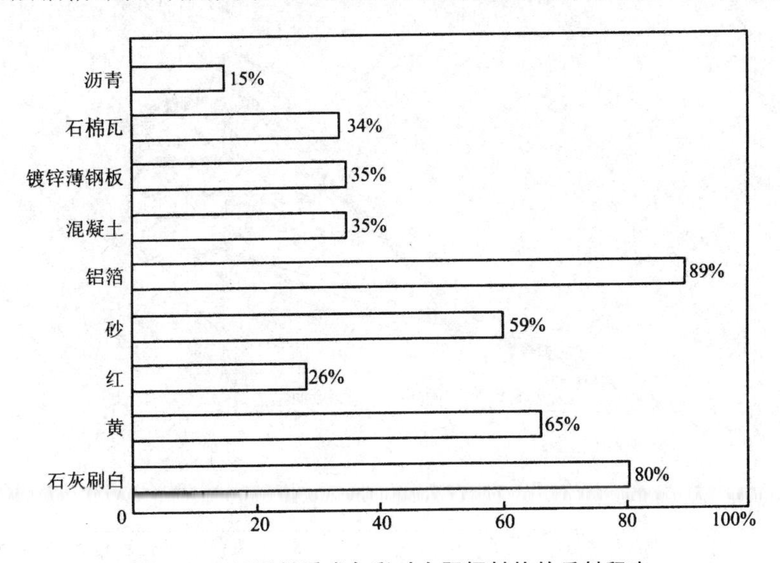

图5-54　不同材质或色彩对太阳辐射热的反射程度

4）屋顶喷雾降温隔热

在屋脊处装水管，白天温度高时向屋面浇水，形成一层流水层，利用流水层的反射、吸收和蒸发，以及流水的排泄可降低屋面温度。也可在屋面上系统地安装排列水管和喷嘴，夏日喷出的水在屋面上空形成细小水雾，雾结成水滴落下又在屋面上形成一层水流层。水滴落下时，从周围的空气中吸取热量，又同时进行蒸发，也能吸收和反射一部分太阳辐射热。水滴落到屋面后，产生与淋水屋顶一样的效果，进一步降低了温度，因此喷雾屋面的隔热效果更好。

5）屋顶的新型节能措施

（1）蓄热屋顶。

蓄热屋顶与蓄热墙类似，其原理都是储存热量并且将其传送给室内。效率较高的蓄热屋顶由水袋及顶盖组成，这是因为水比同样重量的其他建筑材料能储存更多的热量。冬天时，水袋受到太阳光照射而升温，热量通过下面的金属吊顶传递至室内，使房间变暖；夏天时，室内热量通过金属吊顶传递给水袋,在夜间,水袋中的热量以辐射、对流等方式散发至天空。水袋上有活动盖板以增强蓄热性能,夏季,白天盖上盖板,减少阳光对水袋的辐射,使其可以吸纳较多的室内热量,夜晚打开盖板,使水袋中的热量迅速散发到空中;冬天,白天打开盖板,使水袋尽量吸收太阳的热辐射,夜晚,盖上盖板,使水袋中的热量向室内散发。美国加利福尼亚州一项实验表明,当全年室外温度在10～33 ℃之间波动时,采用这种屋面构造的建筑室内温度为 22.6～27.3℃,如图 5-55 所示。

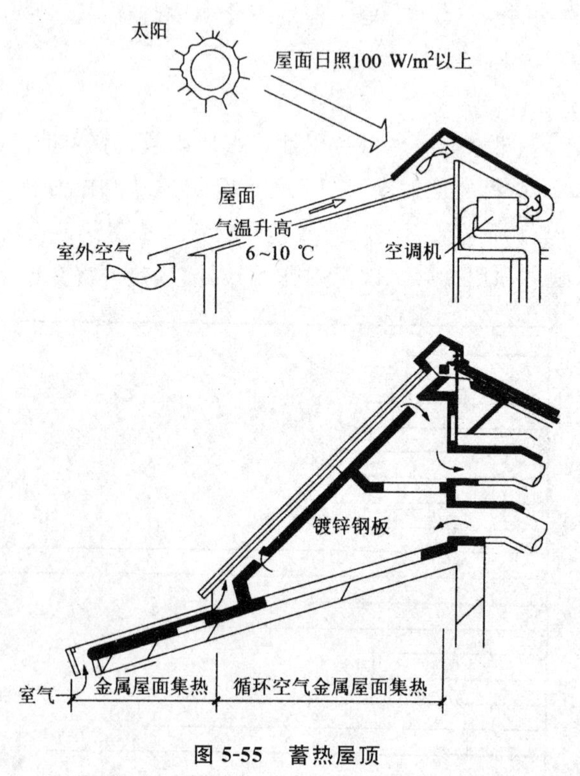

图 5-55 蓄热屋顶

(2) 橡胶阳光集热板。

采用可在 50～120 ℃的环境中工作的空心橡胶棒作为吸热体。将这种以黑色橡胶棒组成的集热板放置在屋面或地面上,可将棒内冷水加热至 50 ℃,恰好可满足洗浴方面的水温要求。这种集热板如铺设在屋面上,还可起到降温和降低热反射的作用,大面积使用可有效减少城市中的"热岛"效应。这是一种相当简易而传统的太阳能利用方式(见图 5-56)。

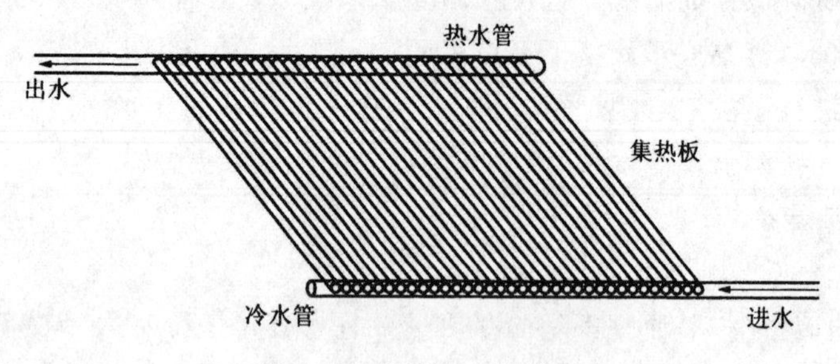

图 5-56 橡胶阳光集热板

(3) 阳光反射装置。

阳光反射装置有两个方面的作用：一是提供光照，二是提供热量。英国建筑师 N. 福斯特在香港汇丰银行的设计中采用了可以自动跟踪阳光的反射镜为室内提供补充光照，这一做法成为当代在建筑中对阳光进行主动"设计"与引导的成功范例之一。1992 年，由日本清水建设等单位设计的东京上智大学纪尾井场馆的阳光反射装置，则是为了在加强日照的基础上收集热量以提高内庭土壤温度，保证花园在冬季仍可绚丽如春。场馆上距地面 38 m 的屋顶上有两台直径各 2.5 m 的大型反射镜，其中心直射照度超过 60000 lx，地面直接光照面积为 10 m^2，中心区照度为 13500～18250 lx。反射镜在转动过程中其反射光覆盖整个内庭，如图 5-57 所示。

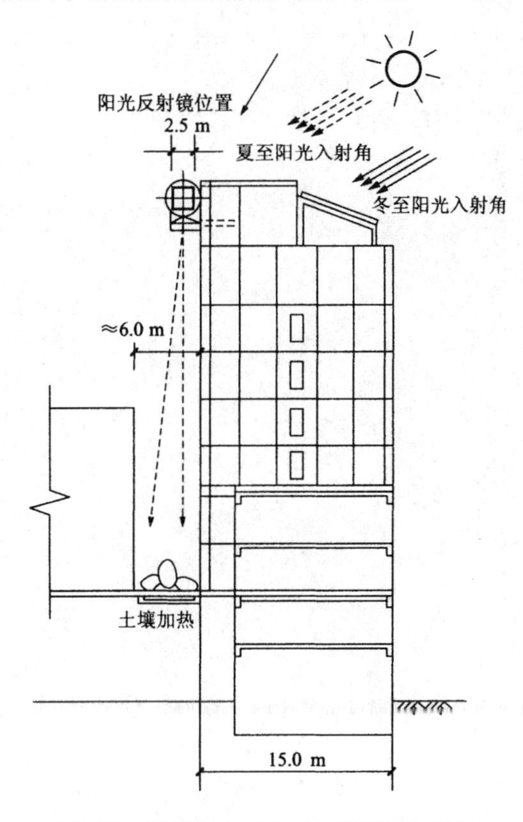

图 5-57 装在屋顶上的阳光反射装置立面图

【思考与练习】

5-1 屋面的常用坡度应是多少？

5-2 影响屋面坡度的因素有哪些？

5-3 屋面坡度的表达方法有哪些？各有何特点？

5-4 平屋顶的屋面排水坡度是如何形成的？

5-5 屋面设计的内容有哪些？

5-6 屋面防水卷材种类及特点有哪些？

5-7 坡屋顶结构支承形式有哪几种？

5-8 平瓦屋面包含哪几个构造层次？

5-9 坡屋顶挑檐长度的檐口构造作法有哪些?

5-10 卷材防水屋面构造有何特点?

5-11 涂膜防水屋面构造有何特点?

5-12 屋顶的泛水构造应注意哪些方面?

5-13 刚性防水屋面构造有何特点?

5-14 刚性防水屋面为何设置分格缝,其设置原则及节点构造应如何表达?

5-15 简述屋顶保温材料的特性。

5-16 屋顶的保温层的形式有哪几种?保温层的位置有几种?

5-17 平屋顶通风隔热层的构造形式及作法?

5-18 屋顶隔热方法有哪几种?各自有何特点?

5-19 绘制屋顶檐口构造节点详图。

6　门 窗 构 造

【本章要点】

6-1　了解门窗的形式与尺寸；

6-2　了解门窗的节能措施；

6-3　熟悉金属窗、塑钢窗的构造；

6-4　熟悉遮阳的基本措施并能进行遮阳设计；

6-5　掌握平开木门的构造并能绘制平开木门的构造详图。

6.1　门窗概述

6.1.1　门窗的作用与要求

门和窗都是建筑中的围护构件。门在建筑中的作用主要是交通、疏散、联系，并兼有采光和通风之用；窗的作用主要是采光和通风。另外，门窗的形状、尺寸、排列组合方式以及材料选择等，皆对建筑物的立面效果影响很大。门窗还应有一定的保温、隔声、防雨、防风沙等能力，在构造上，应满足开启灵活、关闭紧密，坚固耐久、便于擦洗、符合模数等方面的要求。

6.1.2　门窗的类型及特点

1）按开启方式分类

（1）门　门按其开启方式不同，常见的有以下几种形式（见图 6-1）。

① 平开门　平开门具有构造简单，开启灵活，制作安装和维修方便等特点。分单扇、双扇和多扇，内开和外开等形式，是一般建筑中使用最广泛的门。

② 弹簧门　弹簧门的形式和平开门的区别在于弹簧门侧边用弹簧铰链或下边用地弹簧代替普通铰链，门开启后能自动关闭。单向弹簧门常用于有自动关闭要求的房门，如卫生间的门、纱门等。双向弹簧门多用于人流出入频繁或有自动关闭要求的公共场所，如公共建筑门厅的门等。双向弹簧门扇上一般要安装玻璃，供出入的人们相互观察，以免碰撞。

③ 推拉门　门扇沿上下设置轨道左右滑行，有单扇和双扇两种。推拉门占用面积小，受力合理，不易变形，但构造复杂，制造精度要求高。

④ 折叠门　门扇可拼合、折叠推移到洞口的一侧或两侧，占房间的使用面积少。简单的折叠门可以只在侧边安装铰链，复杂的还要在门的上边或下边装导轨及转动五金配件。折叠门主要适用于尺寸较大的门洞口。

⑤ 转门　转门是三扇或四扇门扇用同一竖轴组合成夹角相等，在弧形门套内水平旋转的门，它对防止内外空气对流有一定的作用，常作为人员进出频繁，且有采暖或空调设备的公共建筑的外门。在转门的两旁还应设平开门或弹簧门。转门构造复杂，造价较高。

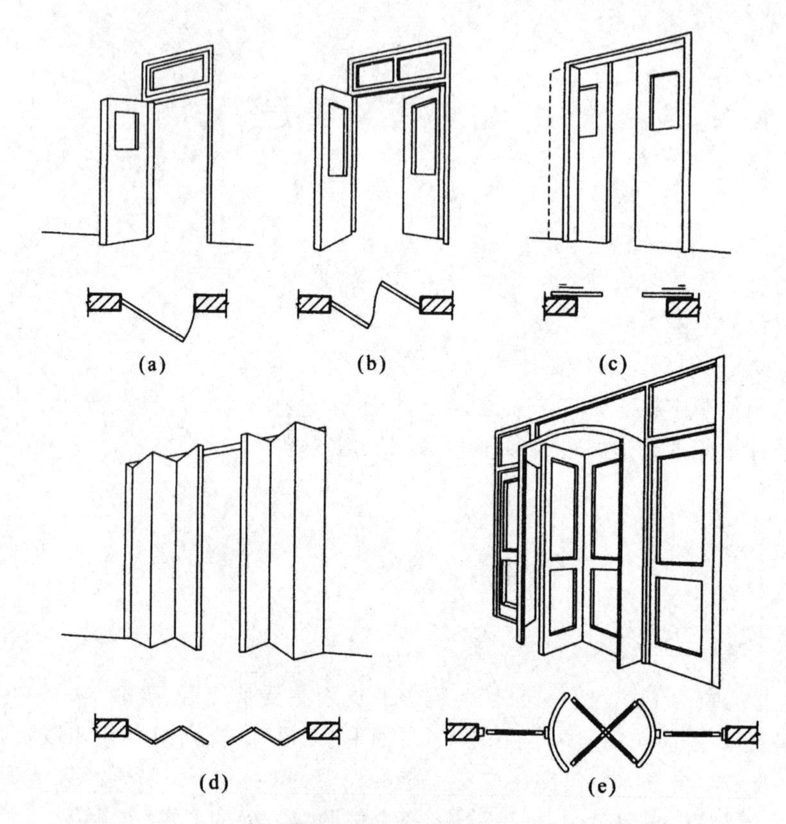

图 6-1 门的开启方式

(a) 平开门;(b) 弹簧门;(c) 推拉门;(d) 折叠门;(e) 转门

此外,还有上翻门、升降门、卷帘门等形式,该形式门一般适用于门洞口较大,有特殊要求的房间,如车库的门等。

(2) 窗 依据开启方式的不同,常见的窗有以下几种形式(见图 6-2)。

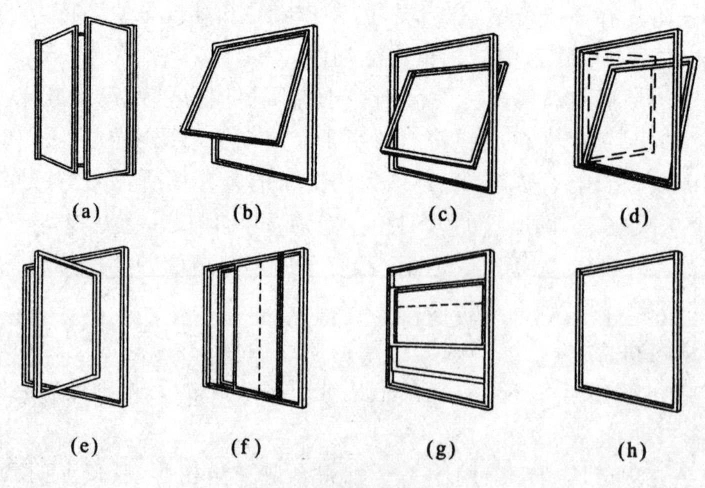

图 6-2 窗的开启方式

(a) 平开窗;(b) 上悬窗;(c) 中悬窗;(d) 下悬平开窗;

(e) 立转窗;(f) 水平推拉窗;(g) 垂直推拉窗;(h) 固定窗

① 平开窗　平开窗有内开和外开之分。其构造简单，制作、安装、维修、开启等都比较方便，在一般建筑中应用最广泛。

② 悬窗　按旋转轴的位置不同，分为上悬窗、中悬窗和下悬窗三种。上悬窗和中悬窗向外开，防雨效果好，且有利于通风，尤其多用于高窗，且开启较为方便；下悬窗不能防雨，开启时占据较多的室内空间，多与上悬窗组成双层窗用于有特殊要求的房间。

③ 立转窗　立转窗为窗扇可以沿竖轴转动的窗。竖轴可设在窗扇中心，也可以略偏于窗扇一侧，立转窗的开启大小及方向可随风向调整，通风效果较好。

④ 推拉窗　推拉窗分水平推拉和垂直推拉两种。水平推拉窗需要在窗扇上、下设轨槽，垂直推拉窗要有滑轮及平衡措施。推拉窗开启时不占据室内外空间，窗扇和玻璃的尺寸可以较大，但推拉窗不能全部同时开启，通风效果受到影响。铝合金窗和塑钢窗比较适用于推拉窗。

⑤ 固定窗　固定窗是不能开启的窗，仅作采光和通视之用，也可调整窗户的尺寸大小。玻璃尺寸大小较灵活。

2）按门窗的材料分类

依照生产门窗用的材料不同，常见的门窗有木门窗、钢门窗、铝合金门窗及塑钢门窗等类型。木门窗加工制作方便，价格较低，曾经广泛应用，但木材耗量大，防火能力差。钢门窗强度高，防火好，挡光少，在建筑上应用很广，但钢门窗保温较差，易锈蚀。铝合金门窗美观，有良好的装饰性和密闭性，但成本较高，保温差（铝合金门窗若经喷塑处理保温效果可改善）。塑钢门窗同时具有木材的保温性和铝材的装饰性，是近年来为节约木材和有色金属发展起来的新品种，国内已有相当数量的生产，但在目前，它的成本较高，耐久性还有待于进一步完善。另外，还有全玻璃门，主要用于标准较高的公共建筑中的主要入口，它具有简洁、美观、视线无阻挡等特点。

6.1.3　门窗的组成

1）门的构造组成

一般门的构造主要由门樘和门扇两部分组成。门樘又称门框，由上槛、中槛和边框等组成，多扇门还有中竖框。镶板门扇由上冒头、中冒头、下冒头、边梃及门芯板组成。为了通风采光，可在门的上部设腰窗（俗称“上亮子”），开启方式有固定、平开及上、中、下悬等形式，其构造同窗扇、门框与墙间的缝隙常用木条盖缝，称门头线，俗称贴脸板。木门的构造组成如图 6-3 所示。门上还有五金零件，常见的有铰链、门锁、插销、拉手、停门器等。

2）窗的构造组成

窗主要由窗樘和窗扇两部分组成。窗樘又称窗框，一般由上框、下框、中横框、中竖框及边框等组成。窗扇由上冒头、中冒头（窗芯）、下冒头、边梃及玻璃等组成。根据镶嵌材料的不同，有玻璃窗扇、纱窗扇和百叶窗扇等。平开窗的窗扇宽度一般为 400～600 mm，高度为 800～1500 mm，窗扇与窗框用五金零件连接。窗框与墙的连接处，为满足不同的要求，有时会加有贴脸板、窗台板、窗帘盒等，木窗的构造组成如图 6-4 所示。

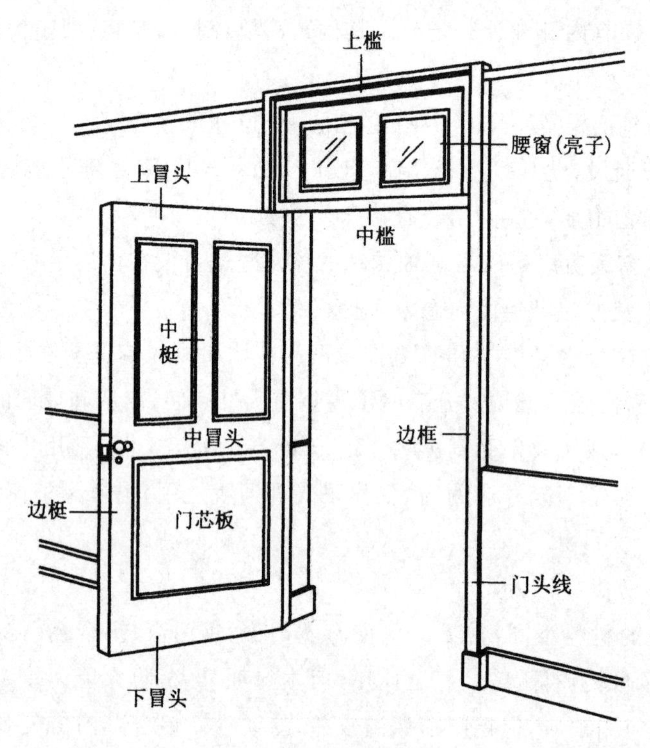

图 6-3　木门的构造组成

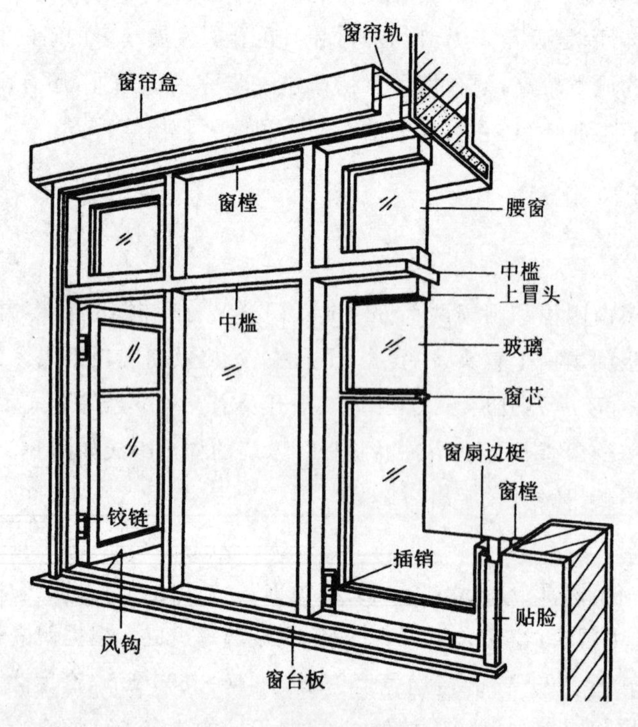

图 6-4　木窗的构造组成

6.2 木门构造

6.2.1 平开木门构造

1）门框

门框又称门樘，一般由两根竖直的边框和上框组成。当门带有亮子时，还有中横框。多扇门还有中竖框。

（1）门框的断面形式和尺寸。

门框的断面形式与门的类型和层数有关，同时应利于门的安装，并具有一定的密闭性，因此门框要设裁口（铲口）。门框断面尺寸主要按材料的强度和接榫的需要确定，一般多为经验尺寸，中横框若加披水，其宽度还需增加 20 mm 左右。由于门受到的各种冲撞荷载比窗大，故门框的断面尺寸较窗框要适当增加，其断面形式和尺寸如图 6-5 所示。

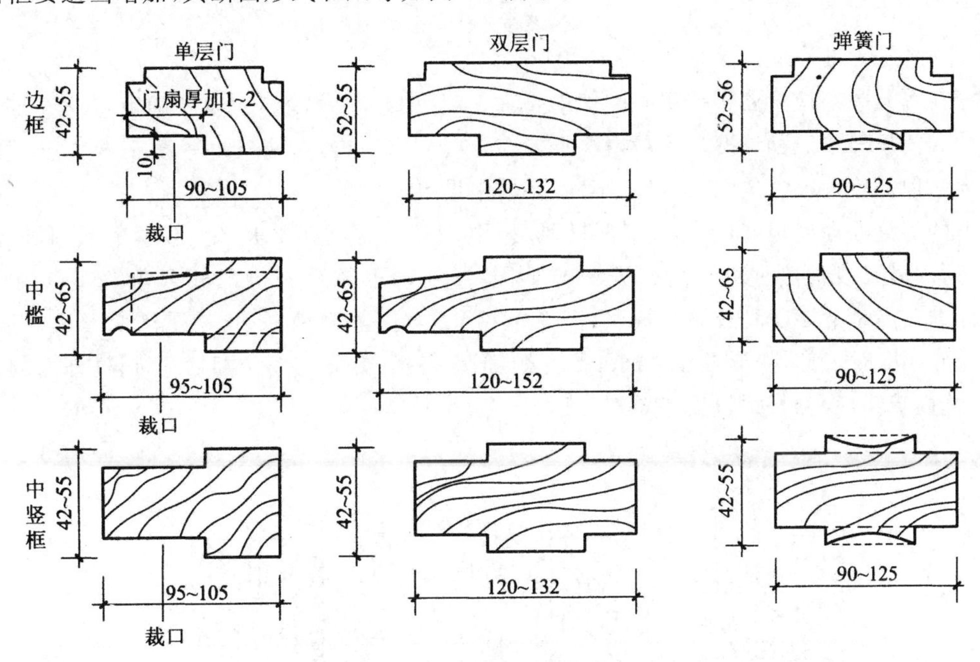

图 6-5 平开门门框的断面形式和尺寸(单位:mm)

（2）门框的安装。

门框的安装方式有立口（立樘子）和塞口（塞樘子）两种。施工时先将门框立好，后砌墙体，称为立口。立口的优点是门框与墙体结合紧密、牢固；缺点是施工中安装门框和砌墙相互影响，若施工组织不当，会影响施工进度。塞口则是在砌墙时先留出洞口，以后再安装门框，为便于安装，预留洞口应比门框外缘尺寸多出 20～30 mm。塞口法施工方便，但框与墙间的缝隙较大，为加强门框与墙的联系，安装时应用长钉将门框固定于砌墙时预埋的木砖上，为了方便也可用铁脚或膨胀螺栓将门框直接固定到墙上，每边的固定点不少于 2 个，其间距不应大于 1.2 m。工厂化生产的成品门的安装多采用塞口法施工，如图 6-6 所示。

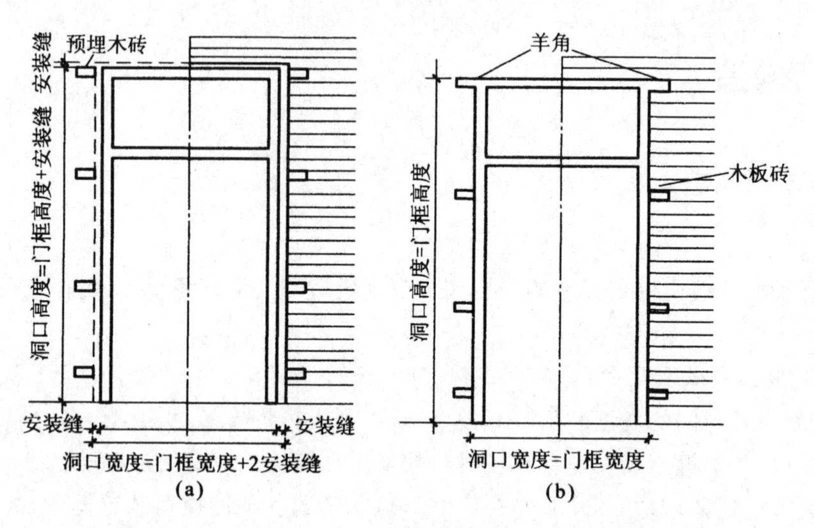

图 6-6　门框的安装方法

(a) 塞樘子;(b) 立樘子

(3) 门框与墙的关系。

门框在墙洞中的位置要根据房间的使用要求、墙身的材料及墙体的厚度确定,常有门框内平、门框居中和门框外平三种情况。一般情况下多在开门方向一边,与抹灰面平齐,这样可使门的开启角度最大。但对较大尺寸的门,为安装牢固,多居中设置。

门框的墙缝处理应填塞密实,以满足防风、挡雨、保温、隔声等要求。一般情况下,洞口边缘可采用平口,用砂浆或油膏嵌缝。为保证嵌缝牢固,常在门框靠墙一侧内外两角做灰口(见图 6-7(a))。标准较高时常做贴脸或筒子板(见图 6-7(b))。木门框靠墙一面,易受潮变形,当门框的宽度大于 120 mm 时,为防变形常在窗框外侧开槽,俗称背槽,并做防腐防潮处理,门框外侧的内外角做灰口,缝内填弹性密封材料(见图 6-7(c))。

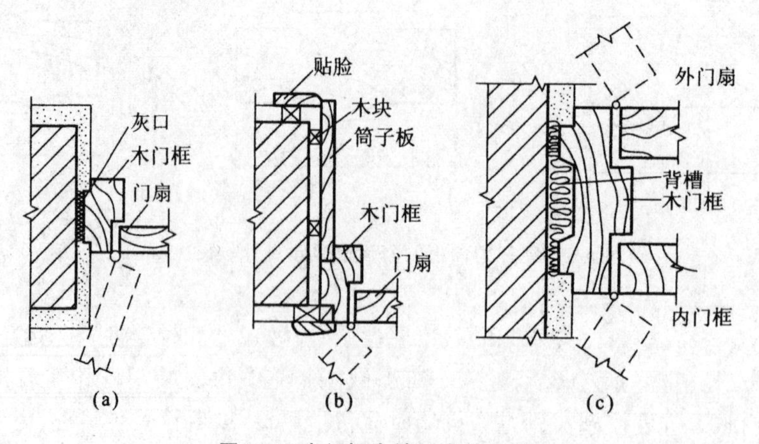

图 6-7　木门框在墙洞中的位置

(a) 居中;(b) 内平;(c) 背槽及填缝处理

2) 门扇

根据门扇的构造不同,民用建筑中常见的门有镶板门、夹板门等形式。

(1) 夹板门　夹板门门扇由骨架和面板组成，骨架通常用(32～35)mm×(33～60)mm的木料做框子，内部用(10～25)mm×(33～60)mm的小木料做成格形纵横肋条，肋距视木料尺寸而定，一般为200～400 mm，为节约木材，也可用浸塑蜂窝纸板代替木骨架。为了使夹板内的湿气易于排出，减少面板变形，骨架内的空气应贯通，并在上部设小通气孔，面板可用胶合板、硬质纤维板或塑料板等，用胶结材料双面胶结在骨架上。胶合板有天然木纹，有一定的装饰效果，表面可涂刷聚氨酯、蜡克等油漆。纤维板的表面一般先涂底色漆，然后刷聚氨酯漆或清漆。塑料板有各种装饰性图案和色彩，可根据室内设计要求选用。另外，门扇的四周用15～20 mm厚的木条镶边，可取得整齐美观的效果。

根据功能的需要，夹板门上也可以局部加装玻璃或百叶；一般在玻璃或百叶处，做一个木框，用压条镶嵌。

如图6-8所示是常见的夹板门构造实例。图6-8(a)所示为医院建筑中常用的大小扇夹板门，大扇的上部镶一块玻璃。图6-8(b)所示为单扇夹板门，下部装百叶，多用于卫生间，腰窗为中悬窗。

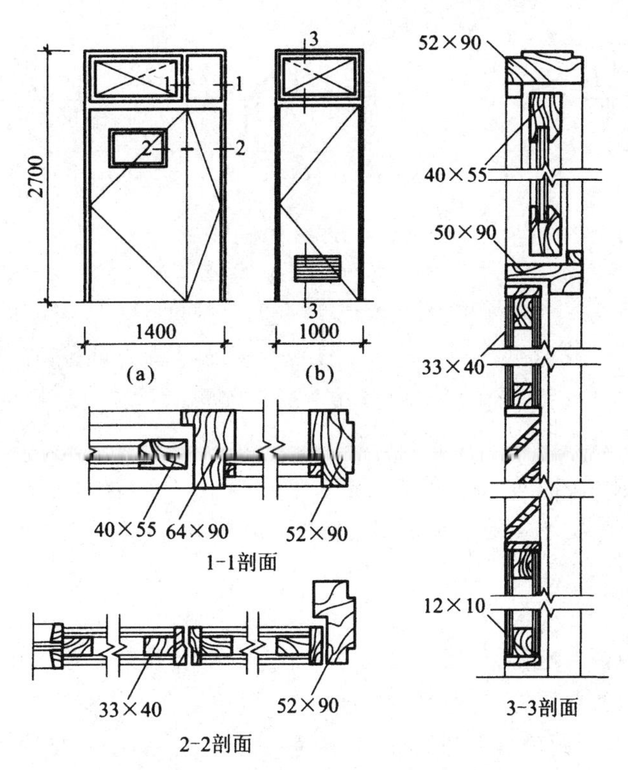

图6-8　夹板门构造(单位:mm)

(a) 大小扇夹板门;(b) 单扇夹板门

夹板门由于骨架和面板共同受力，所以用料少，自重轻，外形简洁美观，常用于建筑物的内门。若用于外门，面板应做防水处理，并提高面板与骨架的胶结质量，必要时应加厚夹板。

(2) 镶板门　镶板门门扇是由骨架和门芯板组成。骨架一般由上冒头、下冒头及边梃组成，有时中间还有一道或几道中冒头或一条竖向中梃。门芯板可采用木板、胶合板、硬质纤维板及塑料板等。有时门芯板可部分或全部采用玻璃,称为半玻璃(镶板)门或全玻璃(镶板)门。构造上与镶板门基本相同的还有纱门、百叶门等。

木制门芯板一般用10～15 mm厚的木板拼装成整块后镶入边梃和冒头中,板缝应结合紧密,不能因木材干缩而产生裂缝。门芯板的拼接方式有四种,分别为平缝胶合、木键拼缝、高低缝和企口缝(见图6-9)。工程中常用的为高低缝和企口缝。

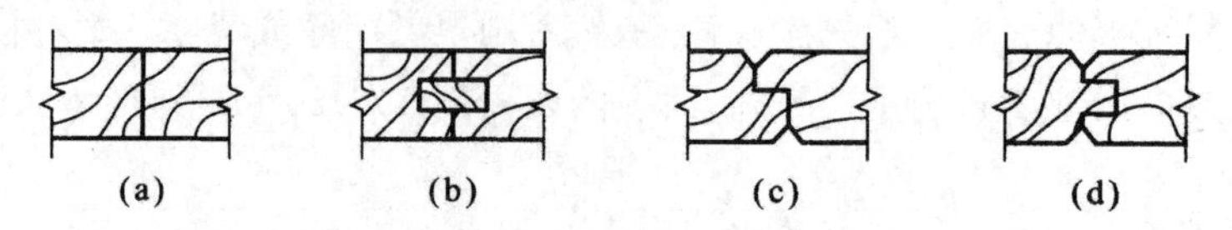

图6-9 门芯板的拼接方式

(a) 平缝胶合;(b) 木键拼缝;(c) 高低缝;(d) 企口缝

门芯板在边梃与冒头中的镶嵌方式有暗槽、单面槽以及双边压条等三种方式(见图6-10)。其中,暗槽结合最牢,工程中用得较多,其他两种方法比较省料和简单,多用于玻璃、纱网及百叶的安装。另外,为防止门芯板胀缩变形,凡镶入冒头、边梃槽内时都须留空隙。

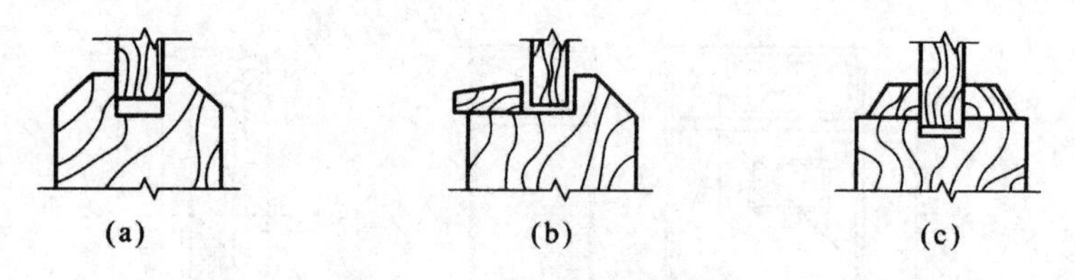

图6-10 门芯板的镶嵌方式

(a) 暗槽;(b) 单面槽;(c) 双边压条

镶板门门扇骨架的厚度一般为40～45 mm,纱门的厚度可薄一些,多为30～35 mm。上冒头、中间冒头和边梃的宽度一般为75～120 mm,下冒头的宽度习惯上同踢脚高度,一般为200 mm左右,较大的下冒头对减少门扇变形和保护门芯板不被行人撞坏有较大的作用。中冒头为了便于开槽装锁,其宽度可适当增加,以弥补开槽对中冒头材料的削弱。

如图6-11所示是常用的玻璃镶板门的构造实例。图6-11(a)为单扇镶板门,图6-11(b)为双扇镶板门,腰窗为中悬式窗,门芯板的安装采用暗槽方式,玻璃采用单面槽加小木条固定。

6.2.2 弹簧门构造

弹簧门是指利用弹簧铰链,开启后能自动关闭的门。弹簧铰链有单面弹簧、双面弹簧和地弹簧等形式。单面弹簧门多为单扇,与普通平开门基本相同(单面开启),只是铰链不同。双面弹簧门通常都为双扇门,其门扇在双向可自由开关,门框不需裁口,一般做成与门扇侧边对应的弧形对缝,为避免两门扇相互碰撞,又不使缝过大,通常上下冒头做平缝,两扇门的中缝做圆弧形,其弧面半径为门厚的1～1.2倍。地弹簧门的构造与双面弹簧门基本相同,只是铰轴的位置不同,地弹簧装在地板上,多用于较厚重的弹簧门。

弹簧门的构造如图6-12所示。弹簧门的开启一般都比较频繁,对门扇的强度和刚度要求比较高,门扇一般要用硬木,用料尺寸应比普通镶板门大一些,弹簧门门扇的厚度一般为42～50 mm,上冒头、中冒头和边梃的宽度一般为100～120 mm,下冒头的宽度一般为200～300 mm。

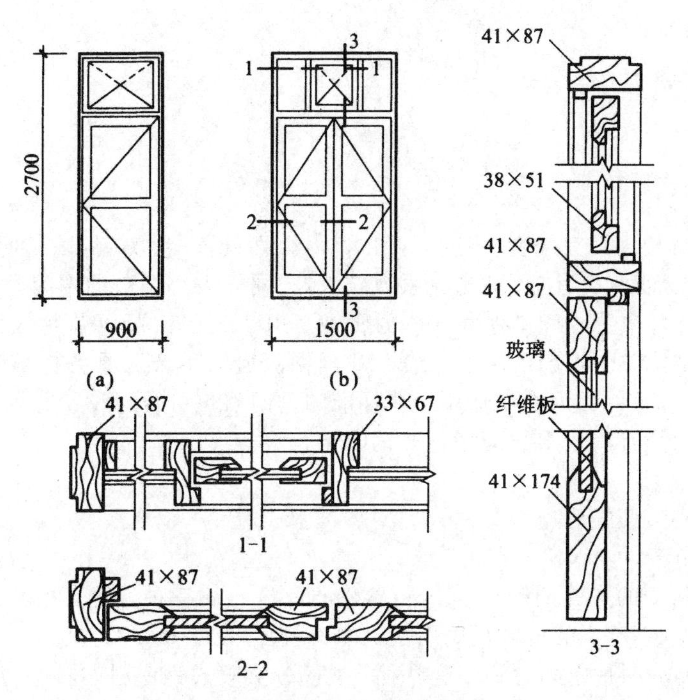

图 6-11　玻璃镶板门构造(单位:mm)

(a) 单扇镶板门;(b) 双扇镶板门

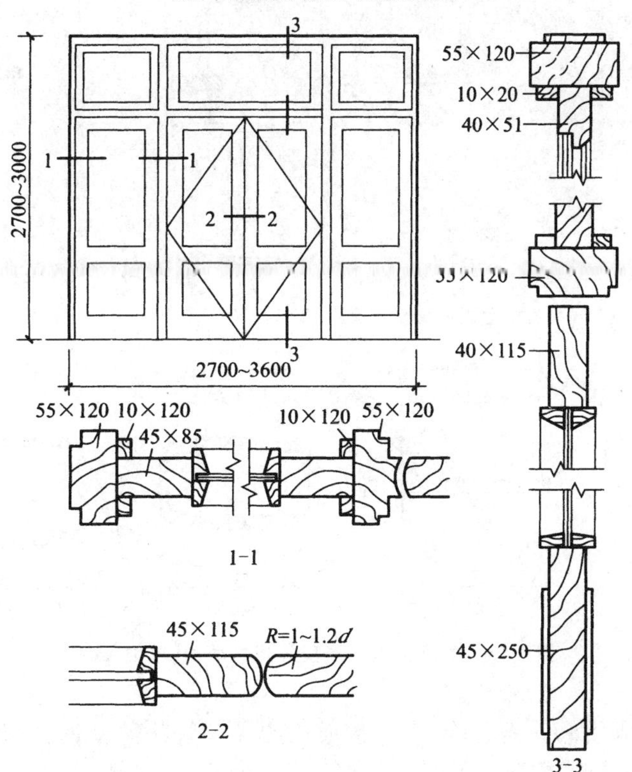

图 6-12　弹簧门构造(单位:mm)

6.3 金属门窗构造

6.3.1 钢门窗构造

钢门窗与木门窗相比具有强度、刚度大，耐水、耐火性好，外形美观，以及便于工厂化生产等特点。另外，钢门窗的断面尺寸小，因此透光系数较大，与同样大小洞口的木门窗相比，其透光面积高达75%左右，但钢门窗易受酸碱和有害气体的腐蚀。由于钢门窗可以节约木材，并适用于较大面积的门窗洞口，故在建筑中的应用广泛。当前，我国钢门窗的生产已具备标准化、工厂化和商品化的特点，各地均有钢门窗的标准图供选用。非标准的钢门窗也可自行设计并委托工厂进行加工，但费用较高，工期长，故设计中应尽量采用标准钢门窗。

1）钢门窗料型

钢门窗的料型有实腹式和空腹式两大类型。

（1）实腹式钢门窗。

实腹式钢门窗料用的热轧型钢有25 mm、32 mm、40 mm三种系列，肋厚2.5～4.5 mm，适用于风荷载不超过0.7 kN/m^{2}的地区。民用建筑中窗料多用25 mm和32 mm两种系列，钢门窗料多用32 mm和40 mm两种系列，图6-13中列举了部分实腹式钢窗料的料型与规格。

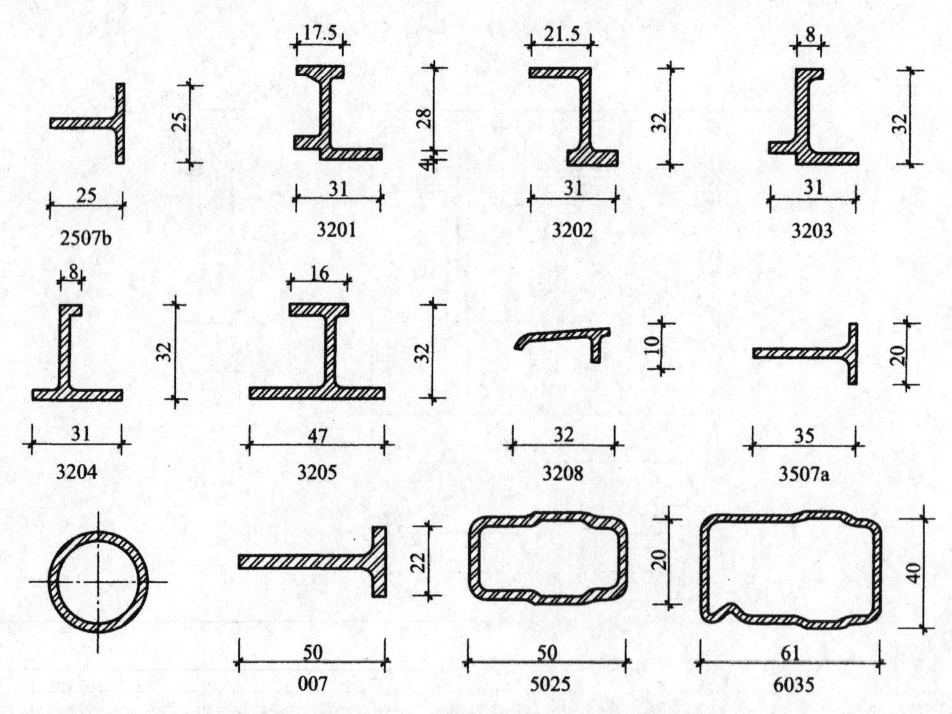

图6-13 实腹式钢窗料型与规格举例(单位:mm)

（2）空腹式钢门窗。

空腹式钢门窗料采用低碳钢经冷轧、焊接而成的异型管状薄壁钢材，壁厚为1.2～1.5 mm。目前，我国分京式和沪式两种类型(见图6-14)。

空腹式钢门窗料壁薄，重量轻，节约钢材，但不耐锈蚀，应注意保护和维修。一般在成型后，内

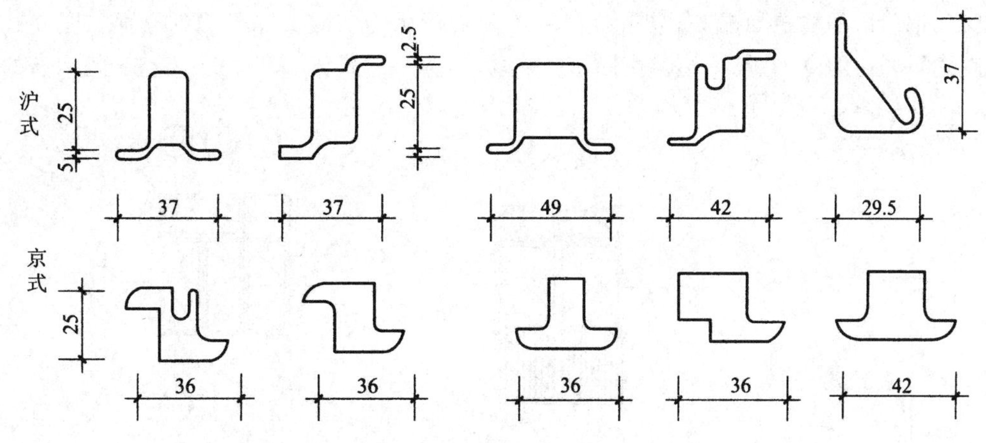

图 6-14 空腹式钢窗料型与规格举例(单位:mm)

外表面需作防锈处理,以提高防锈蚀的能力。

2) 钢门窗构造

(1) 基本形式的钢门窗。

为了适应不同尺寸门窗洞口的需要,便于门窗的组合和运输,钢门窗都以标准化的系列门窗规格作为基本单元。其高度和宽度符合 3 M(300 mm),常用的钢窗高度和宽度为 600 mm、900 mm、1200 mm、1 500 mm、1800 mm、2100 mm。钢门的宽度有 900 mm、1200 mm、1500 mm、1800 mm,高度有 2100 mm、2400 mm、2700 mm。大型钢窗就是以这些基本单元进行组合而成的,表 6-1 中列举了部分实腹式钢门窗的基本单元形式。

表 6-1 实腹式钢门窗基本单元

高/mm		宽/mm		
		600	900、1200	1500、1800
平开窗	600	—	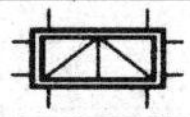	—
	900 1200 1500	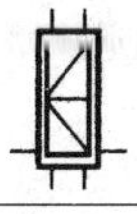	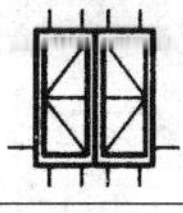	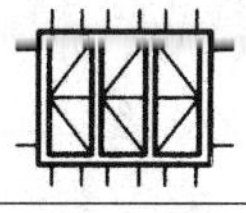
	1500 1800 2100	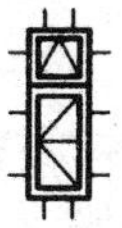	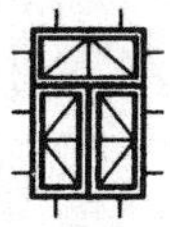	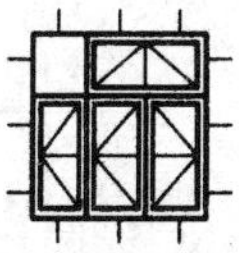
	600 900 1200	—	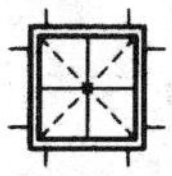	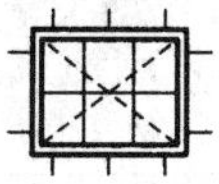
高/mm		宽/mm		
		900	1200	1500、1800
门	2100 2400	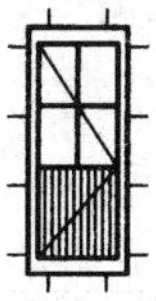	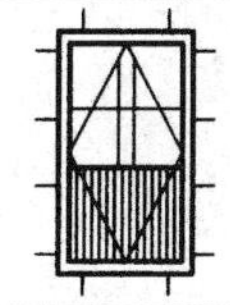	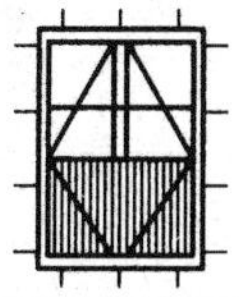

实腹式钢门窗的构造如图 6-15 所示。图 6-15(a)所示为实腹式平开门的立面。图 6-15(b)所示为实腹式平开窗的立面,其左边腰窗固定,右边腰窗为上悬式窗。图 6-16 为空腹式钢窗的构造。

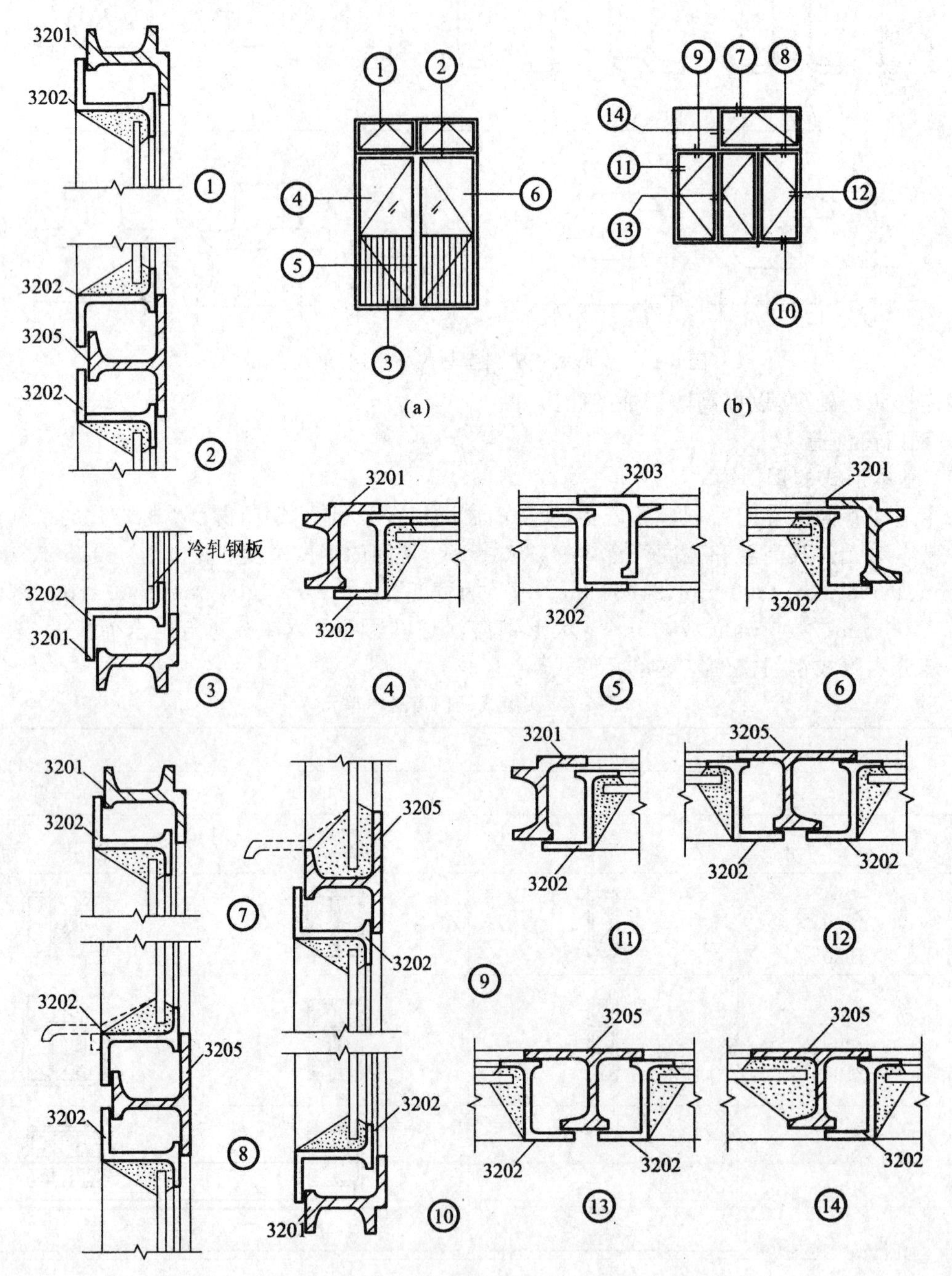

图 6-15　实腹式钢门窗构造

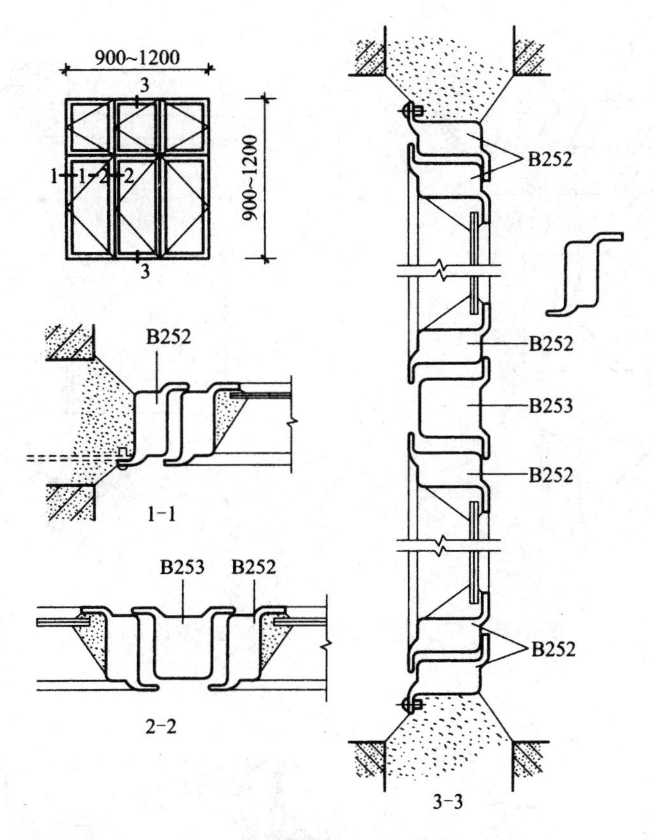

图 6-16 空腹式钢窗构造(单位:mm)

钢门窗的安装方法采用塞口法,门窗框与洞口四周通过预埋铁件用螺钉牢固连接,固定点的间距为 500～700 mm。在砖墙上安装时多预留孔洞,将燕尾形铁脚插入洞口,并用砂浆嵌牢。在钢筋混凝土梁或墙柱上则先预埋铁件,将钢窗的 Z 形铁脚焊接在预埋铁件上(见图 6-17)。钢门窗玻璃的安装方法与木门窗不同,一般先用油灰打底,然后用弹簧夹子或钢皮夹子将玻璃嵌固在钢门窗上,最后再用油灰封闭(见图 6-18)。

(2) 钢门窗的组合与连接。

钢门窗洞口尺寸不大时,可采用基本形式的钢门窗,直接安装在洞口上。较大的门窗洞口则需用标准的基本单元和拼料组拼而成,拼料支承着整个门窗,保证钢门窗的刚度和稳定性。

基本单元的组合方式有三种,即横向组合、竖向组合和横竖向组合(见图 6-19)。基本形式的钢门窗与拼料间用螺栓牢固连接,并用油灰嵌缝(见图 6-20)。

6.3.2 铝合金门窗构造

1) 铝合金门窗的特点

铝合金门窗具有轻质高强,气密性、水密性好等特点。隔声、耐腐性能也较普通钢、木门窗有显著提高。铝合金门窗由铝合金型材组合而成,经氧化处理后的铝型材呈金属光泽,不需要涂漆和经常维护,经表面着色和涂膜处理后,可获得多种不同色彩和花纹,具有良好的装饰效果。

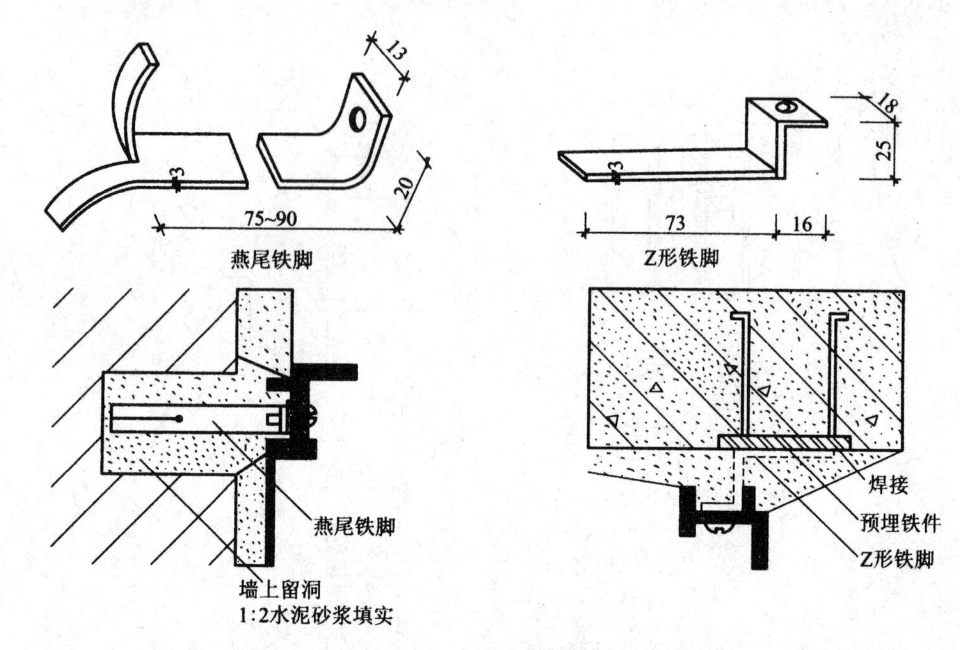

图 6-17　钢门窗框与洞口连接方法(单位:mm)

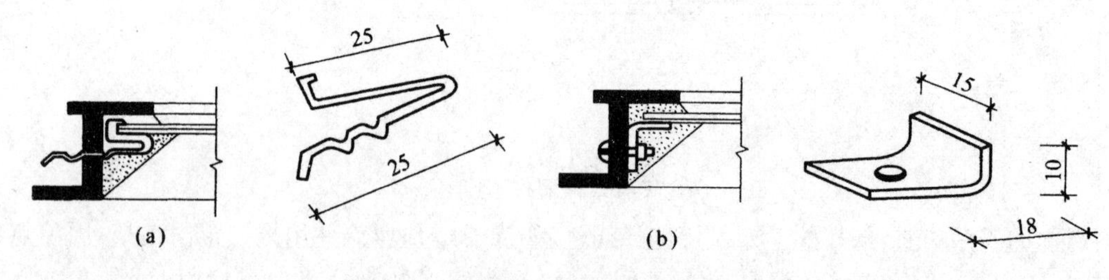

图 6-18　钢门窗玻璃的安装(单位:mm)

(a) 弹簧夹子;(b) 钢制连接件

2) 铝合金窗的构造

铝合金窗的开启方式多为水平推拉式,根据需要也可以采用平开式,下面就以推拉铝合金窗为例,讲述有关构造做法。

(1) 铝合金窗框的构造。

铝合金窗框应采用塞口的方式安装,其装入洞口应横平竖直,外框与洞口应弹性连接牢固,不得将窗外框直接埋入墙体。这样做一方面是保证建筑物在一般振动、沉降和热胀冷缩等因素引起的互相撞击、挤压时,不致使窗损坏;另一方面,使外框不直接与混凝土、水泥砂浆接触,避免碱对铝型材的腐蚀,对延长使用寿命有利。

铝合金窗框与墙体的缝隙填塞,应按设计要求处理。一般多采用矿棉条或玻璃棉毡条分层填塞,缝隙外表留 5～8 mm 深的槽口,填嵌密封材料。这样做主要是为了防止窗框四周形成冷热交换区产生结露,影响建筑物的保温、隔声、防风沙等功能。同时也能避免砖和砂浆中的碱性物质对窗框的腐蚀,铝合金窗的构造如图 6-21 所示。

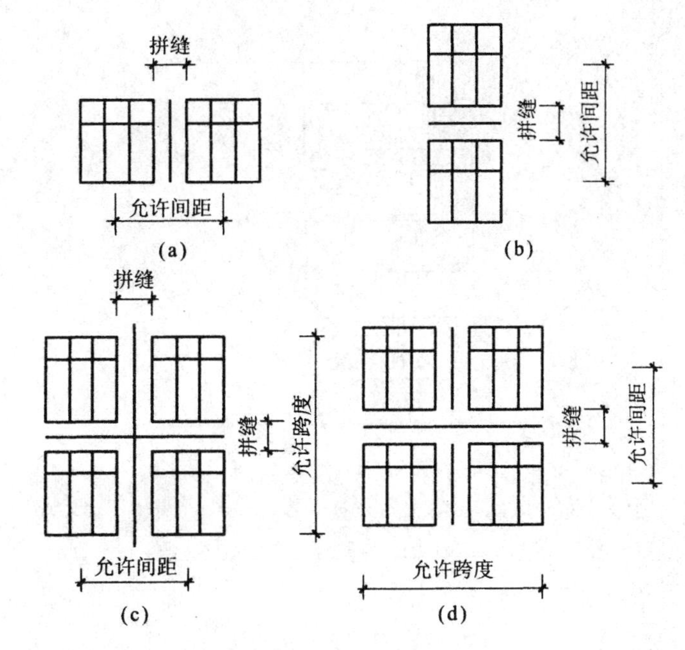

图 6-19 钢门窗组合方式

(a) 横向组合;(b) 竖向组合;(c) 横竖向组合

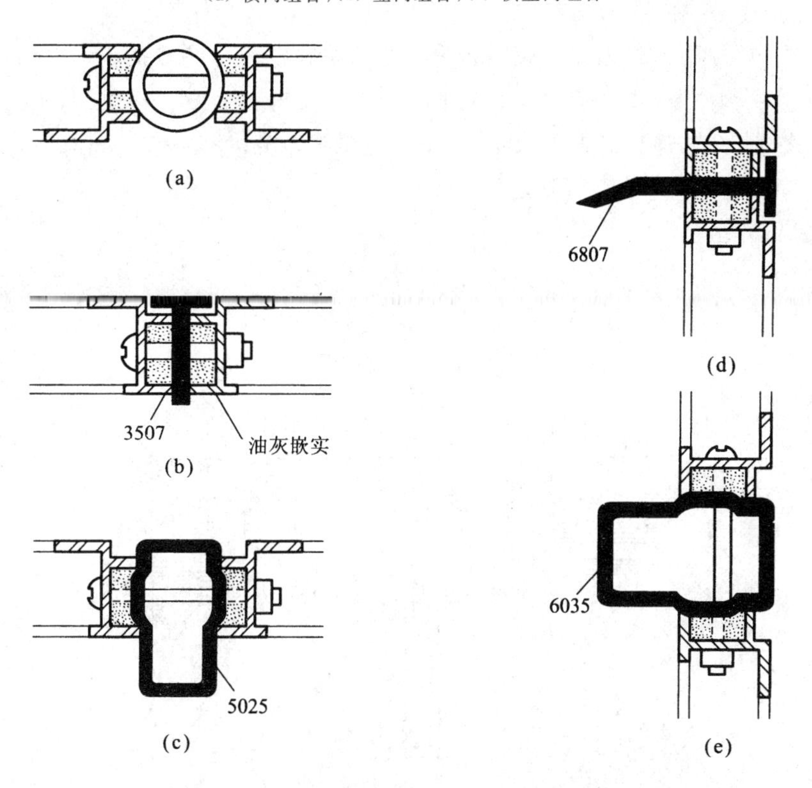

图 6-20 基本形式的钢门窗与拼料的连接

(a)、(b)、(c) 竖向拼接;(d)、(e) 横向拼接

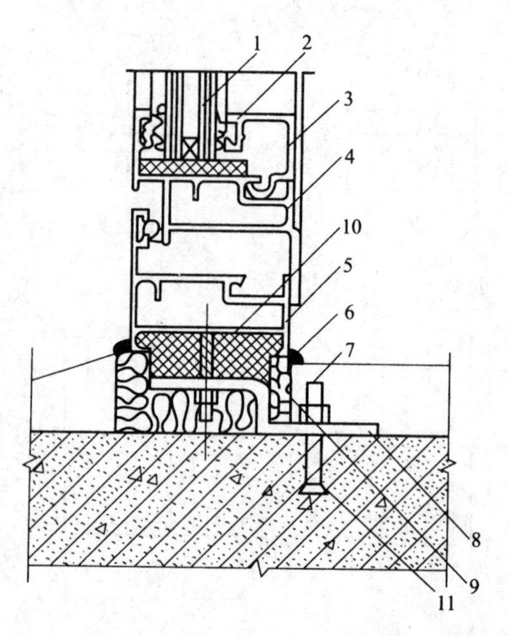

图 6-21　铝合金窗的构造

1—玻璃；2—橡胶条；3—压条；4—内扇；5—外框；6—密封胶；7—砂浆；8—地脚；9—软填料；10—塑料垫；11—膨胀螺栓

(2) 铝合金窗中玻璃的选择及安装。

玻璃的厚度和类别主要根据面积大小和热工要求来确定。一般多选用 3～8 mm 厚度的平板玻璃、镀膜玻璃、钢化玻璃或中空玻璃等。在玻璃与铝型材接触的位置设垫块，周边用橡皮条密封固定。安装橡胶密封条时应留有伸缩余量，一般比窗的装配边长 20～30 mm，并在转角处斜边断开，然后用胶粘剂粘贴牢固，以免出现缝隙。

(3) 铝合金窗的组合。

铝合金窗的组合主要有横向组合和竖向组合两种。组合时，应采用套插、搭接形成曲面组合，搭接长度宜为 10 mm，并用密封膏密封，组合示意图如图 6-22 所示。应当引起注意的是要阻止平面同平面组合的做法，因为它不能保证铝合金窗安装的质量。

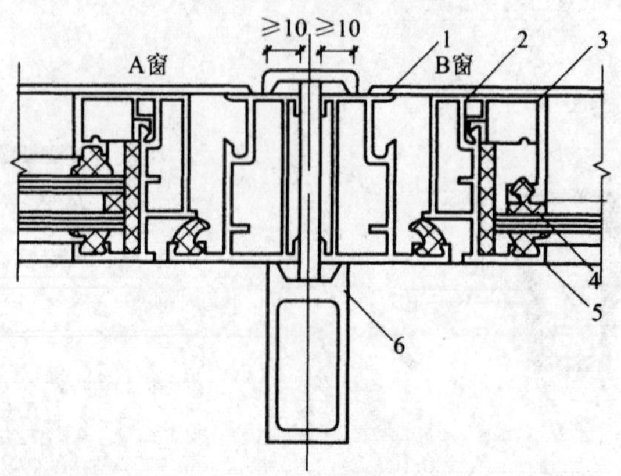

图 6-22　铝合金窗组合示意图(单位:mm)

1—外框；2—内扇；3—压条；4—橡胶条；5—玻璃；6—组合杆件

6.4　塑料门窗构造

塑料门窗是采用添加多种耐候耐腐添加剂的塑料，经挤压成型的型材组成的门窗。它具有耐水、耐腐蚀、阻燃、抗冲击、无须表面涂装等优点，其保温隔热性能比钢门窗和铝合金门窗要好。现代的塑料门窗均采用改性混合体系的塑料制品，具有良好的耐候性能，使用寿命可达 30 年以上。另外，多数塑料型材中宜用加强筋来提高门窗的刚度，塑料型材如图 6-23 所示。加强筋可用金属型材，也可用硬质塑料型材，加强型材的长度应比门窗型材长度略短，应不妨碍门窗型材端部的联结。当加强型材与门窗的材质不同时，应使它们之间较为宽松，以适应不同材质温度变形的需要。塑料门窗的安装、组合、玻璃的选配等都与铝合金门窗类似，塑料门窗与墙体连接构造详见图 6-24。

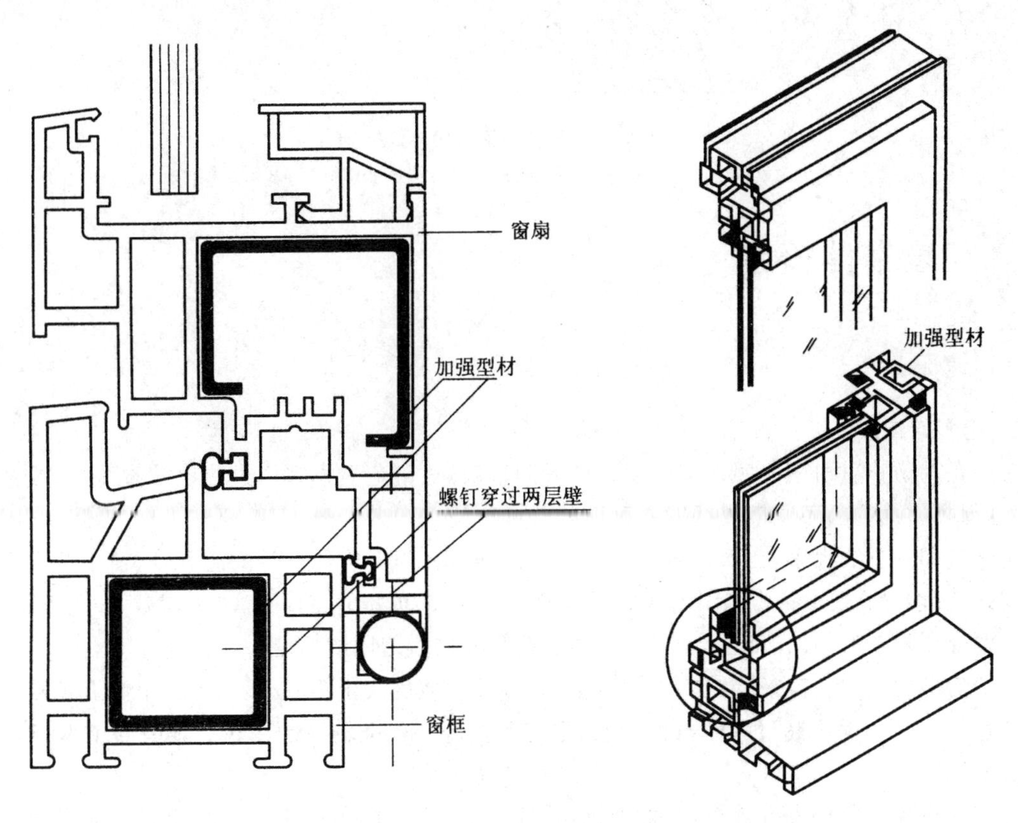

图 6-23　塑料型材

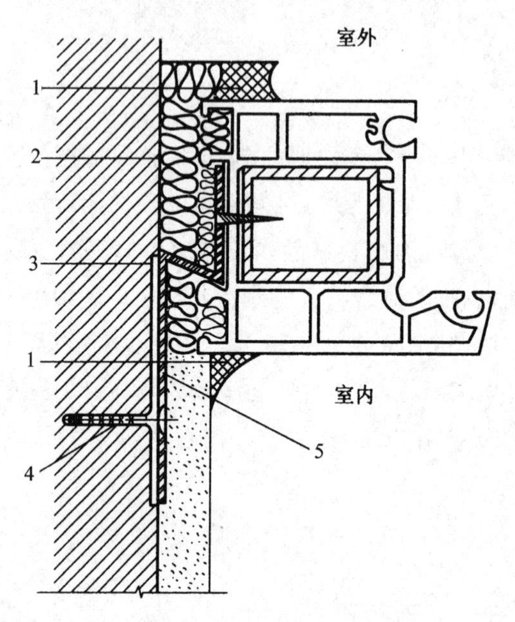

图 6-24　塑料门窗与墙体连接

1—嵌缝胶；2—弹性填充料；3—固定铁片；4—塑料膨胀螺钉；5—Z 形连接件

6.5　门窗节能概述

6.5.1　遮阳

1）遮阳的作用

遮阳是为防止直射阳光照入室内以减少太阳辐射热，避免夏季室内过热以节省能耗，或避免产生眩光，保护室内物品不受阳光照射而采取的一种措施。

用于遮阳的方法很多，在窗口悬挂窗帘、设置百叶窗、门窗构件自身的遮光性、窗扇开启方式的调节变化、窗前绿化、雨篷、挑阳台、外廊及墙面花格等都可以达到一定的遮阳效果（见图 6-25）。本节主要介绍根据专门的遮阳设计在窗前加设遮阳板进行遮阳的措施。

一般房屋建筑，当室内气温在 29 ℃以上，太阳辐射强度大于 1005 kJ/(m^2 · h)，阳光照射室内时间超过 1 h，照射深度超过 0.5 m 时，应采取遮阳措施。标准较高的建筑只要具备前两条即应考虑设置遮阳。

在窗前设置遮阳板进行遮阳，对采光、通风都会带来不利影响。因此，设计遮阳设施时应对采光、通风、日照、经济、美观等作统筹考虑，以达到功能、技术和艺术的统一。

2）窗户遮阳板的基本形式

窗户遮阳板就其形状和效果而言，可分为水平遮阳、垂直遮阳、混合遮阳及挡板遮阳四种基本形式（见图 6-26）。

（1）水平遮阳　在窗口上方设置一定宽度的水平方向的遮阳板，能够遮挡高度角较大时从窗口上方照射下来的阳光，适用于南向及其附近朝向的窗口或北回归线以南低纬度地区的北向及其

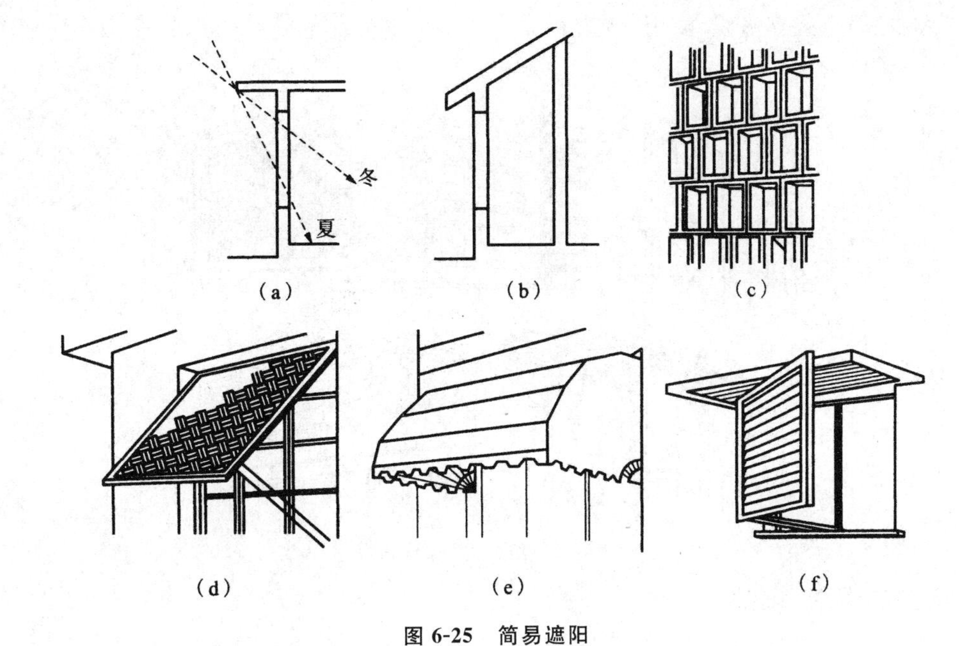

图 6-25　简易遮阳

(a) 出檐；(b) 外廊；(c) 花格；(d) 芦席遮阳；(e) 布篷遮阳；(f) 旋转百叶遮阳

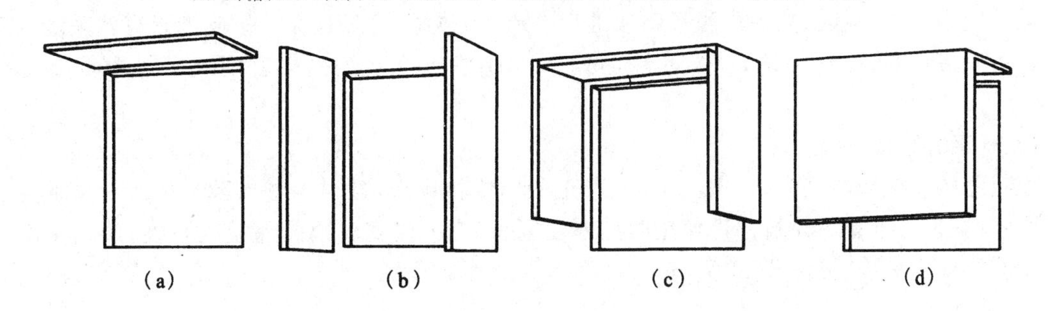

图 6-26　遮阳板基本形式

(a) 水平遮阳；(b) 垂直遮阳；(c) 混合遮阳；(d) 挡板遮阳

附近的窗口。水平遮阳板可做成实心板也可做成栅格板或百叶板，较高大的窗口可在不同高度设置双层或多层水平遮阳板，以减少板的出挑宽度。

(2) 垂直遮阳　在窗口两侧设置垂直方向的遮阳板，能够遮挡高度角较小的阳光和从窗口两侧斜射过来的阳光。根据光线的来向和具体处理的不同，垂直遮阳板可以垂直于墙面，也可以与墙面形成一定的夹角。其主要适用于东南向、西南向和北向的窗口。

(3) 混合遮阳　混合遮阳是以上两种遮阳板的综合，能够遮挡从窗口左右两侧及前上方射来的阳光，遮阳效果比较均匀。其主要适用于南向、东南向及西南向的窗口。

(4) 挡板遮阳　在窗口前方离开窗口一定距离设置与窗户平行方向的垂直挡板，可以有效地遮挡高度角较小的正射窗口的阳光，主要适用于东、西向及其附近的窗口。为有利于通风，避免遮挡视线和风，可以将挡板做成格栅式或百叶式挡板。

根据以上四种基本形式，能够组合演变成各种各样的遮阳形式，如图 6-27 所示。这些遮阳板可以做成固定的，也可以做成活动的。后者可以灵活调节，遮阳、通风、采光效果更好，但构造较复杂，需经常维护；固定式则坚固、耐用，较为经济。设计时应根据不同的使用要求、不同的纬度地区及建筑造型等予以选用。

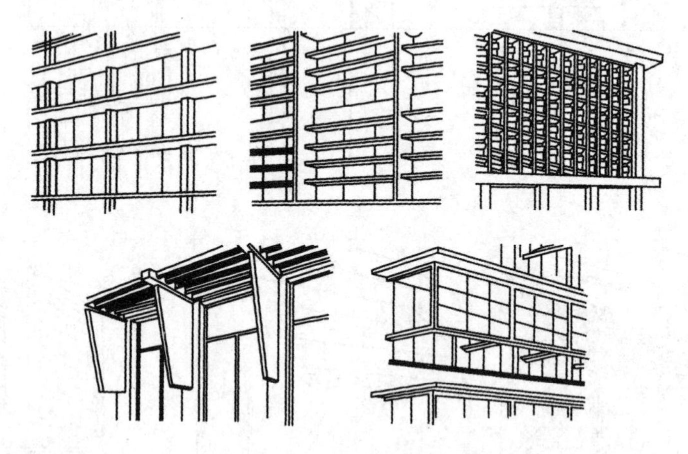

图 6-27　组合遮阳的形式

6.5.2　窗户的保温、隔热

同其他构件相比，窗户的总传热系数最大，因此，通过玻璃进出室内外的热能也会增多。从窗玻璃进入室内的太阳辐射热被地板等吸收之后，将成为热源，尤其是在冬季起到了自然采暖的重要作用。另一方面，热能还会通过窗玻璃而散失，因而如何控制热损失就变成了一个重要的研究课题。

1）玻璃的保温、隔热方法

建筑物的窗玻璃厚度为 5～10 mm，与其他的墙体相比较，显得十分单薄。虽然玻璃本身的热导率并不高，但由于作为建筑部件使用时的厚度很小，为了提高玻璃的保温隔热性，所以基本上都是采用双层中空玻璃(见图 6-28、图 6-29)。

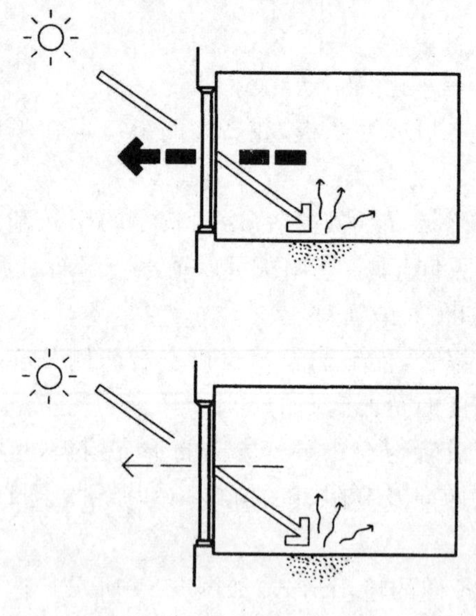

图 6-28　太阳辐射热的获得与窗户的隔热

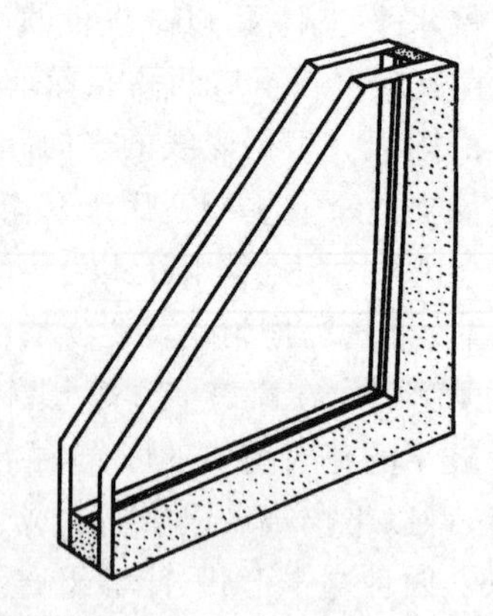

图 6-29　双层中空玻璃的构造图

在热散失上，双层中空玻璃比单层透明玻璃可减少大约 1/2 的热散失(见图 6-30)。如果在双层中空玻璃的内侧镀上低辐射薄膜，还能进一步提高隔热性。

2) 窗框的保温隔热方法

通常除去玻璃部分之后，窗框的面积占窗户全部面积的 10%～15%。为了提高窗户整体的保温隔热性，不仅要控制玻璃部分的总传热系数，还要注意窗框的隔热性。

虽然铝窗框的气密性很好，但由于铝材的热导率大，如果增加玻璃本身的隔热性，就会相对地增大铝窗框的热损失，容易结露。

木窗框的隔热性很好，只要解决了木窗框的耐久性、气密性问题，就可以进一步提高窗户整体的适用性和隔热性。此外，木窗框还有铝窗框所没有的独特的温暖感(见图 6-31)。近年来，在一些地区采用工程塑料加钢骨架组合成的塑钢窗框也取得了不错的效果。

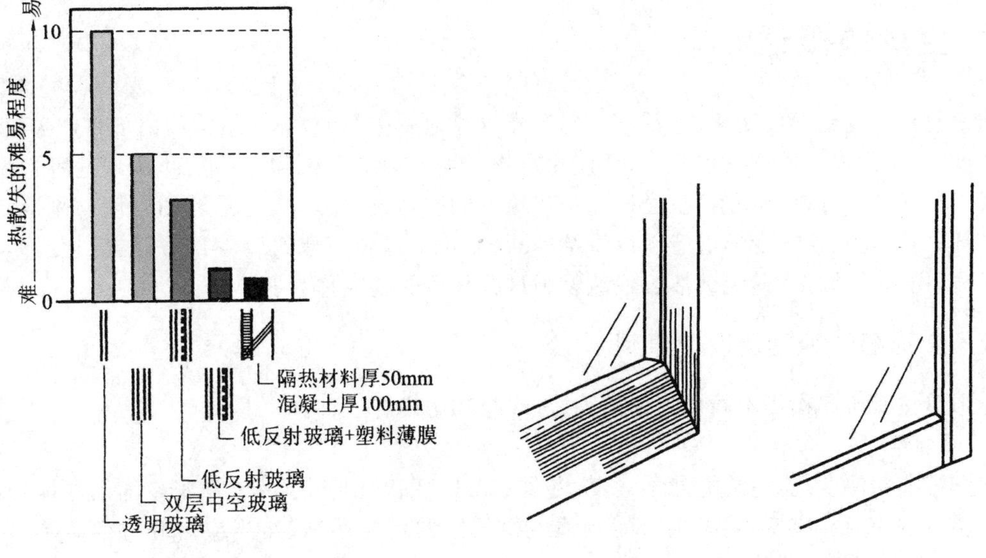

图 6-30　玻璃的种类和隔热性能　　**图 6-31　木窗框和铝窗框**

【思考与练习】

6-1　门窗按开启方式可分为哪几种形式？各自特点是什么？

6-2　平开门的组成和门框的安装构造有什么特点？

6-3　平开门的门扇有几种？各有什么特点？

6-4　钢窗有什么特点？按其材料断面不同可分为哪两种？各自有什么特点？

6-5　铝合金门窗特点是什么？

6-6　塑钢窗的特点是什么？

6-7　简述遮阳的基本构造措施并按要求进行遮阳设计。

6-8　图示平开木门(包括亮子)的节点构造。

7　变形缝构造

【本章要点】

7-1　了解防震基本知识；

7-2　熟悉建筑物变形缝的作用及分类；

7-3　掌握伸缩缝、沉降缝、防震缝设置的条件及各种变形缝的特点；

7-4　掌握变形缝的构造原理并能绘图表达建筑各部分变形缝的构造。

7.1　变形缝概述

建筑物由于受到温度变化、地基不均匀沉降以及地震作用的影响，结构的内部将产生附加的应力和应变，如不采取措施或处理不当，会使建筑物产生开裂甚至倒塌。为防止出现这种情况，可采取“阻”或“让”这两种措施：“阻”是通过加强建筑物的整体性，使其具有足够的强度与刚度，以阻止这种破坏；“让”是在这些变形敏感部位将结构断开，预留缝隙使建筑物各部分能自由变形，以减小附加应力，用退让的方式避免破坏。建筑物中这种预留的缝隙称为变形缝。

7.1.1　变形缝的种类及设置原则

变形缝按其所起作用不同分为伸缩缝、沉降缝和防震缝三种。

1）伸缩缝

伸缩缝又叫温度缝，建筑物处于昼夜、冬夏的温度变化环境中，由于热胀冷缩的原因使结构内部产生温度的应力和应变，其影响力随着建筑物长度的增加而增加，当应力和应变达到一定数值时，建筑物将会出现开裂甚至破坏。为避免这种情况的发生，常常沿建筑物长度方向，每隔一定距离或结构变化较大处预留缝隙，将建筑物断开。这种由于温度变化而设置的缝隙称为伸缩缝。

伸缩缝要求把建筑物的墙体、楼板层、屋顶等地面以上的部分全部断开，基础因受温度变化影响较小而不必断开。

伸缩缝的最大间距，即建筑物的允许连续长度与结构的形式、材料、构造方式及所处的环境有关。结构设计规范对砌体结构及钢筋混凝土结构建筑物中伸缩缝的最大间距所作的规定见表 7-1 和表 7-2。另外，也可采用附加应力钢筋，加强建筑物的整体性，来抵抗可能产生的温度应力，使其少设缝或不设缝。具体应经过计算确定。

表 7-1　砌体房屋伸缩缝的最大距离

屋盖或楼盖类别		间距/m
整体式或装配整体式钢筋混凝土结构	有保温层或隔热层的屋盖、楼盖	50
	无保温层或隔热层的屋盖	40
装配式无檩体系钢筋混凝土结构	有保温层或隔热层的屋盖、楼盖	60
	无保温层或隔热层的屋盖	50

续表

屋盖或楼盖类别		间距/m
装配式有檩体系钢筋混凝土结构	有保温层或隔热层的屋盖	75
	无保温层或隔热层的屋盖	60
瓦材屋盖、木屋盖或楼盖、轻钢屋盖		100

注：(1)本表摘自《砌体结构设计规范》(GB 50003—2011)。

(2)砌体房屋伸缩缝的最大距离的相关规定：

a.对烧结普通砖、多孔砖、配筋砌块砌体房屋取表中数值；对石砌体、蒸压灰砂砖、蒸压粉煤灰砖和混凝土砌块房屋取表中数值再乘以0.8。当有实践经验并采取有效措施时，可不用照搬本表规定；

b.在钢筋混凝土屋面上挂瓦的屋盖应按钢筋混凝土屋盖采用；

c.按本表设置的墙体伸缩缝，一般不能同时防止由于钢筋混凝土屋盖的温度变形和砌体干缩变形引起的墙体局部裂缝；

d.层高大于5 m的烧结普通砖、多孔砖、配筋砌块砌体结构单层房屋，其伸缩缝间距可按表中数值乘以1.3；

e.温差较大且变化频繁地区和严寒地区不采暖的房屋及构筑物墙体的伸缩缝的最大间距，应按表中数值予以适当减小；

f.墙体的伸缩缝应与结构的其他变形缝相重合，在进行立面处理时，必须保证缝隙的伸缩作用。

表7-2 钢筋混凝土结构伸缩缝的最大距离

结构类别		室内或土中/m	露天/m
排架结构	装配式	100	70
框架结构	装配式	75	50
	现浇式	55	35
剪力墙结构	装配式	65	40
	现浇式	45	30
挡土墙、地下室墙壁等结构	装配式	40	30
	现浇式	30	20

注：(1) 本表摘自《混凝土结构设计规范》(GB 50010—2010)。

(2) 下列情况宜适当减小伸缩缝间距：

a.柱高(从基础顶面算起)低于8 m的排架结构；

b.屋面无保温或隔热措施的排架结构；

c.位于气候干燥地区、夏季炎热且暴雨频繁地区的结构或经常处于高温作用下的结构；

d.采用滑模类施工工艺的剪力墙结构；

e.材料收缩较大、室内结构因施工外露时间较长等。

(3) 下列情况宜适当加大伸缩缝间距：

a.混凝土浇筑采用后浇带分段施工；

b.采用专门的预加应力措施；

c.采取能减少混凝土温度变化或收缩的措施。当增大伸缩缝间距时，尚应考虑温度变化和混凝土收缩对结构的影响。

2) 沉降缝

沉降缝是为了防止由于地基的不均匀沉降，结构内部产生附加应力引起的破坏而设置的缝隙。为了满足沉降缝两侧的结构体能自由沉降，要求建筑物从基础到屋顶的结构部分全部断开。凡符合下列情况之一者应设置沉降缝。

(1) 建筑物建造在不同的地基上，又难以保证不出现不均匀沉降时。

(2) 同一建筑物相邻部分的层数相差两层以上或层高相差超过10 m，荷载相差悬殊及结构形式变化较大时。

(3) 新建建筑物与原有建筑相毗邻时。

(4) 建筑平面形式复杂,连接部位又较薄弱时。

(5) 相邻的基础宽度和埋置深度相差较大时。

沉降缝可兼有伸缩缝的作用,其构造与伸缩缝基本相同。但盖缝条和调节片构造必须注意应能保证在水平方向和垂直方向同时自由变形(见图 7-1)。

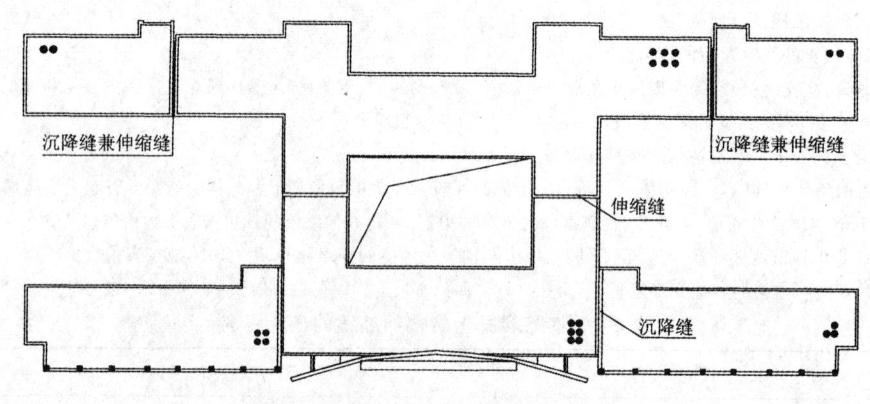

图 7-1 沉降缝及伸缩缝设置示意图

3) 防震缝

建筑物在受地震作用时不同部位将具有不同的振幅和振动周期,因此地震时在这些不同部位的连接处很可能会产生裂缝、断裂等现象。防震缝是为了防止建筑物各部分在地震时相互撞击引起破坏而设置的缝隙。通过防震缝可将建筑物划分成若干形体简单、结构刚度均匀的独立单元。如图 7-2、图 7-3 所示为对抗震有影响的建筑物的立面体及平面形式。

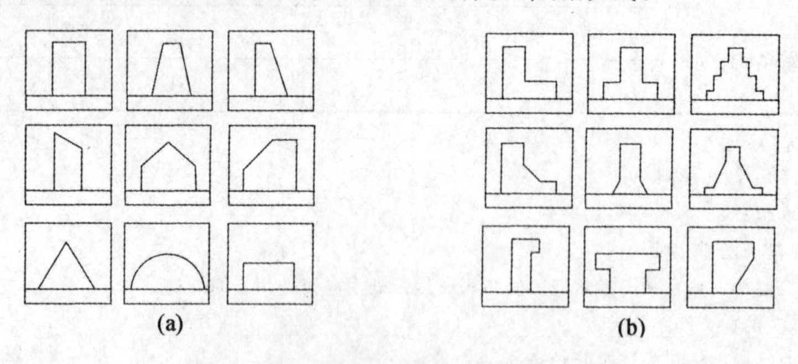

图 7-2 对抗震有影响的建筑物立面体

(a) 简单;(b) 复杂

设置防震缝部位需根据不同的结构类型来确定。

(1) 对于多层砌体建筑,8 度和 9 度设防区有下列情况之一时,宜设置防震缝:

① 建筑立面高差在 6 m 以上;

② 建筑有错层且楼层高差较大(超过层高 1/3 或 1 m);

③ 各部分刚度、质量和结构形式截然不同,且砌体建筑的防震缝两侧均应设置墙体。

(2) 对于钢筋混凝土结构的建筑物,遇下列情况时宜设防震缝:

① 建筑平面不规则且无加强措施时;

② 建筑有较大错层时;

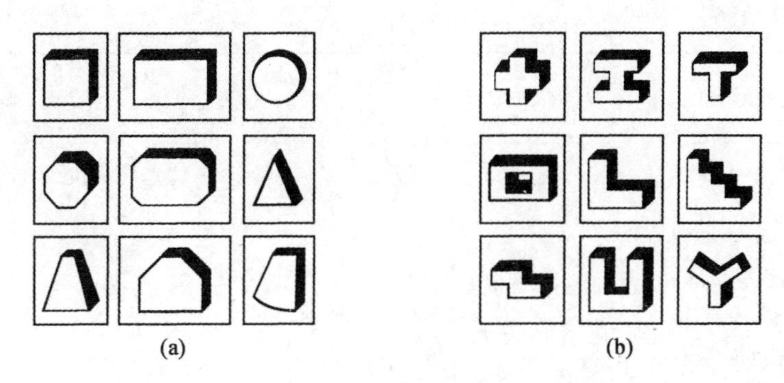

图 7-3　对抗震有影响的建筑物平面形式

(a) 简单；(b) 复杂

③ 各部分结构的刚度或荷载相差悬殊且未采取有效措施时；

④地基不均匀，各部分沉降差过大，需设置沉降缝时；

⑤ 建筑物长度较大，需设置伸缩缝时。

防震缝应沿建筑物全高设置，并用双墙使各部分结构封闭，通常基础可不分开，但对于平面复杂的建筑物，或与沉降缝合并考虑时，基础也应分开(见图 7-4)。

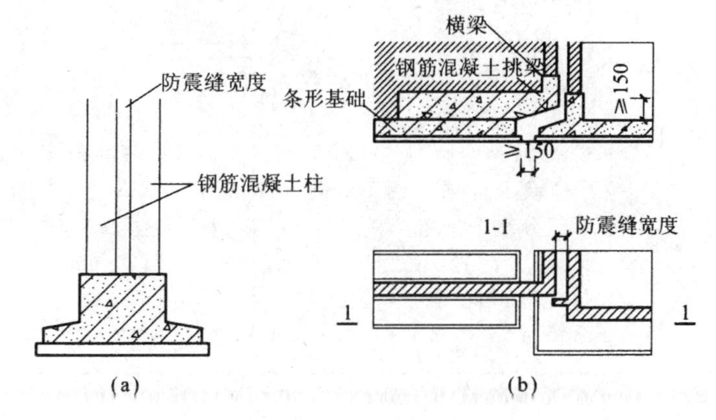

图 7-4　基础防震缝构造(单位：mm)

(a) 双柱式防震缝；(b) 兼有沉降作用的防震缝构造

7.1.2　变形缝的宽度尺寸及设置比较

变形缝的宽度与变形缝的种类、建筑结构的形式、高度及地基的类型有关，各种变形缝的宽度及设置见表 7-3。

表 7-3　各种变形缝的宽度及设置

变形缝类别	对应变形原因	设置依据	断开部位	缝宽/mm
伸缩缝	昼夜温差引起的热胀冷缩	按建筑物的长度、结构类型与屋盖刚度	基础可不断开	20～30 mm

续表

<table>
<tr><th>变形缝类别</th><th>对应变形原因</th><th>设置依据</th><th>断开部位</th><th colspan="2">缝宽/mm</th></tr>
<tr><td rowspan="2">沉降缝</td><td rowspan="2">建筑物相邻部分高差悬殊、结构形式变化大、基础埋深差别大、地基不均匀等引起的不均匀沉降</td><td rowspan="2">地基情况和建筑物的高度</td><td rowspan="2">从基础到屋顶,沿建筑物全高断开</td><td>一般地基</td><td>建筑物高度<5 m,缝宽 30 mm;
建筑物高度为 5 ~ 10 m,缝宽 50 mm;
建筑物高度为 10 ~ 15 m,缝宽 70 mm</td></tr>
<tr><td>软弱地基</td><td>建筑物 2~3 层,缝宽 50~80 mm;
建筑物 4~5 层,缝宽 80~120 mm;
建筑物≥6 层,缝宽>120 mm;
沉陷性黄土,缝宽≥30~70 mm</td></tr>
<tr><td rowspan="2">防震缝</td><td rowspan="2">地震作用</td><td rowspan="2">设防烈度、结构类型和建筑物高度。8、9 度设防且房屋立面高差相差在 6 m 以上,或错层楼板相差 1/3 层高或 1 m,毗邻部分各段刚度、质量、结构形式均不同时设置</td><td rowspan="2">沿建筑物全高设缝,基础可断开,也可不断开</td><td colspan="2">多层砌体建筑,缝宽 50~100 mm</td></tr>
<tr><td colspan="2">框架框剪建筑,当建筑物高度≤15 m 时,缝宽 70 mm;当建筑物高度>15 m 时,6、7、8、9 度设防,高度每增高 5 m、4 m、3 m、2 m,缝宽加大 20 mm</td></tr>
</table>

7.2 建筑物变形缝处的结构布置

在建筑物设变形缝的部位,为了使变形缝两边的结构既满足断开的要求,又可以在结构合理的前提下自成系统,根据建筑的结构类型,其结构布置方案有以下几种类型。

7.2.1 墙体承重的变形缝处理类型

1) 双墙基础方案

沉降缝要求将基础断开,缝两侧一般可为双墙或单墙,变形缝处的基础墙体方案如图 7-5 所示。双墙双条形基础上独立的结构单元都有封闭连续的纵横墙,结构空间刚度大,但基础偏心受力,并在沉降时会相互影响(见图 7-6)。双墙挑梁基础的特点是保证一侧墙下条形基础正常均匀受压,另一侧采用纵向墙悬挑梁,梁上架设横向托墙梁,再做横墙。这种方案适合基础埋深相差较大或新旧建筑物相毗邻的情况(见图 7-7)。

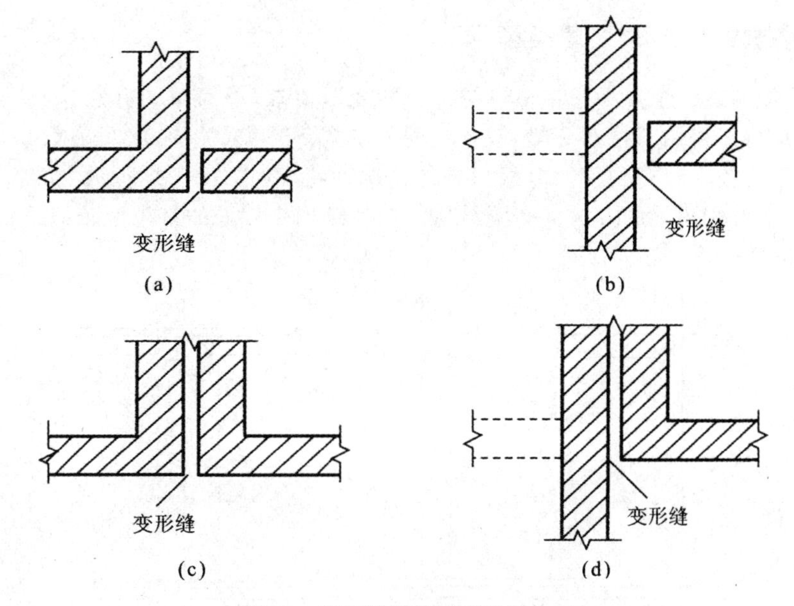

图 7-5 变形缝处的基础墙体方案

(a)、(b) 单墙基础方案;(c)、(d) 双墙基础方案

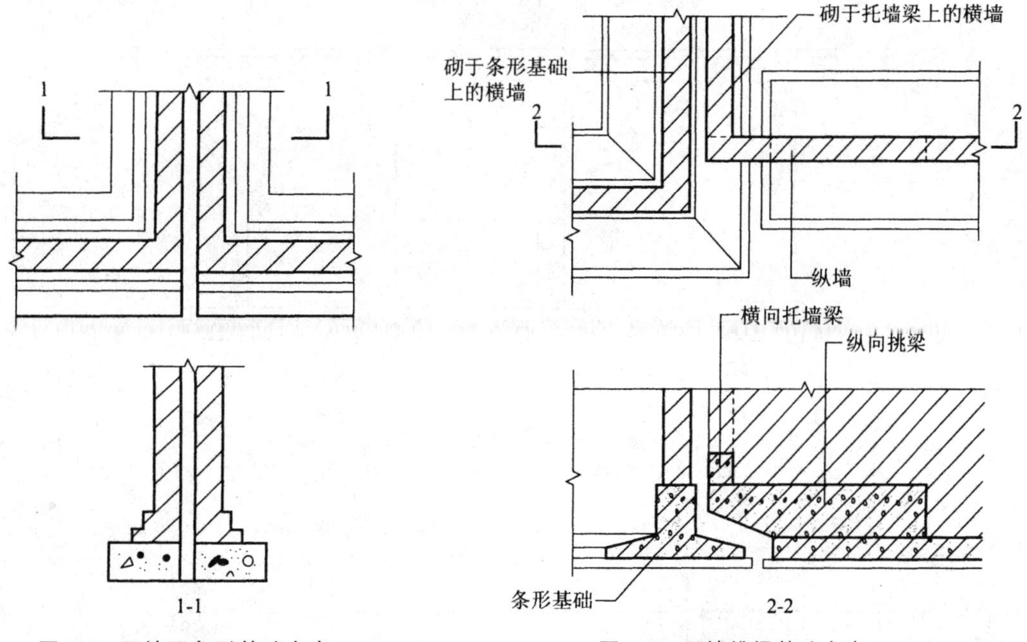

图 7-6 双墙双条形基础方案

图 7-7 双墙挑梁基础方案

2) 单墙基础方案

单墙基础方案也叫挑梁式方案,即一侧墙体正常做条形受压基础,而另一侧也做正常条形受压基础,两基础之间互不影响,用上部结构出挑实现变形缝的要求宽度。这种做法尤其适用于新旧建筑毗连的情况,处理时应注意旧建筑与新建筑的沉降不同对楼地面标高的影响,一般要计算新建筑的预计沉降量。

7.2.2 框架承重的变形缝处理类型

框架结构在伸缩缝处主要考虑主体结构部分的变形要求，最简单的办法是将楼板的中间分开(见图 7-8(a))，也可以采用双柱双挑梁、双柱牛腿简支式等方案(见图 7-8(b)、(c))，但这些方案施工较复杂，耗用材料较多。在工程中应根据具体情况而定，如图 7-8(d)所示为砖混结构与框架结构交接处采用框架单侧挑梁的方法。砖混结构与框架结构交接处的基础沉降缝采用两侧基础断开的方法处理(见图 7-9)。

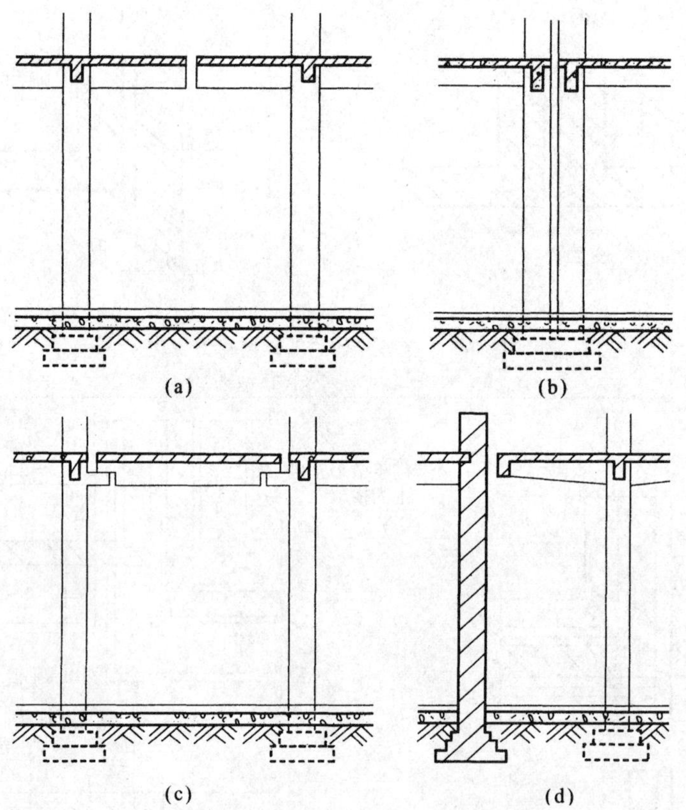

图 7-8 框架变形缝方案

(a) 楼板中间分开；(b) 双柱双挑梁；(c) 双柱牛腿简支式；(d) 砖混与框架交接处单挑梁

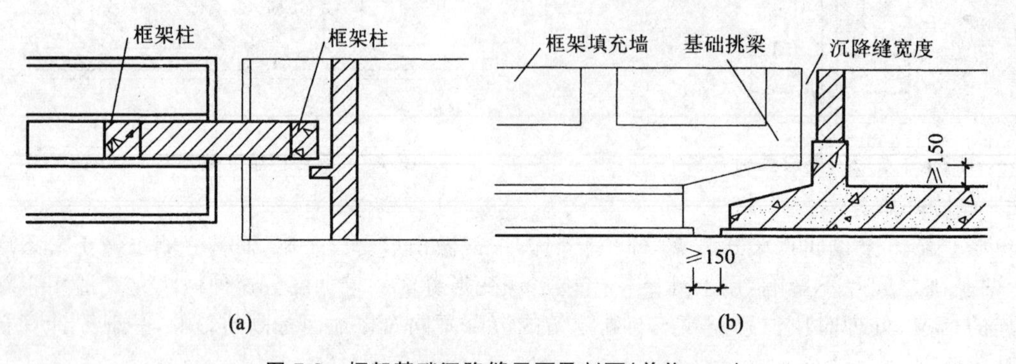

图 7-9 框架基础沉降缝平面及剖面(单位:mm)

(a) 框架基础沉降缝平面；(b) 框架基础沉降缝剖面

7.2.3 后浇带等结构措施

设置变形缝是应对可能引起的建筑结构破坏的各种变形因素的良好对策，但设置变形缝在构造上必须加以处理，以满足建筑功能和美观要求。盖缝构造增加了施工复杂性，也会增大结构面积及影响建筑外部和内部的视觉效果，因此，在需要设置变形缝的位置可以有以下方法减少设缝或不设缝。

(1) 当建筑采用以下构造措施和施工措施减小温度应力和收缩应力时，可增大伸缩缝的间距。

① 在顶层、低层、山墙和内纵墙端开间等温度变化影响较大的部位提高配筋率。

② 顶层加强保温、隔热措施或采用架空通风屋面。

③ 顶部楼层用刚度较小的结构形式或顶部设局部温度缝，将结构划分为长度较短的区段。

④ 每隔 30～40 m 间距留出施工后浇带，带宽 800～1000 mm，钢筋可采用搭接接头。后浇带混凝土宜在主体混凝土浇灌完成两个月后浇灌，后浇带混凝土浇灌时温度宜低于主体混凝土浇灌时的温度。

(2) 当采用以下措施时，高层部分与裙房之间可连接为整体而不设沉降缝。

① 采用桩基，桩支撑在基岩上；或采取减少沉降的有效措施并经计算后，沉降差在允许范围内。

② 主楼与裙房采用不同的基础形式，并且先施工主楼，后施工裙房，后期土压力基本接近。

③ 地基承载力较高、沉降计算较为可靠时，主楼与裙房的标高预留了沉降差，并且先施工主楼，后施工裙房，使最后两者标高基本一致。

在②、③两种情况下，施工时应在主楼与裙房之间先留后浇带，待沉降基本稳定后再连为整体。设计中应考虑后期沉降差的不利影响。

(3) 高层建筑钢结构设置变形缝要求。

① 高层建筑钢结构不宜设置防震缝，薄弱部位应采取措施提高抗震能力。

② 高层建筑钢结构不宜设置伸缩缝，当必须设置时，抗震设防的结构伸缩缝应满足防震要求。

(4) 防空地下室设置变形缝要求。

防空地下室防护单元内不应设置伸缩缝或沉降缝。当在两相邻防护单元之间设置伸缩缝或沉降缝，且需开设门洞时，应在两道防护密闭隔墙上分别设置防护密闭门。防护密闭门至变形缝的距离应满足门扇的开启要求。若两防护单元的防护等级不同时，高抗力防护密闭门应设在高抗力防护单元一侧，低抗力防护密闭门应设在低抗力防护单元一侧。

防空地下室结构变形缝的设置应符合下列规定：

① 在防护单元内不应设置沉降缝、伸缩缝；

② 上部地面建筑须设置伸缩缝、防震缝时，防空地下室可不设置；

③ 室外出入口与主体结构连接处，应设沉降缝；

④ 钢筋混凝土结构设置伸缩缝最大间距应按现行有关标准执行。

7.3 变形缝的构造

为增强变形缝处的围护性能、耐久性能和装饰性能，应采取一定的构造方法对其进行覆盖处理。其结果应在满足上述要求的前提下，不影响结构单元之间的位移。

7.3.1 墙体及顶棚变形缝

根据墙的厚度,变形缝可做成平缝、错口缝或企口缝(见图 7-10)。墙体较厚时应采用错口缝或企口缝,有利于保温和防水。但防震缝应做成平缝,以便适应地震时的摇摆。

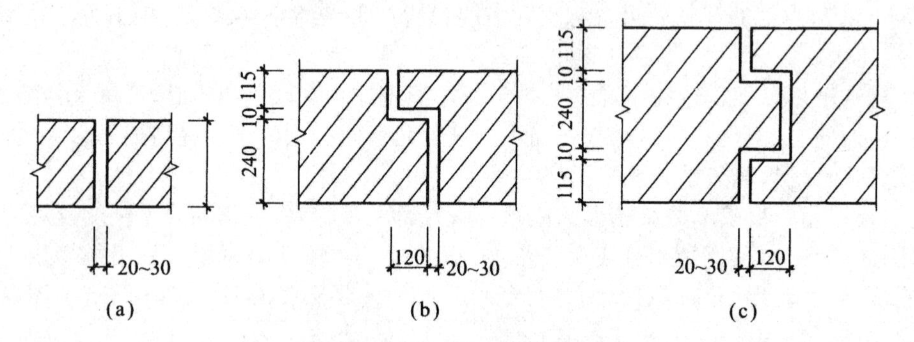

图 7-10 墙体变形缝的接缝形式(单位:mm)

(a) 平缝;(b) 错口缝;(c) 企口缝

外墙变形缝的构造特点是保温、防水和立面美观。根据缝宽的大小,缝内一般应填塞具有防水、保温和防腐性的弹性材料,如沥青麻丝、橡胶条、聚苯板、油膏等。变形缝外侧常用耐气候性好的镀锌薄钢板、铝板等覆盖。但应注意金属盖板的构造处理,要分别适应伸缩、沉降或震动摇摆的变形需要,外墙变形缝构造如图 7-11 所示。

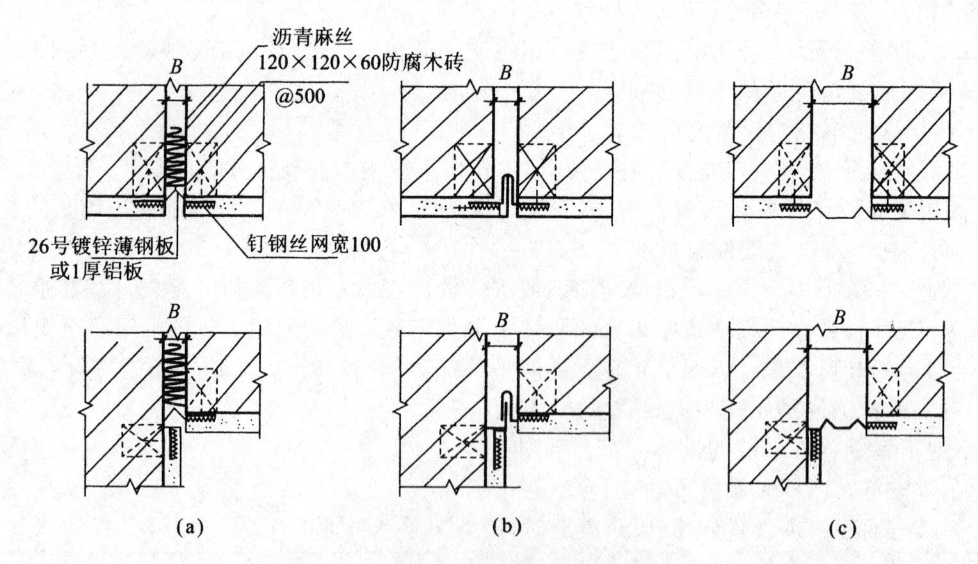

图 7-11 外墙变形缝的构造(单位:mm)

(a) 外墙伸缩缝处理;(b) 外墙沉降缝处理;(c) 外墙防震缝处理

当外墙为保温节能墙体构造做法时,外墙变形缝构造更应注意选择盖缝板的材料及构造方式。如图 7-12 所示为以砌体结构外墙外保温为例,介绍聚苯板外保温墙体的变形缝、盖缝板及细部构造做法。

内墙变形缝的构造主要应考虑室内环境的装饰协调性,有的还要考虑隔声、防火。一般采用具有一定装饰效果的木条遮盖,也可采用金属板盖缝,但都要注意能适应不同的变形要求(见图 7-13)。

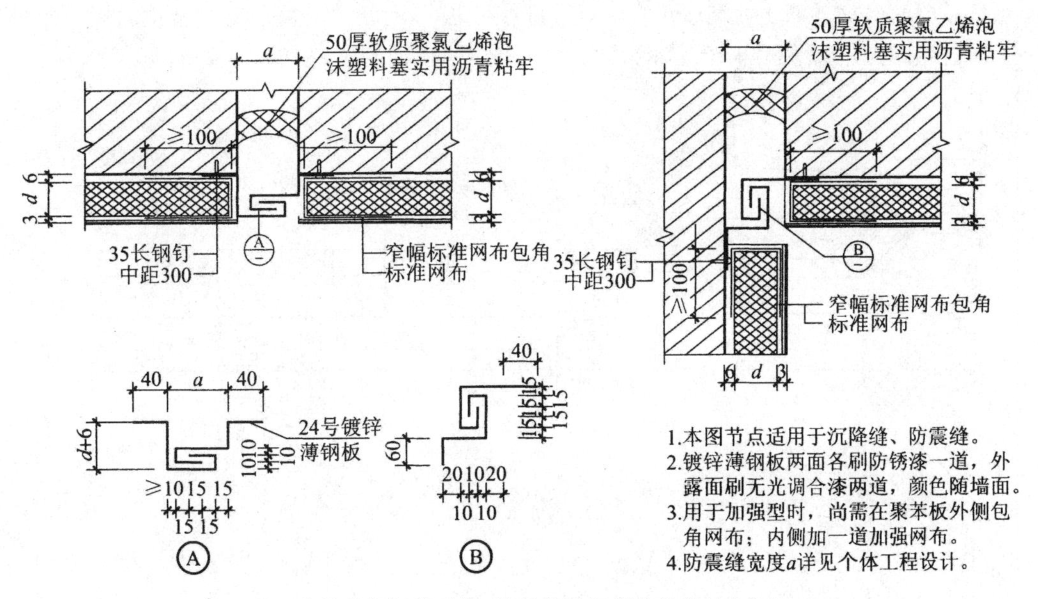

图 7-12 外墙外保温变形缝、盖板缝及细部构造做法(单位:mm)

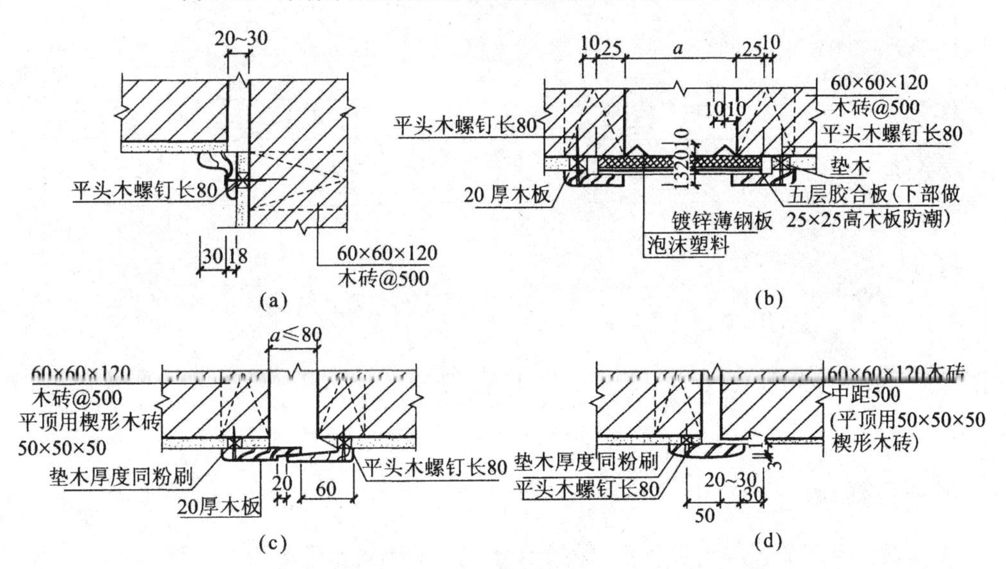

图 7-13 内墙和顶棚变形缝的构造做法(单位:mm)

(a) 内墙转角变形缝;(b) 内墙、平顶变形缝;(c) 内墙变形缝;(d) 内墙、平顶变形缝

顶棚处的变形缝可用木板、金属板或其他吊顶材料覆盖,但构造上应注意不能影响结构的变形,若是沉降缝,则应将盖板固定于沉降较大的一侧。顶棚变形缝构造做法与内墙相似。

7.3.2 楼地层变形缝

楼地层变形缝的位置与宽度应与墙体变形缝一致。其构造特点为方便行走、防火和防止灰尘下落,卫生间等有水环境还应考虑防水处理。楼地层的变形缝内常填塞具有弹性的油膏、沥青麻丝、金属或橡塑类调节片等。楼地层上铺与地面材料相同的活动盖板、金属板或橡胶片等(见图 7-14)。在进行楼地层防震缝设置时,由于地震中建筑物会发生来回晃动,使缝的宽度处于变化之中,为防止因此造成盖板的损坏,可选用软性硬橡胶板作盖板。当采用与楼地面材料一致的刚性盖板时,则盖板两侧应填塞不小于 1/4 缝宽的柔性材料,楼面防震缝的构造如图 7-15 所示。

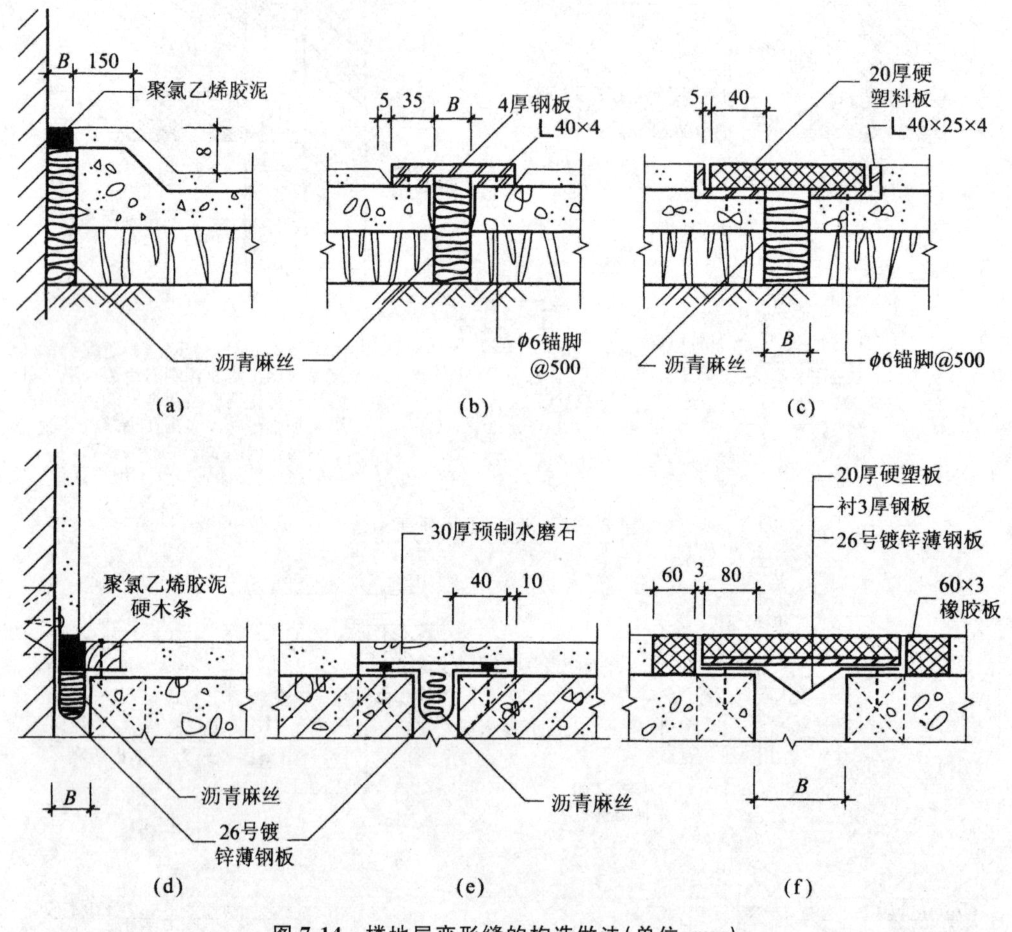

图 7-14 楼地层变形缝的构造做法(单位:mm)

(a)、(b)、(c) 普通地面变形缝;(d)、(e)、(f) 普通楼面变形缝

7.3.3 屋顶变形缝

屋顶变形缝在构造上应解决好防水、保温等问题。屋顶变形缝一般设于建筑物的高低错落处,也见于两侧屋面同一标高处。不上人屋顶通常在缝的一侧或两侧加砌矮墙或做混凝土凸缘,且高出屋面至少 250 mm,再按屋面泛水构造要求将防水层沿矮墙上卷,固定于预埋木砖上,缝口用镀锌薄钢板、铝板或混凝土板覆盖。盖板的形式和构造应满足两侧结构自由变形的要求。寒冷地区为了加强变形缝处的保温,缝中应填塞沥青麻丝、岩棉、泡沫塑料等具有一定弹性的保温材料。

当屋顶为上人屋顶时,因使用要求,一般不设矮墙,但应做好防水,避免渗漏。平屋顶因防水做法的不同,柔性防水屋顶及刚性防水屋顶变形缝构造也略有不同(见图 7-16、图 7-17)。

当屋顶变形缝处于上人屋面出口处时,为防止人活动对变形缝盖缝措施的损坏,需加设缝顶盖板等措施(见图 7-18)。

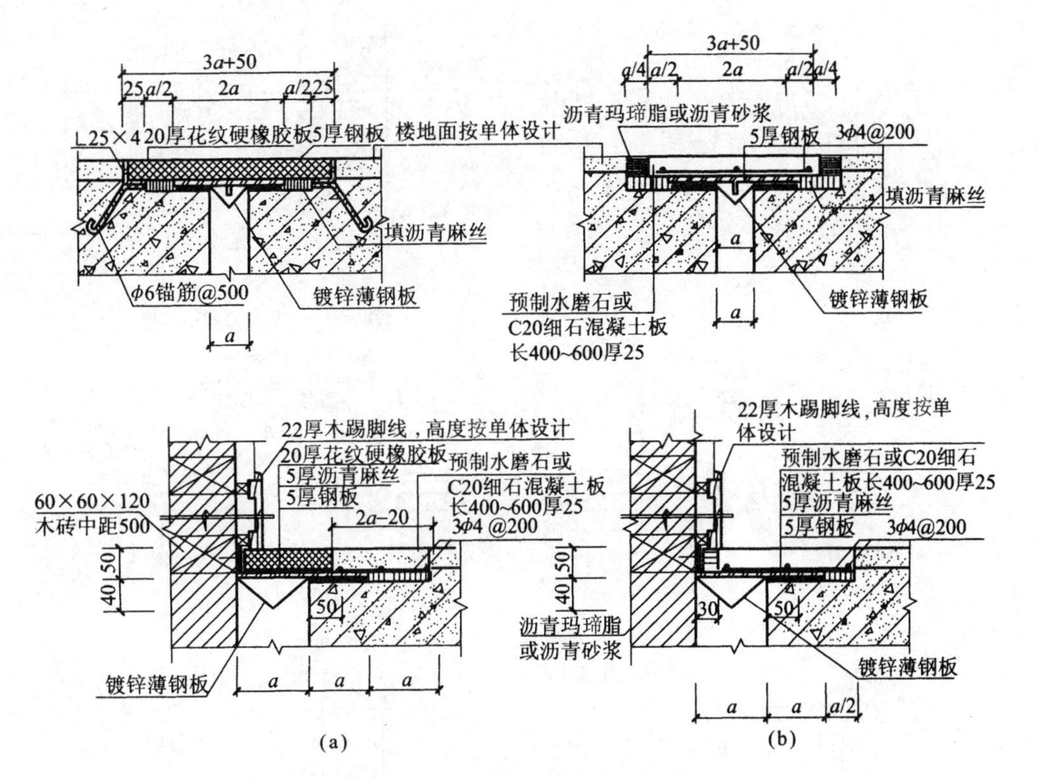

图 7-15 楼面防震缝的构造做法(单位:mm)

(a) 橡胶盖缝板构造;(b) 混凝土盖缝板构造

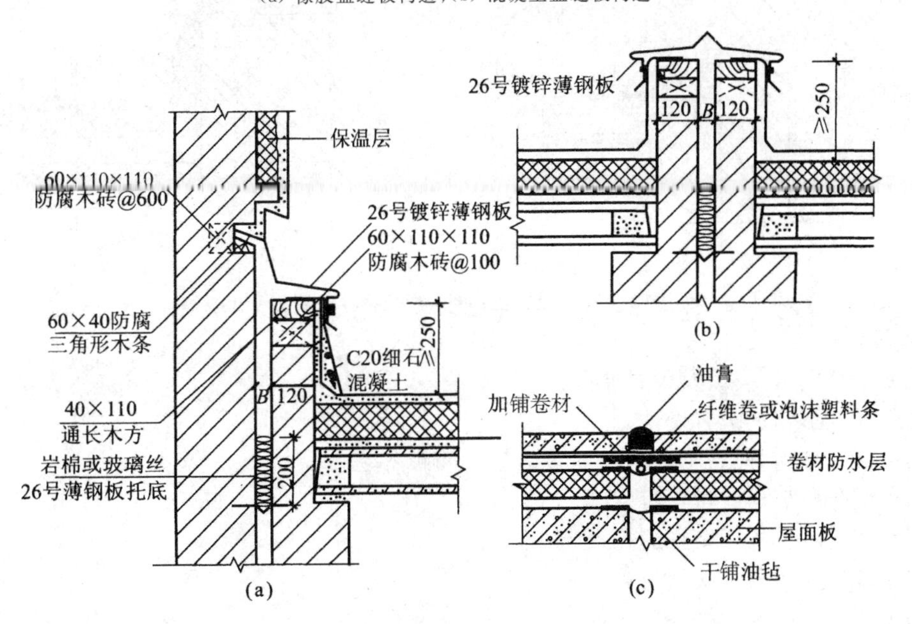

图 7-16 柔性防水屋顶变形缝构造(单位:mm)

(a) 不等高屋面变形缝;(b) 等高屋面变形缝;(c) 上人等高屋面变形缝

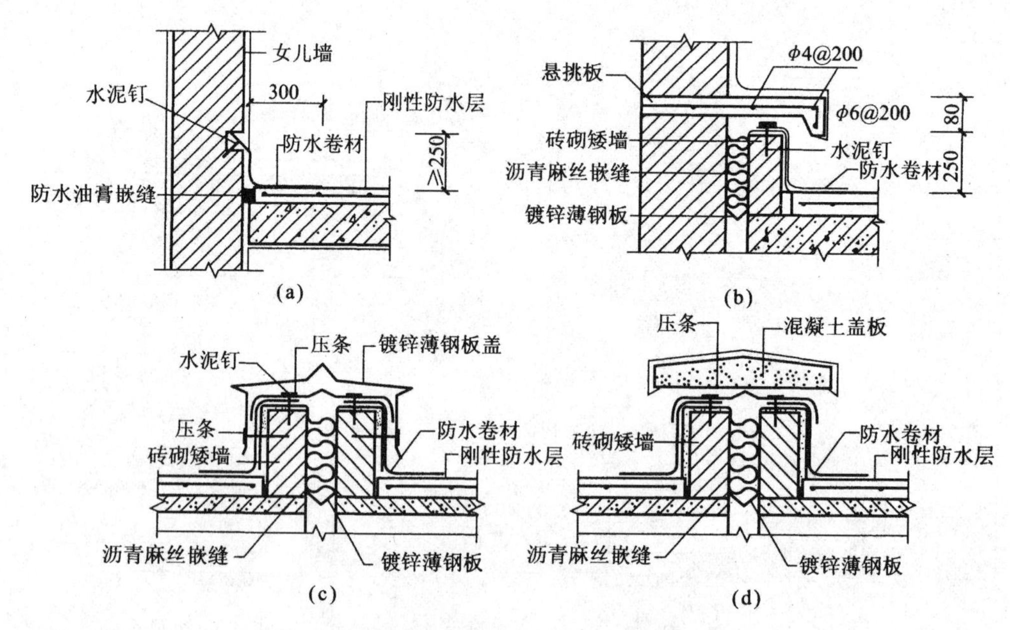

图 7-17 刚性防水屋顶变形缝构造(单位:mm)

(a)、(b) 不等高屋面变形缝;(c)、(d) 等高屋面变形缝

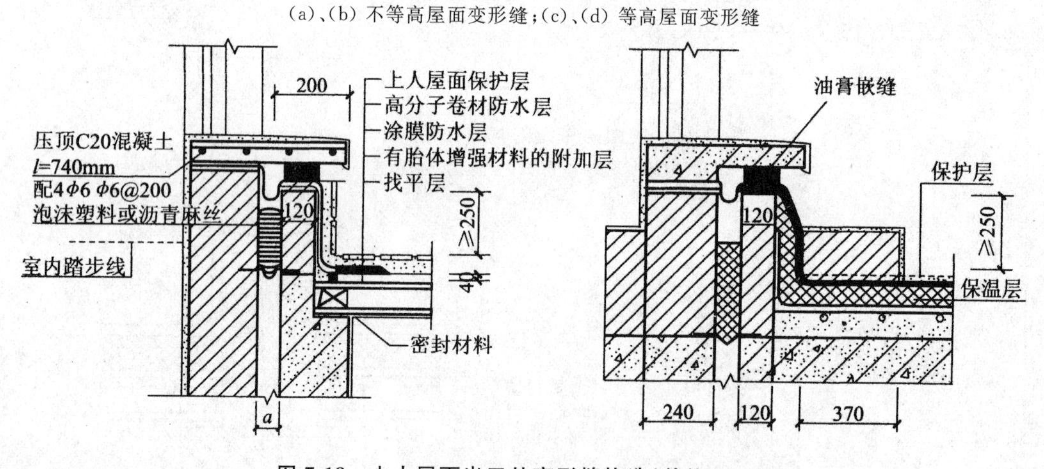

图 7-18 上人屋面出口处变形缝构造(单位:mm)

【思考与练习】

7-1 简述变形缝定义、类型及设置原则。

7-2 简述三种变形缝的设置做法。

7-3 钢筋混凝土结构、砖石结构的伸缩缝的最大间距各是多少?

7-4 绘图说明外墙变形缝构造特点。

7-5 绘图说明内墙及顶棚变形缝构造特点。

7-6 简述楼地层变形缝的接缝材料。

7-7 绘图说明楼地层变形缝的构造特点。

7-8 简述基础变形缝的两种方案。

7-9 绘图说明框架结构基础变形缝的做法。

7-10 绘图说明屋面变形缝的构造做法。

8　工业建筑概论

【本章要点】

8-1　了解工业厂房内部的起重运输设备；

8-2　熟悉工业建筑的分类与特点；

8-3　掌握单层及多层工业厂房结构体系及特点。

8.1　工业建筑的特点与分类

8.1.1　特点

工业建筑和民用建筑都具有建筑的共性，在设计原则、建筑技术和建筑材料等方面有许多相通之处。但工业建筑是直接为工业生产服务的，因此，在建筑平面空间布局、建筑结构、建筑构造、建筑施工等方面与民用建筑有较多差别。了解其特点，对工业厂房建筑设计与施工是十分重要的，工业建筑特点归纳如下。

(1) 首先要满足生产工艺的要求，并为工人创造良好的劳动卫生条件，以利于提高产品质量和劳动生产率。工业生产类别繁多，例如有钢铁、有色金属、机械、电力、石油、化工、纺织、食品和电子工业等。各类工业都具有不同的生产工艺和特征，对工业厂房建筑也有不同的要求，厂房设计也随之而异。

(2) 一般都有笨重的机器设备、起重运输设备(吊车)等，要求厂房建筑有较大的内部空间。同时，厂房结构要能够承受较大的静、动荷载以及振动或撞击力等的作用。

(3) 有的工业在生产过程中会散发大量的余热、烟尘、有害气体、有侵蚀性的液体以及会产生噪声等，厂房设计要求有良好的通风和采光。

(4) 有的工业的生产过程，要求保持一定的温度、湿度或要求具备防尘、防振、防爆、防菌、防放射线等条件。厂房设计时必须采取相应的技术措施。

(5) 生产过程往往需要各种工程技术管网，如上下水、热力、压缩空气、煤气、氧气管道和电力供应等。厂房设计时应考虑各种管道的敷设要求以及相应的荷载。

(6) 生产过程中有大量的原料、加工零件、半成品、成品、废料等需要用吊车、电瓶车、汽车或火车进行运输。厂房设计时，应考虑所采用的运输工具的通行问题。

8.1.2　分类

工业生产类型繁多，工业生产规模较大而生产工艺又较完整的工业厂房可归纳为以下几种类型。

1) 按用途分类

(1) 主要生产厂房：是指进行产品的备料、加工、装配等主要工艺流程的厂房。以机械制造工厂为例,包括铸造车间、锻造车间、冲压车间、铆焊车间、电镀车间、热处理车间、机械加工车间和机械装配车间等。

(2) 辅助生产厂房:是指为主要生产厂房服务的厂房,如机械制造厂的机械修理车间、电机修理车间、工具车间等。

(3) 动力用厂房:是为全厂提供能源的厂房,如发电站、变电所、锅炉房、煤气站、乙炔站、氧化站和压缩空气站等。

(4) 仓储建筑:是储存原材料、半成品与成品的房屋(一般称仓库)。如机械厂包括金属料库、炉料库、砂料库、木材库、燃料库、油料库、易燃易爆材料库、辅助材料库、半成品库及成品库等。

(5) 运输用建筑:是管理、储存及检修交通运输工具用的房屋,包括机车库、汽车库、电瓶车库、起重车库、消防车库和站场用房等。

(6) 其他建筑:如水泵房、污水处理建筑等。

中、小型工厂或以协作为主的工厂,则仅有上述各类型房屋中的一部分。此外,也有一幢厂房中包括多种类型用途的车间或部门的情况。

2) 按层数分类

(1) 单层厂房:多用于冶金、重型及中型机械工业等,如图 8-1 所示。

(2) 多层厂房:多用于食品、电子、精密仪器工业等,如图 8-2 所示。

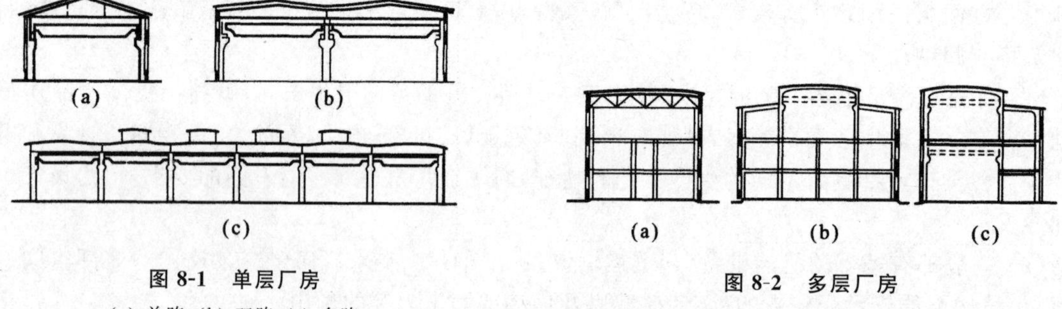

图 8-1 单层厂房

(a) 单跨;(b) 双跨;(c) 多跨

图 8-2 多层厂房

(3) 混合楼层的厂房:如某些化学工业、热电站的主厂房等。图 8-3(a)为热电厂的主厂房,汽轮发电机设在单层跨内,其他为多层。图 8-3(b)为一化工车间,高大的生产设备位于中间的单层跨内,两个边跨则为多层。

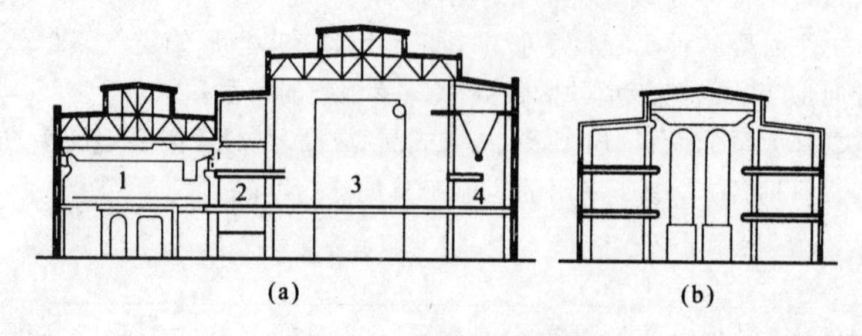

图 8-3 混合楼层的厂房

1—汽机间;2—除氧间;3—锅炉房;4—煤斗间

3) 按生产状况分类

(1) 冷加工车间:生产操作是在正常温度、湿度条件下进行的,如机械加工、机械装配、工具、机修等车间。

(2) 热加工车间:生产中散发大量余热,有时伴随产生烟雾、灰尘和有害气体,有时在红热状态下加工,如铸造、热锻、冶炼、热轧、锅炉房等车间,应考虑通风及散热问题。

(3) 恒温恒湿车间:为保证产品质量,厂房内要求稳定的温、湿度条件,如精密机械、纺织、酿造等车间。

(4) 洁净车间:为保证产品质量,防止大气中灰尘及细菌污染,要求厂房内保持高度洁净,如集成电路车间、精密仪器加工及装配车间、医药工业中的粉针剂车间等。

(5) 其他特种状况的车间:如有爆炸可能性、有大量腐蚀性物质、有放射性物质、防微振、高度隔声、防电磁波干扰车间等。

生产状况是确定厂房平、剖、立面以及围护结构形式的主要因素之一。

8.2 厂房内部的起重运输设备

8.2.1 吊车

吊车亦称行车或天车,是单层厂房内部的主要运输工具。

1) 单轨悬挂吊车

如图 8-4(a)所示为在屋顶承重结构下部悬挂梁式钢轨,轨梁布置为直线或可转弯的曲线,在轨梁上设有可移动的滑轮组(或称神仙葫芦),沿轨梁水平移动,利用滑轮组升降起重。起重量一般在 3 t 以下,最多不超过 5 t。有手动和电动两种类型。

2) 梁式吊车

梁式吊车包括悬挂式与支承式两种类型,悬挂式如图 8-4(b)所示,在屋顶承重结构下悬挂钢轨,在两行轨梁上设有可滑行的单梁。支承式如图 8-4(c)所示,在排架柱上设牛腿,牛腿上设吊车梁,吊车梁上安装钢轨,钢轨上设有可滑行的单梁,在滑行的单梁上装有可滑行的滑轮组,在单梁与滑轮组行走范围内均可起吊重物。梁式吊车起重量一般不超过 5 t,有电动和手动两种。

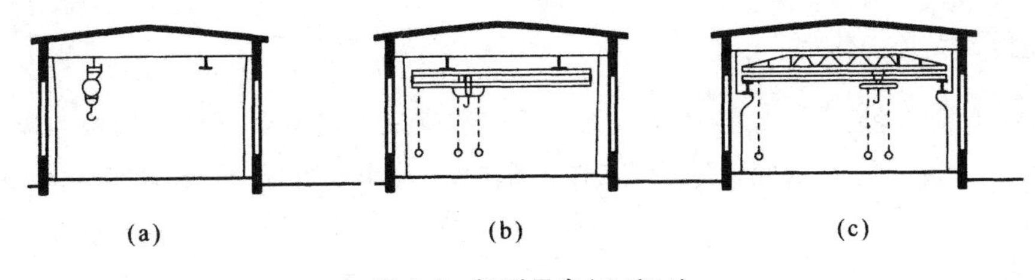

图 8-4 轻型吊车($Q \leqslant 5$ t)

(a) 单轨悬挂吊车;(b) 悬挂式梁式吊车;(c) 支承式梁式吊车

3) 桥式吊车

如图 8-5、图 8-6 所示通常是在厂房排架柱上设牛腿,牛腿上搁吊车梁,吊车梁上安装钢轨,钢轨上放置能滑行的双榀钢桥架(或板梁),桥架上支承小车;小车能沿桥架滑移,并有供起重的滑轮组。在桥架与小车行走范围内均可起吊重物,起重量从 5 吨至数百吨不等,起重时为电动。吊车上设有驾驶室,常设在桥架一端或根据要求确定其位置。

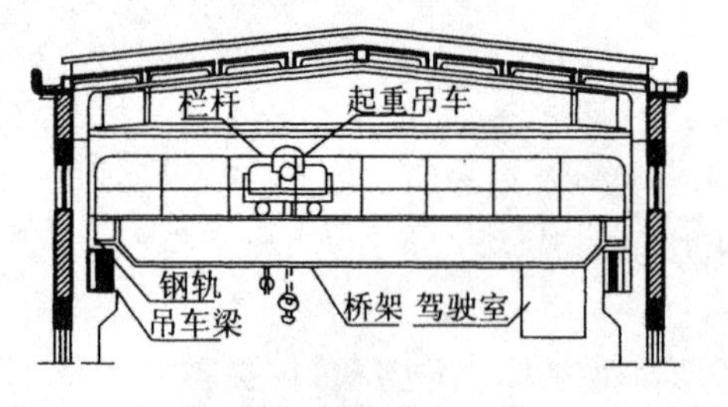

图 8-5 桥式吊车立面

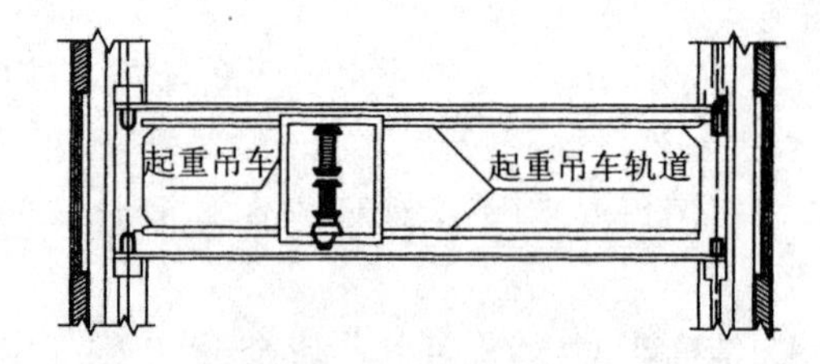

图 8-6 桥式吊车平面

此外,还有移动式悬臂吊车及固定式转臂吊车如图 8-7(a)、(b)所示,可供辅助起重运输用。

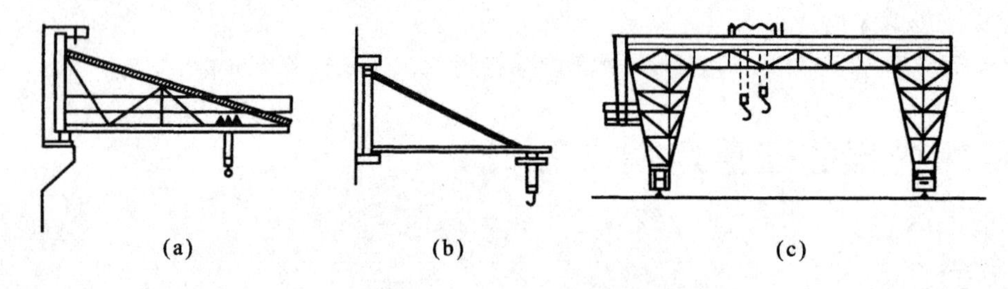

图 8-7 悬臂、转臂式吊车及龙门式起重机

(a) 移动式悬臂吊车;(b) 固定式转臂吊车;(c) 龙门式起重机

8.2.2 其他运输设备

在厂房中除采用上述吊车外,亦可采用龙门式起重机如图 8-7(c)所示,它直接支承在地面上。因其行驶缓慢,且占厂房地面较多,故不如前述吊车使用广泛。厂房内外还因生产方式不同,根据需要采用火车、汽车、电瓶车、手推车、各式地面起重车、悬链、普通输送带、气垫式输送带、磁力式输送带、输送辊道、管道、输送器、进料机、升降机、提升机等运输设备。

8.3 厂房的结构体系

8.3.1 单层厂房结构体系

目前,我国单层工业厂房的结构体系大部分采用装配式钢筋混凝土排架结构和装配式钢筋刚架结构两种形式。最常用的是排架结构,这种体系由两大部分组成,即承重构件和围护构件(见图 8-8)。

1) 承重构件

(1) 排架柱:是厂房结构的主要承重构件,承受屋架、吊车梁、支撑、连系梁和外墙传来的荷载,并把它传给基础。

(2) 基础:承受柱和基础梁传来的全部荷载,并将荷载传给地基。

(3) 屋架:是屋盖结构的主要承重构件,承受屋盖上的全部荷载,通过屋架将荷载传给柱。

(4) 屋面板:铺设在屋架、檩条或天窗架上,直接承受板上的各类荷载(包括屋面板自重,屋面围护材料,雪、积灰及施工检修等荷载),并将荷载传给屋架。

(5) 吊车梁:设在柱子的牛腿上,承受吊车和起重的重量,运行中所有的荷载(包括吊车自重,

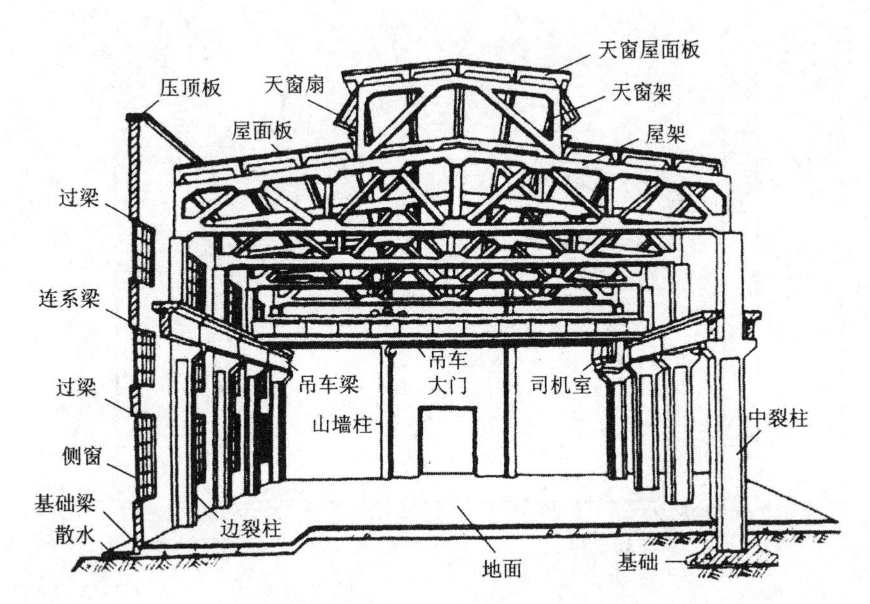

图 8-8 单层厂房的组成

起吊物体的重量，吊车启动或刹车所产生的横向刹车力、纵向刹车力以及冲击荷载)，并将其传给框架柱。

(6) 基础梁：承受上部砖墙重量，并把它传给基础。

(7) 连系梁：它是厂房纵向柱列的水平连系构件，用以增加厂房的纵向刚度，承受风荷载和上部墙体的荷载，并将荷载传给纵向柱列。

(8) 支撑系统构件：它分别设在屋架之间和纵向柱列之间，其作用是加强厂房的空间整体刚度和稳定性，它主要传递水平荷载和吊车产生的水平刹车力。

(9) 抗风柱：单层厂房山墙面积较大，所受风荷载也大，故在山墙内侧设置抗风柱。在山墙面受到风荷载作用时，一部分荷载由抗风柱上端通过屋顶系统传到厂房纵向骨架上去，一部分荷载由抗风柱直接传给基础，如图 8-9 所示为各承重构件的荷载传递关系。

2) 围护构件

(1) 屋面：单层厂房的屋顶面积较大，构造处理较复杂。屋面设计应重点解决好防水、排水、保温、隔热等方面的问题。

(2) 外墙：厂房的大部分荷载由排架结构承担，因此，外墙是自承重构件，除承受墙体自重及风荷载外，主要起着防风、防雨、保温、隔热、遮阳、防火等作用。

(3) 门窗：供交通运输及采光、通风用。

(4) 地面：满足生产及运输要求，并为厂房提供良好的室内劳动环境。

对于排架结构来讲，以上所有构件中，屋架、排架柱和基础是最主要的结构构件。这三种主要承重构件，通过不同的连接方式(屋架与柱为铰接，柱与基础是刚接)，形成具有较强刚度和抗震能力的厂房结构体系。所有承重构件都采用钢筋混凝土或预应力钢筋混凝土构件。

在厂房结构类型中，除了以上介绍的排架结构体系外，还有墙承重结构和刚架结构。墙承重结构是用砖墙、砖壁柱来代替钢筋混凝土排架柱，适用于跨度在 15 m 以内，吊车起重量不超过 5 t 的小型厂房以及辅助性建筑。刚架结构的特点是屋架与柱为刚接，合并成一个整体，而柱与基础为铰

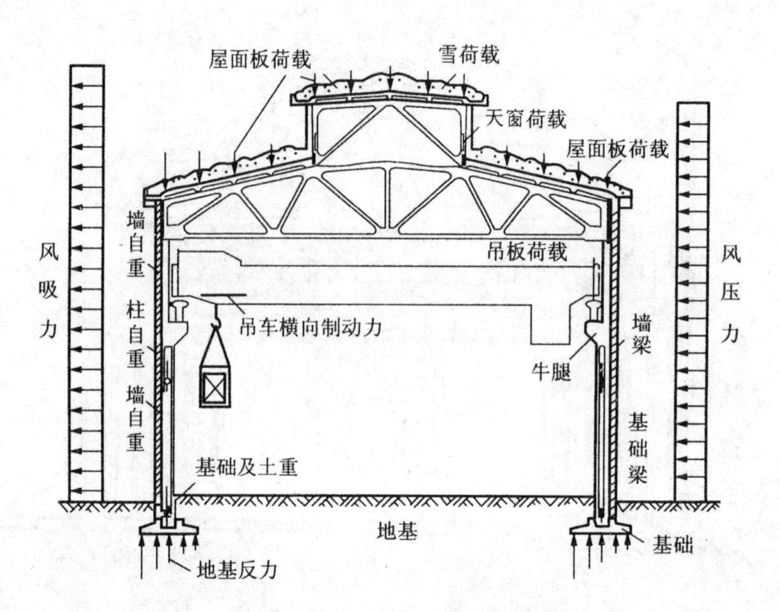

图 8-9 单层厂房结构主要荷载传递关系示意

接,它适用于跨度不超过 18 m,檐高不超过 10 m,吊车起重量 10 t 以下的厂房。

8.3.2 多层厂房结构体系

多层厂房常用的结构类型可分为两大类:砖石钢筋混凝土混合结构和钢筋混凝土框架结构。

1) 砖石钢筋混凝土混合结构

砖石钢筋混凝土混合结构,即楼板和屋盖为钢筋混凝土材料,通过砖墙承重。这种结构可分为以下两种。

(1) 砖墙承重梁板结构。

当荷载小于 4900 N/m^2,层数在 4 层以下时可以采用这种结构形式。在这种结构类型中,可以是纵墙承重,也可以横墙承重。纵墙承重,横向刚度差,但具有较大灵活性。横墙承重,纵向刚度好,但厂房由横墙分隔成小间,工艺布置灵活性小。

(2) 砖砌外墙承重内框架结构。

这种结构适用于楼层荷载 4900～9800 N/m^2 的厂房。与框架结构相比,它能够节约钢材和水泥,但层数不宜超过 5 层。

2) 钢筋混凝土框架结构

框架结构是目前多层厂房最常用的结构形式。这种结构形式构件截面小,自重轻,厂房的层数、跨度都无严格限制,门窗大小及位置都比较灵活。墙体仅作为填充墙,起分隔空间的作用,所以应选择轻质材料,以减轻厂房的荷载。

常用的框架结构有梁板结构和无梁楼盖两类。此外,还有门式刚架结构和大跨度桁架式框架结构等。

(1) 梁板框架结构(见图 8-10)。

在这种结构形式中,柱承受梁板传递来的荷载。柱有长柱、短柱、明牛腿、暗牛腿之分,板可用空心板、槽形板或 T 形板。梁则一般采用叠合梁,以减少结构高度。这种梁的下部是预制装配的,

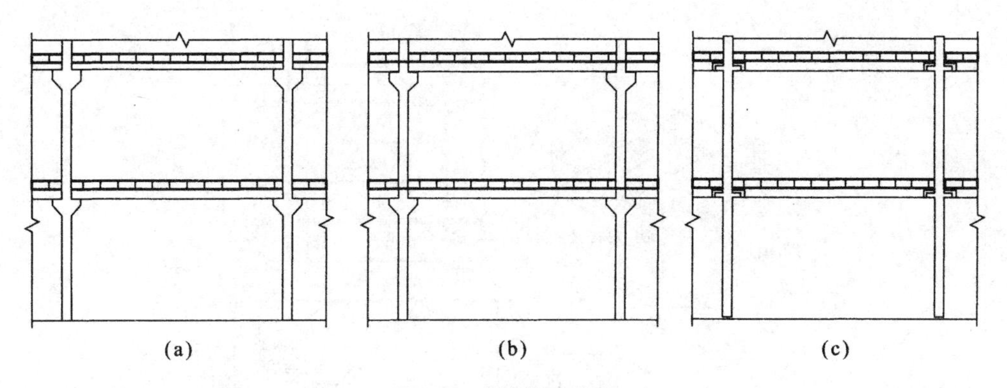

图 8-10 梁板框架结构

(a) 长柱明牛腿;(b) 短柱明牛腿;(c) 长柱暗牛腿

其上部则在现场叠浇混凝土,如图 8-11 所示。为了保证楼层的整体性,在浇筑叠合梁时,同时在楼板上浇筑一层结合层,其厚度为 50～80 mm。长柱框架结构中,柱子长度是整个厂房的高度,在每层的横梁下伸出牛腿或设置暗牛腿,柱子上没有接头,刚度较短柱好;但柱子长度受施工条件的限制,一般不超过 30 m。短柱按楼层高度设置,因此采用短柱框架结构时,厂房高度不受限制。短柱与梁的搭接,与长柱相同,有明牛腿和暗牛腿两种方式。明牛腿方案中,梁柱连接构造简单,用钢量少,但室内不够整齐美观,伸出的牛腿容易积灰。暗牛腿方案的梁柱连接比前者复杂,用钢量多,但室内平整美观,要求防尘的洁净厂房多采用这种结构方案。公共建筑中常见的等跨梁板框架结构与此相似。

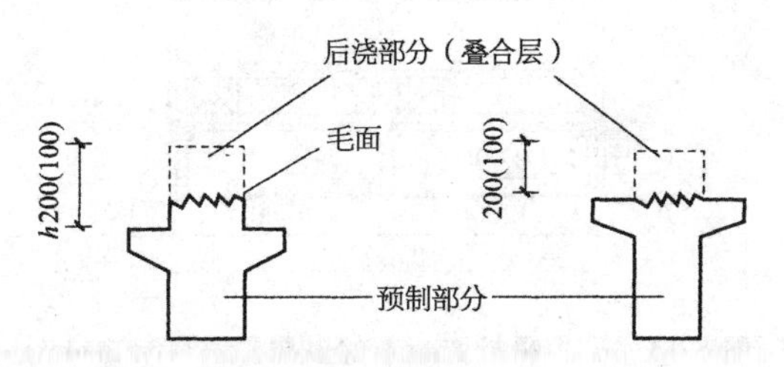

图 8-11 梁板框架结构的叠合梁(单位:mm)

(2) 无梁楼盖框架结构(见图 8-12)。

无梁楼盖框架结构也是多层厂房经常采用的一种结构形式,适用于楼板荷载超过 9800 N/m^2 的厂房。印刷厂和冷库多采用这种结构。由于在这种结构方案中的板是双向受力的,因此宜采用方形柱网。这种结构类型的优点是吊顶平整美观,为充分利用厂房内部空间创造了条件。

装配式无梁楼盖的承重骨架是由柱子、柱帽、柱间板和跨间板等构件组成。柱子四周伸出牛腿支承柱帽,在柱帽四周凹缘上搁置柱间板,作为骨架的水平构件,在柱间板的凹缘上再安放跨间板。如为整浇结构,在炎热地区,可将边柱外形成的空间围在室外,形成遮阳外廊,提高造型效果。

(3) 大跨度桁架式结构(见图 8-13)。

当工艺要求厂房大跨度及须设置技术夹层安放通风及各种工程管线时,可采用平行弦桁架。在桁架上下弦上各铺一层楼板或轻钢骨架吊顶,上层为生产车间。而在夹层内既可安放工程管线,也可作为生活辅助房间。

除了上述结构类型外,在多层厂房中采用的还有门式刚架,全钢结构等结构类型,施工方法用

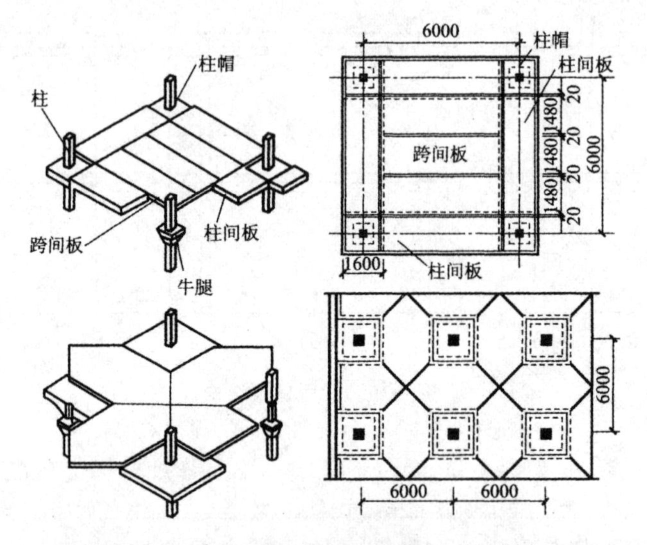

图 8-12 无梁楼盖框架结构的组成(单位:mm)

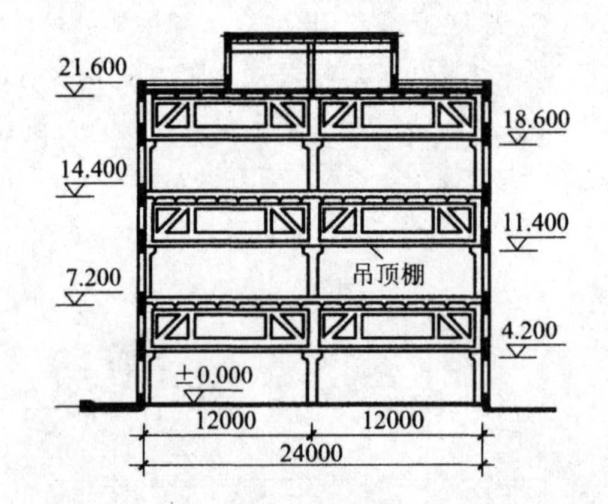

图 8-13 采用平行弦桁架的多层厂房(单位:mm)

滑模、升板等(详见《建筑构造》下册)。

【思考与练习】

8-1 工业建筑按生产状况如何分类?

8-2 工业建筑按用途如何分类?

8-3 工业建筑有何特点?

8-4 单层工业厂房的结构体系最常用的是哪种?其主要构件有哪些?

8-5 多层工业厂房常用的结构类型可分为哪两种?

8-6 工业厂房内部的起重运输设备有哪些?

9　单层厂房构造

【本章要点】

9-1　了解单层工业厂房的作业钢梯、吊车钢梯、消防钢梯、吊车梁走道板等构造；

9-2　熟悉单层工业厂房的外墙构造；

9-3　熟悉单层工业厂房的外墙侧窗构造；

9-4　熟悉单层工业厂房的屋顶构造；

9-5　熟悉单层工业厂房的地面构造；

9-6　掌握单层工业厂房天窗的特点及构造。

9.1　外墙及门窗构造

9.1.1　外墙

厂房外墙主要是根据生产工艺、结构条件和气候条件等要求来设计的。一般冷加工车间的外墙除考虑结构承重外，常常还有热加工方面的要求。散发大量余热的热加工车间，外墙一般不要求保温，只起围护作用。精密生产的厂房往往有空间恒温、恒湿要求，这种厂房的外墙在设计和构造上比一般做法要复杂得多。有腐蚀性介质的厂房外墙又往往有防酸、碱等有害物质侵蚀的特殊要求。

单层厂房的外墙由于高度与长度都比较大，要承受较大的风荷载，同时还要受到机器设备与运输工具振动的影响，因此墙身的刚度与稳定性应有可靠的保证。

单层厂房的外墙按其材料类别可分为砖墙、砌块墙、板材墙、轻型板材墙等；按其承重形式则可分为承重墙、承自重墙和填充墙等(见图 9-1)。当厂房跨度和高度不大，且没有设置或仅设有较小的起重运输设备时，一般可采用承重墙(图 9-1 中 A 轴的墙)直接承受屋盖与起重运输设备等荷载；当厂房跨度和高度较大，起重运输设备的起重量较大时，通常由钢筋混凝土排架柱来承受屋盖与起重运输设备等荷载，而外墙只承受自重，仅起围护作用，这种墙称为承自重墙(见图 9-1 中 D 轴下部的墙)。某些高大厂房的上部墙体及厂房高低跨交接处的墙体，采用架空支承在与排架柱连接的墙梁(连系梁)上，这种墙称为填充墙(见图 9-1 中 B 轴上部和 D 轴的墙)。承自重墙与填充墙是厂房外墙的主要形式。

1) 砖墙及砌块墙

单层厂房通常为装配式钢筋混凝土排架结构。因此，在连系梁以下的外墙一般为承自重墙，在连系梁上部的外墙为填充墙。装配式钢筋混凝土排架结构的单层厂房纵墙剖面，如图 9-2 所示。承自重墙、填充墙的墙体材料有普通黏土砖和各种预制砌块。单层厂房的砖墙和砌块墙的外墙构造要点分述如下。

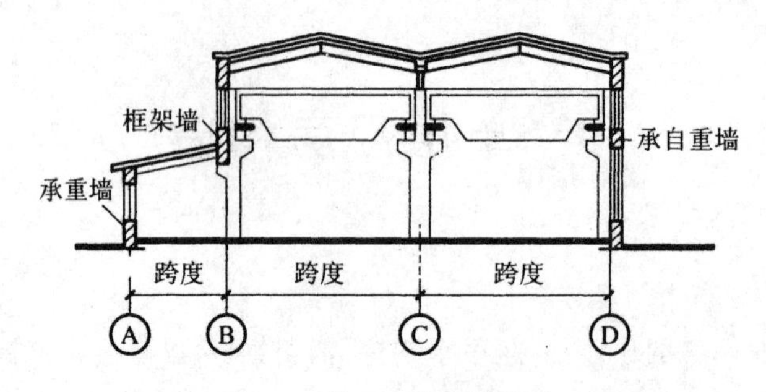

图 9-1 单层厂房外墙类型

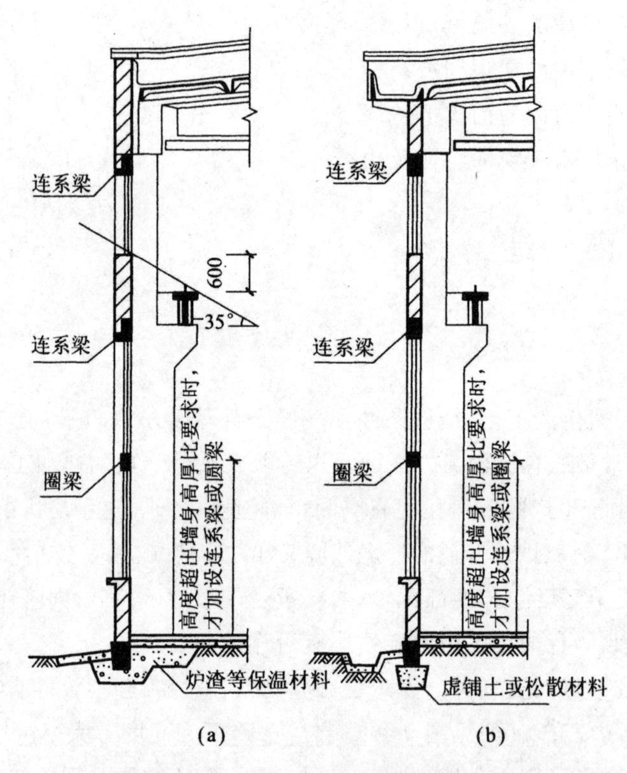

图 9-2 装配式钢筋混凝土排架结构的单层厂房纵墙剖面(单位:mm)

(a) 较冷地区;(b) 温暖多雨地区

为防止单层厂房外墙由于受风力、地震或振动等而破坏，在构造上应使墙与柱、山墙与抗风柱、墙与屋架(或屋面梁)之间有可靠连接，以保证墙体有足够的稳定性与刚度。

(1) 墙与柱的连接:为使墙体与柱子间有可靠的连接，根据墙体传力的特点，主要考虑在水平方向与柱子拉接。通常的做法是在柱子高度方向每隔 500～600 mm 预埋伸出两根 $\phi 6$ 钢筋，砌墙时把伸出的钢筋压砌在墙里，如图 9-3、图 9-4 所示。

(2) 墙与屋架(或屋面梁)的连接:屋架的上弦、下弦或屋面梁可采用预埋钢筋拉接墙体，若在屋架的腹杆上预埋钢筋不方便时，可在腹杆预埋钢板上焊接钢筋与墙体拉接，其构造要求如图 9-5 所示。

(3) 纵向女儿墙与屋面板的连接:纵向女儿墙是纵向外墙高出屋面的部分，如图 9-2(a)所示，

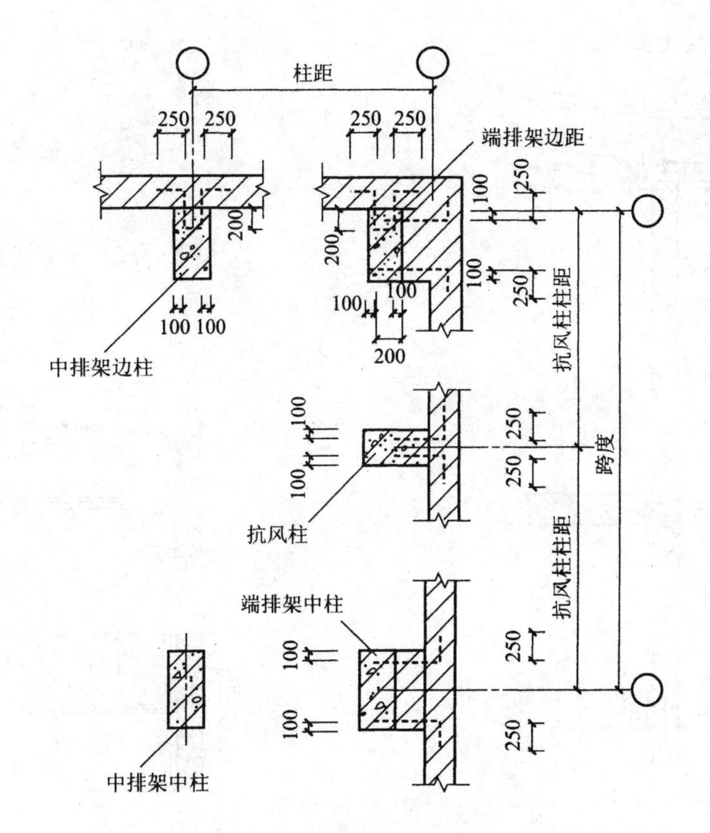

图 9-3　墙与柱的连接(单位:mm)

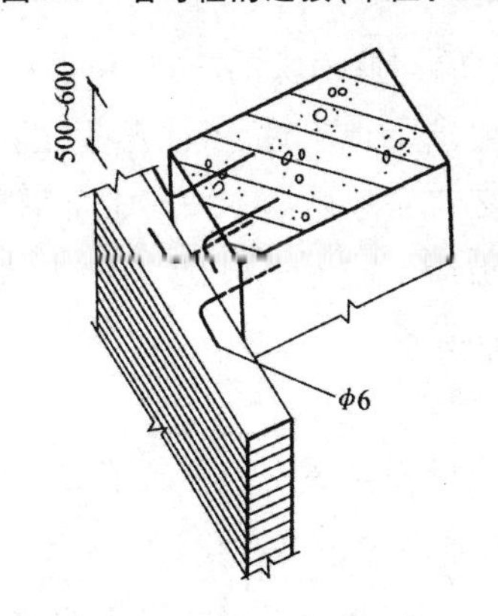

图 9-4　墙柱连接筋高度方向距离(单位:mm)

其厚度一般不小于 240 mm,高度不仅要满足构造的要求,还要考虑保护在屋面上从事检修、清扫积灰和积雪、擦洗天窗等人员的安全。因此,非地震区当厂房较高或屋面坡度较陡时,一般需设置 1 m 左右高的女儿墙,或在厂房的檐口上设置相应高度的护栏。受设备振动影响较大或地震区的厂房,其女儿墙高度则不应超过 500 mm,并须用整浇的钢筋混凝土压顶加固。

为保证纵向女儿墙的稳定性,在墙与屋面板之间常采用钢筋拉结措施,即在屋面板横向缝内放置一根 $\phi12$ 钢筋(长度为板宽度加上纵墙厚度的一半和两头弯钩的长度),在屋面板纵缝内及纵向外墙中各放置一根 $\phi2$(长度为 1000 mm)的钢筋相连接,如图 9-6 所示,形成工字形的钢筋,然后在缝内用 C20 细石混凝土捣实。

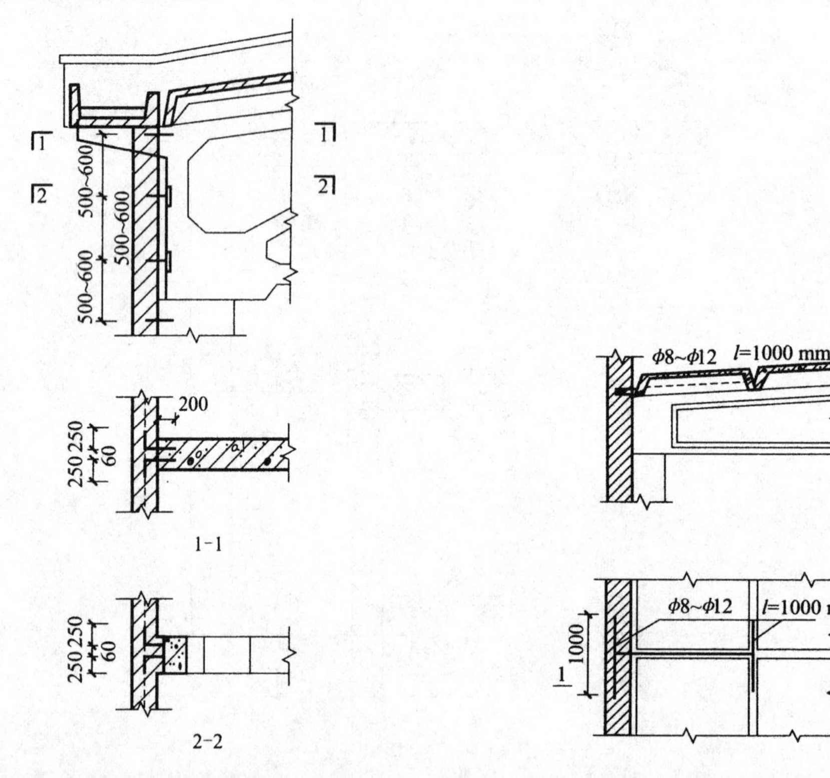

图 9-5 墙与屋架的连接(单位:mm)

图 9-6 纵向女儿墙与屋面板的连接(单位:mm)

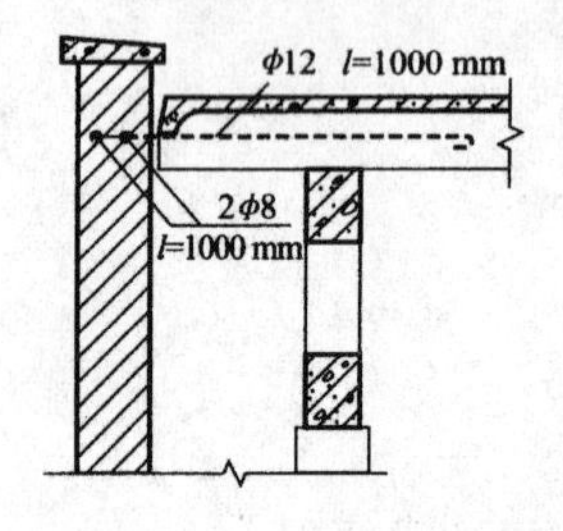

图 9-7 山墙与屋面板的连接

(4) 山墙与屋面板的连接:单层厂房的山墙比较高大,为保证其稳定性和抗风要求,山墙与抗风柱及端柱除用钢筋拉接外(见图 9-3、图 9-4),在非地震区。一般尚应在山墙上部沿屋面设置 2 根 ϕ8 钢筋于墙中,并在屋面板的板缝中嵌入一根长为 1000 mm 的 ϕ12 钢筋与山墙中的钢筋拉接,如图9-7所示。

2) 板材墙

推广应用板材墙是墙体改革的重要内容。生产板材墙能充分利用工业废料、不占用农田。使用板材墙可促进建筑工业化,能简化、净化施工现场,加快施工速度,同时板材墙较砖墙重量轻,抗震性优良。因此,板材墙是我国工业建筑广泛采用的外墙类型之一。

(1) 板材墙的类型。

板材墙可根据不同需要进行不同的分类。如按规格尺寸可分为基本板、异型板和补充构件。基本板是指形状规整、量大面广的基本形式的墙板;异型板是指量少、形状特殊的板型,如窗框板、加长板、山尖板等;补充构件是指与基本板、异型板共同组成厂房墙体围护结构的其他构件,如转角构件、窗台板等。板材如按其所在墙面位置不同,可分为檐口板、窗上板、窗框板、窗下板、一般板、山尖板、勒脚板、女儿墙板等;如按其受力状况可分为承重板墙和非承重板墙;按其保温性能可分为保温墙板和非保温墙板等。板材墙可用多种材料制作。现按板材墙的构造和组成材料不同分类叙述如下。

① 单一材料的墙板。

a) 钢筋混凝土槽形板、空心板(见图 9-8):这类墙板的优点是耐久性好、制作简单,可施加预应力。槽形板(或称肋形板)钢材和水泥的用量较省,但保温隔热性能差,且易积灰,故只适用于某些热车间和不需保温的车间、仓库等。空心板的钢材、水泥用料较多,但双面平整,不易积灰,并有一定保温和隔热能力,虽比 240 mm 砖墙热工性能稍差些,但仍得到较广泛的应用。

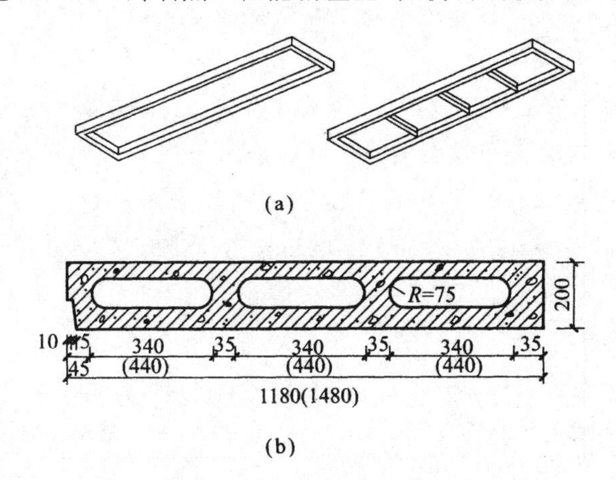

图 9-8 钢筋混凝土槽形板、空心板(单位:mm)

(a) 槽形板;(b) 空心板

b) 配筋轻混凝土墙板:这类墙板较多,如粉煤灰硅酸盐混凝土墙板、各种加气混凝土墙板等。如图 9-9 为陶粒珍珠砂混凝土墙板示例。它们的共同优点是比普通混凝土和砖墙轻,保温隔热性能好,配筋后可运输、吊装,并在一定堆叠高度范围内能承受自重。缺点是吸湿性较大,故一般需加水泥砂浆等防水面层,有的还有龟裂或锈蚀钢筋等缺点。适用于对保温或隔热要求较高,以及既要保温又要隔热但湿度不是很大的车间。

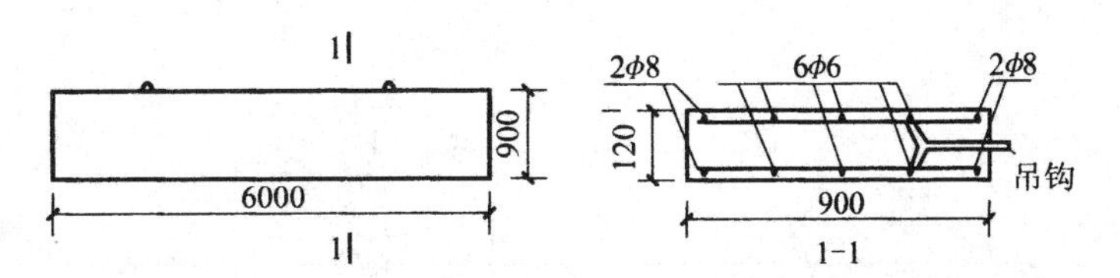

图 9-9 陶粒珍珠砂混凝土墙板示例(单位:mm)

② 组合墙板(复合墙板)。

组合墙板一般做成轻质高强的夹心墙板(见图 9-10),其面板有薄预应力钢筋混凝土板、石棉水泥板、铝板、不锈钢板、普通钢板、玻璃钢板等;夹心保温、隔热材料包括矿棉毡、玻璃棉毡、泡沫玻璃、泡沫塑料、泡沫橡皮、木丝板、各种蜂窝板等轻质材料。

组合墙板的特点是:使材料各尽所长,即充分发挥芯层材料的高效热工性能和面层外壳材料的承重、防腐蚀等性能。这类墙板的主要缺点是制造工艺较复杂,用作保温时易产生“热桥”等不利影响。

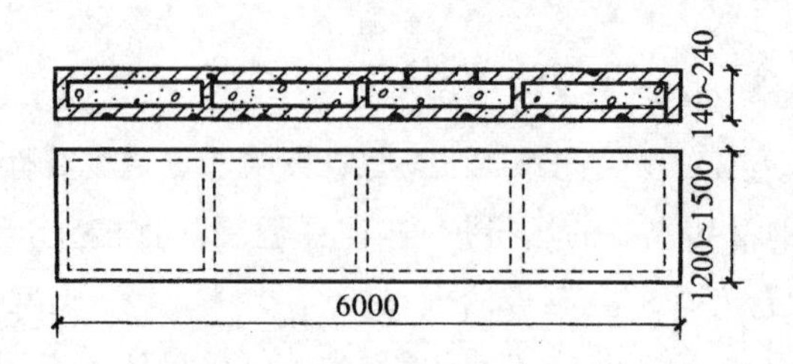

图 9-10 组合墙板示例(单位:mm)

(2) 墙板规格尺寸。

单层厂房的墙板规格尺寸应符合我国《厂房建筑模数协调标准》(GB/T 50006—2010)的规定,并考虑山墙抗风柱的设置情况。一般墙板的长和高采用 300 mm,为扩大模数,板长有 4500 mm、6000 mm、7500 mm(用于山墙)、12000 mm 等数种,可适用于 6m 或 12 m 柱距以及 3 m 整数倍的跨距。板高有 900 mm、1200 mm、1500 mm、1800 mm 四种。板厚以 20 mm 为模数进级,常用厚度为 160～240 mm。

(3) 墙板的布置。

墙板布置可分为横向布置、竖向布置和混合布置三种类型,各自的特点及适用情况也不相同,应根据工程的实际进行选用。

(4) 墙板的连接构造。

以下主要介绍横向布置墙板的一般构造。

① 墙板与柱的连接:单层厂房的墙板与排架柱的连接一般分柔性连接和刚性连接两类。

a) 柔性连接:柔性连接适用于地基不均匀、沉降较大或有较大振动影响的厂房,这种方法多用于自承重墙,是目前采用较多的方式。柔性连接通过设置预埋铁件和其他辅助件使墙板和排架柱相连接。柱只承受由墙板传来的水平荷载,墙板的重量并不加给柱子而由基础梁或勒脚墙板承担。墙板的柔性连接构造形式很多,其最简单的形式为螺栓连接(见图 9-11)和压条连接(见图 9-12)两种做法。

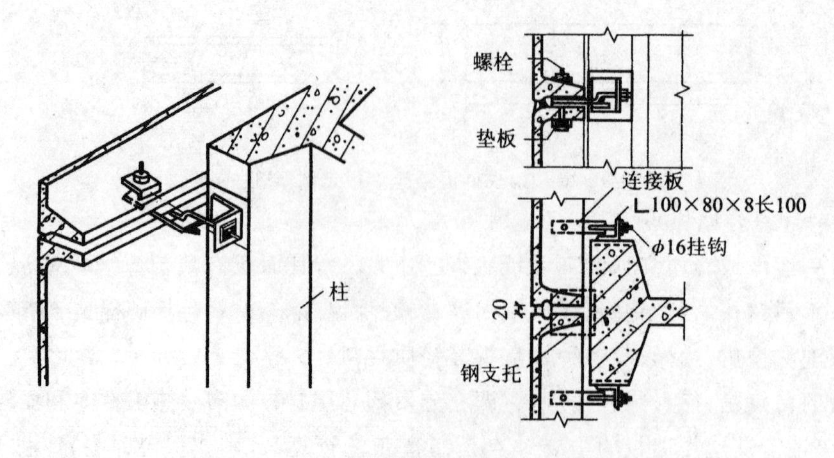

图 9-11 螺栓柔性连接构造示例(单位:mm)

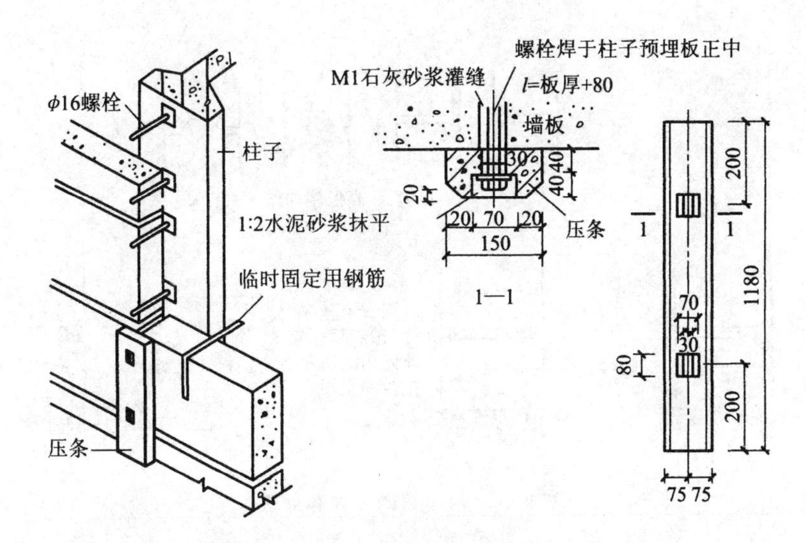

图 9-12　压条柔性连接构造示例(单位:mm)

b）刚性连接:刚性连接是在柱子和墙板中先分别设置预埋铁件,安装时用角钢或中 ϕ6 的钢筋段把它们焊接连牢(见图 9-13)。其优点是施工方便,构造简单,厂房的纵向刚度好。缺点是对不均匀沉降及振动较敏感,墙板板面要求平整,预埋件要求准确。刚性连接宜用于地震设防烈度为 7 度或 7 度以下的地区。

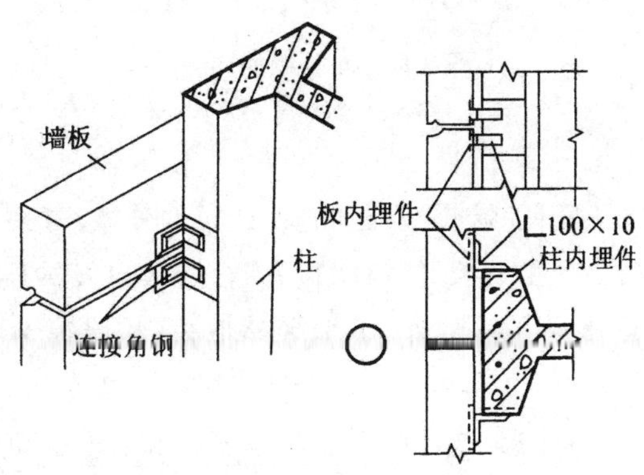

图 9-13　刚性连接构造示例

②墙板板缝的处理。为了使墙板能起到防风雨、保温、隔热的作用,除了板材本身要满足这些要求之外,还必须做好板缝的处理。

板缝根据不同情况,可以做成各种形式。水平缝可做成平口缝、高低错口缝、企口缝等。后者的处理方式较好,但从制作、施工以及防止雨水的重力和风力渗透等因素综合考虑,错口缝是比较理想的,应多采用这种形式。水平缝的形式和处理如图 9-14 所示,垂直缝可做成直缝、喇叭缝、单腔缝、双腔缝等。垂直缝的构造如图 9-15 所示。

墙板在勒脚、转角、檐口、高低跨交接处及门窗洞口等特殊部位,均应作相应的构造处理,以确保其正常发挥围护功能。

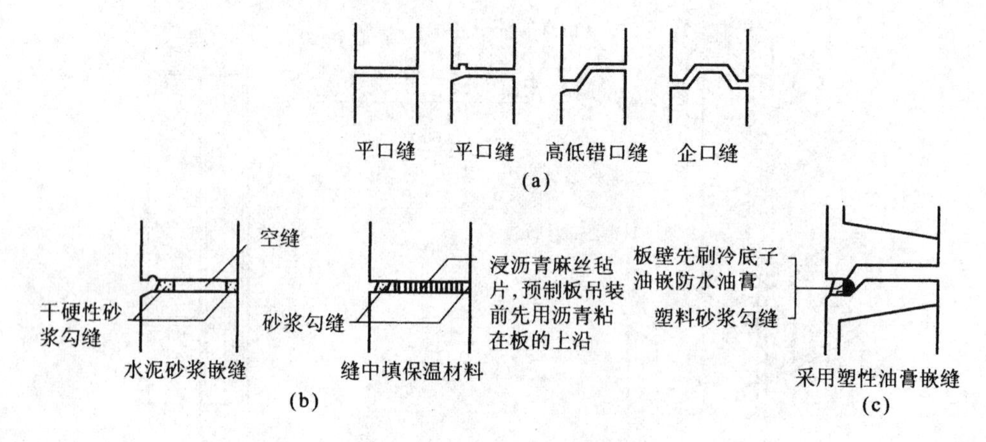

图 9-14　水平缝的形式和处理

(a) 水平缝的形式;(b)、(c) 水平缝的处理

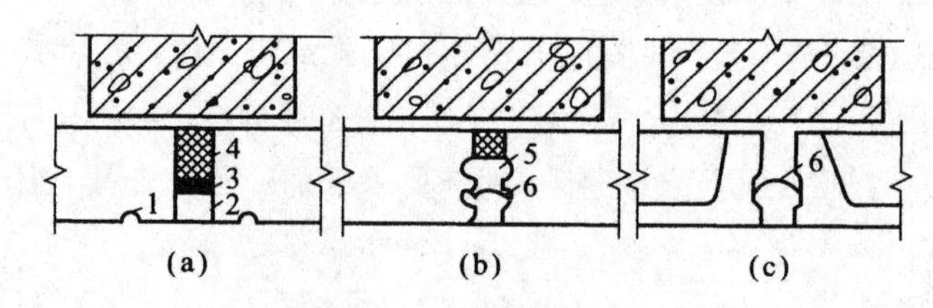

图 9-15　垂直缝的构造

(a) 直缝;(b) 双腔缝;(c) 单腔缝

3) 轻质板材墙

不要求保温、隔热的热加工车间、防爆车间和仓库建筑的外墙,可采用轻质的石棉水泥板(包括瓦楞板和平板等)、瓦楞薄钢板、压型钢板、塑料墙板、铝合金板以及夹层玻璃墙板等。这种墙板仅起围护结构作用,墙板除传递水平风荷载外,不承受其他荷载,墙板本身的重量也由厂房骨架来承受。

压型钢板是目前常用的轻质墙板,这种墙板通常是悬挂在柱子之间的横梁上。横梁一般为 T 形或 L 形断面的钢筋混凝土或型钢预制构件。横梁长度应与柱距相适应,横梁两端搁置在柱子的钢牛腿上,并且通过预埋件与柱子焊接牢固(见图 9-16)。横梁的间距应配合压型钢板的长度来设计。压型钢板与横梁连接,可采用螺栓与铁卡子将两者夹紧,如图 9-17 所示。螺栓孔应钻在墙外侧板垅的顶部,安装螺栓时,该处应衬以 5 mm 厚的毡垫,为防止风吹雨水经板缝侵入室内,压型钢板应顺主导风向铺设,板左右搭接通常为一个板垅。

4) 开敞式外墙

在我国南方地区,为了使厂房获得良好的自然通风和散热效果,一些热加工车间常采用开敞式外墙。开敞式外墙通常是在下部设矮墙,上部的开敞口设置挡雨遮阳板,如图 9-18 为典型的开敞式外墙的布置。

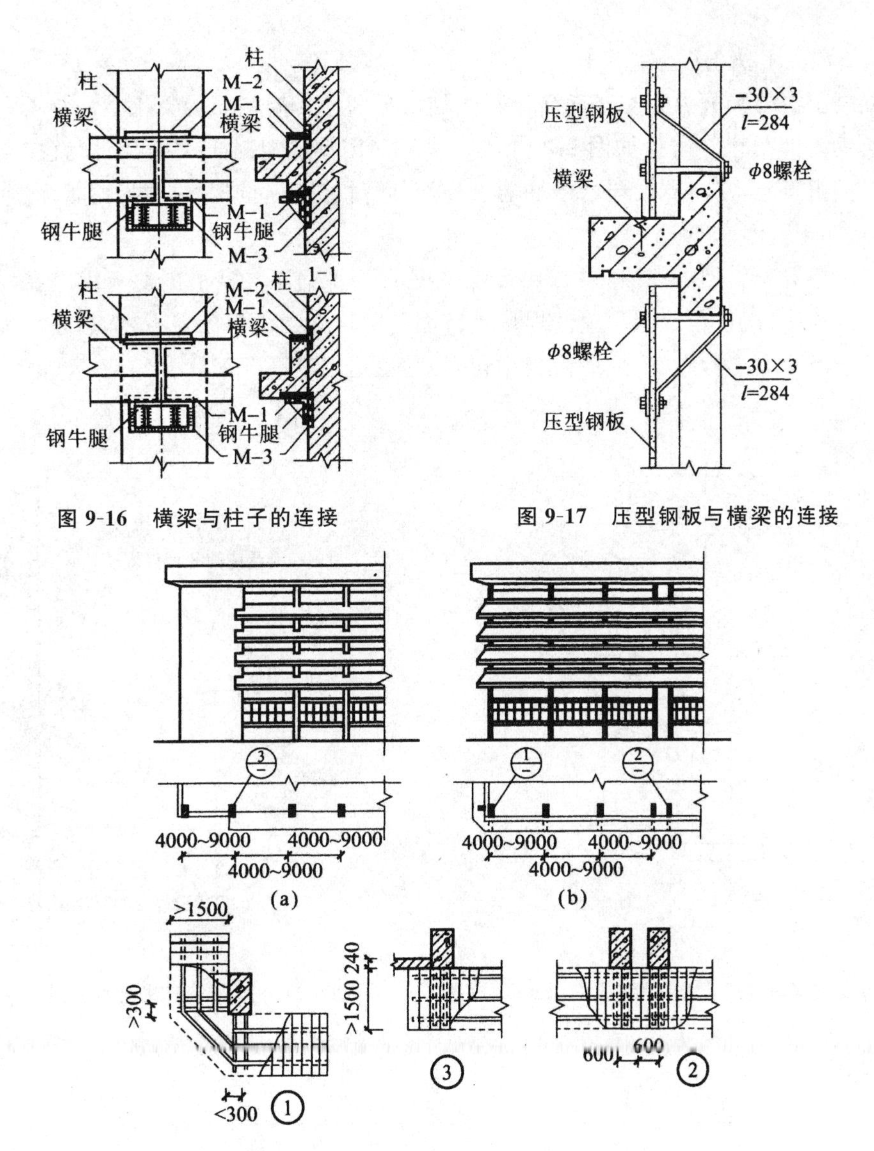

图 9-16 横梁与柱子的连接

图 9-17 压型钢板与横梁的连接

图 9-18 开敞式外墙的布置(单位:mm)

(a) 单面开敞外墙;(b) 四面开敞外墙

挡雨遮阳板每排之间的距离,与当地的飘雨角度、日照以及通风等因素有关,设计时应结合车间对防雨的要求来确定,一般飘雨角可按 45°设计,风雨较大地区可酌情减小角度。挡雨板有多种构造形式,通常有以下几种。

(1) 石棉水泥瓦挡雨板。

它的基本构件有型钢支架(或圆钢轻型支架)、型钢檩条、中波石棉水泥瓦挡雨板和防溅板。型钢支架通常是与柱子的预埋件焊接固定的。这种挡雨板重量轻、施工简便、拆装灵活,但瓦板脆性大,容易损坏,适用于一般热加工车间。石棉水泥瓦挡雨板构造如图 9-19 所示。

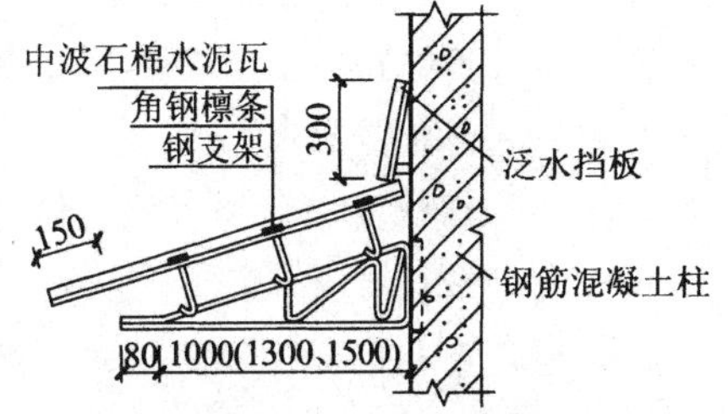

图 9-19 石棉水泥瓦挡雨板(单位:mm)

(2) 钢筋混凝土挡雨板。

钢筋混凝土挡雨板分为有支架钢筋混凝土挡雨板和无支架钢筋混凝土挡雨板两种。

有支架钢筋混凝土挡雨板如图 9-20 所示,一般采用钢筋混凝土支架,上面直接架设钢筋混凝土挡雨板。挡雨板与支架,支架与柱子均通过预埋件焊接进行固定。这种挡雨板耐久性好,但构件重量较大,适用于高温车间。

无支架钢筋混凝土挡雨板如图 9-21 所示,它是直接将钢筋混凝土挡雨板固定在柱距之间。挡雨板与柱子的连接,通过角钢与预埋件焊接进行固定。这种挡雨板用料省,构造也较简单。但因板的长度受柱子断面大小的影响,故规格类型较多,它也适用于高温车间。

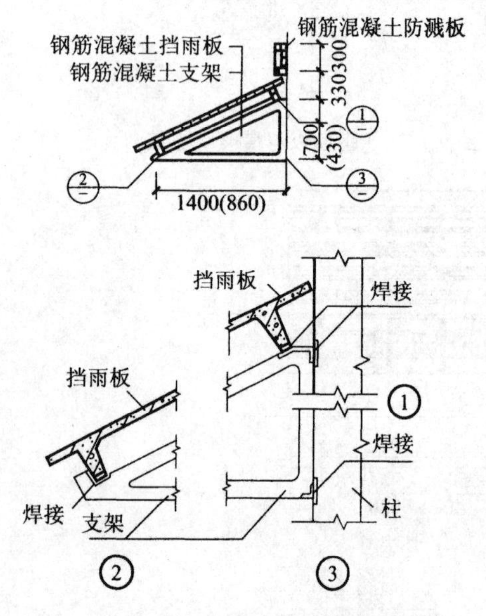

图 9-20 有支架钢筋混凝土挡雨板(单位:mm)

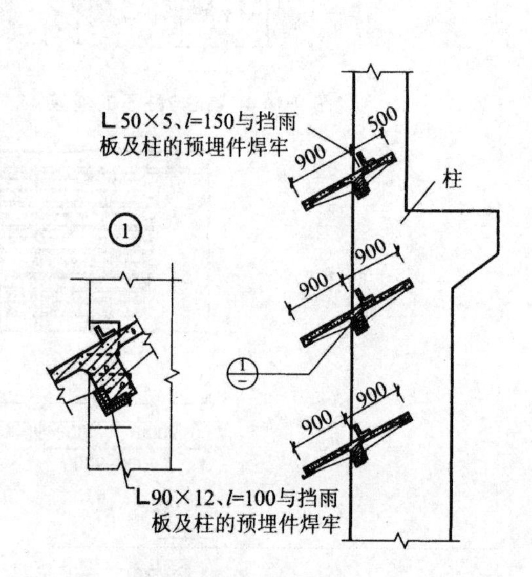

图 9-21 无支架钢筋混凝土挡雨板(单位:mm)

9.1.2 门窗

1) 侧窗

单层厂房的侧窗不仅应满足采光和通风的要求,还要根据生产工艺的特点,满足一些特殊要求。例如有爆炸危险的车间,侧窗应有利于泄压;要求恒温恒湿的车间,侧窗应有足够的保温隔热性能;洁净车间要求侧窗防尘和密闭等。单层厂房的侧窗面积往往比较大,因此设计与构造上应在坚固耐久、开关方便的前提下,尽量节省材料、降低造价。

(1) 侧窗布置形式。

单层厂房侧窗一般均为单层窗,但在寒冷地区的采暖车间,室内外计算温差大于 35 ℃时,距地 3 m 以内应设双层窗。若生产有特殊要求(如恒温恒湿、洁净车间等),则应全部采用双层窗。

单层厂房外墙侧窗布置形式一般有两种:一种是被窗间墙隔开的单独的窗口形式;另一种是厂房整个墙面或墙面大部分做成大片玻璃墙面或带状玻璃窗。

(2) 侧窗种类及其构造。

单层工业厂房侧窗,按材料分为木侧窗、钢侧窗、钢筋混凝土侧窗等;按层数分为单层窗和双层窗;按开启方式分为中悬窗、平开窗、固定窗、垂直旋转窗等。

中悬窗:窗扇沿水平中轴转动,开启角度可达 80°,并可利用自重保持平衡。这种窗便于采用侧窗开关器进行启闭,因此是车间外墙上部理想的窗型。中悬窗的缺点是构造较复杂,由于开启扇之间有缝隙,易产生飘雨现象。中悬窗还可作为泄压窗,调整其转轴位置,使转轴位于窗扇重心之上,当室内达到一定的压力时,便能自动开启泄压。

平开窗:窗口阻力系数小,通风效果好,构造简单,开关方便,便于做成双层窗。但防雨较差,风雨大时易从窗口飘进雨水。此外,这种窗由于不便于设置联动开关器,只能用手逐个开关,不宜布置在较高部位,通常布置在外墙的下部。

垂直旋转窗:窗扇沿垂直轴转动,可装置手拉联动开关设备。这种窗启闭方便,并能按风向来调节开启角度,通风性能较好,故又称为引风扇,但密闭性差,适用于要求通风好、密闭要求不高的车间。常用于热加工车间的外墙下部,作为进风口。

固定窗:构造简单,节省材料,造价较低。常用在较高外墙的中部,既可采光,又可使热压通风的进、排气口分隔明确,便于更好地组织自然通风。有防尘密闭要求的侧窗,也多做成固定窗,以避免缝隙渗透。

图 9-22 单层厂房的侧窗组合示例

综合上面所述,根据车间通风需要,一般厂房常将平开窗、中悬窗和固定窗组合在一起(见图 9-22)。为了便于安装开关器,侧窗组合时,在同一横向高度内,应采用相同的开启方式。

① 木侧窗 木侧窗施工方便,造价较低,但耗木材量大,容易变形,防火及耐久性差,且透光面积与其他材质窗相比最小,现已较少采用。只适用于中、小型及辅助车间,以及对金属腐蚀的车间(如电镀车间),但不宜用于高温高湿或木材易腐蚀的车间(如发酵车间)。

工业建筑木侧窗的组成及构造与民用建筑基本相同。由于工业厂房侧窗窗洞面积较大,窗料截面也随之增大。此外,往往还由于生产上采光和通风的需要,将侧窗做成多种开启方式组成的组合窗。

我国制定的木侧窗标准图集中,洞口尺寸大于 3600 mm×3600 mm 的侧窗,均由两个基本木窗拼框组成。两个基本窗左右拼接,称为横向拼框;两个基本窗上下拼接,则称为竖向拼框。木侧窗的拼接采用窗框直接、拼接固定的方法,通常是用 ϕ10 螺栓或 ϕ16 木螺栓(中距小于 1000 mm)将两个窗框连接在一起。采用螺栓连接时,应在两框之间加入垫木,窗框间的缝隙,应用沥青麻丝嵌缝,缝隙的内外两侧还应用木压条盖缝(见图 9-23)。

② 钢侧窗 钢侧窗具有坚固、耐火、耐久、挡光少、关闭严密、易于工厂机械化生产等优点,目前在工业厂房中应用较广。但有碳碱介质侵蚀的车间和湿度较大的车间不宜采用。工业建筑钢侧窗的构造与民用钢窗基本相同,故本节中不再重复。

③ 垂直旋转通风板窗 垂直旋转通风板窗主要用于散发大量热量、烟灰和无密闭要求的高温车间。其制作材料有钢丝网水泥、钢筋混凝土和金属板等数种,其中以钢丝网水泥通风板窗应用较广。钢丝网水泥通风板窗扇的基本宽度为 910 mm,窗扇之间横向搭缝长度为 10 mm,因而窗扇的标志尺寸是 900 mm。其组合宽度有 2700 mm(三扇)、3600 m(四扇)、4500 mm(五扇)、5400 mm

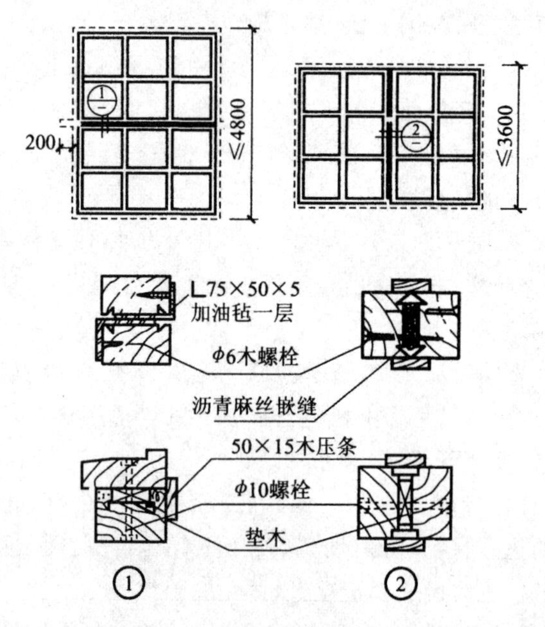

图 9-23 木窗拼框节点(单位:mm)

(六扇)及 10800 mm(12 扇)等五种;窗洞口高度有 1800 mm、2100 mm、2400 mm、2700 mm 和 3000 mm等五种,垂直旋转通风板窗的窗扇平面及节点大样如图 9-24(a)所示。

钢丝网水泥及其他材料的垂直旋转通风板窗均属于无框结构,通风板窗扇中心上下两端没有磨圆的窗扇主轴钢筋,上部套入由钢管或钢板组合的钢转轴座,下部插入钢插销板的中心孔内。钢插销板上设有不同开启角度的孔洞,使用时可根据风向,利用插销和不同的插孔位置,使通风板与墙面分别形成 0°、45°、90°和 135°的夹角,旋转轴座及插销板构造如图 9-24(b)所示。

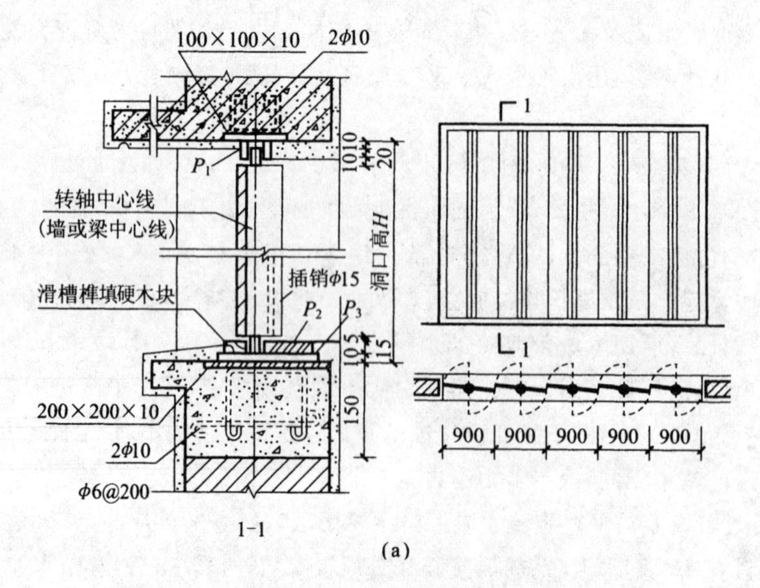

图 9-24 钢丝网水泥垂直旋转通风板窗(单位:mm)

(a) 窗扇平面及节点大样;(b) 旋转轴座及插销板

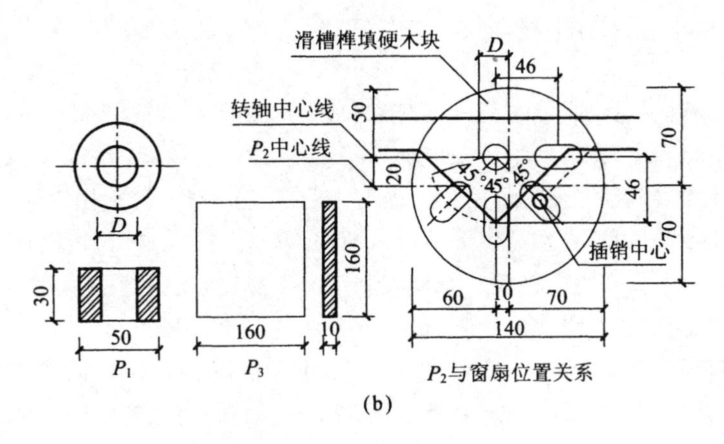

续图 9-24

2）大门

（1）厂房大门类型。

大门按用途可分为一般大门和特殊大门。特殊大门是根据特殊要求设计的，有保温门、防火门、冷藏门、射线防护门、防风沙门、隔声门、烘干室门等。

大门按门窗制作材料可分为：木门、钢板门、钢木门、空腹薄壁钢板门、铝合金门等。

大门按开启方式可分为：平开门、平开折叠门、推拉门、推拉折叠门、上翻门、升降门、卷帘门、光电控制门等（见图 9-25）。

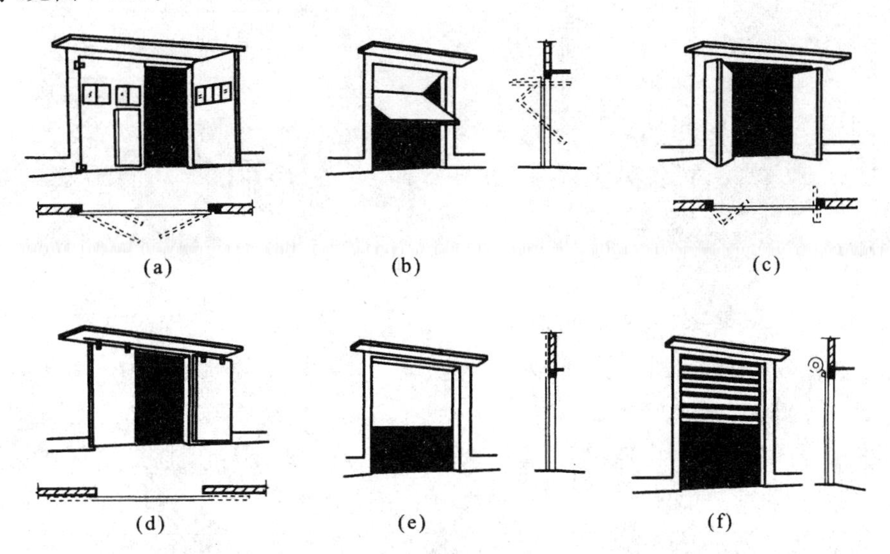

图 9-25 几种常见开启方式的大门

(a) 平开门；(b) 上翻门；(c) 折叠门；(d) 推拉门；(e) 升降门；(f) 卷帘门

（2）大门构造。

工业厂房各类大门的构造各不相同，一般均有标准图可供选择。以下着重介绍平开门及推拉门的构造。

① 平开门构造 平开门是由门扇、门框与五金配件组成。平开门的洞口尺寸一般不宜大于

3600 mm×3600 mm。门扇有木制、钢板、钢木混合等几种，当门扇面积大于 5 m^2 时，宜采用钢木或钢板制作。

门扇是由骨架和面板构成，除木门外，骨架通常是用角钢或槽钢制成。为防止门扇变形，钢骨架应加设角钢的横撑和交叉支撑，木骨架应加设三角铁，以增强门扇的刚度。钢木门及木门的门扇一般均用 15 mm 厚的木板做门芯板，用螺栓固定在骨架上。钢板门则用 1～1.5 mm 厚薄钢板做门芯板。为防止风沙吹入车间，在门扇下沿以及门扇与门框、门扇与门扇间的缝隙应加钉橡皮条。

平开门的门框由上框和边框构成。上框可利用门顶的钢筋混凝土过梁兼作。过梁上一般均带有雨篷，雨篷应比门洞每边宽出 370～500 mm，雨篷挑出长度一般为 900 mm。边框有钢筋混凝土和砖砌两种。当门洞宽度大于 2.4 m 时，应采用钢筋混凝土边框，用以固定门铰链。边框与墙砌体应有拉筋连接，并在铰链位置上预埋铁件(见图 9-26)。当门洞宽度小于 2.4 m 且两边为砌体墙时，可不设钢筋混凝土边框，但应在铰链位置上镶砌混凝土预制块，其上带有与砌体的拉接筋和与铰链焊接的预埋铁件(见图 9-27)。

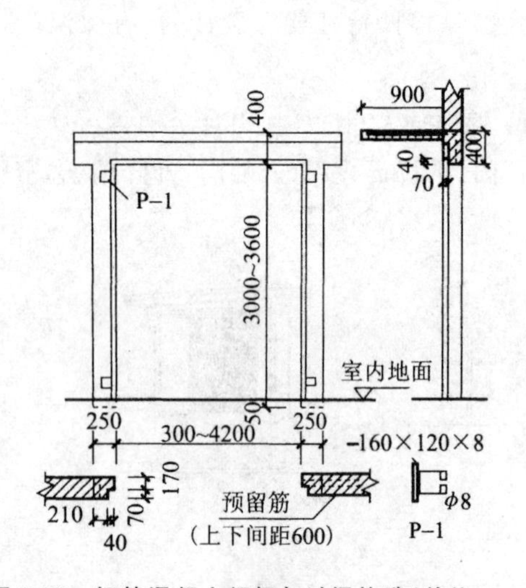

图 9-26 钢筋混凝土门框与过梁构造(单位:mm)

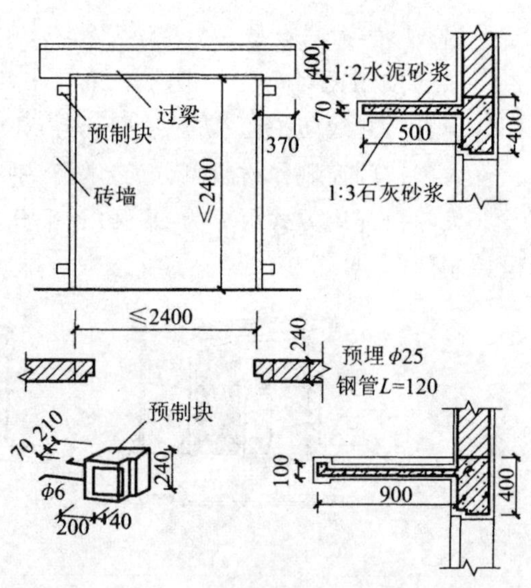

图 9-27 砖砌门框与过梁构造(单位:mm)

平开门中的五金配件除铰链(门轴)外，一般还有上、下插销，门扇定位钩，门闩，拉手等，如图 9-28 所示为钢木平开大门构造示例。

② 推拉门构造　推拉门由门扇、上导轨、滑轮、导饼(或下导轨)和门框组成。门扇可采用钢木门扇、钢板门扇和空腹薄壁钢板门等。门框一般均由钢筋混凝土制作。推拉门按门扇的支承方式又分为上挂式(由上导轨承受门的重量)和下滑式(由下导轨承受门的重量)两种。一般多采用上挂式；当门扇高度大于 4 m，且重量较重时，则应采用下滑式。

上挂式推拉门的上轨道和滑轮是使门扇向两侧推拉的重要部件，构造上应做到坚固耐久，滚动灵活，并应经常维修，以免生锈。滑轮装置有单轮、双轮或四轮，前者制作简单，后者制作复杂但不易卡滞和脱轨，可根据门大小选用。为防止门扇脱轨，导轨尽端应设门挡。下部导向装置有凹式、凸式和导饼轨道，目前多用导饼，导饼由铸件制成，凸出地面 20 mm，间距 300～900 mm，如图 9-29 所示为上挂式推拉门构造示例。

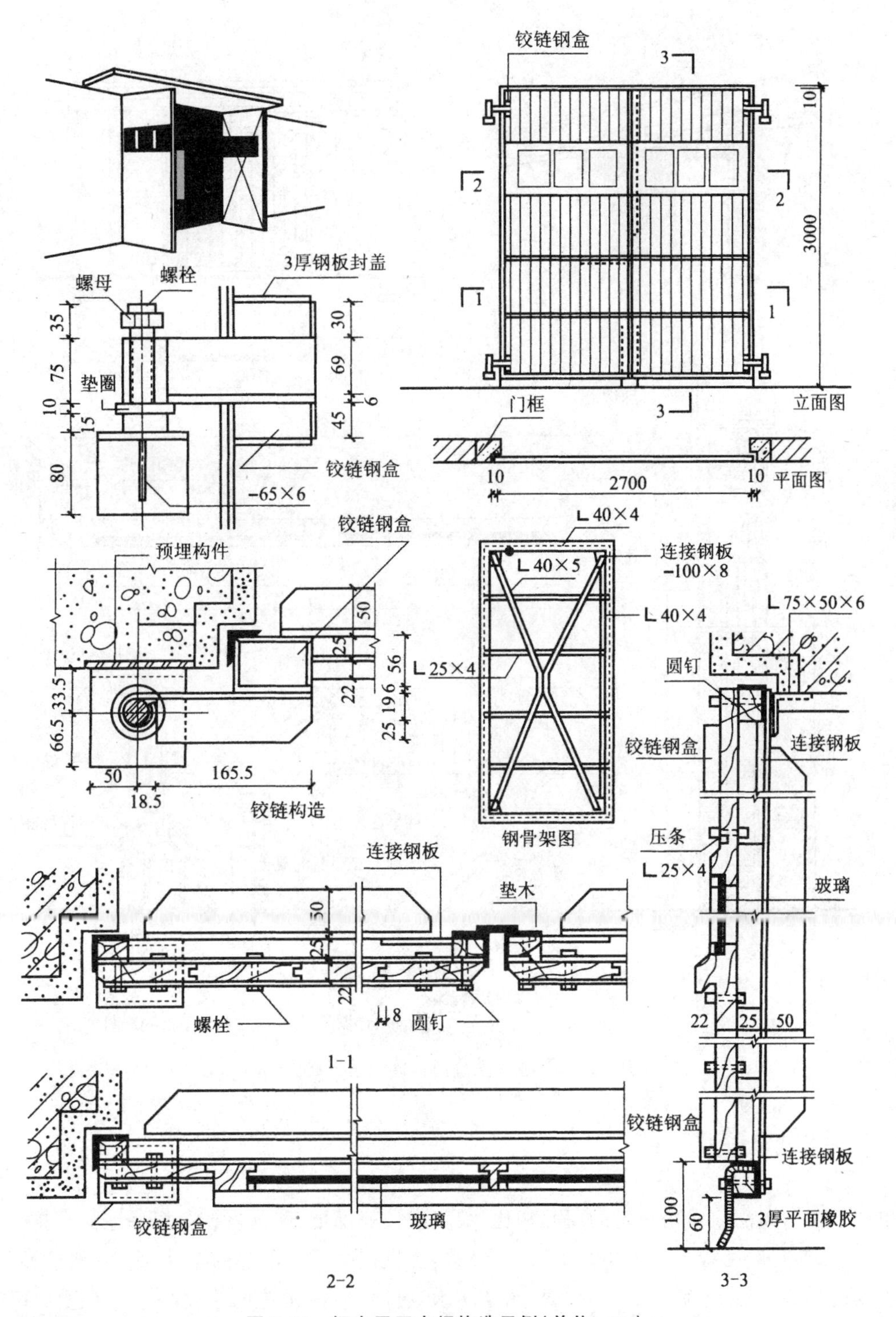

图 9-28　钢木平开大门构造示例(单位:mm)

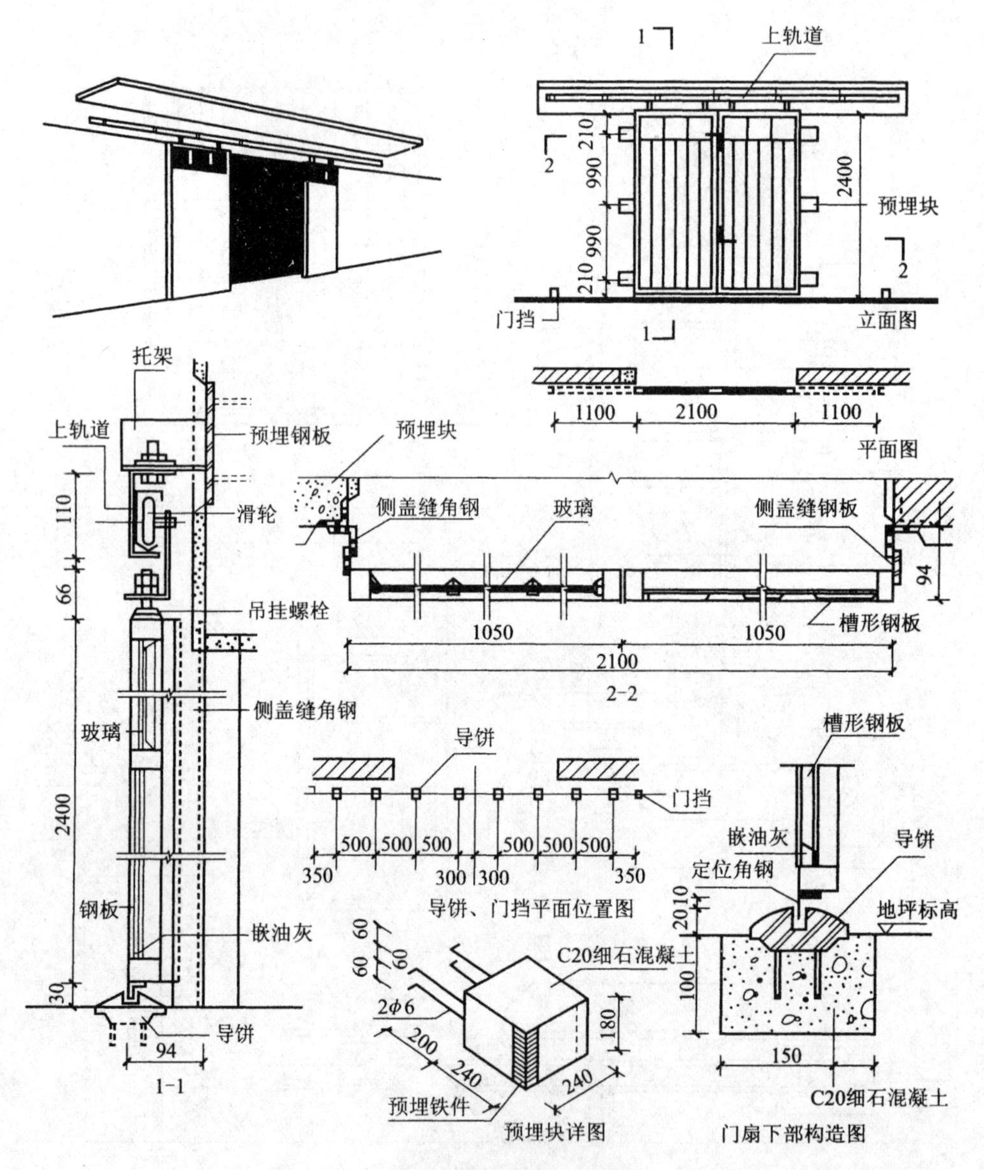

图 9-29 上挂式推拉门构造示例(单位:mm)

9.2 屋顶构造

单层厂房的屋面与民用建筑的屋面相比,其宽度一般都更大,这就使得厂房屋面在排除雨水方面比较不利,而且屋面板大多采用装配式,接缝多,且直接受厂房内部的振动、高温、腐蚀性气体、积灰等因素的影响。因此,解决好屋面的排水和防水是厂房屋面构造的主要问题。有些地区还要处理好屋面的保温、隔热问题;对于有爆炸危险的厂房,还需考虑屋面的防爆、泄压问题;对于有腐蚀气体的厂房,还要考虑防腐蚀的问题。

通常情况下,屋面的排水和防水是相互补充的。排水组织得好,会减少渗漏的可能性,从而有助于防水；而高质量的屋面防水也会有益于屋面排水。因此，要防排结合，统筹考虑，综合考虑。

9.2.1 屋面排水

1）屋面排水方式与排水坡度

（1）排水方式　厂房屋面排水方式基本分为无组织排水和有组织排水两种，选择排水方式，应结合所在地区的降雨量、气温、车间生产特征、厂房高度和天窗宽度等因素综合考虑，一般可参考表9-1选择。

表 9-1　屋面排水方式的选择

	地区年降雨量 /mm	檐口高度 H/m	天窗高度 l/m	相邻屋面高度 h/m	排水方式
	≤900	>10 <10	≥12	≥4 <4	有组织排水 无组织排水
	>900	>8 <8	≤9	>3	有组织排水 无组织排水

① 无组织排水　无组织排水构造简单，施工方便，造价便宜，条件允许时宜优先选用，尤其是某些对屋面有特殊要求的厂房。如屋面容易积灰的冶炼车间、屋面防水要求很高的铸工车间，以及对内排水的铸铁管具有腐蚀作用的炼铜车间等均宜采用无组织排水。

无组织排水的挑檐应有一定的长度，当檐口高度不大于 6 m 时，一般宜不小于 300 mm；檐口高度大于 6 m 时，一般宜不小于 500 mm，如图 9-30 所示。在多风雨的地区，挑檐尺寸要适当加大，以减少屋面落水浇淋墙面和窗口的机会。勒脚外地面需做散水，其宽度一般宜超出挑檐 200 mm，也可以做成明沟，其明沟的中心线应对准挑檐端部。

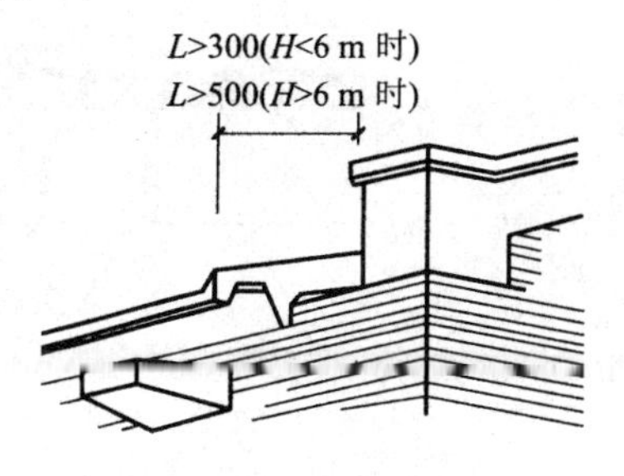

图 9-30　无组织排水

注：L 指挑檐长度，H 指离地高度。

高低跨厂房的高跨为无组织排水时，在低跨屋面的滴水范围内要加铺一层滴水板作保护层。保护层的材料有混凝土板、机平瓦、石棉瓦、镀锌薄钢板等。

② 有组织排水　有组织排水是将屋面雨水有组织地汇集到天沟或檐沟内，再经雨水斗、落水管排到室外或下水道。单层厂房有组织排水通常分为外排水、内排水和内排外落式，具体可归纳为以下几种形式。

a）檐沟外排水：当厂房较高或地区降雨量较大，不宜做无组织排水时，可把屋面的雨、雪水组织在檐沟内，经雨水口和立管排下。这种方式构造简单，施工方便，节省管材，造价低，且不妨碍车间内部工艺设备布置，尤其是在南方地区应用较广（见图 9-31（a））。

b）长天沟外排水：当厂房内天沟长度不大时，可采用长天沟外排水方式。这种方式构造简单，施工方便，造价较低，但受地区降雨量、汇水面积、屋面材料、天沟断面尺寸和纵向坡度等因素的制约。即使在防水性能较好的卷材防水屋面中，其天沟每边的流水长度也不宜超过 48 m（纺织印染厂房也有做到 70～80 m,但天沟断面要适当增大)。天沟端部应设溢水口,防止暴雨时或排水口堵塞时造成漫水现象,长天沟外排水,如图 9－31(b)所示。

c) 内排水:内排水不受厂房高度限制,屋面排水组织灵活,适用于多跨厂房(图 9-31(c))。在严寒多雪地区采暖厂房和有生产余热的厂房,采用内排水可防止冬季雨、雪水流至檐口结成冰柱拉坏檐口及落下伤人,并可防止外部雨水管冻结破坏。但内排水构造复杂,造价及维修费高,且易与地下管道、设备基础、工艺管道等产生矛盾。

d) 内落外排水:这种排水方式是将厂房中部的雨水管改为具有 0.5%～1%坡度的水平悬吊管,与靠墙的排水立管连通,下部导入明沟或排出墙外(见图 9-31(d))。这种方式可避免内排水与地下干管布置的矛盾。

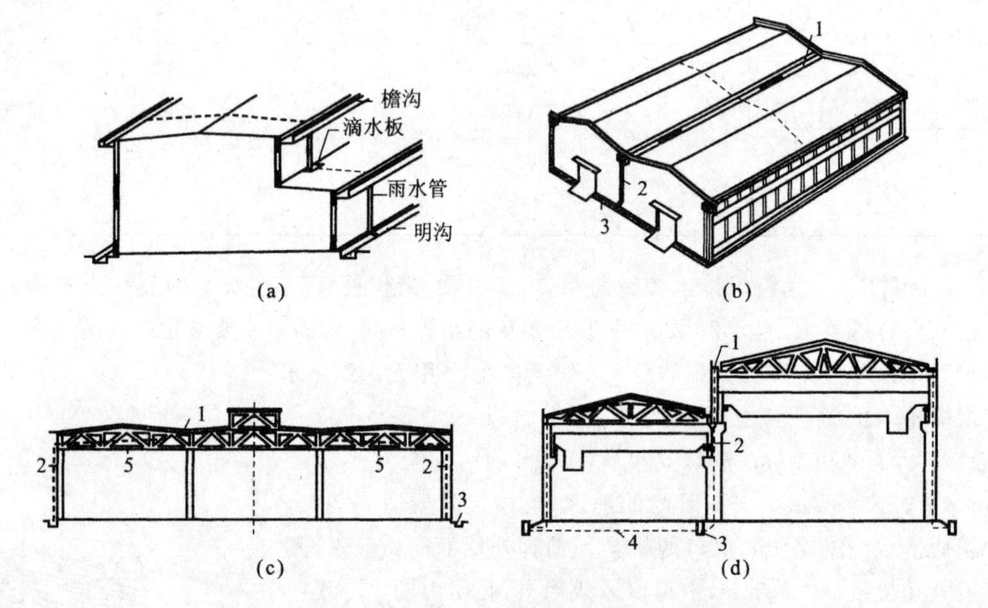

图 9-31 单层厂房屋面有组织排水形式

(a) 檐沟外排水;(b) 长天沟外排水;(c) 内排水;(d) 内落外排水

1—天沟;2—立管;3—明(暗)沟;4—地下雨水管;5—悬吊管

(2) 排水坡度　屋面排水坡度的选择,主要取决于屋面基层的类型、防水构造方式、材料性能、屋架形式以及当地气候条件等因素。一般说来,坡度越陡对排水越有利,但某些卷材(如油毡)在屋面坡度过陡时,夏季会产生沥青流淌,使卷材下滑。搭盖式构件自防水屋面坡度过陡时,也会引起盖瓦下滑等问题。通常,各种屋面的坡度可参考表 9-2 选择。

表 9-2 屋面坡度选择参考表

防水类型	卷材类型	非卷材类型		
		嵌缝式	F 板	石棉瓦等
选择范围	1∶4～1∶50	1∶1～1∶4	1∶3～1∶8	1∶2～1∶5
常用坡度	1∶5～1∶10	1∶5～1∶8	1∶5～1∶8	1∶2.5～1∶4

2）排水组织及排水装置的布置

（1）排水组织。

屋面排水应进行排水组织设计。如多跨多坡屋面采用内排水时，首先要按屋面的高低变形缝位置、跨度大小及坡面，将整个厂房屋面划分为若干个排水区段，并定出排水方向。然后根据当地降雨量和屋面汇水面积，选定合适的雨水管管径，雨水斗型号。通常在变形缝处不宜设雨水斗，以免因意外情况溢水而造成渗漏。

（2）排水装置。

① 天沟（或檐沟）：天沟（或檐沟）的形式与屋面构造有关，天沟有钢筋混凝土槽形天沟和直接在钢筋混凝土屋面板上做成的“自然天沟”（见图 9-32）两种。当厂房屋面为卷材防水时，由于屋面板接缝严密，钢筋混凝土槽形天沟或“自然天沟”均可采用。当屋面为构件自防水时，因接缝不够严密，故应采用钢筋混凝土槽形天沟。

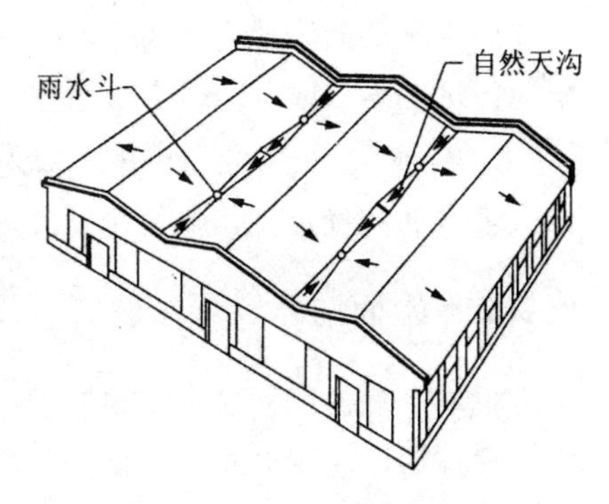

图 9-32 自然天沟示意图

为使天沟（或檐沟）内的雨、雪水顺利流向低处的雨水斗，沟底应分段设置坡度，一般为 1%，最大不宜超过 2%，长天沟排水不宜小于 0.3%。垫坡一般用焦渣混凝土找坡，然后再用水泥砂浆抹面。槽形天沟（或檐沟）的分水线与沟壁顶面的高差应大于 50 mm，以防雨水出槽而导致渗漏。

② 雨水斗：雨水斗的形式较多，以 65 型较好（见图 9-33（a））；当采用“自然天沟”时，最好加设铁水盘与 65 型水斗配套使用（见图 9-33（b））。有女儿墙的檐沟，也可采用铸铁弯头水漏斗和铸铁篦装在檐沟女儿墙上，再经立管将雨水排下（见图 9-33（c）、（d））。

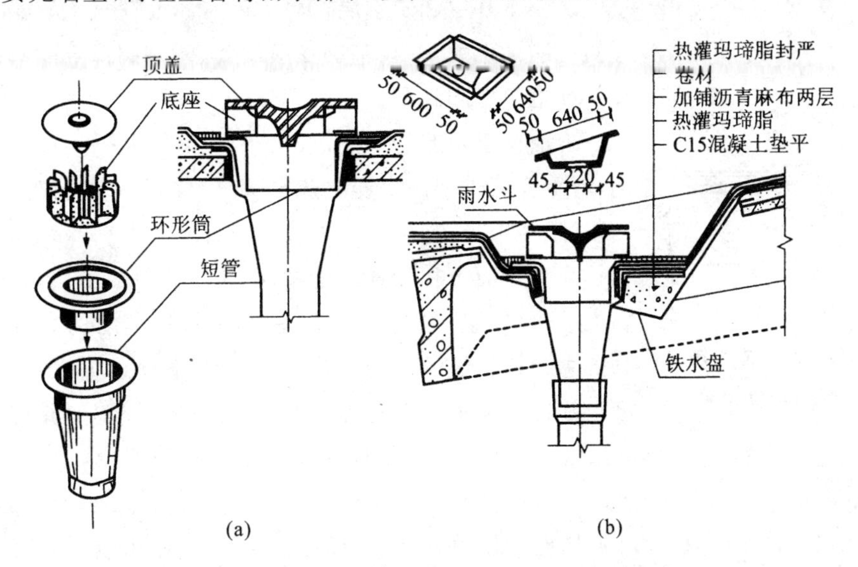

图 9-33 几种雨水斗的组成及构造（单位：mm）

（a）65 型雨水斗；（b）自然天沟的雨水斗；（c）钢丝球雨水斗；（d）女儿墙外落水出水口

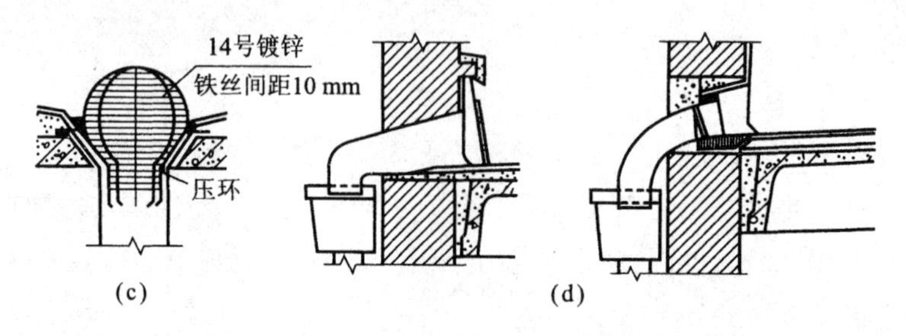

续图 9-33

雨水斗的间距要考虑每个雨水斗所能负担的汇水面积，一般为 18～24 m(除长天沟以外)。少雨地区可增至 30～36 m，当采用悬吊管外排水时，最大间距为 24 m。

③ 雨水管：在工业厂房中一般采用铸铁雨水管，管径多选用 $\phi100$～$\phi200$ mm，亦可根据雨水管最大集水面积确定。雨水管用铁片固定在墙上或柱上，做法同民用建筑。

9.2.2 屋面防水

单层厂房的屋面防水主要有卷材防水、各种波形瓦(板)屋面和钢筋混凝土构件自防水等类型。应根据厂房的使用要求和防水、排水的有机关系，结合屋盖形式、屋面坡度、材料供应、地区气候条件及当地施工经验等因素来选择合适的防水形式。

1) 卷材防水屋面

卷材防水屋面在单层工业厂房中应用较为广泛(尤其是北方地区需采暖的厂房和振动较大的厂房)。它可分为保温和不保温两种，两者构造层次有很大不同。保温防水屋面的构造一般为：基层(结构层)、找平层、隔蒸汽层、保温层、找平层、防水层和保护层。不保温防水屋面的构造一般为：基层、找平层、防水层和保护层。卷材防水屋面构造原则和做法与民用建筑基本相同，它的防水质量关键在于基层和防水层。由于厂房屋面荷载大、振动大，因而变形的可能性也大，一旦基层变形过大，便易引起卷材拉裂。施工质量不高也会引起渗漏。

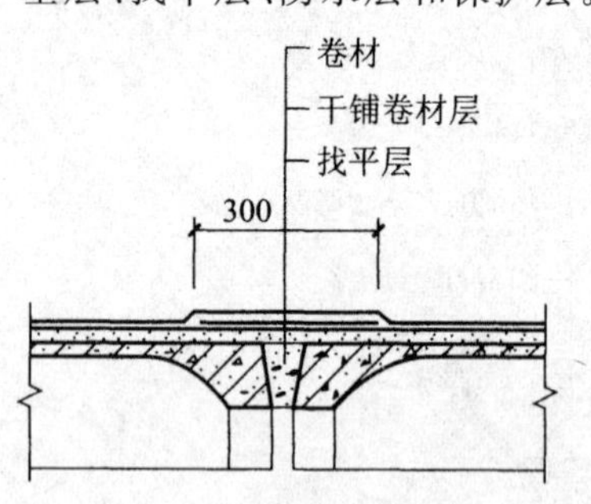

图 9-34　无隔热(保温)层的屋面板横缝处卷材防水层处理(单位：mm)

下面仅以基层为 1.5 m×6.0 m 钢筋混凝土屋面板的屋面为例，着重介绍单层厂房卷材防水屋面的几个节点构造。

(1) 接缝。

大型屋面板相接处的缝隙，必须用 C20 细石混凝土灌缝填实。在无隔热(保温)层的屋面上，屋面板短边端肋的交接缝(即横缝)处的卷材被拉裂的可能性较大，应加以处理。实践证明，采用在横缝上加铺一层平铺卷材延伸层的做法，效果较好，其构造如图 9-34 所示。板的长边主肋的交缝(即纵缝)由于变形一般较小，一般不需特别处理。

(2) 挑檐。

屋面为无组织排水时，可用外伸的檐口板形成挑檐，有时也可利用顶部圈梁挑出挑檐板。挑檐处应处理好卷材的收头，以防止卷材起翘、翻裂。通常可采用卷材自然收头(见图 9-35(a))和附加镀锌薄钢板收头(见图 9-35(b))的方法。

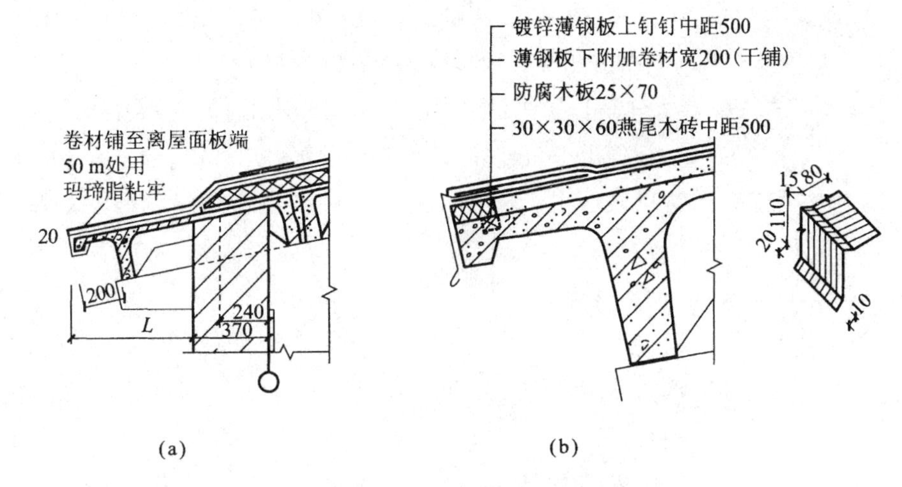

图 9-35 挑檐构造(单位:mm)

(a) 卷材自然收头;(b) 附加镀锌薄钢板收头

(3) 纵墙外天(檐)沟。

南方地区较多采用檐沟外排水的形式,其槽形天沟板一般支承在钢筋混凝土屋架端部挑出的水平挑梁上或钢屋架、钢筋混凝土屋面大梁端部的钢牛腿上。檐沟的卷材防水层除与屋面相同以外,在防水层底还应加铺一层卷材。雨水口周围应附加玻璃布两层。檐沟的卷材防水也应注意收头的处理(见图 9-36(a))。因檐沟的檐壁较矮,为保证屋面检修、清灰的安全,可在沟外壁设铁栏杆(见图 9-36(b))。

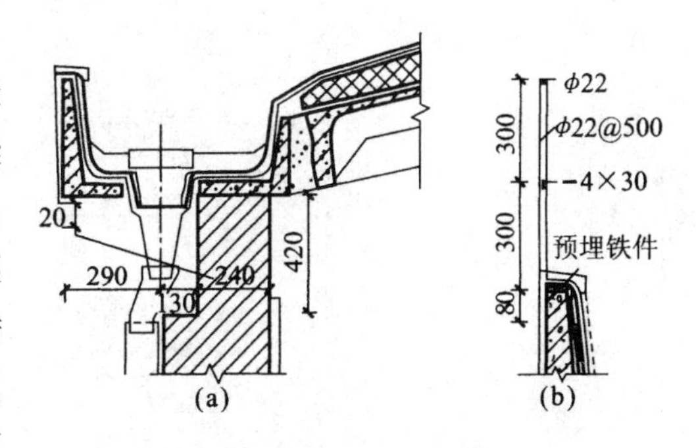

图 9-36 纵墙外檐沟构造(单位:mm)

(a) 檐沟构造;(b) 栏杆构造

(4) 天沟。

① 中间天沟:中间天沟是在等高多跨厂房的两坡屋面之间,一般用两块槽形天沟板并排布置。其防水处理、找坡等构造方法与纵墙檐沟基本相同。两块槽形天沟板接缝处的防水构造是将天沟卷材连续覆盖(见图 9-37(a))。

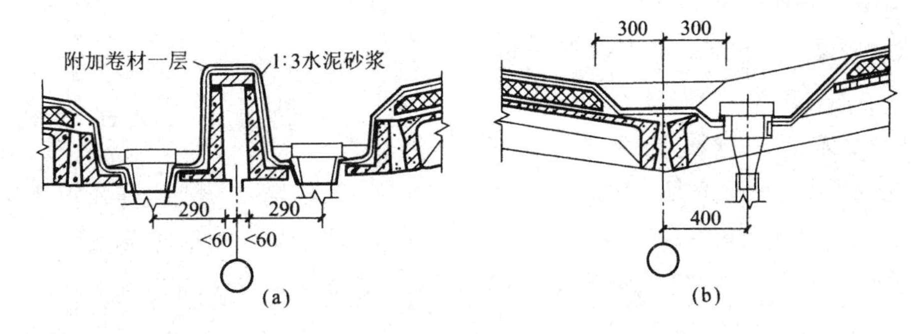

图 9-37 中间天沟构造(单位:mm)

(a) 槽形天沟板接缝构造;(b) V 形天沟构造

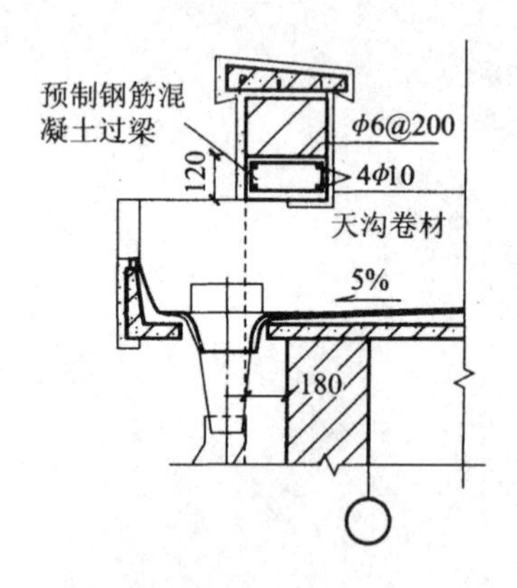

图 9-38　长天沟外排水构造(单位:mm)

直接利用两坡屋面的坡度做成V形“自然天沟”的仅用于内排水(或内落外排水),其构造如图9-37(b)所示。

② 长天沟:当采用长天沟外排水时,必须在山墙上留出洞口,天沟板伸出山墙,该洞口可兼作溢水口用,洞口的上方应设置预制钢筋混凝土过梁。长天沟及洞口处应注意卷材的收头处理,如图9-38所示。

(5) 泛水。

① 山墙泛水:山墙泛水的做法与民用建筑基本相同,应做好卷材收头处理和转折处理。振动较大的厂房,可在卷材转折处加铺一层卷材(见图9-39),山墙一般应采用钢筋混凝土压顶,以利于防水和加强山墙的整体性。

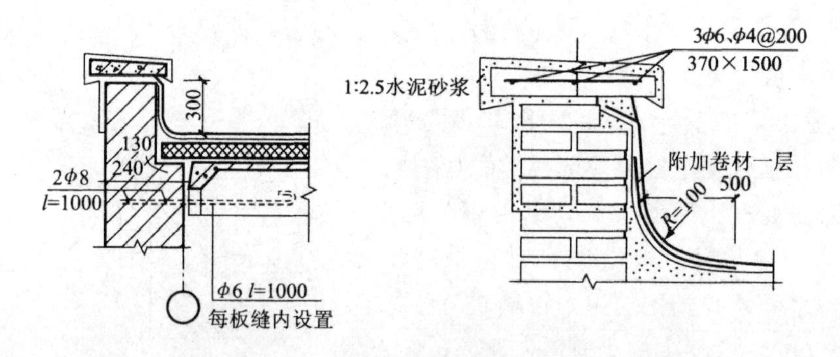

图 9-39　山墙泛水构造(单位:mm)

② 纵向女儿墙泛水:当纵墙采用女儿墙形式时,应注意天沟与女儿墙交接处的防水处理。天沟内的卷材防水层应升至女儿墙上一定高度,并做好收头处理,做法与山墙泛水相似(见图9-40)。

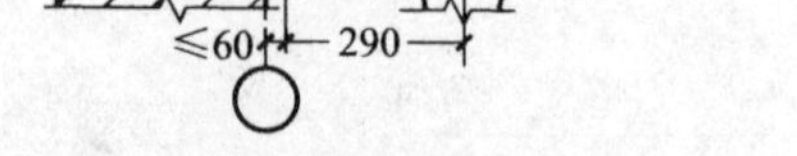

③ 高低跨处泛水:如在厂房平行高低跨处无变形缝,而由墙梁承受侧墙墙体荷载时,墙梁下需设牛腿。因牛腿有一定高度,因此高跨墙梁与低跨屋面之间必然形成一个大空隙,这段空隙应采用较薄的墙封嵌,并作泛水处理(见图9-41)。

图 9-40　纵向女儿墙泛水构造(单位:mm)

④ 变形缝泛水:屋面的横向变形缝处最好设置矮墙泛水,以免水溢入缝内,缝的上部应设置能适应变形的镀锌薄钢板盖缝或预制钢筋混凝土压顶板(见图9-42(a))。镀锌薄钢板盖缝较轻,但易锈蚀,故有时可用铝代替;预制钢筋混凝土压顶板盖缝耐久性好,但构件较重,如横向变形缝处不设矮墙泛水,其构造如图9-42(b)所示。

2) 钢筋混凝土构件自防水屋面

钢筋混凝土构件自防水屋面,是利用钢筋混凝土板本身的密实性,对板缝进行局部防水处理而形成防水的屋面。构件自防水屋面具有省工、省料、造价低和维修方便的优点。但也存在一些缺

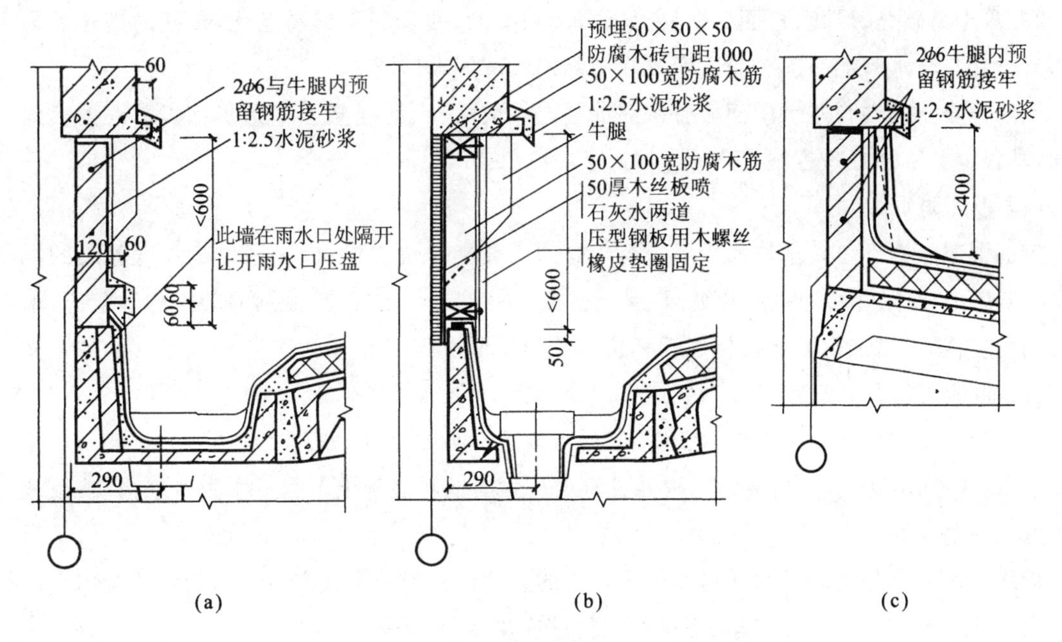

(a) (b) (c)

图 9-41 高低跨处泛水构造(单位:mm)

(a)、(b) 有天沟高低跨处泛水;(c) 无天沟高低跨处泛水

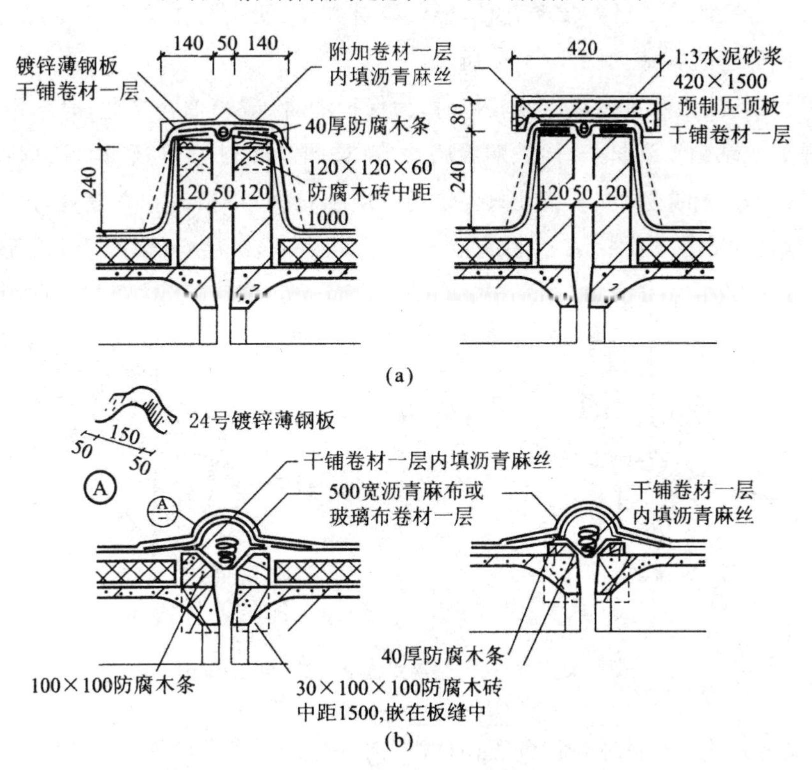

图 9-42 屋面横向变形缝示例

(a) 有矮墙泛水;(b) 无矮墙泛水

点,如混凝土易碳化、风化,板面后期易出现裂缝和渗漏,油膏和涂料易老化,接缝的搭盖处易产生飘雨。构件自防水屋面目前在我国南方和中部地区应用较广泛。

钢筋混凝土构件自防水屋面板有钢筋混凝土屋面板、钢筋混凝土 F 形屋面板。根据板的类型不同,其板缝的防水处理方法也不同。

(1) 板面防水。

钢筋混凝土构件自防水屋面板要求有较好的抗裂性和抗渗性,应采用较高强度等级的混凝土(C30～C40)。确保骨料的质量和级配,保证振捣密实、平滑,无裂缝,控制混凝土的水灰比,增强混凝土的密实度,是增加混凝土的抗裂性和抗渗性的重要措施。

(2) 板缝防水。

钢筋混凝土构件自防水屋面,按其板缝的构造可分为嵌缝式、贴缝式和搭盖式等基本类型。

① 嵌缝式、贴缝式防水:嵌缝式构件自防水是利用钢筋混凝土屋面板作为防水构件,板缝嵌油膏防水的一种屋面。

板缝防水尤其是横缝防水是这类屋面防水的关键。板缝分为横缝、纵缝、脊缝。缝内应清扫干净后用 C20 细石混凝土填实,缝的下部在浇捣前应吊木条,浇捣时预留 20～30 mm 的凹槽,待干燥后刷冷底子油,填嵌油膏。嵌缝油膏的质量是保证板缝不渗漏的关键,要求其有良好的防水性能、弹塑性、黏附性、耐热性、防冻性和抗老化性,还应取材方便、便于制作和施工、造价适宜,可根据当地具体条件选用,嵌缝式构造如图 9-43(a)所示。

当采用的油膏的韧性及抗老化性能较差时,为保护油膏,减慢油膏老化速度,可在油膏嵌缝的基础上,在板缝处再粘贴上卷材条,构成贴缝式构造(见图 9-43(b)),这种构件自防水屋面的防水性能优于嵌缝式。贴缝的卷材在纵缝处只要采用一层卷材即可;横缝和脊缝处,由于变形较大,宜采用两层卷材。每种缝在卷材粘贴之前,先要干铺(单边点贴)一层卷材,以适应变形需要。

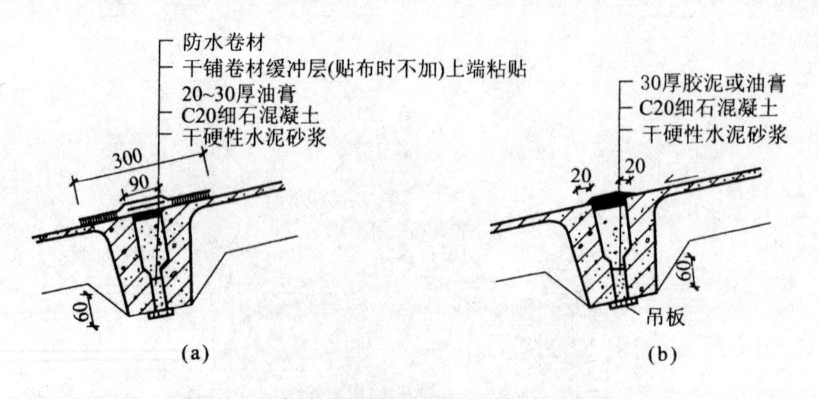

图 9-43　嵌缝式、贴缝式板缝构造(单位:mm)

(a) 嵌缝式;(b) 贴缝式

嵌缝式和贴缝式构件自防水屋面的天沟(或檐沟)及泛水、变形缝等局部位置,也均应采用卷材防水做法。

② 搭盖式防水:搭盖式构件自防水屋面利用钢筋混凝土 F 形屋面板上下搭盖住纵缝,用盖瓦、

脊瓦覆盖横缝和脊缝的方式来达到屋面防水的目的。

F形板屋面是以断面呈F形的预应力钢筋混凝土屋面板为主，配合盖瓦和脊瓦等附件组成的构件自防水屋面(见图9-44)。

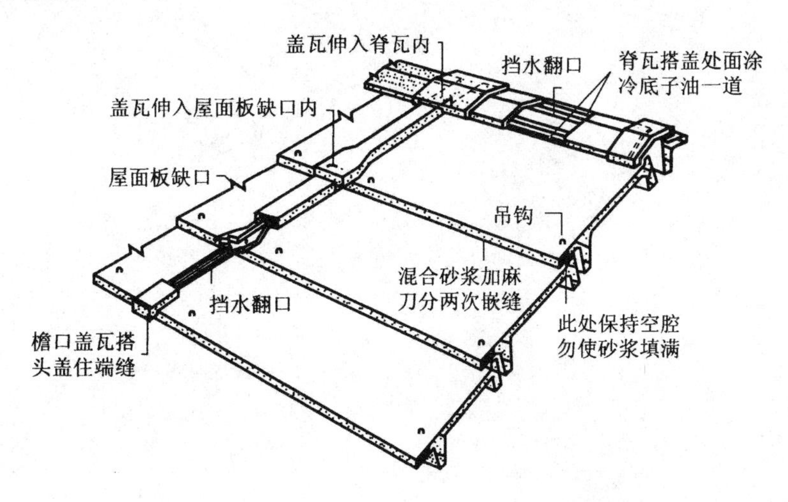

图9-44　F形板屋面的组成

3) 波形瓦(板)防水屋面

波形瓦(板)防水屋面常用的有石棉水泥波瓦、镀锌薄钢板波瓦、钢丝网水泥波瓦和压型钢板等。它们均属轻型瓦材屋面，具有厚度薄、重量轻、施工方便、防火性能好等优点。

(1) 石棉水泥波瓦屋面。

石棉水泥波瓦的优点是厚度薄，重量轻，施工简便。其缺点是易脆裂，耐久性及保温隔热性差，所以在高温、高湿、振动较大、积尘较多、屋面穿管较多的车间以及炎热地区厂房高度较小的冷加工车间不宜采用。主要用于一些仓库及对室内温度状况要求不高的厂房中。

石棉水泥波瓦规格有大波瓦、中波瓦和小波瓦三种。在厂房中常采用大波瓦。

石棉水泥波瓦直接铺设在檩条上，檩条间距应与石棉瓦的规格相适应，一般是一块瓦跨三根檩条。所以，大波瓦的檩条最大间距为1300 mm，中波瓦为1100 mm，小波瓦为900 mm。檩条有木檩条、钢筋混凝土檩条、钢檩条及轻钢檩条等。采用较多的是钢筋混凝土檩条。石棉水泥波瓦与檩条的固定要牢固，但石棉水泥波瓦性脆，对温湿度收缩及振动的适应力差，所以固定不能太紧，要允许它有变位的余地。其做法是用挂钩保证固定，用卡钩保证变位，同时挂钩也是柔性连接，允许小量位移。为了不限制石棉水泥波瓦的变位，一块瓦上挂钩数量不超过2个，挂钩的位置应设在石棉水泥波瓦的波峰上，以免漏水，并应预先钻孔，孔径较挂钩直径大2～3 mm，以利于变形和安装。挂钩不应拧得太紧，以垫圈稍能转动为宜。镀锌卡钩可免去钻孔、漏雨等缺点，瓦材的伸缩性也较好，但不如挂钩连接牢固，因此，除檐口、屋脊等部位外，其余部位最好用卡钩与檩条连接(见图9-45)。

石棉水泥波瓦横向间的搭接为一个半波，并且搭接方向宜顺主导风向，以便防止风吹和保证瓦的稳定。瓦的上下搭接长度不小于200 mm。在檐口处其挑出长度不大于300 mm。

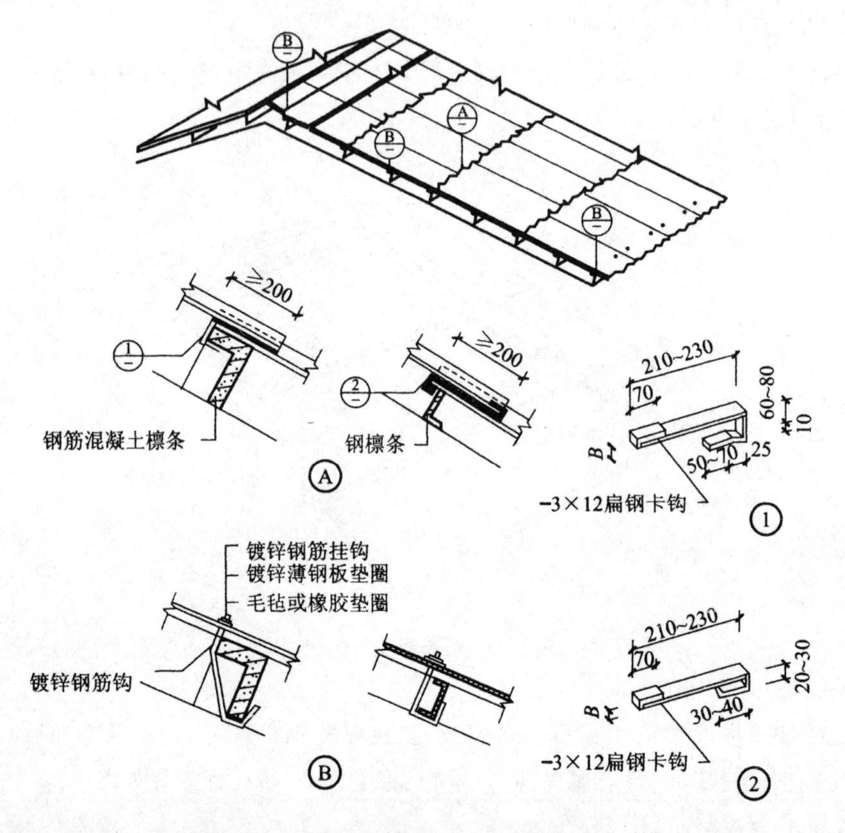

图 9-45　压型钢材的固定与搭接(单位:mm)

在四块瓦的搭接处会出现瓦角相叠现象,这样会导致瓦面翘起,在相邻四块瓦的搭接处,应随盖瓦方向的不同事先将斜对瓦片进行割角,对角缝隙不宜大于 5 mm。石棉水泥波瓦的铺设也可采用不割角的方法,但应将上下两排瓦的长边搭接缝错开,大波瓦和中波瓦错开一个波,小波瓦错开两个波。

(2) 镀锌薄钢板波瓦屋面。

镀锌薄钢板波瓦是一种较好的轻型屋面材料,它抗震性能好,在高烈度地震区使用比大型屋面板优越,适合一般高温工业厂房和仓库。但由于造价高,维修费用大,目前很少使用。

镀锌薄钢板波瓦的横向搭接一般为一个波,上下搭接、固定铁件以及固定方法基本与石棉水泥波瓦相同,但其与檩条连接较石棉水泥波瓦紧密。屋面坡度比石棉水泥波瓦屋面小,一般为 1/7。

此外,尚有钢丝网水泥波瓦以及可同时采光的玻璃钢波瓦等。

(3) 彩色压型钢板屋面。

这类屋面板的特点是施工速度快、重量轻、美观。彩色压型钢板具有承重、防锈、耐腐、防水、装饰的功能,根据需要也可设置保温、隔热及防结露层。金属夹芯板则具有保温、隔热的作用。

如图 9-46 为彩色压型钢板屋面主要节点构造示例。

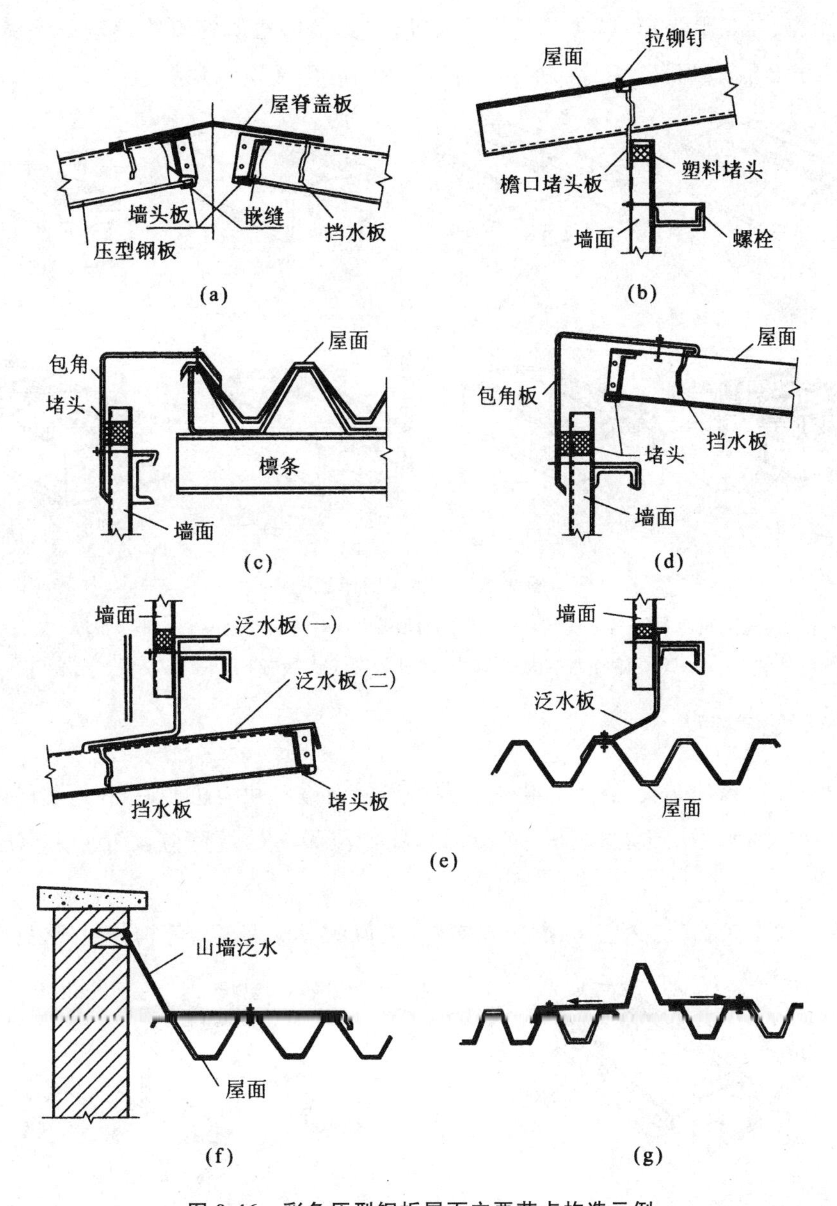

图 9-46 彩色压型钢板屋面主要节点构造示例

(a) 屋脊；(b) 檐口；(c) 山墙；(d) 单坡屋脊；(e) 高低跨泛水；(f) 硬山墙；(g) 伸缩缝

9.3 天窗构造

大跨度或多跨的单层厂房中，为满足天然采光与自然通风的要求，在屋面上常设置各种形式的天窗。这些天窗按功能可分为采光天窗与通风天窗两大类型，但实际上只起采光或只起通风作用的天窗是较少的，大部分天窗都同时兼有采光和通风双重作用。

单层厂房采用的天窗类型较多，目前我国常见的天窗形式中，主要用作采光的有矩形天窗、锯齿形天窗、平天窗、三角形天窗、横向下沉式天窗等;主要用作通风的有矩形避风天窗、纵向或横向下沉式天窗、井式天窗、M形天窗等。如图9-47所示为各类天窗示意图。

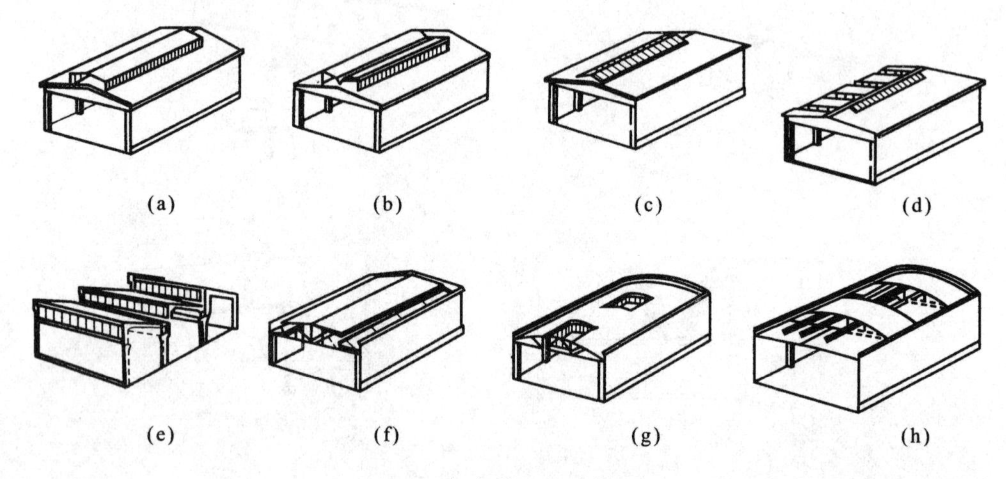

图 9-47 各种天窗示意图

(a) 矩形天窗;(b) M形天窗;(c) 三角形天窗;(d) 采光带;(e) 锯齿形天窗;
(f) 两侧下沉式天窗;(g) 中井式天窗;(h) 横向下沉式天窗

9.3.1 矩形天窗构造

矩形天窗沿厂房纵向布置,为了简化构造并留出屋面检修和消防通道,在厂房的两端和横向变形缝的第一个柱间通常不设天窗(见图9-48(a)),在每段天窗的端壁应设置上天窗屋面的消防梯(检修梯)。

矩形天窗主要由天窗架、天窗屋顶、天窗端壁、天窗侧板及天窗扇等构件组成(见图9-48(b))。

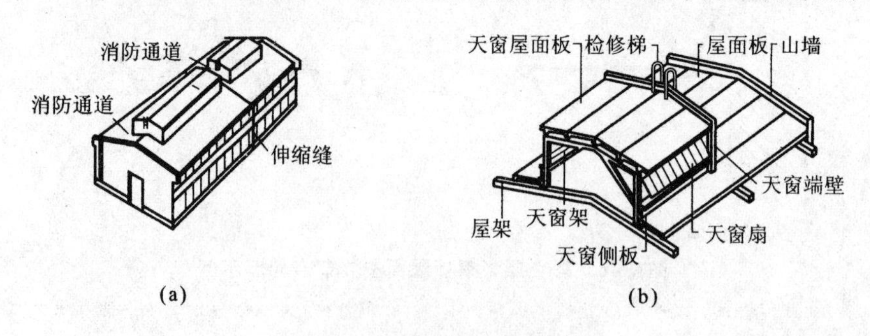

图 9-48 矩形天窗布置与组成

(a) 矩形天窗布置与消防通道;(b) 矩形天窗的组成

1) 天窗架

天窗架是天窗的承重构件,它支承在屋架或屋面梁上,有钢筋混凝土和型钢制作的两种。钢天窗架重量轻,制作吊装方便,多用于钢屋架上,但也可用于钢筋混凝土屋架上。钢筋混凝土天窗架则要与钢筋混凝土屋架配合使用。

钢筋混凝土天窗架的形式一般有门形和W形,也可做成Y形;钢天窗架有多压杆式和桁架式

（见图 9-49）。天窗架的跨度采用扩大模数 30 M 系列，目前有 6 m、9 m、12 m 三种；天窗架的高度是与根据采光通风要求选用的天窗扇的高度配套确定的，表 9-3 为我国常用的门形和 W 形钢筋混凝土天窗架的尺寸。

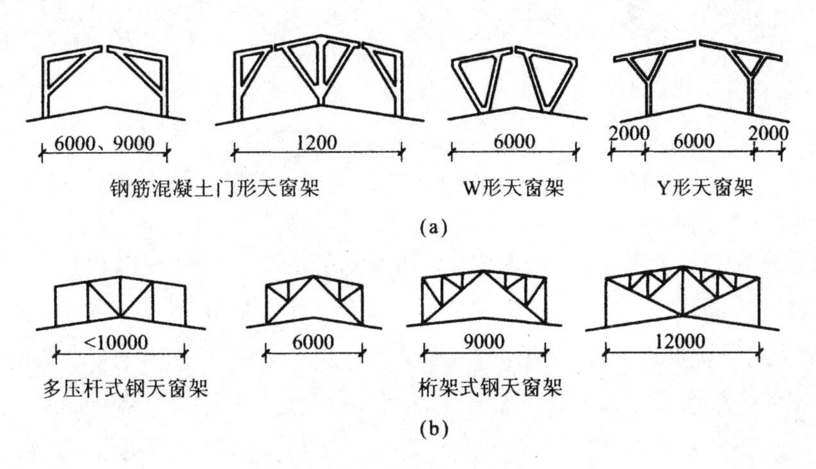

图 9-49 窗架形式(单位:mm)

(a) 钢筋混凝土天窗架；(b) 钢天窗架

表 9-3 常用的门形和 W 形钢筋混凝土天窗架的尺寸

天窗架形式	门 形							W 形	
天窗架宽度	6000				9000			6000	
天窗扇高度	1200	1500	2×900	2×1200	2×900	2×1200	2×1500	1200	1500
天窗扇高度	2070	2370	2670	3270	2670	3270	3850	1950	2250

钢筋混凝土天窗架一般由两榀或三榀预制构件拼接而成，各榀之间采用螺栓连接，其支脚与屋架采用焊接，如图 9-50 所示。

2）天窗屋顶及檐口

天窗屋顶构造通常与厂房屋顶构造相同。由于天窗宽度和高度一般均较小，故多采用自由落水。为防止雨水直接流淌到天窗扇上和飘入室内，天窗檐口一般采用带挑檐的屋面板，挑出长度为 300～500 mm。檐口下部的屋面上需铺设滴水板，以保护厂房屋面。雨量多的地区或天窗高度和宽度较大时，宜采用有组织排水，一般可采用带檐沟的屋面板或在天窗架的钢牛腿上铺槽形天沟板，以及在屋面板的挑檐下悬挂镀锌薄钢板或石棉水泥檐沟等三种做法（见图 9-51）。

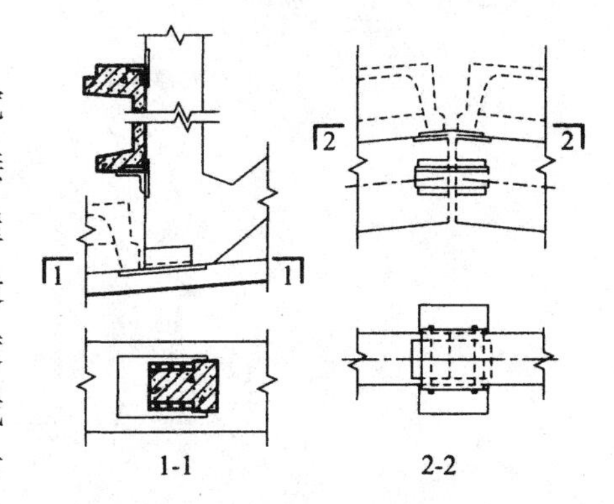

图 9-50 钢筋混凝土天窗架与屋架的连接

3）天窗端壁

天窗两端的山墙称为天窗端壁。天窗端壁通常采用预制钢筋混凝土端壁和石棉水泥瓦端壁。

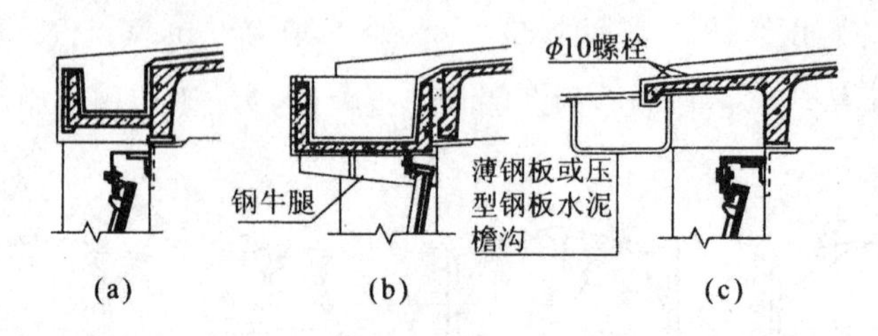

图 9-51　有组织排水的天窗檐口

(a) 带檐沟的屋面板；(b) 钢牛腿上铺天沟板；(c) 挑檐板挂薄钢板檐沟

(1) 钢筋混凝土天窗端壁。

当采用钢筋混凝土天窗架时，天窗端部可用预制钢筋混凝土端壁板来代替天窗架。这种端壁板既可支承天窗屋面板，又可起到封闭尽端的作用，是承重与围护合一的构件。根据天窗宽度不同，端壁板由两块或三块板拼装而成(见图 9-52(a))，它焊接固定在屋架上弦轴线的一侧，屋架上弦的另一侧搁置相邻的屋面板。端壁板上下部与屋面板的空隙，应采用 M5 砂浆砌砖填补，端壁板下部与屋面交接处应作泛水处理(见图 9-52(b)、(c))。端壁板两侧边向外挑出一片薄板，用以封闭天窗转角。需保温的厂房，一般在端壁板内侧加设保温层。

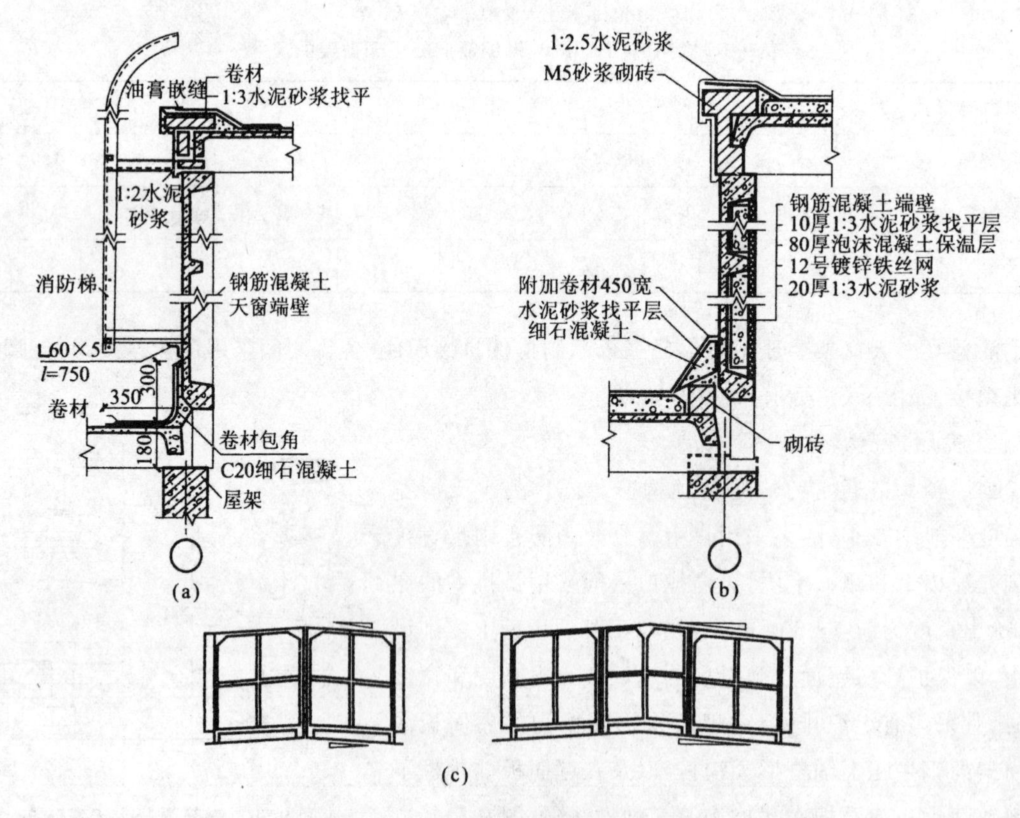

图 9-52　钢筋混凝土端壁(单位:mm)

(a) 天窗端壁板立面；(b) 不保温屋面天窗端壁构造；(c) 保温屋面天窗端壁构造

(2) 石棉水泥瓦天窗端壁。

采用钢筋混凝土天窗架的天窗虽常用钢筋混凝土端壁板，但其重量较大，数量却不多，为了减少构件类型及减轻屋盖荷重，也可改用石棉水泥瓦或其他波形瓦做天窗端壁。这种做法仍采用天窗架承重，而端壁的围护结构由轻型波形瓦做成，但这种端壁构件琐碎，施工复杂，故主要用于钢天窗架上。

石棉瓦挂在由天窗架(钢或钢筋混凝土)外挑出的角钢骨架上(见图 9-53)。需作保温用时，一般在天窗架内侧挂贴刨花板、聚苯乙烯板等板状保温层；高寒地区还应注意檐口及壁板边缘部位保温层的严密，避免产生热桥现象。

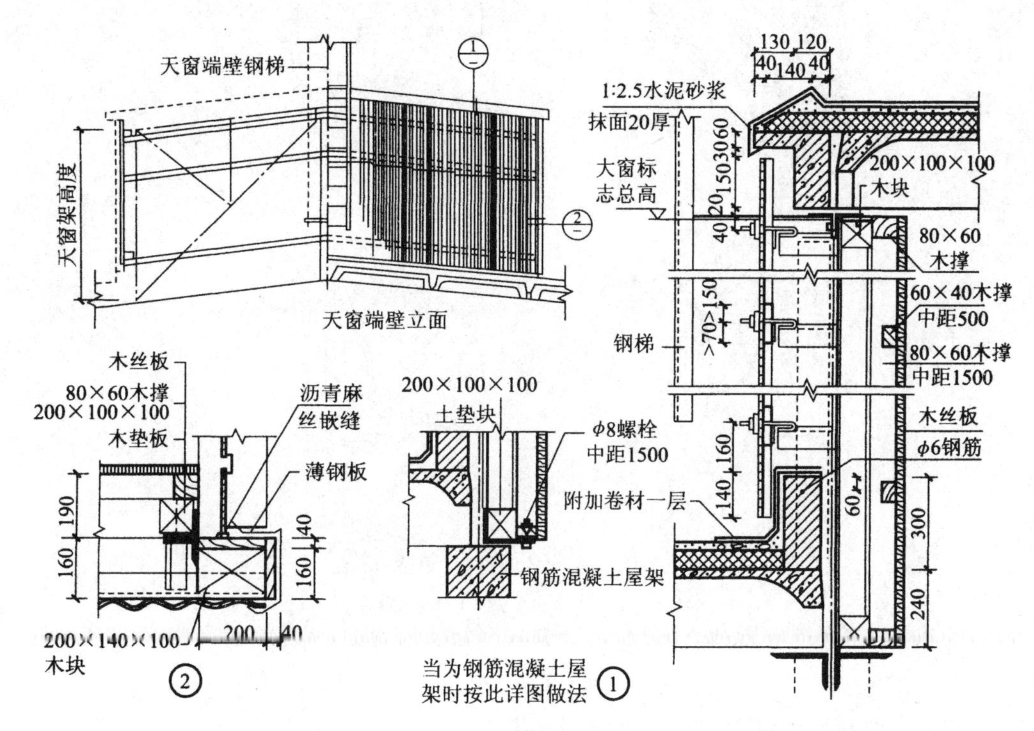

图 9-53 压型钢板天窗户壁构造(有保温)(单位:mm)

4) 天窗侧板

天窗侧板是天窗下部的围护构件。它的主要作用是防止屋面的雨水溅入车间，以及不被积雪挡住天窗扇开启。屋面至侧板顶面的高度一般应大于 300 mm，多风雨或多雪地区应增高至 400～600 mm，天窗侧板及檐口构造如图 9-54 所示。

5) 天窗扇

天窗扇有钢制和木制两种，无论南方还是北方均为单层。钢天窗扇具有耐久、耐高温、挡光少、不易变形、关闭严密等优点，因此工业建筑中常用钢天窗扇。木天窗扇易于制作，但耐久性、抗变形性、透光率和防火性较差，只适用于火灾危险不大、相对湿度较小的厂房。

钢天窗扇按开启方式分为：上悬式钢天窗扇、中悬式钢天窗扇。上悬式钢天窗扇最大开启角仅为 45°，因此防雨性能较好，但通风性能较差；中悬式钢天窗扇开启角为 60°～80°，其通风好，但防雨

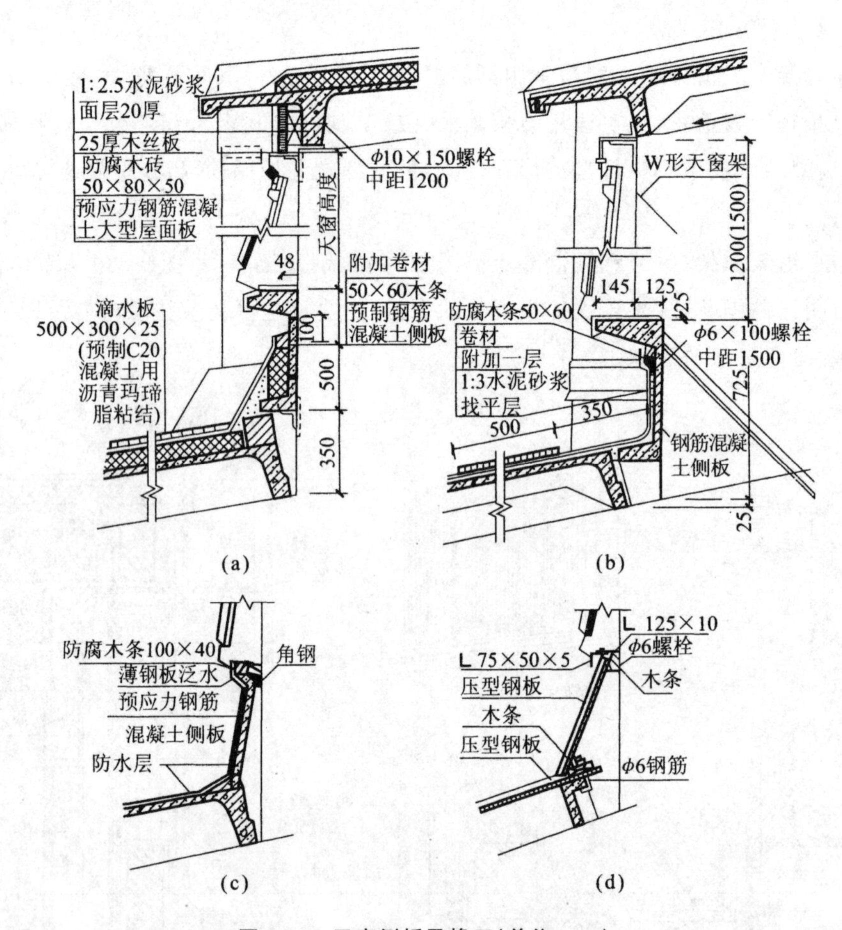

图 9-54　天窗侧板及檐口(单位:mm)

(a) 门形钢筋混凝土天窗架天窗侧板及檐口(保温方案);

(b) W 形钢筋混凝土天窗架天窗侧板及檐口(非保温方案);

(c) 预应力钢筋混凝土(平板)侧板;(d) 压型钢板

较差;木天窗扇一般只有中悬式,最大开启角为 60°。

(1) 上悬式钢天窗扇。

上悬式钢天窗扇的高度有三种:900 mm、1200 mm、1500 mm(标志尺寸),可根据需要组合形成不同的窗口高度。上悬式钢天窗扇主要由开启扇和固定扇等若干单元组成,可以布置成通长天窗扇和分段天窗扇。

通长天窗扇由两个端部窗扇和若干个中间窗扇利用垫板和螺栓连接而成(见图 9-55(a)),开启扇可长达数十米,其长度应根据厂房长度、采光通风的需要以及天窗开关器的启动能力等因素决定。分段天窗扇是每个柱距设一个窗扇,各窗扇可单独开启(见图 9-55(b)),分段天窗扇一般不用开关器。无论是通长天窗扇还是分段天窗扇,在开启扇之间以及开启扇与天窗端壁之间,均须设置固定窗扇起竖框作用。防雨要求较高的厂房可在上述固定扇的后侧附加 600 mm 宽的固定挡雨板(见图 9-55(c)),以防止雨水从窗扇两端开口处飘入车间。

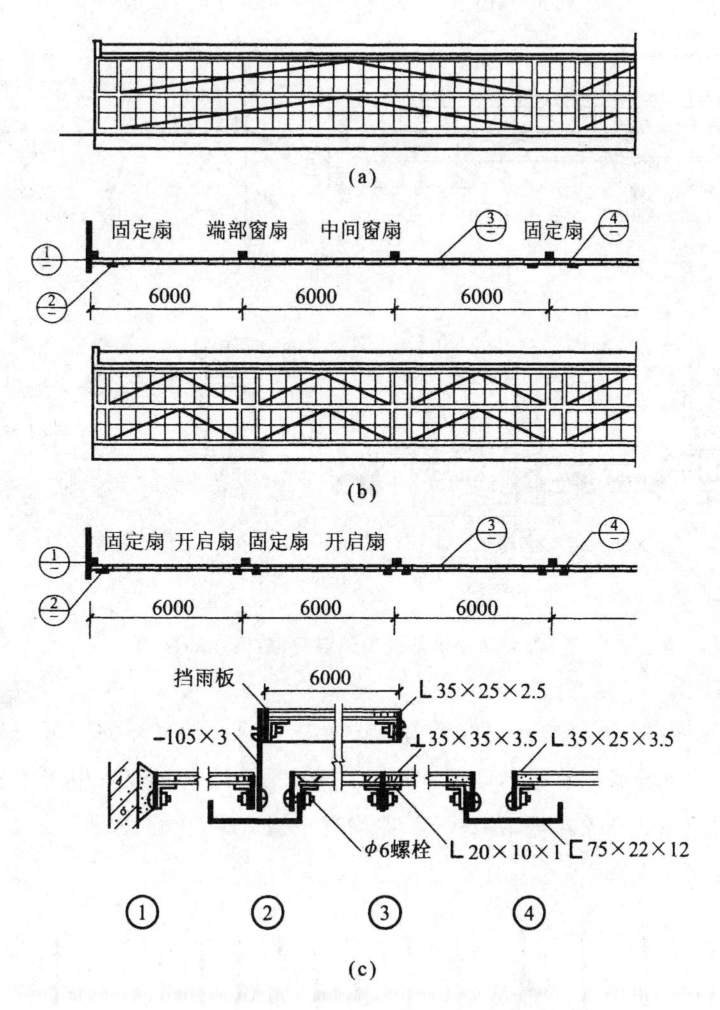

图 9-55　上悬式钢天窗扇(单位:mm)

(a) 通长天窗扇;(b) 分段天窗扇;(c) 细部构造

上悬式钢天窗扇由上下冒头、边框及窗棂组成。窗扇上冒头为槽钢,它悬挂在通长的弯铁上,弯铁用螺栓固定在纵向角钢上框上,上框则焊接或用螺栓固定于角钢牛腿上。窗扇的下冒头为L形断面的型钢,关闭时搭在天窗侧板的外沿。当设置两排天窗扇时,必须设置角钢中挡,用以搭靠上排开窗的下冒头和固定下排天窗的通长弯铁。天窗扇的窗棂为T形钢,边梃则用角钢制成,并附加盖缝板。

(2) 中悬式钢天窗扇。

中悬式钢天窗扇高度有三种(与上悬式钢天窗扇相同),也可组合形成不同的窗口高度(见图9-56)。中悬式钢天窗因受天窗架的阻挡和转轴位置的限制,只能分段设置,每个柱距内设一樘窗扇。

中悬式钢天窗扇的上下冒头及边梃均为角钢,窗棂为T形钢。每个窗扇之间设槽钢作竖框、窗扇转轴固定在竖框上。中悬式钢天窗在变形缝处(如不断开时)设置固定小扇。

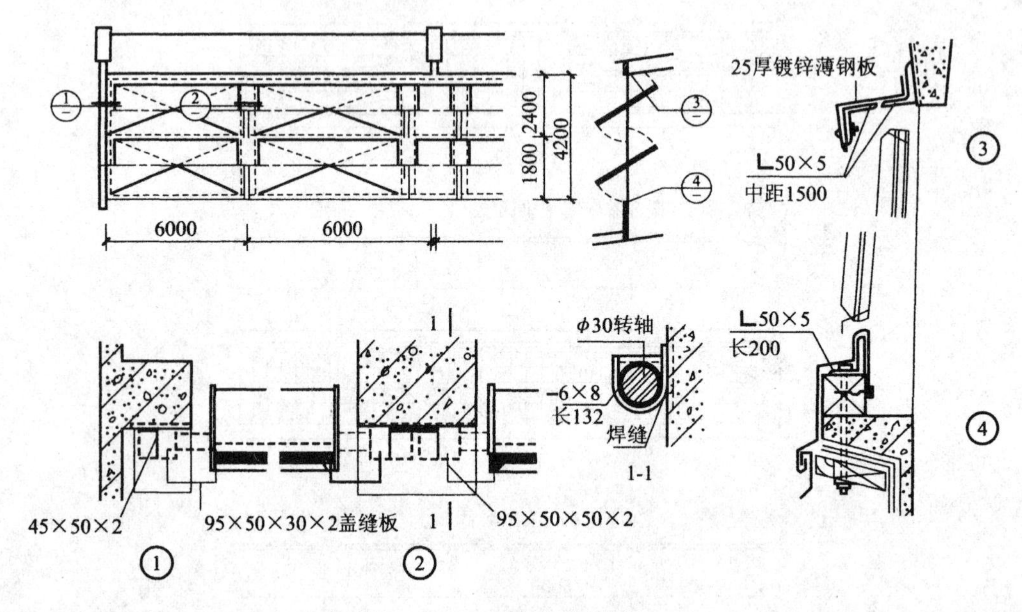

图 9-56　中悬式钢天窗扇(单位:mm)

6)天窗开关器

由于天窗位置较高,需要经常开关的天窗应设置开关器。天窗开关器可分为电动、手动、气动等多种。用于上悬式钢天窗的有电动和手动撑臂式开关器(见图 9-57);用于中悬式天窗的有电动引伸式或简易联动拉绳式开关器等,各种开关器均有定型产品,土建设计人员要了解它们的特点以及对建筑构造的要求合理选用。

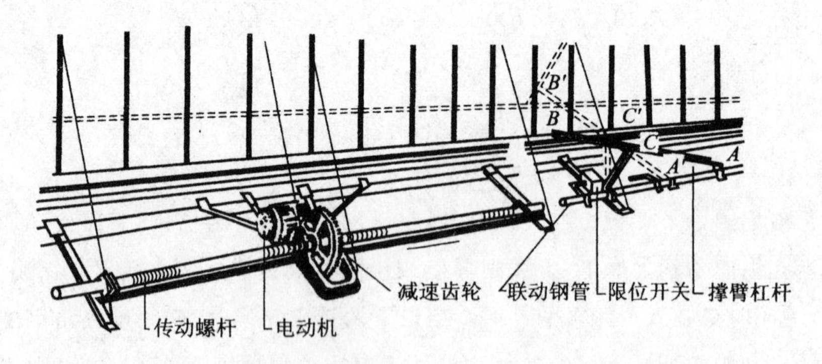

图 9-57　撑臂式电动开关器示意图(适用于上悬式天窗)

9.3.2　平天窗

平天窗是利用屋顶水平面进行采光的。它有采光板(见图 9-58)、采光罩(见图 9-59)和采光带(见图 9-60)三种类型。

1)平天窗防水构造

防水处理是平天窗构造的关键问题之一。防水处理包括孔壁泛水和玻璃固定处防水等环节。

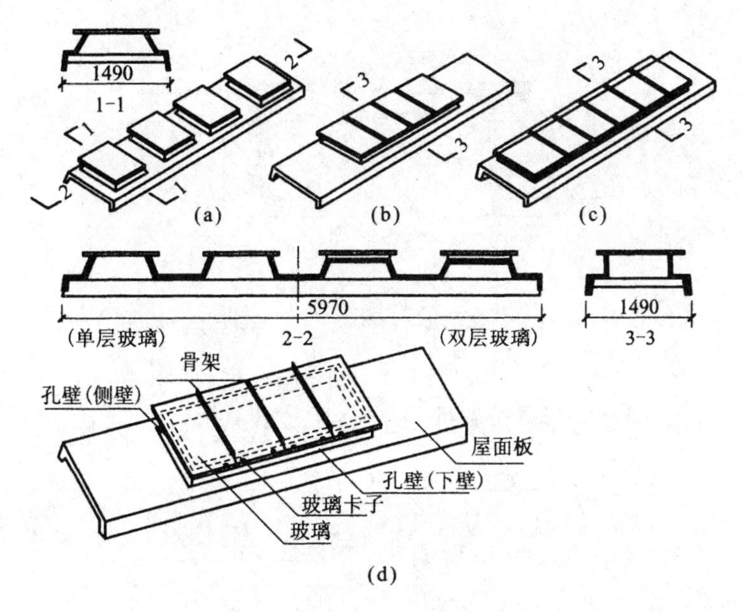

图 9-58 采光板的形式和组成(单位:mm)

(a) 小孔采光板;(b) 中孔采光板;(c) 大孔采光板;(d) 采光板的组成

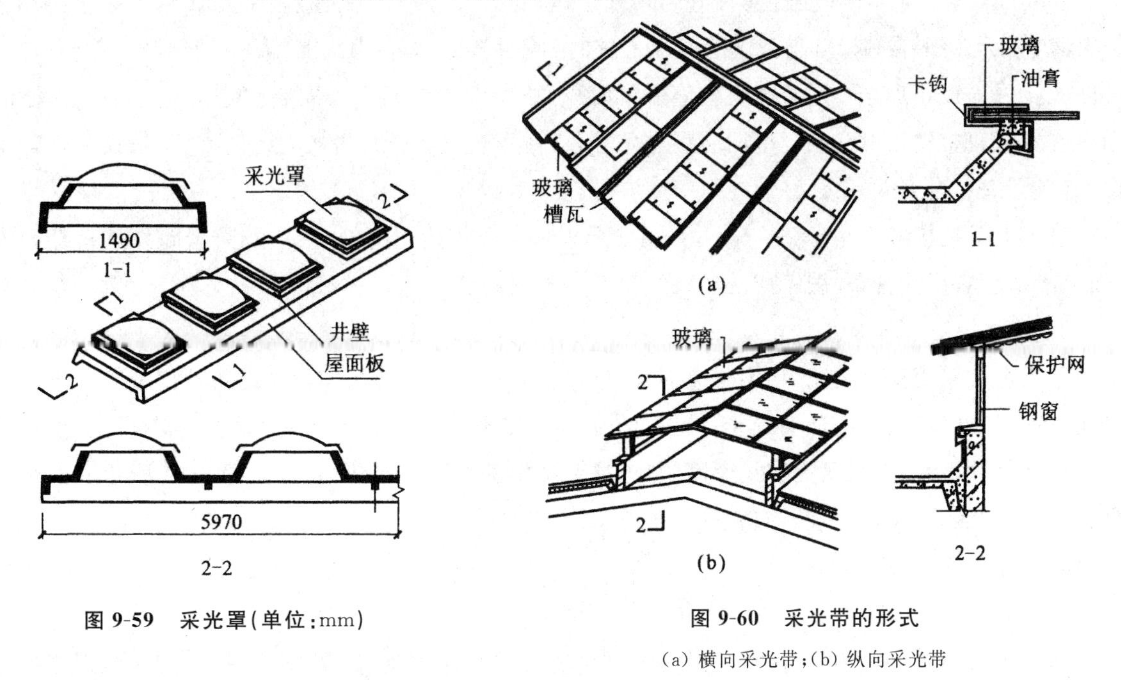

图 9-59 采光罩(单位:mm)

图 9-60 采光带的形式

(a) 横向采光带;(b) 纵向采光带

(1) 孔壁形式及泛水。

孔壁是平天窗采光口的边框。为了防水和消除积雪对窗的影响,孔壁一般高出屋面 150 mm 左右,有暴风雨的地区则可提高至 250 mm 以上,孔壁的形式有垂直和倾斜两种,后者可提高采光率。孔壁常做成预制装配的,材料有钢筋混凝土、薄钢板、玻璃纤维塑料等,应注意处理好屋面板之间的缝隙,以防渗水;也可以做成现浇钢筋混凝土的形式(见图 9-61)。

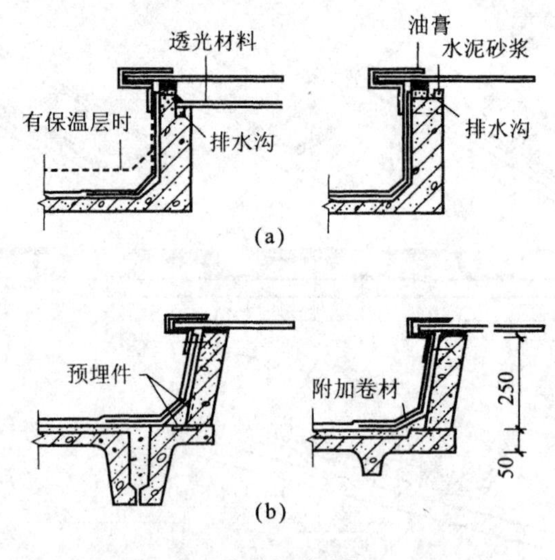

图 9-61　孔壁构造(单位:mm)

(a) 现浇孔壁;(b) 预制孔壁

(2) 玻璃固定及防水处理。

安装固定玻璃时,要特别注意做好防水处理,避免渗漏。小孔采光板及采光罩为整块透光材料,利用钢卡钩及木螺钉将玻璃或玻璃罩固定在孔壁的预埋木砖上即可,构造较为简单(见图 9-62(a))。

大孔采光板和采光带需由多块玻璃拼接而成,故应设置骨架作为安装固定玻璃之用。横档的用料有木材、型钢、铝材和预制钢筋混凝土条等,应注意玻璃与横档搭接处的防水,一般用油膏防止渗水(见图 9-62(b))。

玻璃上下搭接应不小于 100 mm,并用 S 形镀锌卡子固定,为防止雨雪及灰尘随风从搭缝处渗入,上下搭缝宜用油膏条、胶管或浸油线绳等柔性材料封缝(见图 9-62(c))。

2) 玻璃的安全防护

平天窗宜采用安全玻璃(如钢化玻璃、夹丝玻璃和玻璃钢罩等),但此类材料价格较高。当采用平板玻璃、磨砂玻璃、压花玻璃等非安全玻璃时,为防止玻璃破碎落下伤人,须加设安全网。安全网一般设在玻璃下面,常采用镀锌钢丝网制作,挂在孔壁的挂钩上或横档上,如图 9-63 所示。安全网易积灰,清扫困难,构造处理时应考虑便于更换。

3) 其他构造问题

(1) 防止太阳辐射热及眩光措施。

透过平天窗进入室内的直射阳光较多,且照射时间长,会引起室内过热,并产生眩光,损害视力及影响操作安全和产品质量。通常可采用以下措施来防止太阳辐射热和眩光。

① 采用扩散性能好、透热系数小的透光材料,如夹丝压花玻璃、钢化磨砂玻璃、玻璃钢、乳白玻璃、磨砂玻璃,以及吸热玻璃和热反射玻璃等。

② 当采用平板玻璃时,在平板玻璃下表面涂刷聚乙烯酸缩丁醛(简称 PVB)或在环氧树脂(或聚酯树脂、聚醋酸乙烯乳液)内加 5%滑石粉涂刷在玻璃的下表面,便可产生照度均匀、消除眩光的

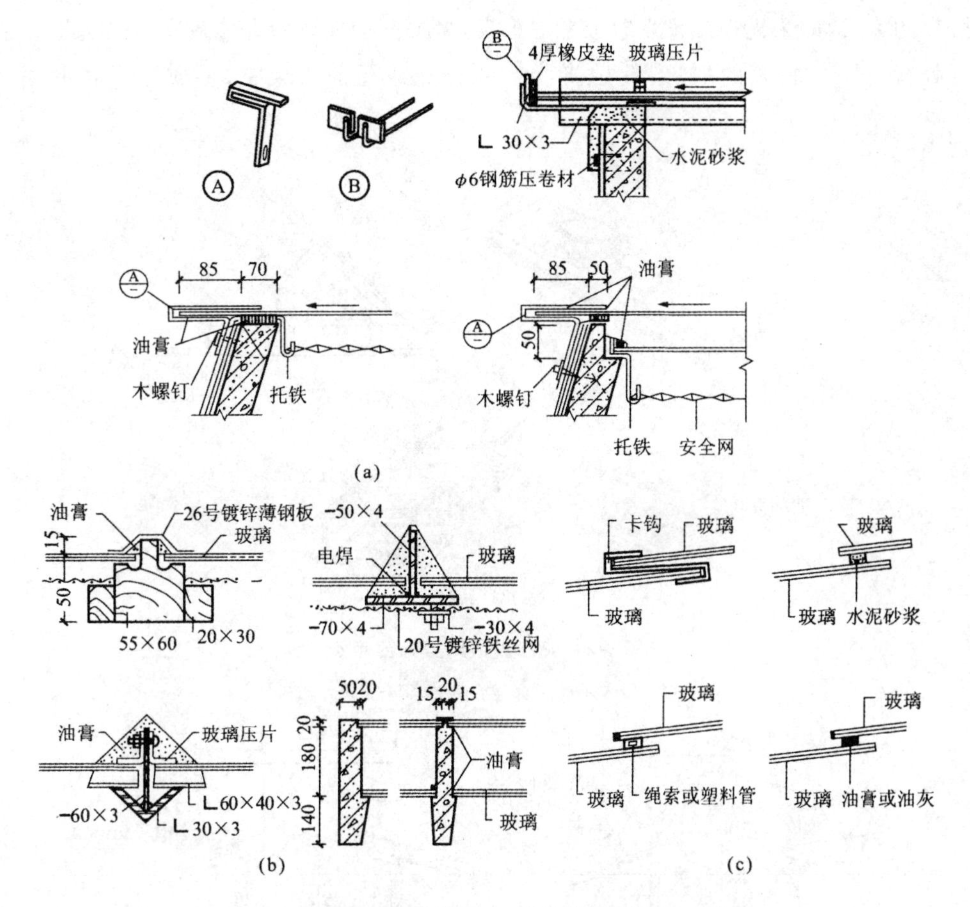

图 9-62 平天窗玻璃固定、搭接构造(单位:mm)

(a) 小孔采光板、采光罩的玻璃与孔壁连接;(b) 大孔采光板、采光带的玻璃与横档连接;(c) 玻璃搭接构造

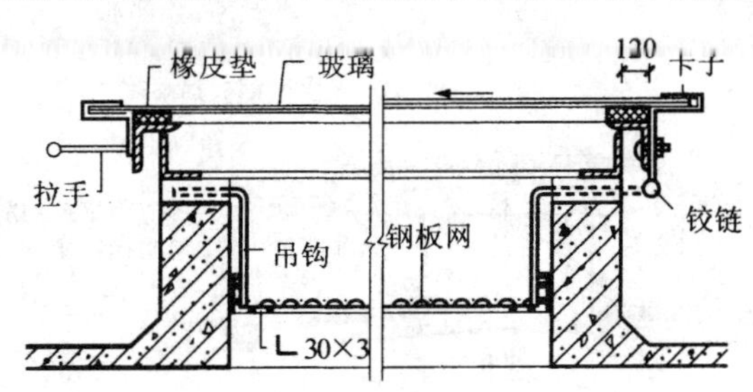

图 9-63 安全网构造示例(单位:mm)

效果,也可以在玻璃下加设浅色格片,起扩散作用。

③ 采用双层玻璃,中间留一定的空气间层,能起到一定的隔热作用,对严寒地区可减少或避免玻璃内表面的凝结水。

(2) 通风措施。

设有平天窗的厂房,可有两种组织自然通风的措施:一种是采光与通风相结合,采用可开启的采光板或采光罩,或采用加挡风板、通风井的采光通风型平天窗(见图 9-64)。另一种是采用采光与通风分离的方式，即采光板或采光罩只考虑采光，另外利用通风屋脊来解决通风问题。通风屋脊是在屋脊处留出一条狭长的喉口，然后将此处的脊瓦或屋面板架空，形成屋脊状的通风口(见图 9-65)。

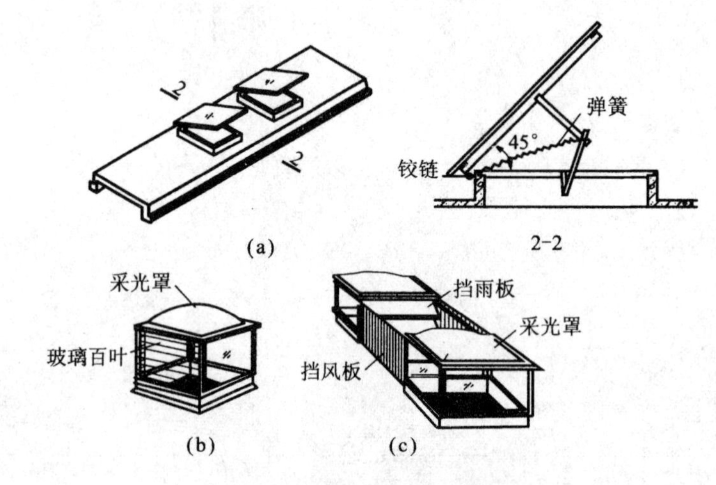

图 9-64 采光、通风型天窗示例

(a) 可开启采光板；(b) 单个通风形；(c) 组合通风形

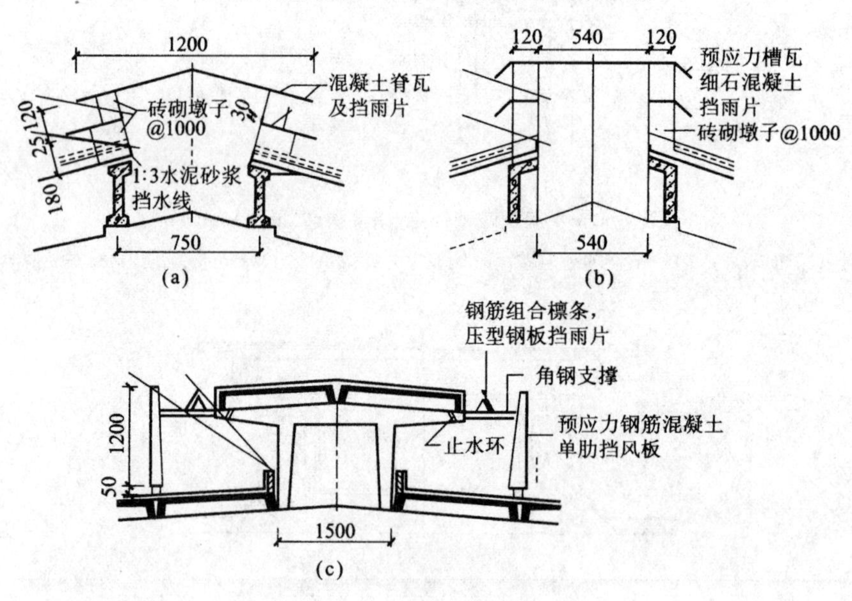

图 9-65 通风屋脊示例(单位：mm)

(a) 采用脊瓦及挡雨片的通风屋脊；(b) 采用槽瓦及挡雨片的通风屋脊；

(c) 带挡风板的通风屋脊

9.4 地面及其他构造

9.4.1 地面

1) 厂房地面的特点与要求

工业厂房地面应能满足生产使用要求，如生产精密仪器或仪表的车间，地面应满足防尘要求；生产中有爆炸危险的车间，地面应满足防爆要求（不因撞击而产生火花）；有化学侵蚀的车间，地面应满足防腐蚀要求等。因此，地面类型的选择是否恰当，构造是否合理，将直接影响到产品质量的好坏和工人劳动条件的优劣。同时，因厂房内工段数量较多，各工段生产要求不同，地面类型也应不同，这就使地面构造增加了复杂性。此外，单层厂房地面面积大，荷载大，材料用量也多。据统计，一般机械类厂房混凝土地面的混凝土用量占主体结构的25%～50%。所以正确而合理地选择地面材料和相应的构造，不仅有利于生产，而且对节约材料和基建投资都有重要意义。

2) 地面的组成

厂房地面与民用建筑一样，一般是由面层、垫层和基层（地基）组成（见图9-66）。当上述构造层不能充分满足使用要求或构造要求时，可增设其他构造层，如结合层、找平层、隔离层等；某些特殊情况，还需增设保温层、隔绝层、隔声层等。

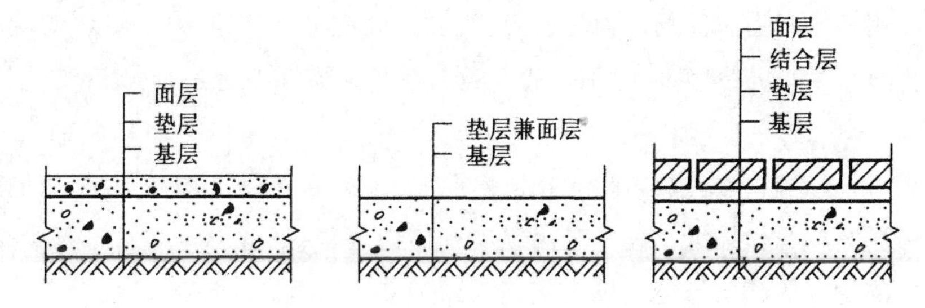

图9-66 厂房地面的组成

(1) 面层及其选择。

地面的名称常以面层材料来命名。根据构造及材料性能不同，面层可分为整体式（包括单层整体式和多层整体式）及板、块状两大类。由于面层是直接承受各种物理、化学作用的表面层，因此应根据生产特征、使用要求和技术经济条件来选择面层。

(2) 垫层的选择。

垫层是承受并传递地面荷载至基层（地基）的构造层。按材料性质不同，垫层可分为刚性垫层、半刚性垫层和柔性垫层三种。

刚性垫层是指用混凝土、沥青混凝土和钢筋混凝土等材料做成的垫层。它整体性好，不透水，强度大，适用于直接安装中小型设备、受较大集中荷载且要求变形小的地面，以及有侵蚀性介质或大量水、中性溶液作用或面层构造要求为刚性垫层的地面。

半刚性垫层是指灰土、三合土、四合土等材料做成的垫层。半刚性垫层受力后有一定的塑性变形,可以利用工业废料和建筑废料制作,因而造价低。

垫层的选择还应与面层材料相适应,同时应考虑生产特征和使用要求等因素。如现浇整体式面层、卷材或塑料面层,以及用砂浆或胶泥做结合层的板、块状面层,其下部的垫层宜采用混凝土垫层;用砂、炉渣作结合层的块材面层,宜采用柔性垫层或半刚性垫层。

垫层的厚度,主要根据作用在地面上的荷载情况来确定,其所需的厚度应按《建筑地面设计规范》(GB 50037—2013)的有关规定计算确定。按构造要求的最小厚度、最低强度等级和配合比,可参考表9-4选用。

表 9-4 垫层最小厚度、最低强度等级和配合比

名　称	最小厚度/mm	最低强度等级和配合比
混凝土	60	C15(水泥、砂、石子)
四合土	80	1∶1∶6∶12(水泥、石灰渣、砂、碎砖)
三合土	100	1∶3∶6(石灰、砂、碎石或碎砖)
灰土	100	2∶3(石灰、素土)
粒料	60	(砂、煤渣、碎石等)

注:混凝土垫层兼面层时,混凝土最低强度等级为C15,最小厚度为60 mm。

在确定垫层厚度时,应以生产过程中经常作用于地面的最不利荷载作为计算的主要依据。当最不利荷载的作用地段只占车间局部面积时,可视具体情况分区确定垫层厚度,或者采用相同厚度而用调整混凝土垫层的强度等级来区别对待。同时,也应综合考虑适应今后工艺设备改革的灵活性。

混凝土垫层应设接缝,接缝按其作用可分为伸缝和缩缝两种,厂房内的混凝土垫层受温度变化影响不大,故不设伸缝,只做缩缝。缩缝分为纵向和横向两种,平行于施工方向的缝称为纵向缩缝,垂直于施工方向的缝称为横向缩缝。纵向缩缝间距为3~6 m,横向缩缝间距为6~12 m。纵向缩缝宜采用平头缝,当混凝土垫层厚度大于150 mm时,宜设企口缝。横向缩缝则采用假缝形式,接缝构造如图9-67所示,假缝的处理是上部有缝,但不贯通地面,其目的是引导垫层的收缩裂缝集中于该处。

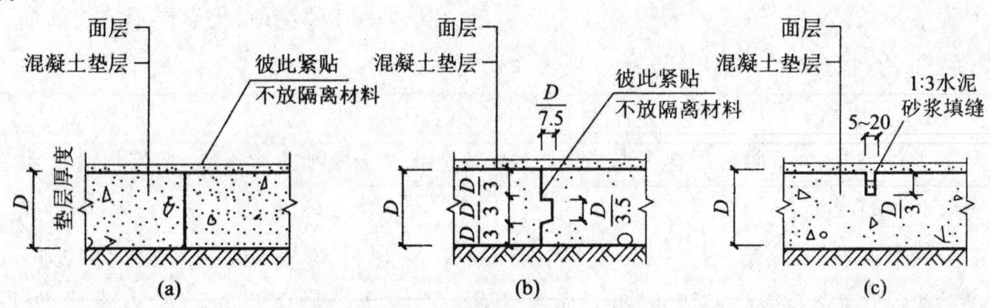

图 9-67 混凝土垫层接缝(单位:mm)

(a) 平缝;(b) 企口缝;(c) 假缝

(3) 基层(地基)。

基层是承受上部荷载的土壤层，是经过处理的基土层，最常见的是素土夯实。地基处理的质量直接影响地面承载力，地基土不应用过湿土、淤泥、腐殖土、冻土以及有机物含量大于8%的土作填料。若地基土松软，可加入碎石、碎砖或铺设灰土夯实，以提高强度。用单纯加厚混凝土垫层和提高其强度等级的办法来提高承载力是不经济的。

(4) 结合层、隔离层、找平层。

结合层：结合层是联结块材面层、板材或卷材与垫层的中间层。它主要起上下结合的作用。结合层的材料应根据面层和垫层的条件来选择，水泥砂浆或沥青砂浆结合只适用于有防水、防潮要求或要求稳定而无变形的地面；当地面有防酸防碱要求时，结合层采用耐酸砂浆或树脂胶泥等。此外，块材、板材之间的拼缝也应填以与结合层相同的材料，有冲击荷载或高温作用的地面常用砂作结合层。

隔离层：隔离层的作用是防止地面腐蚀性液体由上向下或地下水由下向上渗透扩散。如果厂房地面有侵蚀性液体影响垫层时，隔离层应设在垫层之上，可采用卷材来防止渗透。地面处于地下水位毛细管作用上升范围内，而生产上又需要有较高的防潮要求时，地面须设置防水的隔离层，且隔离层应设在垫层下，可采用一层沥青混凝土或灌沥青碎石的隔离层，其构造如图9-68所示。

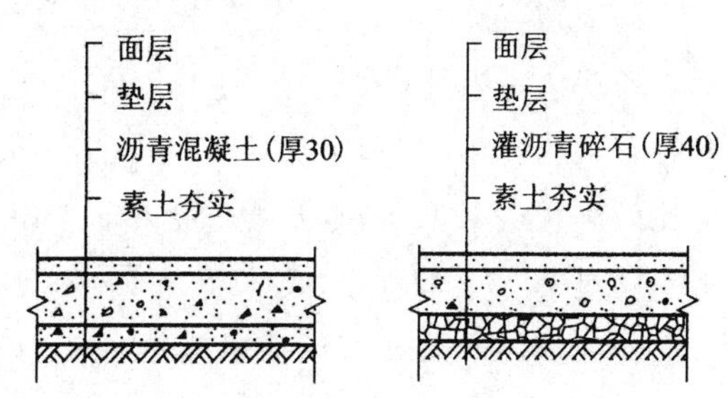

图9-68　防止地下水影响的隔离层

找平层：找平层起找平或找坡作用。当面层较薄，要求面层平整或有坡度时，垫层上需设找平层。在刚性垫层上，找平层一般为20 mm厚1∶2或1∶3水泥砂浆；在柔性垫层上，找平层宜采用细石混凝土制作(不大于30 mm厚)。找坡层常为1∶1∶8水泥石灰炉渣做成(最薄处不大于30 mm厚)。

3) 地面的类型及构造

单层厂房地面一般是按照面层材料的不同而分类的，有素土夯实、灰土、石灰炉渣、石灰三合土、水泥砂浆、混凝土、细石混凝土、水磨石、木板、块石、黏土砖、陶土板、菱苦土、沥青混凝土、金属板等各种地面。

根据使用性质，地面又可分为一般地面及特殊地面(如防腐、防爆等)两类。按构造不同也可分为整体面层和板、块料面层。

厂房一般地面的做法与民用建筑相比，除垫层厚度的选择不同外，其余基本相同。

4) 地沟

由于生产工艺的需要，厂房内有各种生产管道(如电缆、采暖、压缩空气、蒸汽管道等)需要设在地沟。

地沟由底板、沟壁、盖板三部分组成。常用的有砖砌地沟和混凝土地沟两种(见图9-69)。砖砌地沟适用于沟内部无防酸、碱要求，沟外部也不受地下水影响的厂房。沟壁一般为 120～490 mm，上端应设混凝土垫梁，以支承盖板。砖砌地沟须作防潮处理，做法为壁外刷冷底子油一道，热沥青二道，沟壁内抹 20 mm 厚 1∶2 水泥砂浆，内掺 3%防水剂。

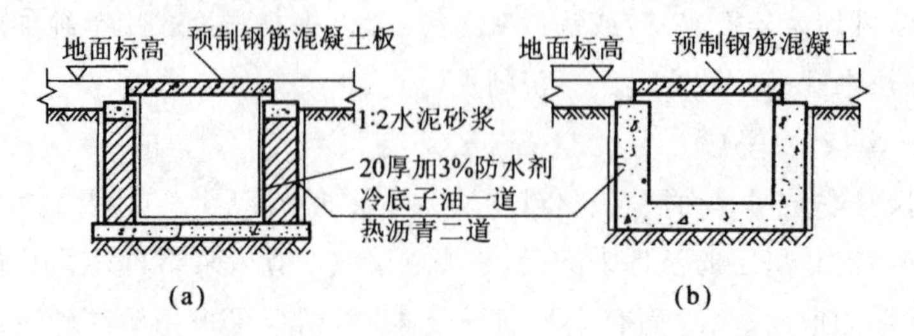

图 9-69　地沟构造

(a) 砖砌地沟；(b) 混凝土地沟

5）坡道

厂房的室内外高差一般为 150 mm。为了便于各种车辆通行，在门口外侧需设置坡道。坡道宽度应比门洞大出 1200 mm，坡度一般为 10%～15%，最大不超过 30%。坡度较大(大于 10%)时，应在坡道表面作齿槽防滑。若车间有铁轨通入时，则坡道设在铁轨两侧，其构造如图 9-70 所示。

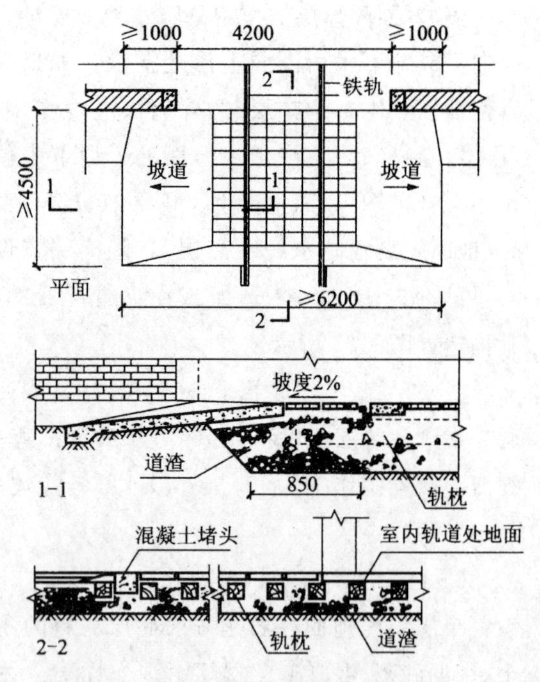

图 9-70　入口处轨道地面(单位:mm)

9.4.2　其他设施

在工业厂房中常需设置各种钢梯，如作业钢梯、吊车钢梯、屋面检修及消防钢梯等。

1）作业钢梯

作业钢梯是工人上下生产操作平台或跨越生产设备联动线的通道。作业钢梯多选用定型构件。定型作业钢梯坡度一般较陡，有 45°、59°、73°、90°四种。45°钢梯的高度(即平台高度)可达 4200 mm，宽度为 800 mm；59°钢梯的高度可达 5400 mm，宽度有 600 mm和 800 mm 两种；73°钢梯的高度也可达5400 mm，宽度为 600 mm；90°直梯的高度不超过 4800 mm，宽度也为 600 mm，钢梯的形式如图 9-71 所示。

作业钢梯的构造随坡度陡缓而异，45°、59°、73°钢梯的踏步一般采用网纹钢板，若材料供应困难时，可改用普通钢板压制或做电焊防滑点(条)；90°钢梯的踏步一般用 1～2 根 ϕ18 圆钢做成；钢梯边梁的下端和预埋在地面混凝土基础中的预埋钢板焊接；边梁的上端固定在作业(或休息)平台钢梁或钢筋混凝土梁的预埋铁件上。

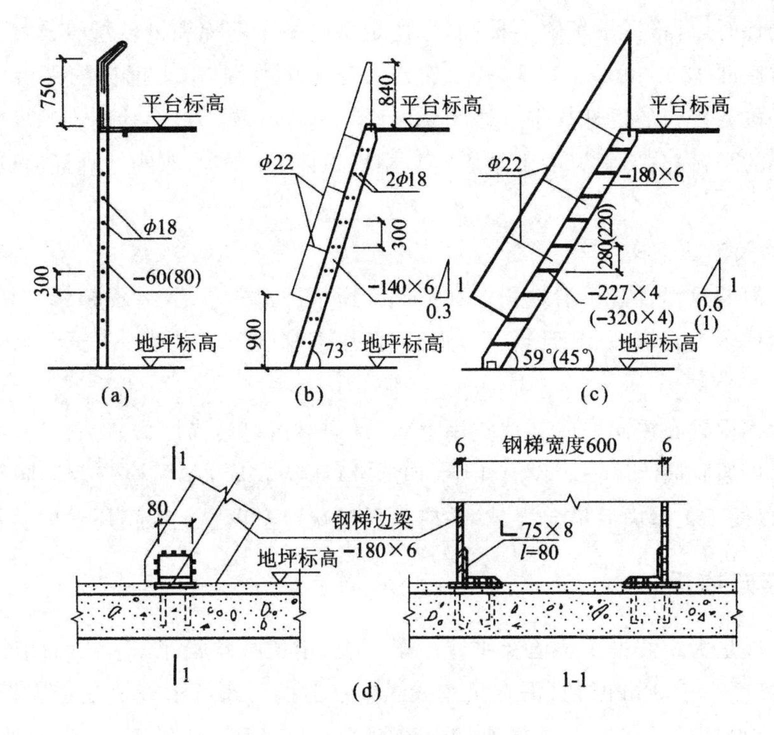

图 9-71　作业钢梯(单位:mm)

(a) 90°钢梯;(b) 73°钢梯;(c) 45°及 59°钢梯;(d) 45°及 59°钢梯固定

2）吊车钢梯

为便于用车司机上下驾驶室,应在靠驾驶室一侧设置吊车钢梯。为了避免吊车停靠时撞击端部的车挡,吊车钢梯宜布置在厂房端部的第二个柱距内。

当多跨车间相邻两跨均有吊车时,吊车钢梯可设在中柱上,使一部吊车钢梯为两跨吊车服务。同一跨内有两台以上吊车时,每台吊车均应有单独的吊车钢梯。

吊车钢梯主要由梯段和平台两部分组成(当梯段高度小于 4200 mm 时,可不设中间平台,做成直梯)。吊车钢梯的坡度一般为 63°,即 1∶2,宽度为 600 mm,如图 9-72 所示。

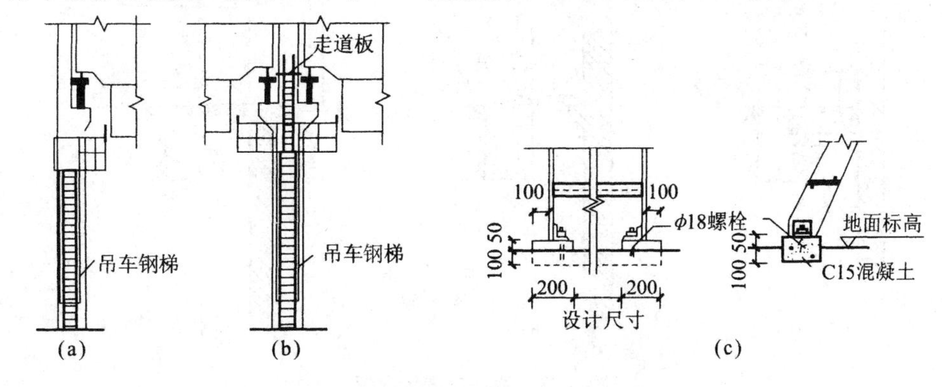

图 9-72　吊车钢梯及连接(单位:mm)

(a) 边柱吊车钢梯;(b)中柱吊车钢梯;(c)吊车钢梯的连接

选择吊车钢梯时,可根据吊车轨顶标高,选用定型的吊车钢梯和平台型号。吊车钢梯平台的标高应低于吊车梁底面 1800 mm 以上,以利于通行。为防止滑倒,吊车钢梯的平台板及踏步板宜采用花纹钢板。梯段和平台的栏杆扶手一般为 ϕ22 圆钢制作。梯段斜梁的上端与安装在厂房柱列上(或固定在墙上)的平台连接,斜梁的下端固定在刚性地面上。若为非刚性地面时,则应在地面上加设混凝土基础。

3) 屋面检修及消防钢梯

为了便于屋面的检修、清灰、清除积雪和擦洗天窗,厂房均应设置屋面检修钢梯,并兼作消防钢梯。屋面检修钢梯多为直梯形式,但当厂房很高时,用直梯既不方便也不安全,应采用设有休息平台的斜梯。

屋面检修钢梯设置在窗向墙或其他实墙上,不得面对窗口。当厂房有高低跨时,应使屋面检修钢梯经低跨屋面再通到高跨屋面。设有矩形、梯形、M 形天窗时,屋面检修及消防钢梯宜设在天窗的间断处附近,以便于上屋面后横向穿越,并应在天窗端壁上设置上天窗屋面的直梯。

9.4.3 吊车梁走道板

吊车梁走道板是为维修吊车轨道及维修吊车而设,走道板均沿吊车梁顶面铺设。当吊车为中级工作制,轨顶高度小于 8 m 时,只需在吊车操纵室一侧的吊车梁上设通长走道板;若轨顶高度大于 8 m 时,则应在两侧的吊车梁上设置通长走道板;如厂房为高温车间、吊车为重级工作制,或露天跨设吊车时,不论吊车台数、轨顶高度如何,均应在两侧的吊车梁上设通长走道板。

走道板有木制、钢制及预制钢管混凝土三种。目前,采用较多的预制钢筋混凝土走道板,有定型构件供设计时选择。预制钢筋混凝土走道板宽度有 400 mm、600 mm、800 mm 三种,板的长度与柱子净距相配套,走道板的横断面为槽形或 T 形。走道板的两端搁置在柱子侧面的钢牛腿上,并与之焊牢(见图 9-73)。走道板的一侧或两侧还应设置栏杆,栏杆为角钢制作。

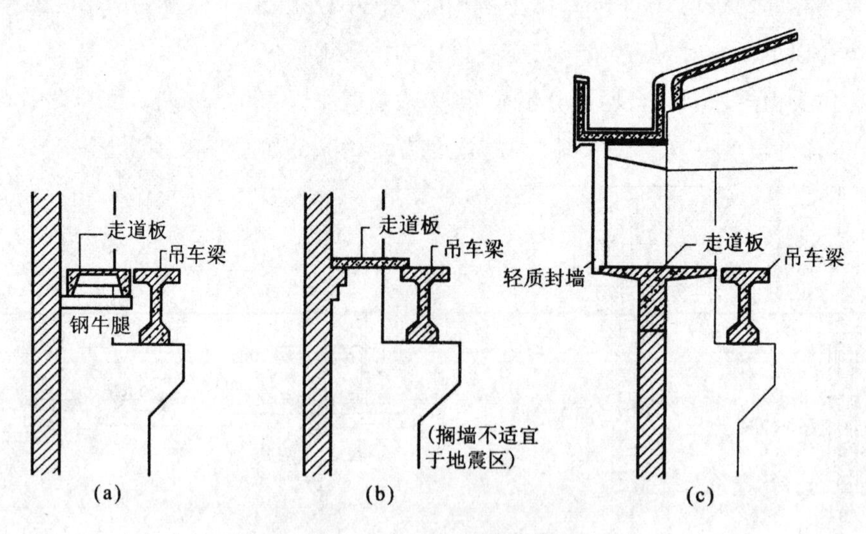

图 9-73 边柱走道板布置

(a) 槽形走道板;(b) 一字形走道板;(c) T 形走道板

9.4.4　隔断

根据生产、管理、安全卫生等要求，厂房内有些生产或辅助工段及辅助用房需要用隔断加以隔开。通常隔断的上部空间是与车间连通的，只是在为了防止车间生产的有害介质侵袭时，才在隔断的上部加设胶合板、薄钢板、硬质塑料及石棉水泥板等材料做成的顶盖，构成一个封闭的空间。不加顶盖的隔断一般高度为 2 m 左右，加顶盖的隔断高度一般为 3～3.6 m。

隔断按材料可分为木隔断、砖隔断、金属网隔断、预制钢筋混凝土隔断、混合隔断以及硬质塑料、玻璃钢、石膏板等轻质隔断，其构造做法详见本书第 1 章 1.3 节隔墙构造。

【思考与练习】

9-1　简述单层工业厂房的作业钢梯、吊车钢梯、消防钢梯、吊车梁走道板等构件的作用。

9-2　简述单层工业厂房外墙的材料类型。

9-3　单层工业厂房的外墙侧窗的布置方式有何特点？

9-4　简述单层工业厂房屋顶的材料类型。

9-5　图示单层层工业厂房的地面变形缝构造。

9-6　简述单层工业厂房天窗的类型及特点。

9-7　单层工业厂房矩型天窗的构件有哪些？

10　厂房建筑定位轴线

【本章要点】

10-1　熟悉多层工业建筑的定位轴线划分；

10-2　掌握单层工业厂房的定位轴线划分。

10.1　多层厂房定位轴线

多层厂房的定位轴线的划分与民用建筑相似，它是确定建筑物主要构件的位置及其标志尺寸的基准线。确定轴线应符合模数制的规定，并与统一化的建筑参数一致，以便采用定型化构件，使构配件具有最大限度的互换性和通用性，并尽可能地减少构配件的规格，以简化施工。

一幢多层厂房有纵向和横向两组定位轴线。通常，与厂房长轴平行的轴线称为纵向定位轴线，而与厂房长轴垂直的轴线则称为横向定位轴线。本章将讲述多层厂房的纵横两种定位轴线的划分方法。

10.1.1　横向定位轴线

墙、柱与横向定位轴线的联系，应遵守下列规定。

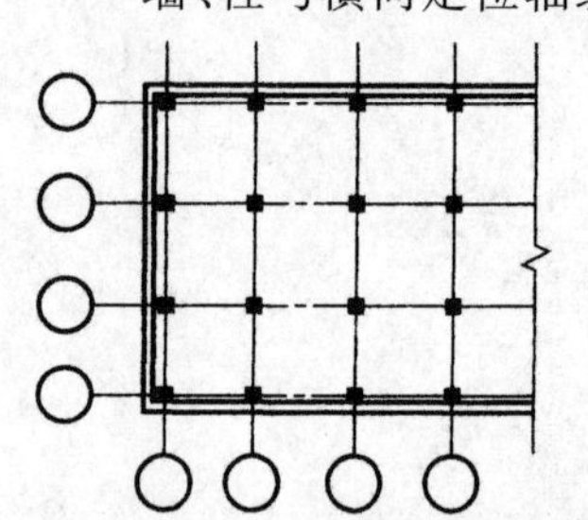

图 10-1　横向定位轴线的划分

(1) 柱的中心线应与横向定位轴线重合(见图 10-1)。

(2) 横向伸缩缝或防震缝处应采用加设插入距的双柱，并设置两条横向定位轴线，柱的中心线应与横向定位轴线相重合(见图 10-2)。伸缩缝处插入距一般可取 900 mm，若为防震缝时，则根据实际需要确定。

(3) 内墙为承重砌体时，顶层墙的中心线一般与横向定位轴线相重合(见图 10-3)。

(4) 当山墙为承重外墙时，顶层墙内缘与横向定位轴线间的距离可按砌体块材类别分为半块或半块的倍数或墙体厚度的一半(见图 10-3)。

10.1.2　纵向定位轴线

墙、柱与纵向定位轴线的联系，应遵守下列规定。

(1) 顶层中柱的中心线应与纵向定位轴线相重合。

(2) 边柱的外缘在下柱截面高度(h_1)范围内纵向定位轴线浮动定位(见图 10-4)。

边柱与纵向定位轴线之间设置浮动值，不做硬性规定。由于影响边柱定位的因素比较复杂，如多层厂房的层数、层高、楼面荷载、起重吊车设置的情况、自然条件以及城市规划部门对厂房立面的要求等，对边柱与纵向定位轴线的联系都会产生影响，难以做统一的规定。该浮动值可根据具体情况确定，它可以等于零，即纵向定位轴线与边柱外缘相重合，也可以是边柱的外缘距纵向定位轴线 50 mm 或 50 mm 的倍数。

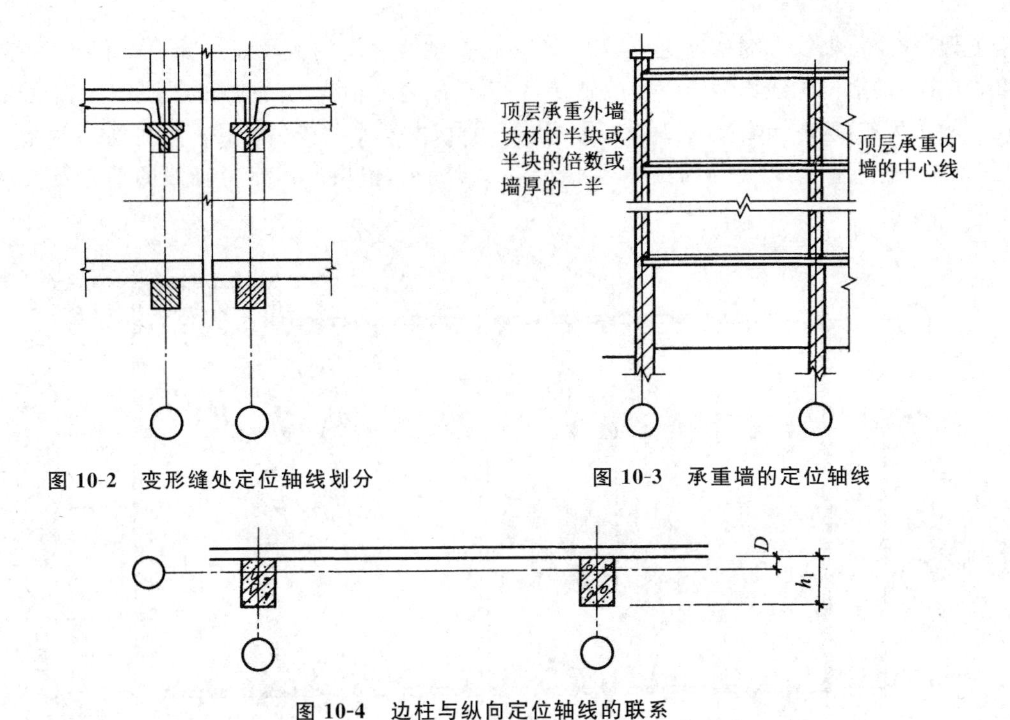

图 10-2 变形缝处定位轴线划分

图 10-3 承重墙的定位轴线

图 10-4 边柱与纵向定位轴线的联系

(3) 有承重壁柱的外墙，墙内缘一般与纵向定位轴线重合，或与纵向定位轴线相距为半块或半块砌材的倍数(见图 10-5)。

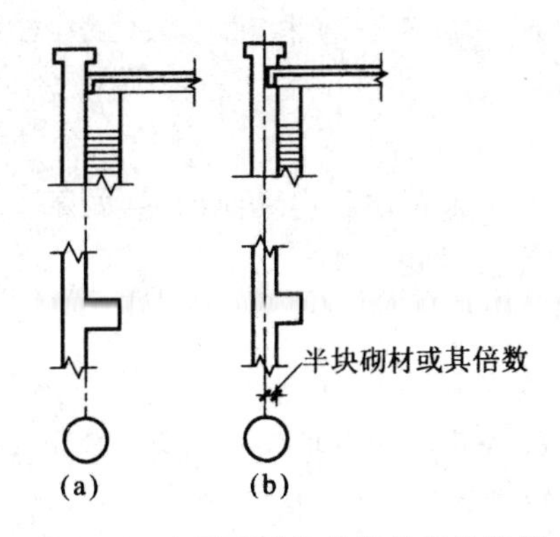

图 10-5 有承重壁柱外墙的定位轴线

(a) 较大的壁柱时；(b) 较小的壁柱时

10.2 单层厂房定位轴线

单层厂房定位轴线是确定厂房主要承重构件位置及其标志尺寸的基准线，同时也是厂房施工放线和设备定位的依据。为了使厂房建筑主要构配件的几何尺寸达到标准化和系列化，减少构件类型，增加构件的互换性和通用性，厂房设计应执行《厂房建筑模数协调标准》(GB/T 50006—2010)的有关规定。

单层厂房定位轴线的划分是在柱网布置的基础上进行的。通常把垂直于厂房长度方向(即平行于屋架)的定位轴线称为横向定位轴线,横向定位轴线之间的距离是柱距。平行于厂房长度(即垂直于屋架)的定位轴线称为纵向定位轴线,厂房纵向定位轴线之间的距离是跨度。轴线的标注以建筑平面图为准,从左至右按 1、2……顺序进行编号;由下而上按 A、B……顺序进行编号。编号时不用 I、O、Z 三个字母,以免与阿拉伯数字 1、0、2 相混淆,单层厂房定位轴线的划分及柱网布置如图 10-6 所示。

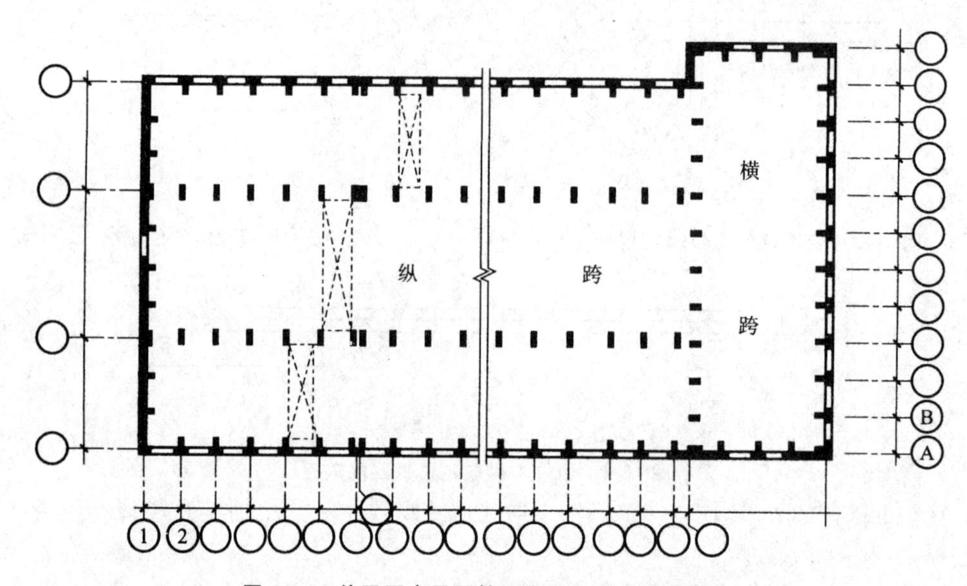

图 10-6　单层厂房平面柱网布置及定位轴线划分

10.2.1　横向定位轴线

单层厂房的横向定位轴线主要用来标注厂房纵向构件,如屋面板、吊车梁长度(标志尺寸)以及其与屋架(或屋面梁)之间的相互关系(见图 10-7)。

1) 中间柱与横向定位轴线的联系

屋架(或屋面梁)支承在柱子的中心线上,中间柱的横向定位轴线与柱的中心线相重合,横向定位轴线之间的距离即是柱距,一般情况下,也就是屋面板、吊车梁长度方向的标志尺寸(见图 10-7(a))。

2) 横向伸缩缝、防震缝与定位轴线的联系

横向温度伸缩缝和防震缝处的柱子采用双柱双屋架,可使结构和建筑构造更加简单。为了保证伸缩缝、防震缝满足宽度的要求,该处应设两条横向定位轴线;考虑符合模数及施工要求,两柱的中心线应从定位轴线向缝的两侧各移 600 mm,两条定位轴线间的插入距离等于伸缩缝或防震缝的缝宽(缝宽值按有关规定确定),该处两条横向定位轴线与相邻横向定位轴线之间的距离与其他柱距保持一致(见图 10-7(b))。

3) 山墙与横向定位轴线的联系

单层厂房的山墙,按受力情况分为非承重墙和承重墙,其横向定位轴线的划分也不相同。

(1) 山墙为非承重墙时,横向定位轴线与山墙内缘重合,并与屋面板(无檩体系)的端部形成"封闭"式联系。端部柱的中心线从横向定位轴线内移 600 mm,目的是与横向伸缩缝、防震缝柱子内移 600 mm 相统一,使端部第一个柱距内的吊车梁、屋面板等构件与横向伸缩缝、防震缝的吊车

梁、屋面板相同，以便减少构件类型，如图 10-7(c)所示。由于山墙面积大，为增强厂房纵向刚度，保证山墙稳定性，应设山墙抗风柱。将端部柱内移也便于设置抗风柱。抗风柱的柱距采用 15M 数列，如 4500 mm、6000 mm、7500 mm 等。由于单层厂房柱距常采用 6000 mm，所以山墙抗风柱柱距宜采用 6000 mm，使连系梁、基础梁等构件可以通用(见图 10-8)。

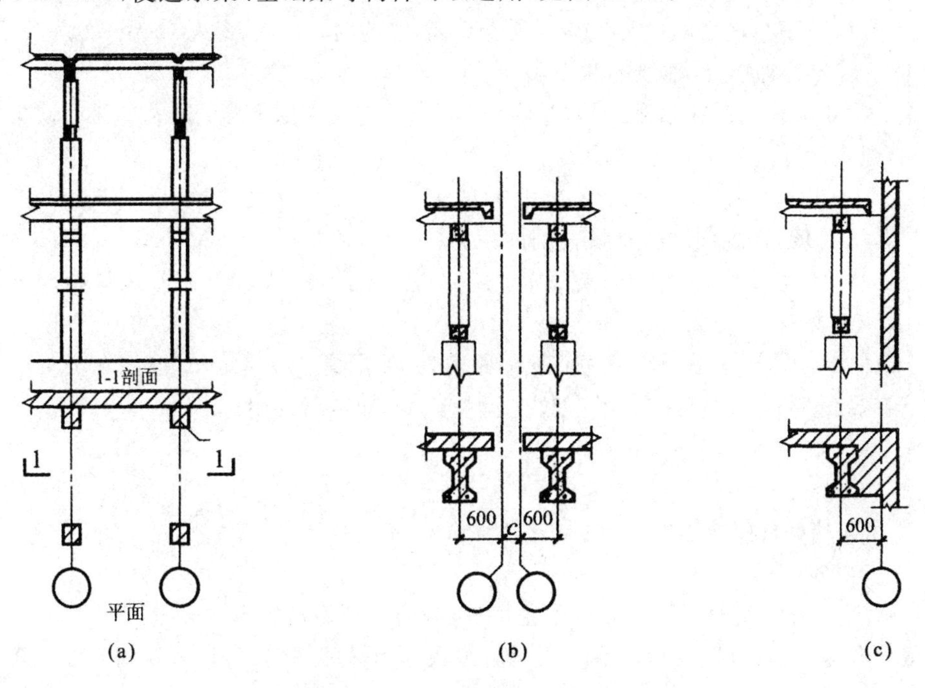

图 10-7 横向定位轴线与墙柱的关系(单位:mm)

(a) 纵向列柱的中间柱与横向定位轴线的联系；

(b) 纵向列柱温度伸缩缝双柱与横向定位轴线的联系；

(c) 非承重山墙端部与横向定位轴线的联系

(2) 山墙为砌体承重墙时，墙体内缘与横向定位轴线的距离按砌体的块材类别分为半块或半块的倍数，或墙体厚度的一半，如图 10-9 中的 λ 值。

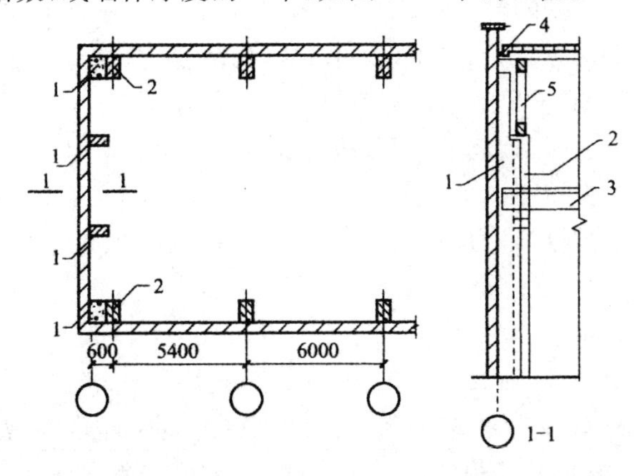

图 10-8 非承重山墙的抗风柱设置(单位:mm)

1—抗风柱；2—承重端柱；3—吊车梁；4—屋面板；5—屋架

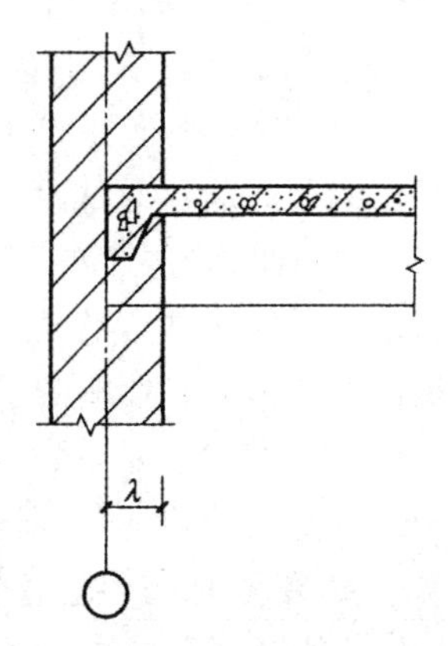

图 10-9 承重山墙横向定位轴线

10.2.2 纵向定位轴线

单层厂房的纵向定位轴线主要用来标注厂房横向构件如屋架(或屋面梁)长度的标志尺寸和确定屋架(或屋面梁)、排架柱等构件间的相互关系。纵向定位轴线的具体位置应使厂房结构和吊车的规格协调,保证吊车与柱之间留有足够的安全距离,必要时,还应设置检修吊车的安全走道板。

1) 外墙、边柱与纵向定位轴线的联系

在支承式梁式吊车或桥式吊车的厂房设计中,由于屋架(或屋面梁)和吊车的设计生产制作都是标准化的,建筑设计应满足下述关系式:

$$L=L_{k}+2_{e}$$

式中:L——屋架跨度,即纵向定位轴线之间的距离;

L_{k}——吊车跨度,即同一跨内两条吊车轨道中心线的距离(也就是吊车的轮距),可查阅吊车规格资料;

e——纵向定位轴线至吊车轨道中心线的距离,其值通常为 750 mm,当吊车为重级工作制而需要设安全走道板,或者吊车起重量大于 50 t 时,可采用 1000 mm。

根据图 10-10(a)可知:$e=h+K+B$,则

$$K=e-(h+B)$$

式中:K——吊车端部外缘至上柱内缘的安全距离;

h——上柱截面高度;

B——轨道中心线至吊车端部外缘的距离,可查阅吊车规格资料。

由于受吊车起重量、柱距、跨度、有否安全走道板等因素的影响,边柱外缘与纵向定位轴线的联系有两种情况。

(1) 封闭式结合的纵向定位轴线。

当定位轴线与柱外缘重合,这时屋架上的屋面板与外墙内缘紧紧相靠,称为封闭式结合的纵向定位轴线。采用封闭式结合的屋面板可以全部采用标准板(如宽 1.5 m,长 6 m 的屋面板),而无须设非标准的补充构件。

如图 10-10(a)所示,当吊车起重量在 20 t 以内时,查现行吊车规格,得 $B\leqslant260$ mm,$K\geqslant80$ mm,在一般情况下,上柱截面高度 $h=400$ mm,纵向定位轴线采用封闭式结合,轴线与外缘重合。此时:$e=750$ mm,则 $K=e-(h+B)=90$ mm,能满足吊车运行所需安全距不小于 80 mm 的要求。

采用封闭式结合的纵向定位轴线,具有构造简单、施工方便、造价经济等优点。

(2) 非封闭式结合的纵向定位轴线。

所谓非封闭式结合的纵向定位轴线,是指该纵向定位轴线与柱子外缘有一定的距离。因屋面板与墙内缘之间有一段空隙,故称为非封闭结合。

如图 10-10(b)所示,吊车起重量 $Q\leqslant30$ t 得知:$B=300$ mm,$K\geqslant100$ mm,上柱截面高度仍为 400 mm,若仍采用封闭式纵向定位轴线($e=750$ mm),则 $K=e-(B+h)=750-(300+400)=50$(mm),不能满足要求,所以需将边柱从定位轴线向外移一定距离,这个值称为联系尺寸,用 D 表示,采用 300 mm 或其倍数。在设计中,应根据吊车起重量及其相应的 h、K、B 三个数值来确定联系尺寸的数值。当因构造需要或吊车起重量较大时(大于 50 t),e 值宜采用 1000 mm,厂房跨度 $L=L_{k}+2e=(L_{k}+2000)$ mm。

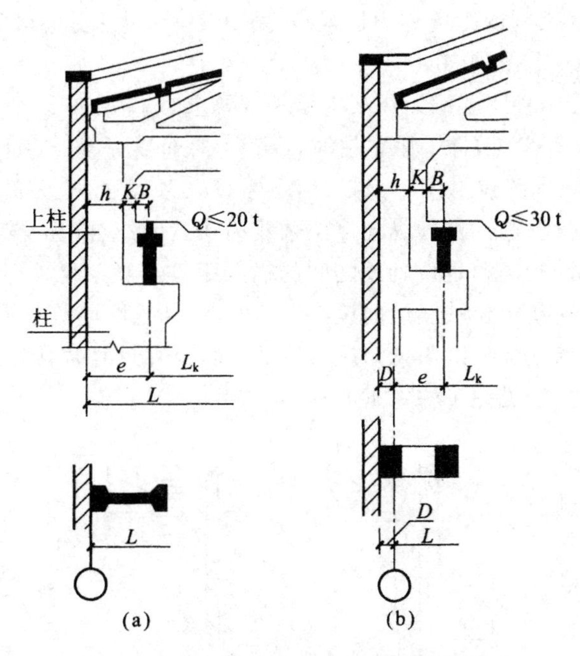

图 10-10 外墙边柱与纵向定位轴线的联系

(a) 封闭式组合;(b) 非封闭式组合

2) 中柱与纵向定位轴线的联系

在多跨厂房中,中柱有平行等高跨和平行不等高跨两种形式。并且,中柱有设变形缝和不设变形缝两种情况。下面仅介绍不设变形缝的中柱纵向定位轴线。

(1) 当厂房为平行等高跨时,通常设置单柱和一条定位轴线,柱的中心线一般与纵向定位轴线相重合(见图 10-11(a))。上柱截面高度 h 一般为 600 mm,以满足屋架的支承长度的要求。

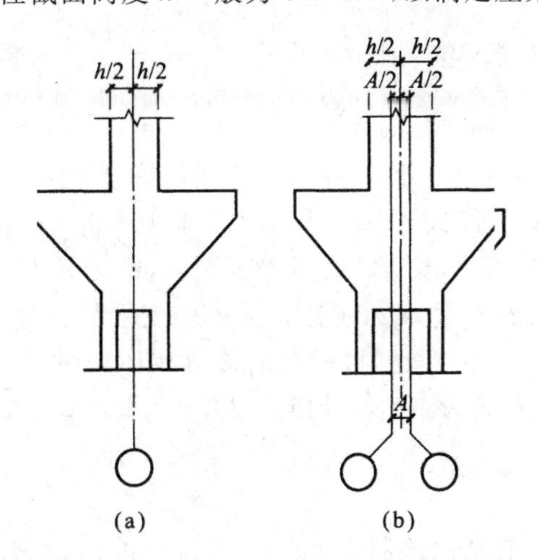

图 10-11 平行等高跨中柱与纵向定位轴线的联系

(a) 一条定位轴线;(b) 两条定位轴线

当等高跨两侧或一侧的吊车起重量不小于 30 t,厂房柱距大于 6 m 或构造要求等原因,纵向定位轴线需采用非封闭式结合才能满足吊车安全运行的要求时,中柱仍然可以采用单柱,但需设两条定位轴线。两条定位轴线之间的距离称为插入距,用 A 表示,并采用 3M 数列。此时,柱中心线一般与插入距中心线相重合(见图 10-11(b))。

如果因设插入距而使上柱不能满足屋架支承长度要求时,上柱应设小牛腿。

(2) 当厂房为平行不等高跨,且采用单柱时,高跨上柱外缘一般与纵向定位轴线相重合(见图 10-12(a))。此时纵向定位轴线按封闭结合设计,不需设联系尺寸,也无需设两条定位轴线。当上柱外缘与纵向定位轴线不能重合时(即纵向定位轴线为非封闭结合时),该轴线与上柱外缘之间设联系尺寸 D,低跨定位轴线与高跨定位轴线之间的插入距等于联系尺寸(见图 10-12(b))。当高跨和低跨均为封闭结合,而两条定位轴线之间设有封墙时,则插入距应等于墙厚(见图 10-12(c))。当高跨为非封闭结合,且高跨上柱外缘与低跨屋架端部之间设有封墙时,则两条定位轴线之间的插入距等于墙厚与联系尺寸之和(见图 10-12(d))。

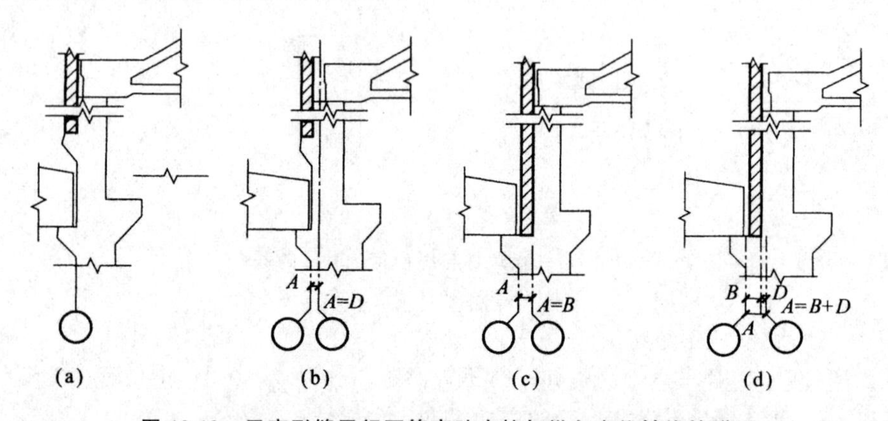

图 10-12　无变形缝平行不等高跨中柱与纵向定位轴线的联系

(a) 单轴线封闭结合;(b) 双轴线非封闭结合(插入距为联系尺寸);

(c) 双轴线封闭结合(插入距为墙体厚度);(d) 双轴线非封闭结合(插入距为联系尺寸加墙厚)

10.2.3　纵横跨连接处柱与定位轴线的联系

有纵横跨的厂房,由于纵跨和横跨的长度、高度、吊车起重量都可能不相同,为了简化结构和构造,设计时,常将纵跨和横跨的结构分开,并在两者之间设置伸缩缝、防震缝、沉降缝。纵横跨连接处设双柱、双定位轴线。两定位轴之间设插入距 A(见图 10-13)。

当纵跨的山墙比横跨的侧墙低,长度小于或等于侧墙,横跨又为封闭结合轴线时,则可采用双柱单墙处理(见图 10-13(a)),插入距 A 为砌体墙厚度与变形缝宽度之和。当横跨为非封闭结合时,仍采用单墙处理(见图 10-13(b)),这时,插入距 A 为砌体墙厚度、变形缝宽度与联系尺寸 D 之和。当墙体不是砌体而是墙板时,为满足吊装所需操作尺寸,可增大变形缝宽度。

【思考与练习】

10-1　简述多层工业厂房定位轴线的绘制方法。

10-2　图示单层工业厂房横向定位轴线与边柱、中柱、双柱变形缝处的关系。

10-3　图示单层工业厂房纵向定位轴线与边柱(封闭、非封闭)、中柱(等高、高低跨)处的关系。

10-4　图示单层工业厂房纵横跨连接处定位轴线的划分。

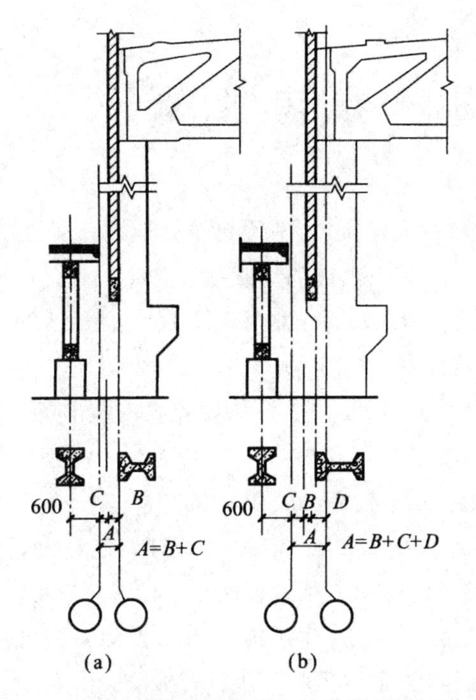

图 10-13 纵横跨连接处的定位轴线划分(单位:mm)

(a) 横跨为封闭结合时;(b) 横跨为非封闭结合时

参考文献*

[1]建设部工程质量安全监督与行业发展司,中国建筑标准设计研究所.全国民用建筑工程设计技术措施(规划·建筑)[M].北京:中国计划出版社,2003.

[2]刘建荣.高层建筑设计与技术[M].北京:中国建筑工业出版社,2005.

[3]李必瑜.房屋建筑学[M].武汉:武汉工业大学出版社,2000.

[4]傅信祁,广士奎.房屋建筑学[M].2版.北京:中国建筑工业出版社,1990.

[5]裴刚,沈粤,扈媛.房屋建筑学[M].2版.广州:华南理工大学出版社,2006.

[6]董黎.房屋建筑学[M].北京:高等教育出版社,2006.

[7]韩建新,刘广洁.建筑装饰构造[M].2版.北京:中国建筑工业出版社,2004.

[8]姜忆南.房屋建筑学[M].北京:机械工业出版社,2001.

[9]南京工学院建筑系建筑构造编写小组.建筑构造[M].北京:中国建筑工业出版社,1982.

[10]王万江.房屋建筑学[M].重庆:重庆大学出版社,2003.

[11]王寿华.屋面工程技术规范理解与应用[M].北京:中国建筑工业出版社,2005.

[12]杨维菊.建筑构造设计(上册)[M].北京:中国建筑工业出版社,2005.

[13]杨金铎,房志勇.房屋建筑构造[M].2版.北京:中国建材工业出版社,2000.

[14]《建筑设计资料集》编委会.建筑设计资料集[M].2版.北京:中国建筑工业出版社,1994.

[15]李必瑜,魏宏杨.建筑构造(上册)[M].3版.北京:中国建筑工业出版社,2005.

[16]刘建荣,翁季.建筑构造(下册)[M].3版.北京:中国建筑工业出版社,2005.

[17]颜宏亮.建筑构造设计[M].上海:同济大学出版社,1998.

[18]刘昭如.建筑构造设计基础[M].上海:同济大学出版社,2000.

[19]彰国社.国外建筑设计详图图集13 被动式太阳能建筑设计[M].北京:中国建筑工业出版社,2004.

[20]朱德本.当代工业建筑[M].北京:中国建筑工业出版社,1996.

[21]哈尔滨建筑工程学院.工业建筑设计原理[M].北京:中国建筑工业出版社,1998.

[22]陈霖新.洁净厂房的设计与施工[M].北京:化学工业出版社,2003.

---

*《民用建筑设计统一标准》《屋面工程技术规范》《地下工程防水技术规范》《建筑设计防火规范》《建筑装饰装修工程质量验收规范》《洁净厂房设计规范》《玻璃幕墙工程技术规范》《建筑地面设计规范》《城市道路和建筑物无障碍设计规范》《严寒和寒冷地区居住建筑节能设计标准》《金属与石材幕墙工程技术规范》《建筑模数协调标准》《厂房建筑模数协调标准》《建筑制图标准》等有关最新版本规范及标准,由中华人民共和国建设部发布,由中国建筑工业出版社出版,在此不一一赘述。